抽 象 代

——交换代数

孟道骥　王立云　袁腊梅　著

科 学 出 版 社

北 京

内 容 简 介

交换代数是抽象代数中的重要分支，特别与代数数论和代数几何有不可分割的紧密联系. 代数数论与代数几何无论是与基础数学还是应用数学都有广泛的联系. 本书内容包括引论、交换环的根和根式理想、模、分式环与分式模、诺特环、整相关性与戴德金整环、完备化和维数理论、赋值域等八部分.

本书力求深入浅出，循序渐进,利于学生掌握交换代数课程的精髓. 本书每章配有习题，既可帮助读者巩固和拓展教材讲述的内容，又有助于科学研究能力的初步培养.

本书可作为高等院校数学专业本科及理工科非代数方向研究生交换代数课程的教材，也可供有关科技人员及大专院校师生参考.

图书在版编目(CIP)数据

抽象代数. 3，交换代数/孟道骥，王立云，袁腊梅著. —北京：科学出版社，2016.1

ISBN 978-7-03-046803-1

Ⅰ.①抽… Ⅱ.①孟… ②王… ③袁… Ⅲ.①抽象代数-高等学校-教材 ②交换环-高等学校-教材 Ⅳ. ①O153②O187.3

中国版本图书馆 CIP 数据核字(2015) 第 319935 号

责任编辑：王 静／责任校对：彭 涛
责任印制：吴兆东／封面设计：陈 敬

科 学 出 版 社 出版
北京东黄城根北街 16 号
邮政编码：100717
http://www.sciencep.com
北京中石油彩色印刷有限责任公司印刷
科学出版社发行 各地新华书店经销
*
2016 年 1 月第 一 版 开本: 720 × 1000 1/16
2024 年 11 月第十一次印刷 印张: 15 1/4
字数: 307 000

定价:45.00 元
(如有印装质量问题，我社负责调换)

前　言

继《抽象代数 I —— 代数学基础》《抽象代数 II —— 结合代数》两书之后, 我们推出《抽象代数III —— 交换代数》.

交换代数是以含幺元的交换环为主要研究对象的一门代数学科. 它的产生与发展的背景是代数数论和代数几何. 同时它又为这两个数学分支提供了统一的新工具. 此分支的起源可以追溯到 18~19 世纪, 但形成一门独立的分支则是 20 世纪的 20~30 年代. 20 世纪 50 年代后, 交换代数不仅有了巨大发展, 而且应用也从代数数论、代数几何扩展到有限群模表示理论、微分学、代数拓扑、多复变函数论和偏微分方程等分支中. 因而交换代数是抽象代数的重要发展阶段, 其内容是抽象代数的重要组成部分.

交换代数是中国科学技术大学数学系很有传统和特色的课程, 是该系研究生的公共基础课程之一, 也是面向本科生的选修课之一.

非常幸运, 从 2007 年秋到 2010 年中国科学技术大学数学系给我们提供了讲授, 也就是让我学习交换代数这门课的机会. 本着 "讲课是最好的学习" (陈省身语), "学习就要弄斧到班门"(华罗庚语), "活到老学到老" 的原则, 我同意开这门课, 也就是学习这门课. 起初, 以为是他们系人手不够让我临时替代, 不想以后几年继续让我讲这门课. "学而时习之", 当然是件好事. "神龟虽寿, 终有尽时", 我在中国科学技术大学教学任务结束了, 几年下来, 积累了不少关于交换代数学习的笔记、资料.

王立云与袁腊梅两位老师建议把这些笔记和资料整理成书公诸于众, 并愿意尽力帮助. "学而时习之, 不亦悦乎." 独享的喜悦只不过是窃喜, 共享的喜悦才会是欢乐. 公诸于众还可以得到大家的指导. 经过她们的整理、加工, 再创造于 2015 年春节前夕就成书了. 可以说是幸运再次降临. 没有她们的努力, 那些笔记、资料是成不了书的, 所以这本书是我们的共同作品.

本书首先介绍交换代数产生的背景及学习交换代数要涉及的一些基本术语和事实, 这是本书的第 0 章是引论. 这一章中有代数数与代数整数、代数簇、模、范畴与函子; Zorn 引理等. 引论之后包括七章. 第 1 章介绍交换环的根和根式理想. 这里所讨论的交换环都是含有幺元的交换环. 第 2 章介绍模. 有的大学本科生的抽象代数课程中不涉及模, 因此这一章介绍相当详细. 第 3 章介绍分式环与分式模. 第 4 章介绍诺特环. 第 5 章介绍整相关性与戴德金整环. 第 6 章介绍完备化和维数理论. 这里的维数是指超越维数. 因而对超越数的认识也是必不可少的了. 在大学课程中很少系统讲述超越数, 我们用一节来介绍超越数, 这有助于读者. 第 7 章介绍赋值域. 其实在第 5 章就用到特殊的赋值域. 这一章是更系统的介绍. 每章后面有一些习题供初学者练习. 由于听课的研究生来自不同学校, 有的没有学习过抽象代数的课程, 学习过的, 内容也有多有少, 他们的基础不尽相同. 为了使同学们读起来方便, 本书写得相当详尽, 近乎烦琐.

我们要感谢中国科学技术大学数学学院给予我们授课的机会, 也要感谢中国科学技术大学数学学院许多老师、同学对我们的关怀、支持和帮助. 我们还要感谢南开大学数学科学学院如田冲、宋琼、邓旭等许多老师对我们的关怀、支持和帮助. 没有这些关怀、支持和帮助, 这本书也不可能完成.

书写出来了, 但并不见得能够面世. 所以第三次的幸运是得到了科学出版社的帮助, 使此书能够面世! 我们要衷心感谢科学出版社对我们长期的帮助!

本书作为研究生的公共基础课, 当然内容只能是最基本的, 不可能太专门化, 也就是说本书的深度也颇有欠缺. 由于笔者水平所限, 只好暂且如此, 待今后提高了.

孟道骥

2015 年 2 月 18 日 (甲午年腊月三十日) 于南开大学

目　录

第0章　引　　论

交换代数是以含幺元的交换环为主要研究对象的一门代数学科. 它的产生与发展的背景是代数数论和代数几何. 同时它又为这两个数学分支提供了统一的新工具.

18 世纪末到 19 世纪初, 高斯在研究整数的性质和方程的整数解等这些初等数论的问题时, 用到了二次域、分圆域及代数整数环. 19 世纪中叶, 库默尔在研究费马猜想时, 也将问题放到代数整数环中考虑. 经过戴德金和希尔伯特等人系统化, 抽象化建立了理想、模、戴德金环等概念, 从而形成研究代数数域和代数整数环的新学科代数数论.

19 世纪末, 戴德金和韦伯的工作, 将代数函数论建立在代数数论的统一的基础上. 希尔伯特的零点定理, 拉斯科关于代数簇与多项式理想的对应关系, 特别是 20 世纪 20~30 年代, 诺特关于理想的准素分解理论和克鲁尔的赋值论, 局部环理论和维数理论使古典几何建立在代数基础上形成代数几何这门新学科.

随着代数数论与代数几何的发展, 交换代数成为一门独立的学科. 20 世纪 50 年代以后, 模论、同调代数的发展, 特别是格罗腾迪克的概型理论对交换代数的发展起了巨大的推动作用. 交换代数不仅是代数数论和代数几何的工具, 而且也应用到有限群模表示理论、微分学、代数拓扑、多复变函数论和偏微分方程等学科中.

交换代数最基本的内容有根和根式理想、诺特环、戴德金整环、维数理论、完备化等. 交换代数的进一步发展与模论, 同调代数和基于同调代数而建立和发展起来的范畴论等均有密切关系.

本章首先介绍代数数论与代数几何的基本概念. 同时也简单介绍一下现在研究交换代数的重要工具: 模和同调代数中的基本概念. 顺便提一下 Zorn 引理.

以下总用 $\mathbf{N}$, $\mathbf{Z}$, $\mathbf{Q}$, $\mathbf{R}$ 与 $\mathbf{C}$ 表示自然数集、整数集 (环)、有理数集 (域)、实数集 (域) 与复数集 (域).

0.1　代数数与代数整数

设域 $\mathbf{F}$ 是有理数域 $\mathbf{Q}$ 的扩张, x 为不定元, 于是对于任一代数元 $\alpha \in \mathbf{F}$, 存在唯一的首项系数为 1 的不可约多项式 $\mathrm{Irr}\,(\alpha, \mathbf{Q}) \in \mathbf{Q}[x]$ 以 α 为根, 此时称 α 为**代数数**.

定义 0.1.1　设 $\mathbf{F}$ 是 $\mathbf{Q}$ 的扩张, $\alpha \in \mathbf{F}$ 称为**代数整数**, 如果 $\mathrm{Irr}(\alpha, \mathbf{Q}) \in \mathbf{Z}[x]$.

例 0.1.1　$m \in \mathbf{Z}$, 则 m 是代数整数.

事实上, $\operatorname{Irr}(m, \mathbf{Q}) = x - m \in \mathbf{Z}[x]$.

例 0.1.2　$r \in \mathbf{Q} \setminus \mathbf{Z}$, 则 r 不是代数整数.

事实上, $\operatorname{Irr}(r, Q) = x - r \notin \mathbf{Z}[x]$.

例 0.1.3　$m, n \in \mathbf{Z}$, 且 $n \neq 0$, 则 $m + n\sqrt{-1}$ 是代数整数.

这是因为

$$\operatorname{Irr}(m + n\sqrt{-1}, \mathbf{Q}) = (x - m - n\sqrt{-1})(x - m + n\sqrt{-1}) = x^2 - 2mx + m^2 + n^2.$$

例 0.1.4　$\mathbf{Z}[x]$ 中任何首一多项式的零点均为代数整数.

证　设 $h(x) \in \mathbf{Z}[x]$ 为首一多项式, α 为 $h(x)$ 的零点, 即 $h(\alpha) = 0$. 于是有 $\operatorname{Irr}(\alpha, \mathbf{Q}) = f(x)$ 能整除 $h(x)$, 即有 $h(x) = g(x)f(x)$, $g(x), f(x) \in \mathbf{Q}[x]$. 对于 $g(x), f(x)$ 有本原多项式 $G(x), F(x)$ 及正整数 a, b, c, d 使得

$$g(x) = \frac{b}{a}G(x), \quad f(x) = \frac{d}{c}F(x).$$

于是有 $ac\,h(x) = bd\,G(x)F(x)$. $G(x), F(x)$ 是本原的, 故 $G(x)F(x)$ 是本原的. 又 $h(x)$ 是首一多项式, 故 $h(x)$ 也是本原多项式. 因而 $ac = \pm bd$, 即有 $h(x) = \pm G(x)F(x)$, 由 $h(x)$ 是首一多项式, 故 $F(x)$ 与 $-F(x)$ 也有一个是首一多项式, 故 $f(x) = \pm F(x) \in \mathbf{Z}[x]$, 即 α 是代数整数. ■

例 0.1.5　任何单位根均为代数整数.

这是因为 n 次单位根 ξ 是首一多项式 $x^n - 1$ 的零点.

定理 0.1.1　α 是代数数当且仅当 α 是 $\mathbf{Q}$ 上方阵 A 的特征值. α 是代数整数当且仅当 α 是 $\mathbf{Z}$ 上方阵 A 的特征值.

证　A 的特征多项式 $f(\lambda) = \det(\lambda I_n - A)$ 是首一多项式. 于是当 $A \in \mathbf{Q}^{n\times n}$ 时, $f(\lambda) \in \mathbf{Q}[\lambda]$. 于是 A 的特征值是代数数; 当 $A \in \mathbf{Z}^{n\times n}$ 时, $f(\lambda) \in \mathbf{Z}[\lambda]$. 于是 A 的特征值是代数整数.

反之, 设 $\operatorname{Irr}(\alpha, \mathbf{Q}) = x^n + a_1x^{n-1} + \cdots + a_n$. 令

$$A = \begin{pmatrix} 0 & 1 & 0 & \cdots & 0 \\ & \ddots & \ddots & \ddots & \vdots \\ & & \ddots & \ddots & 0 \\ & & & 0 & 1 \\ -a_n & \cdots & \cdots & -a_2 & -a_1 \end{pmatrix}, \quad X = \begin{pmatrix} 1 \\ \alpha \\ \vdots \\ \alpha^{n-1} \end{pmatrix},$$

则有 $X \neq 0$, 而 $AX = \alpha X$. 故 α 是 A 的特征值. 因此定理成立. ■

定理 0.1.2 **C** 中代数整数对加法、减法与乘法封闭 (即构成环), 代数数构成一域, 任何代数数是代数整数的商.

证 代数数的集合、代数整数的集合都是非空的, 下面证明对加法与乘法的封闭性.

设 α, β 是两个代数数 (代数整数). 由定理 0.1.1, 可假定它们分别为 $\mathbf{Q}\,(\mathbf{Z})$ 上方阵

$$A=\begin{pmatrix} a_{11} & a_{12} & \cdots & a_{1m}\\ a_{21} & a_{22} & \cdots & a_{2m}\\ \vdots & \vdots & & \vdots\\ a_{m1} & a_{m2} & \cdots & a_{mm}\end{pmatrix},\quad B=\begin{pmatrix} b_{11} & b_{12} & \cdots & a_{1n}\\ b_{21} & b_{22} & \cdots & b_{2n}\\ \vdots & \vdots & & \vdots\\ b_{n1} & a_{n2} & \cdots & a_{nn}\end{pmatrix}$$

的特征值. 再设 $X=\begin{pmatrix} x_1\\ x_2\\ \vdots\\ x_m\end{pmatrix}, Y=\begin{pmatrix} y_1\\ y_2\\ \vdots\\ y_n\end{pmatrix}$ 分别为 A, B 的属于 α, β 的特征向量, 于是 $X\neq 0, Y\neq 0, AX=\alpha X, BY=\beta Y$. 注意

$$\begin{pmatrix} a_{11}B & a_{12}B & \cdots & a_{1n}B\\ a_{21}B & a_{22}B & \cdots & a_{2n}B\\ \vdots & \vdots & & \vdots\\ a_{m1}B & a_{m2}B & \cdots & a_{mm}B\end{pmatrix}\begin{pmatrix} x_1Y\\ x_2Y\\ \vdots\\ x_mY\end{pmatrix}=\alpha\beta\begin{pmatrix} x_1Y\\ x_2Y\\ \vdots\\ x_mY\end{pmatrix},$$

$$\begin{pmatrix} a_{11}I_n & a_{12}I_n & \cdots & a_{1m}I_n\\ a_{21}I_n & a_{22}I_n & \cdots & a_{2m}I_n\\ \vdots & \vdots & & \vdots\\ a_{m1}I_n & a_{m2}I_n & \cdots & a_{mm}I_n\end{pmatrix}\begin{pmatrix} x_1Y\\ x_2Y\\ \vdots\\ x_mY\end{pmatrix}=\alpha\begin{pmatrix} x_1Y\\ x_2Y\\ \vdots\\ x_mY\end{pmatrix},$$

$$\begin{pmatrix} B & 0 & \cdots & 0\\ 0 & B & \cdots & 0\\ \vdots & \vdots & & \vdots\\ 0 & 0 & \cdots & B\end{pmatrix}\begin{pmatrix} x_1Y\\ x_2Y\\ \vdots\\ x_mY\end{pmatrix}=\beta\begin{pmatrix} x_1Y\\ x_2Y\\ \vdots\\ x_mY\end{pmatrix},$$

于是 $\alpha\beta, \alpha+\beta$ 分别是矩阵

$$\begin{pmatrix} a_{11}B & a_{12}B & \cdots & a_{1m}B\\ a_{21}B & a_{22}B & \cdots & a_{2m}B\\ \vdots & \vdots & & \vdots\\ a_{m1}B & a_{m2}B & \cdots & a_{mm}B\end{pmatrix},\quad \begin{pmatrix} a_{11}I_n+B & a_{12}I_n & \cdots & a_{1m}I_n\\ a_{21}I_n & a_{22}I_n+B & \cdots & a_{2m}I_n\\ \vdots & \vdots & & \vdots\\ a_{m1}I_n & a_{m2}I_n & \cdots & a_{mm}I_n+B\end{pmatrix}$$

的特征值, 因而是代数数 (代数整数). 这样证明了乘法和加法的封闭性. 注意 -1 是代数整数, 于是减法也是封闭的.

设 α 为代数数, 且不为零, $f_0(x) = \mathrm{Irr}(\alpha, \mathbf{Q}) = x^n + a_1x^{n-1} + \cdots + a_n$. 因而 $a_n \neq 0$, $a_i = \dfrac{c_i}{b}$, $c_i, b \in \mathbf{Z}$, $b \neq 0$. 于是

$$
\begin{aligned}
&f(x) = \frac{1}{a_n} + \frac{a_1}{a_n}x + \cdots + \frac{a_{n-1}}{a_n}x^{n-1} + x^n \in \mathbf{Q}[x],\\
&f_1(x) = x^n + c_1x^{n-1} + \cdots + b^{n-1}c_n = x^n + \sum_{i=1}^{n} b^{i-1}c_ix^{n-i} \in \mathbf{Z}[x].
\end{aligned}
$$

于是有

$$
\begin{aligned}
&f\left(\frac{1}{\alpha}\right) = \frac{1}{a_n} + \frac{a_1}{a_n}\frac{1}{\alpha} + \cdots + \frac{a_{n-1}}{a_n}\frac{1}{\alpha^{n-1}} + \frac{1}{\alpha^n} = \frac{1}{a_n\alpha^n}f_0(\alpha) = 0,\\
&f_1(b\alpha) = b^nf_0(\alpha) = 0.
\end{aligned}
$$

故 α^{-1} 也是代数数, $b\alpha$ 是代数整数, $\alpha = \dfrac{b\alpha}{b}$ 是代数整数的商. ∎

所有代数数构成的域, 称为**代数数域**, 所有代数整数构成的环, 称为**代数整数环**.

代数数论就是以代数整数为研究对象的数学分支.

注意, $\mathbf{Q}(\alpha)$ 与 $\mathbf{Q}[x]/\langle\mathrm{Irr}\,(\alpha, \mathbf{Q})\rangle$ 同构, $\langle\mathrm{Irr}\,(\alpha, \mathbf{Q})\rangle$ 是 $\mathrm{Irr}\,(\alpha, \mathbf{Q})$ 生成的 $\mathbf{Q}[x]$ 的理想. 因而 $\mathbf{Q}[x]$, $\mathbf{Z}[x]$ 的理想是很重要的.

0.2 代 数 簇

设 $\mathbf{F}[x_1, x_2, \cdots, x_n]$ 是域 $\mathbf{F}$ 上的 n 元多项式环, $\mathbf{F}^n$ 是 $\mathbf{F}$ 上的线性空间. $f \in \mathbf{F}[x_1, x_2, \cdots, x_n]$, $\alpha = (a_1, a_2, \cdots, a_n) \in \mathbf{F}^n$, 若

$$
f(a_1, a_2, \cdots, a_n) = 0,
$$

则称 α 为 f 的**零点**, 并记为 $f(\alpha) = 0$.

定义 0.2.1　设 $S \subseteq \mathbf{F}[x_1, x_2, \cdots, x_n]$ 称

$$
\mathfrak{V}(S) = \{\alpha \in \mathbf{F}^n | f(\alpha) = 0,\ f \in S\}
$$

为 $\mathbf{F}^n$ 的一个**代数集**.

例 0.2.1　设 $S = \{a_{i1}x_1 + a_{i2}x_2 + \cdots + a_{in}x_n | 1 \leqslant i \leqslant m\}$, 则 $\mathfrak{V}(S)$ 是齐次线性方程组的解, 这是 $\mathbf{F}^n$ 的一个线性子空间.

设 $S_1=\{a_{i1}x_1+a_{i2}x_2+\cdots+a_{in}x_n+b_i|1\leqslant i\leqslant m,\ b_i$ 不全为 $0\}$, 则 $\mathfrak{V}(S_1)$ 是非齐次线性方程组的解, 或 $\mathfrak{V}(S_1)=\varnothing$, 或为 $\mathfrak{V}(S)$ 的陪集.

简单地说, 以 $\mathfrak{V}(S)$ 为元素就是 $\mathbf{F}^n$ 的射影几何、以 $\mathfrak{V}(S_1)$ 为元素就是 $\mathbf{F}^n$ 的仿射几何. 射影几何、仿射几何可以统称线性几何.

例 0.2.2 设 $f=f(x_1,x_2,\cdots,x_n)$ 是 $\mathbf{F}[x_1,x_2,\cdots,x_n]$ 的一个二次多项式, 则 $\mathfrak{V}(f)$ 是 $\mathbf{F}$ 上的二次超曲面.

特别地, $\mathbf{F}=\mathbf{R}$, $n=2,3$ 时, $\mathfrak{V}(f)$ 分别为二次曲线、二次曲面.

例 0.2.3 设 $\mathbf{F}[x_{1\,1},x_{1\,2},\cdots,x_{n\,n}]$ 是域 $\mathbf{F}$ 上的 n^2 元多项式环, $\mathbf{F}^{n\times n}=\mathbf{F}^{n^2}$ 是 $\mathbf{F}$ 上的线性空间.

$$S=\left\{\sum_{k=1}^{n}x_{ik}x_{jk}-\delta_{ij}\middle|\,1\leqslant i,j\leqslant n\right\},$$

于是 $\mathfrak{V}(S)$ 是 $\mathbf{F}^{n\times n}$ 中 n 阶正交矩阵的集合 $O(n,\mathbf{F})$.

$$S_1=\{x_{ij}+x_{ji}|\,1\leqslant i,j\leqslant n\},$$

于是 $\mathfrak{V}(S_1)$ 是 $\mathbf{F}^{n\times n}$ 中 n 阶反对称矩阵的集合.

若 $\mathcal{I}$ 为 S 生成的 $\mathbf{F}[x_1,x_2,\cdots,x_n]$ 的理想, 即 $\mathcal{I}=\langle S\rangle$, 则

$$\mathfrak{V}(S)=\mathfrak{V}(\mathcal{I})=\mathfrak{V}(\langle S\rangle).$$

因而任何代数集都由 $\mathbf{F}[x_1,x_2,\cdots,x_n]$ 中理想所生成. 因而代数子集的研究也归于 $\mathbf{F}[x_1,x_2,\cdots,x_n]$ 的理想的研究.

还要注意, 如果 $f\in\mathbf{F}[x_1,x_2,\cdots,x_n]$, $f^k\in\mathcal{I}$, 有 $\alpha\in\mathfrak{V}(S)=\mathfrak{V}(\mathcal{I})$, 则 $f^k(\alpha)=(f(\alpha))^k=0$, 于是 $f(\alpha)=0$. 注意, 若 $f^k,g^l\in\mathcal{I}$, 则有 $(f+g)^{k+l}\in\mathcal{I}$, $(hf)^k\in\mathcal{I},\forall h\in\mathbf{F}[x_1,x_2,\cdots,x_n]$. 于是 $\{f\in\mathbf{F}[x_1,x_2,\cdots,x_n]|\exists k\in\mathbf{N},\text{s.t.}f^k\in\mathcal{I}\}$ 也是理想, 称为 $\mathcal{I}$ 的**根式理想**, 记为 $\sqrt{\mathcal{I}}$. 于是有

$$\mathfrak{V}(S)=\mathfrak{V}(\mathcal{I})=\mathfrak{V}(\sqrt{\mathcal{I}}).$$

为简单计, 令 $A=\mathbf{F}[x_1,x_2,\cdots,x_n]$. 设 $\mathcal{I},\mathcal{J}$ 是 A 的理想, 则可得下面结论.

性质 0.2.1 1) 当 $\mathcal{I}\supseteq\mathcal{J}$ 时, 有 $\mathfrak{V}(\mathcal{I})\subseteq\mathfrak{V}(\mathcal{J})$.

2) $\mathfrak{V}(A)=\varnothing$;

3) $\mathfrak{V}(0)=A$;

4) $\mathfrak{V}(\mathcal{I})\cup\mathfrak{V}(\mathcal{J})=\mathfrak{V}(\mathcal{I}\cap\mathcal{J})$;

5) $\bigcap\limits_{\lambda}\mathfrak{V}(\mathcal{I}_\lambda)=\mathfrak{V}\left(\sum\limits_{\lambda}\mathcal{I}_\lambda\right)$, $\{\mathcal{I}_\lambda\}$ 为 A 的理想集.

事实上, 1), 2), 3) 是明显的.

4) 由 $\mathcal{I} \supseteq \mathcal{I} \cap \mathcal{J}$, $\mathcal{J} \supseteq \mathcal{I} \cap \mathcal{J}$. 因而 $\mathfrak{V}(\mathcal{I}) \cup \mathfrak{V}(\mathcal{J}) \subseteq \mathfrak{V}(\mathcal{I} \cap \mathcal{J})$. 若 $\alpha \in \mathfrak{V}(\mathcal{I} \cap \mathcal{J}) \setminus \mathfrak{V}(\mathcal{I})$, 即有 $f \in \mathcal{I}$ 使得 $f(\alpha) \neq 0$. 对任何 $g \in \mathcal{J}$, $fg \in \mathcal{I} \cap \mathcal{J}$, 于是 $f(\alpha)g(\alpha) = 0$, 因而 $g(\alpha) = 0$, $\alpha \in \mathfrak{V}(\mathcal{J})$. 因此 4) 成立.

5) 只要注意 $\mathcal{I}_{\lambda_j} \in \{\mathcal{I}_\lambda\}$, 则 $\mathcal{I}_{\lambda_j} \subseteq \bigcup\limits_\lambda \mathcal{I}_\lambda \subseteq \sum\limits_\lambda \mathcal{I}_\lambda$. 因此结论 5) 是明显的. ∎

由于上面的后四个结论, 可以用 $\{\mathfrak{V}(\mathcal{I})\}$ 为闭集族, 定义 $\mathbf{F}^n$ 的拓扑, 这种拓扑称为**Zariski 拓扑**.

当然, $\mathfrak{V}(\mathcal{I})$ 作为 $\mathbf{F}^n$ 的闭子集, 也就有了拓扑结构. 如果 $\mathfrak{V}(\mathcal{I})$ 还满足所谓的“整性”条件, 那么 $\mathfrak{V}(\mathcal{I})$ 及其开子集称为**代数簇**. 这就是代数几何研究的基本对象. “整性”条件与理想的性质是密切相关的.

反过来, 设 V 是 $\mathbf{F}^n$ 的子集, 则

$$\mathfrak{P}(V) = \{f \in A | f(v) = 0, \forall v \in V\}$$

是 A 的理想.

事实上, $0 \in \mathfrak{P}(V)$. $f, f_1, f_2 \in \mathfrak{P}(V)$, $g \in A$, $v \in V$, 于是

$$(f_1 + f_2)(v) = f_1(v) + f_2(v) = 0, \quad (fg)(v) = f(v)g(v) = 0.$$

因而 $\mathfrak{P}(V)$ 是 A 的理想.

由此容易得到下面一些结论.

性质 0.2.2　1) $\mathbf{F}$ 为无限域时, $\mathfrak{P}(\mathbf{F}^n) = \{0\}$.

2) 若 $V \subseteq U \subseteq \mathbf{F}^n$, 则 $\mathfrak{P}(V) \supseteq \mathfrak{P}(U)$.

3) 若 $S \subseteq A$, $V \subseteq \mathbf{F}^n$, 则 $S \subseteq \mathfrak{P}\mathfrak{V}(S)$, $V \subseteq \mathfrak{V}\mathfrak{P}(V)$.

4) 若 $S \subseteq A$, $V \subseteq \mathbf{F}^n$, 则 $\mathfrak{V}(S) = \mathfrak{V}\mathfrak{P}\mathfrak{V}(S)$, $\mathfrak{P}(V) = \mathfrak{P}\mathfrak{V}\mathfrak{P}(V)$.

5) 若 $f \in A$, $f^n \in \mathfrak{P}(V)$, 则 $f \in \mathfrak{P}(V)$, 即 $\sqrt{\mathfrak{P}(V)} = \mathfrak{P}(V)$.

证　1), 2), 3) 直接由定义可得.

4) 由 3), $S \subseteq \mathfrak{P}\mathfrak{V}(S)$, 于是由性质 0.2.1 知 $\mathfrak{V}(S) \supseteq \mathfrak{V}\mathfrak{P}\mathfrak{V}(S)$. 另一方面, 从 $S \subseteq \mathfrak{P}\mathfrak{V}(S)$, 由结论 3) 知 $\mathfrak{V}(S) \subseteq \mathfrak{V}(\mathfrak{P}\mathfrak{V}(S))$. 于是结论 4) 成立.

5) $f^n \in \mathfrak{P}(V)$, 于是 $\forall \alpha \in V$, $f^n(\alpha) = (f(\alpha))^n = 0$. 因而 $f(\alpha) = 0$, 即 $f \in \mathfrak{P}(V)$. ∎

从 A 中的理想的性质抽象出一般交换环的理想的性质是交换代数的主要研究对象之一.

0.3　模

交换代数主要是研究交换环的理想. 但是随着数学的发展, 模的作用越来越大.

所谓模, 在某种意义上说就是线性空间的推广.

定义 0.3.1 设 R 是幺环, M 是 Abel 群, 其运算为加法. 若有 $R \times M$ 到 M 的映射: $(a,x) \to ax$, $a \in R$, $x \in M$, 对 $\forall a, b \in R$ 满足

1) $a(x+y) = ax + ay$;

2) $(a+b)x = ax + bx$;

3) $(ab)x = a(bx)$;

4) $1 \cdot x = x$,

则称 M 为 R 上的一个**左模**, 或称 M 是**左** R**模**, ax 称为 a 与 x 的**积**, 相应地说 R 与 M 间有一个乘法.

类似地, 我们可定义**右**R **模**, 即有映射: $(x,a) \to xa$, $a \in R$, $x \in M$, 对 $\forall a, b \in R$, $x, y \in M$ 满足

1′) $(x+y)a = xa + ya$;

2′) $x(a+b) = xa + xb$;

3′) $x(ab) = (xa)b$;

4′) $x \cdot 1 = x$.

若 M 既是左 R 模, 又是右 R 模, 且满足:

$$(ax)b = a(xb), \quad \forall a, b \in R,\ x \in M,$$

则称 M 是 R **双模**, 或称 R **模**.

假设 R 交换环, 且 M 是左 R 模, 又对 $a \in R$, $x \in M$, 令 $xa = ax$, 则易证 M 是一个 R 模, 今后对于交换环 R 上的模都指这种意义下的模.

例 0.3.1 1) 数域 $\mathbf{P}$ 上的线性空间 V 就是一个 $\mathbf{P}$ 模. 一般地, 域 $\mathbf{F}$ 上的模都称为 $\mathbf{F}$ 上的**线性空间**.

2) 设 M 是一个 Abel 群, 映射

$$(m,x) \to mx, \quad m \in \mathbf{Z},\ x \in M$$

使 M 变成一个 $\mathbf{Z}$ 模.

3) 设 R 是幺环, R 对加法是 Abel 群, 记为 R_+. 考虑 $R \times R_+$ 到 R_+ 的映射

$$(r,x) \to rx, \quad r \in R,\ x \in R_+$$

及 $R_+ \times R$ 到 R_+ 的映射

$$(x,s) \to xs, \quad x \in R_+,\ s \in R$$

使 R_+ 变成一个 R 模. 因而 R 可看成它自身上的模.

4) 设 V 是数域 $\mathbf{P}$ 上的线性空间, $\mathcal{A}$ 是 V 的线性变换, 令 $R = \mathbf{P}[\lambda]$ 为 $\mathbf{P}$ 上的一元多项式环, 则 $R \times V$ 到 V 的映射 $(f(\lambda), x) \to f(\mathcal{A})x$, $f(\lambda) \in R$, $x \in V$ 使 V 成为一个左 R 模.

5) 设 M 是一个 Abel 群, $\text{End}M$ 为 M 的自同态环, 易证 $\text{End}M \times M$ 到 M 的映射 $(\eta, x) \to \eta(x)$, $\eta \in \text{End}M$, $x \in M$ 使 M 成为一个左 $\text{End}M$ 模.

R 模之间有同态与同构的映射.

定义 0.3.2 设 M, M' 为两个 R 模. 如果 M 到 M' 的映射 η, 满足 $\forall a \in R$, $x, y \in M$, 有:

1) $\eta(x+y) = \eta(x) + \eta(y)$, 即 η 是群同态;

2) $\eta(ax) = a\eta(x)$,

则称 η 为 M 到 M' 的一个**模同态**或 R **同态**.

若 η 还是满映射, 则称 η 为**满同态**, 此时称 M 与 M' 同态.

η 若还是一一对应, 则称 η 为**模同构**或 R **同构**, 此时称 M 与 M' 同构, 记为 $M \cong M'$.

例 0.3.2 1) 设 M, M' 是两个 Abel 群, η 是 M 到 M' 的群同态, 则 η 也是 $\mathbf{Z}$ 模 M 到 $\mathbf{Z}$ 模 M' 的模同态; 若 η 为群同构, 则 η 也是模同构.

2) 假设 V 是域 $\mathbf{F}$ 上的线性空间.V 到自身的模同态 $\mathcal{A}$, 称为 V 的**线性变换**. 显然, 当 $\mathbf{F}$ 为数域时, $\mathcal{A}$ 就是线性代数中讲的线性空间的线性变换.

R 模 M 到 R 模 M' 的所有同态的集合常记为 $\text{Hom}(M, M')$, 其中也可定义运算, 使其仍为 R 模, 就像线性空间之间的线性映射的集合仍为线性空间一样.

0.4 范畴与函子

代数进一步发展是同调代数的建立. 同调代数已经是广泛使用的工具. 在同调代数中一个基本的概念是范畴. 定义如下.

定义 0.4.1 一个**范畴**$\mathfrak{C}$ 由下面三种成分及有关公理组成:

1) $\mathfrak{C}$ 是由一些**对象**构成的类记为 ob $\mathfrak{C}$, $A \in \text{ob}\mathfrak{C}$ 表示 A 是 $\mathfrak{C}$ 中对象;

2) 对于 $\mathfrak{C}$ 中任意两个有序对象 (A, B), 对应一个集合 $\text{Hom}(A, B)$, 其中元素 f 称为 A 到 B 的**态射**, 记为 $f\colon\ A \to B$;

3) 态射之间有合成法则: 若 $f \in \text{Hom}(A, B), g \in \text{Hom}(B, C)$, 则有唯一的 $h \in \text{Hom}(A, C)$, 记为 $h = gf$, 称为 g 与 f 的**合成**. 态射及其合成满足以下公理.

C_1: $\text{Hom}(A, B) \cap \text{Hom}(C, D) = \varnothing, \quad (A, B) \neq (C, D)$;

C_2: $f(gh) = (fg)h, \quad h \in \text{Hom}(A, B),\ g \in \text{Hom}(B, C),\ f \in \text{Hom}(C, D)$;

C_3: $\exists 1_A \in \text{Hom}(A, A)$, 使得 $\begin{cases} 1_A f = f, & \forall f \in \text{Hom}(B, A); \\ g 1_A = g, & \forall g \in \text{Hom}(A, C). \end{cases}$

例 0.4.1 以下是常见的范畴的例子.

1) 以集合为对象, 态射为集合间的映射.

2) 以群为对象, 态射为群的同态.

3) 以交换群为对象, 态射为交换群的同态.

4) 以环为对象, 态射为环的同态.

5) 以幺环为对象, 态射为将幺元映到幺元的环同态.

6) 以环 R 上的模为对象, 态射为模的同态.

7) 以域 k 上的线性空间为对象, 态射为线性空间的同态.

8) 以拓扑空间为对象, 态射为拓扑空间的连续映射.

注意, 范畴是由其对象构成的 "类", 而不是 "集合". 例如, 上面例子中的交换群的范畴, 如果是一切交换群的 "集合", 那么一切交换群的直和 (直积) 仍是交换群, 是否在此 "集合" 中?

同一范畴的对象之间是用态射联系起来. 不同范畴之间的联系则是**函子**.

定义 0.4.2 从范畴 $\mathfrak{C}$ 到范畴 $\mathfrak{D}$ 的**共变函子**F, 由两部分组成.

1) F 是对象类之间的映射, 即对 $A \in \mathrm{ob}\mathfrak{C}$ 有唯一的 $F(A) \in \mathrm{ob}\mathfrak{D}$.

2) 态射集间的映射, 对于 $f \in \mathrm{Hom}(A, B)\,(A, B \in \mathrm{ob}\mathfrak{C})$, 有唯一的 $F(f) \in \mathrm{Hom}(F(A), F(B))$ 使得下面条件成立 (图 0.1):

(F_1) 对任何 $A \in \mathrm{ob}\mathfrak{C}$, $F(1_A) = 1_{F(A)}$.

(F_2) $f \in \mathrm{Hom}(A, B), g \in \mathrm{Hom}(B, C)$, $F(gf) = F(g)F(f)$.

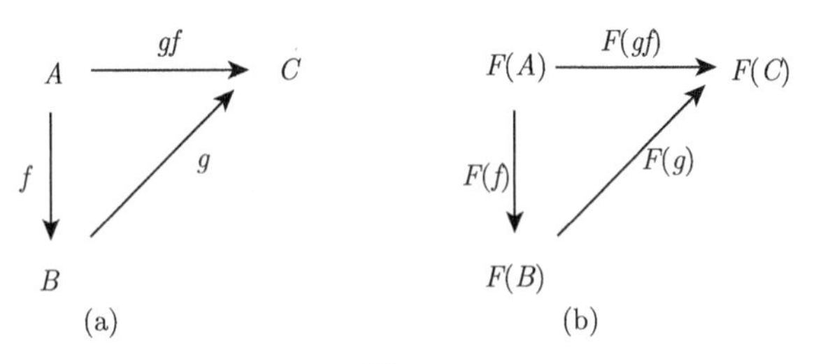

图 0.1

定义 0.4.3 从范畴 $\mathfrak{C}$ 到范畴 $\mathfrak{D}$ 的**反变函子**G, 由两部分组成.

1) G 是对象类之间的映射, 即对 $A \in \mathrm{ob}\mathfrak{C}$ 有唯一的 $G(A) \in \mathrm{ob}\mathfrak{D}$.

2) 态射集间的映射, 对于 $f \in \mathrm{Hom}(A, B)\,(A, B \in \mathrm{ob}\mathfrak{C})$, 有唯一的 $G(f) \in \mathrm{Hom}(G(B), G(A))$ 使得下面条件成立 (图 0.2):

(G_1) 对任何 $A \in \mathrm{ob}\mathfrak{C}$, $G(1_A) = 1_{G(A)}$.

(G_2) $f \in \mathrm{Hom}(A, B), g \in \mathrm{Hom}(B, C)$, $G(gf) = G(f)G(g)$.

例 0.4.2 1) 设 $\mathfrak{D} = \mathfrak{C}$, $1_{\mathfrak{C}}$ 为将每个对象和态射映到自身, 这是共变函子, 称为 $\mathfrak{C}$ 的**恒等函子**.

2) 设 $\mathfrak{Set}$ 是集合的范畴, $\mathfrak{V}_F$ 是域 F 上线性 (向量) 空间的范畴. 对任何一个集合 X, 可以定义以 X 为基的 F 上的线性空间 $V(X)$, 于是有 $\mathfrak{Set}$ 到 $\mathfrak{V}_F$ 的共变

函子 V.

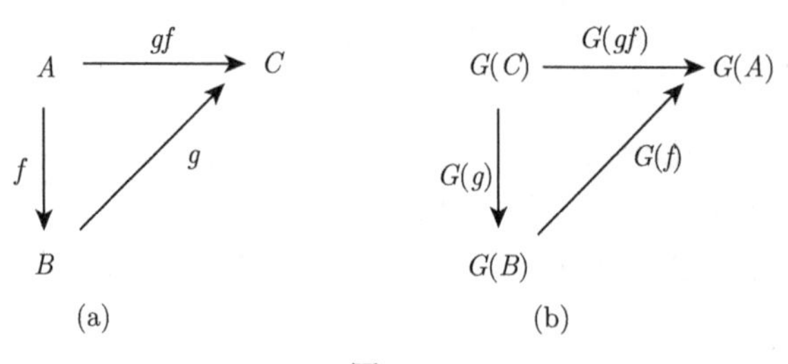

图 0.2

3) 设 $\mathfrak{G}$ 是群范畴, $G \in \mathfrak{G}$. 于是 G 是一个群, 当然 G 首先是一个集合, 将此集合记为 $\sigma(G)$, 群同态是集合间的映射. 于是 σ 是 $\mathfrak{G}$ 到 $\mathfrak{S}et$ 的共变函子, 此函子称为**忘却函子**. 即忘了 G 上的群结构.

自然对拓扑范畴、模范畴等均可定义忘却函子. 还可以定义部分忘却函子, 如拓扑群范畴到群范畴; 拓扑群范畴到拓扑范畴; 李群范畴到拓扑群范畴, 等等.

4) 设 $\mathfrak{C}$ 是一范畴. A 是 $\mathfrak{C}$ 的一固定的对象. 定义 $\mathfrak{C}$ 到集合范畴 $\mathfrak{S}et$ 的映射 $\mathrm{Hom}(A,-)$ 定义为

$$\mathrm{Hom}(A,-)(M) = \mathrm{Hom}(A,M), \quad \forall M \in \mathrm{ob}\mathfrak{C};$$

对于 $f \in \mathrm{Hom}(M,N)$, 定义 $\mathrm{Hom}(A,f) : \mathrm{Hom}(A,M) \to \mathrm{Hom}(A,N)$ 如下:

$$\mathrm{Hom}(A,f)(g) = fg, \quad g \in \mathrm{Hom}(A,M).$$

显然 $fg \in \mathrm{Hom}(A,N)$. 而且不难验证

$$\mathrm{Hom}(A,1_M) = 1_{\mathrm{Hom}(A,M)}, \quad \mathrm{Hom}(A,fh) = \mathrm{Hom}(A,f)\mathrm{Hom}(A,h),$$

这里 $f \in \mathrm{Hom}(M,N)$, $h \in \mathrm{Hom}(N,P)$.

因而 $\mathrm{Hom}(A,-)$ 是 $\mathfrak{C}$ 到 $\mathfrak{S}et$ 的共变函子.

5) 设 $\mathfrak{C}$ 是一范畴. A 是 $\mathfrak{C}$ 的一固定的对象. 定义 $\mathfrak{C}$ 到集合范畴 $\mathfrak{S}et$ 的映射 $\mathrm{Hom}(-,A)$ 定义为 $\mathrm{Hom}(-,A)(M) = \mathrm{Hom}(M,A)$; 对于 $f \in \mathrm{Hom}(M,N)$, 定义 $\mathrm{Hom}(f,A) : \mathrm{Hom}(N,A) \to \mathrm{Hom}(M,A)$ 如下:

$$\mathrm{Hom}(f,A)(g) = gf, \quad g \in \mathrm{Hom}(N,A).$$

显然 $gf \in \mathrm{Hom}(M,A)$. 而且不难验证

$$\mathrm{Hom}(A,1_M) = 1_{\mathrm{Hom}(M,A)}, \quad \mathrm{Hom}(A,fh) = \mathrm{Hom}(A,h)\mathrm{Hom}(A,f),$$

这里 $f \in \mathrm{Hom}(M,N)$, $h \in \mathrm{Hom}(N,P)$.

因而 $\mathrm{Hom}(-,A)$ 是 $\mathfrak{C}$ 到 $\mathfrak{Set}$ 的反变函子.

$\mathrm{Hom}(A,-)$, $\mathrm{Hom}(-,A)$ 统称Hom **函子**.

6) 设 $\mathfrak{G}$ 是群范畴, $\mathfrak{Ab}$ 是交换群的范畴, 则可定义 $\mathfrak{G}$ 到 $\mathfrak{Ab}$ 的共变函子 ab, 使得 $ab(G)=G/(G,G)$, (G,G) 是 G 的换位子群.

除了使用范畴论的一些术语, 在本课程中不深入讨论, 在某种意义上说, 本课程是为学习同调代数打基础的.

0.5 Zorn 引 理

数学归纳法是常用的方法, 但是只适用于有限或可数无限的情形. 一般则是需要超越归纳法. 建立超越归纳法原理需要用到选择公理. 选择公理的等价形式是良序定理和 Zorn 引理. 要表达良序定理和 Zorn 引理需要用到 "序" "偏序" 等概念.

定义 0.5.1 一个集合 S 中的关系 "$\leqslant$" 满足:

1) $\forall x\in S$, $x\leqslant x$;

2) 若 $x,y\in S$, 且 $x\leqslant y$, $y\leqslant x$, 则 $x=y$;

3) 若 $x,y,z\in S$, 且 $x\leqslant y$, $y\leqslant z$, 则 $x\leqslant z$,

则称 "$\leqslant$" 是一个**偏序**, S 为**偏序集**.

若 S 的偏序 "$\leqslant$" 还满足

4) $\forall x,y\in S$, 或 $x\leqslant y$, 或 $y\leqslant x$,

则称 "$\leqslant$" 为**全序**, S 为**全序集** 或**有序集**.

若偏序集 S 的任何非空子集都有最小元, 则称 S 为**良序集**.

在偏序集 $(S,\leqslant)$ 中, $x\leqslant y$, 也记为 $y\geqslant x$; $x\leqslant y$ 且 $x\neq y$, 也记为 $x<y$, 或 $y>x$.

良序集 S 一定是全序集. 这是因为, 若 $x,y\in S$, 于是 $\{x,y\}$ 有最小元, 如 x. 故 $x\leqslant y$.

定义 0.5.2 在良序集 S 中的元素 a 称为**极限元**, 若 $\{x|x<a\}$ 中无最大元, 否则称为**非极限元**.

例 0.5.1 1) 有限集中任何元素都是非极限元.

2) $\{2,4,6,\cdots,2n,\cdots,1,3,\cdots,2m+1,\cdots,|n,m\in\mathbf{N}\}$ 中 1 为极限元.

3) $\{1,2,3,\cdots,n,\cdots\}$ 中任何元素是非极限元.

选择公理 设 I 是一个指标集, $\alpha\in I$, A_α 是一个非空集合. $T=\{A_\alpha|\alpha\in I\}$ 为非空集族, 则存在 T 上的函数 f, 使得 $f(A_\alpha)\in A_\alpha$. 称 f 为**选择函数**.

注 如果令 $S=\bigcup\limits_{\alpha\in I}A_\alpha$, 则 T 也可写成 $T=\{A_\alpha|A_\alpha\subseteq S,\ \alpha\in I\}$.

例 0.5.2　设 S 是有限集或可数无限集, 于是可假定 $S \subseteq \mathbf{N}$. A_α 一定有最小数, 令 $f(A_\alpha)$ 为 A_α 的最小元, 因此 $f(A_\alpha) \in A_\alpha$, f 是选择函数.

一般情况, 选择公理与其他公理一样是不能证明的. 我们总假定所讨论的集合满足选择公理.

定义 0.5.3　设 S 是集合. $T = \{A | A \subseteq S, A \neq \varnothing\}$ 的选择函数为 t. 令 $A' = A \setminus \{t(A)\}$. T 的子集 N 称为 **Θ 链**, 如果满足:

1) $S \in N$;

2) 若 $A \in N$, 则 $A' \in N$;

3) 若 $A_\alpha \in N$ $(\alpha \in I)$, 则 $\bigcup\limits_{\alpha \in I} A_\alpha \in N$.

显然, T 是 Θ 链; Θ 链之交是 Θ 链; 所有 Θ 链之交 R 是最小的 Θ 链.

定义 0.5.4　设 S 是集合. $T = \{A | A \subseteq S, A \neq \varnothing\}$ 的选择函数为 t. R 是最小的 Θ 链. $A \in R$ 称为**正规集**, 若 $\forall B \in R$, 则 $A \subseteq B$, $B \subset A$ 二者之一成立.

引理 0.5.1　假设如上.

1) 设 A 为正规集. 若 $B \in R$, 且 $B \subset A$, 则 $B \subseteq A'$, 这里 $A' = A \setminus \{t(A)\}$.

2) R 中每个 A 都是正规的.

证　1) 令 $R_1 = \{X \in R | A \subseteq X$ 或 $X \subseteq A'\}$.

(1) 显然, $S \in R_1$.

(2) 现证明若 $X \in R_1$, 则 $X' \in R_1$.

事实上, 若 $X \subseteq A'$, 则 $X' \subset X \subseteq A'$, 于是 $X' \in R_1$. 设 $A \subset X$. 令 $A_1 = X \setminus A \neq \varnothing$, 则 $X = A \cup A_1$, $A \cap A_1 = \varnothing$. 于是

$$X' = \begin{cases} A \cup (A_1 \setminus \{t(X)\}), & t(X) \in A_1, \\ (A \setminus \{t(X)\}) \cup A_1, & t(X) \in A. \end{cases}$$

因 $X \in R_1 \subseteq R$, A 是正规集, 于是 $A \subseteq X'$ 或 $X' \subset A$. 而 A 与 $(A \setminus \{t(X)\}) \cup A_1$ 无包含关系, 故 $X' = A \cup (A_1 \setminus \{t(X)\}) \supseteq A$. 因此 $X' \in R_1$.

(3) 若 $X_\alpha \in R_1$ $(\alpha \in I)$, 则 $D = \bigcap\limits_{\alpha \in I} X_\alpha \in R_1$.

事实上, 若 $A \subseteq X_\alpha$ $(\alpha \in I)$, 则 $A \subseteq D$. 否则有 $X_{\alpha_0} \subseteq A'$, 此时 $D \subseteq A'$. 于是 $D \in R_1$.

总结上面讨论, 知 R_1 是 Θ 链. 由 R 的最小性知 $R_1 = R$. 注意 $A \supset B$, 于是 $A \not\subseteq B$, 因此 $B \subseteq A'$.

2) 令 $R_2 = \{A \in R | A$ 正规$\}$.

(1) 显然, $S \in R_2$.

(2) 现证明若 $A \in R_2$, 则 $A' \in R_2$.

事实上, 设 $X \in R$, 于是 $A \subseteq X$ 或 $X \subset A$. 对于前者, 自然 $A' \subset A \subseteq X$. 对于后者, 知有 $a \in A$, $a \notin X$. 再由结论 1) 知 $X \subseteq A'$. 于是 $a \neq t(A)$ 时, 有 $X \subset A'$; $a = t(A)$ 时, $X = A'$. 因此 $A' \in R_2$.

(3) 若 $X_\alpha \in R_2$ $(\alpha \in I)$, 则 $D = \bigcap\limits_{\alpha \in I} X_\alpha \in R_2$.

事实上, 设 $B \in R$, 若有 $X_{\alpha_0} \subset B$, 则 $D \subset B$. 否则 $X_\alpha \supseteq B$, 于是 $D \supseteq B$. 故 D 正规, 即 $D \in R_2$.

总结上面讨论知 R_2 是 Θ 链. 由此 $R_2 = R$, 即 $\forall A \in R$, A 正规. ■

定理 0.5.1 (良序定理) 设 S 是集合. $T = \{A | A \subseteq S, A \neq \varnothing\}$ 的选择函数为 t, 则在 S 中可定义良序.

证 设 R 为 S 的正规集构成的集合, 即最小的 Θ 链. 对 $a \in S$, 令 $R(a) = \bigcap\limits_{\substack{a \in A \\ A \in R}} A$. 由引理 0.5.1 知 $R(a)$ 是包含 a 的正规集. 又 $R'(a) = R(a) \setminus \{t(R(a))\} \in R$, $R'(a) \subset R(a)$. 因此 $a \notin R'(a)$. 因而 $a = t(R(a))$.

反之, 若 $A \in R$, $t(A) = a$, 则 $a \in A$. 故 $R(a) \subseteq A$. 若 $R(a) \subset A$, 仍由引理 0.5.1 有 $R(a) \subseteq A'$. 于是 $t(A) = a = t(R(a)) \notin R(a)$ 这就发生矛盾. 于是 $R(a) = A$. 由此可知 $R = \{R(a) | a \in S\}$, 而且有

(1) $a = b$ 当且仅当 $R(a) = R(b)$;

(2) 若 $a \neq b$, 则 $R(a) \subset R(b)$ 或 $R(b) \subset R(a)$.

在 S 中定义序 "$<$" 为 $a < b$ 当且仅当 $R(a) \supset R(b)$. 显然, 此时 S 是有序集.

设 $S_1 \subseteq S$. 令 $R(S_1) = \bigcap\limits_{\substack{B \in R \\ S_1 \subseteq B}} B \in R$. 记 $a = t(R(S_1))$. $\forall s \in S_1$, 有 $R(s) \subseteq R(S_1)$, 而 $R(a) \not\subset R'(S_1)$, 于是 $R(a) = R(S_1)$, $R(s) \subseteq R(a)$, 所以 $a \leqslant s$, a 为 S_1 的最小元. S 为良序集. ■

注 0.5.1 1) 若 S 为良序集, $S_1 \subseteq S$, 令 $t(S_1)$ 为 S_1 的最小元, 则 t 是 S 的选择函数. 由此可见选择公理与良序定理是等价的命题.

2) 良序定理通常简单地说成: "任何非空集合可定义序, 使其为良序集."

在良序定理的基础上就可建立所谓超越归纳法, 表现为下面的原理中.

定理 0.5.2 (超越归纳法原理) 设 S 是一个良序集. A 是 S 的子集, 满足

1) S 的最小元在 A 中;

2) 若对任一 $a \in S$, 由 $S(a) = \{x \in S | x < a\} \subseteq A$ 可得到 $a \in A$,

则 $A = S$. ($S(a)$ 称为 a 的前段.)

证 只要证明 $S \setminus A = \varnothing$. 若不然, 则 $S \setminus A = \varnothing$ 有最小元 a_0. 于是 $S(a_0) = \{x | x < a_0\} \subseteq A$. 由条件 2), $a_0 \in A$. 这就发生矛盾. 故 $A = S$. ■

注 0.5.2 由超越归纳法原理, 自然可建立超越归纳证明法与超越归纳构造法.

定理 0.5.3 (Zorn 引理) 设集合 S 对于序 "$\prec$" 是良序集.

又 S 对序 "$\leqslant$" 是偏序. 对此偏序, S 的任何全序子集都有上界, 则对此偏序集有极大元.

也就是说, 若 $\leqslant$ 是集合 S 的偏序, S_1 为 S 的子集, $\leqslant$ 是 S_1 的全序, 有 $y \in S$, 使得 $\forall x \in S_1$, $x \leqslant y$. 则有 $x_0 \in S$, 使得不存在 $x_1 \in S$, $x_1 \neq x_0$, $x_0 \leqslant x_1$.

证 设 S_0 是 S 的对偏序的全序子集, a_1 是良序集 S 的最小元. 令

$$S_{a_1} = \begin{cases} S_0, & S_0 \cup \{a_1\} \text{ 不是全序子集}, \\ S_0 \cup \{a_1\}, & S_0 \cup \{a_1\} \text{ 是全序子集}. \end{cases}$$

于是 $S_0 \subseteq S_{a_1} = S_0 \cup S_{a_1}$ 是全序子集. 设 $x \prec a$, 已构造了 S_x 满足:

$$y \preceq x \text{ 时}, \ S_y \subseteq S_x; \quad S_x = \bigcup_{y \preceq x} S_y.$$

于是 $T(a) = \bigcup\limits_{x \prec a} S_x$ 是 S 的全序子集. 令

$$S_a = \begin{cases} T(a), & T(a) \cup \{a\} \text{ 不是全序子集}, \\ T(a) \cup \{a\}, & T(a) \cup \{a\} \text{ 是全序子集}. \end{cases}$$

于是 $A = \bigcup\limits_{a \in S} S_a$ 是 S 的全序子集. 若 $x \notin A$, 而 $A \cup \{x\}$ 是全序子集, 则 $x \in S_x \subseteq A$, 这是不可能的, 于是 $A \cup \{x\}$ 不是全序子集. 设 α 是 A 的上界. 若 α 不是极大元, 则有 $y \in S$ 使得 $y > \alpha$. 因而 $y \notin A$. 故 $A \cup \{y\}$ 不是全序子集. 但由 $\forall x \in A$, 有 $x \leqslant \alpha < y$, 由此 $A \cup \{y\}$ 是全序子集. 这就产生矛盾. 因而 α 是 S 的极大元. ∎

在 Zorn 引理成立的前提下也可证明良序定理.

定理 0.5.4 设对于偏序集 Zorn 引理成立, 则在任一非空集 A 中可以定义良序.

证 设 $S = \{(X, \leqslant_X) | X \subseteq A, \leqslant_X \text{ 是 } X \text{ 的良序}\}$. 因为 A 的任何非空有限子集都可定义良序, 于是 S 是非空的. 在 S 中定义序 $(X, \leqslant_X) \leqslant (X', \leqslant_{X'})$ 满足:

(1) $X \subseteq X'$,

(2) $\leqslant_{X'}$ 限制在 X 上就是 $\leqslant_X$,

(3) $x \in X$, $x' \in X' \setminus X$ 则 $x \leqslant_{X'} x'$.

容易看出 "$\leqslant$" 是 S 的偏序, 而且当 $(X, \leqslant_X) \leqslant (X', \leqslant_{X'})$ 时, X' 的最小元就是 X 的最小元.

设 $\{(X_i, \omega_i)\}$ 是一非空全序子集, 令 $X_0 = \bigcup\limits_i X_i$. 若 $a, b \in X_0$, 于是有 i 使得 $a, b \in X_i$, 则规定 $a \leqslant_{X_0} b$, 若 $a \leqslant_{X_i} b$. 如此规定的序与 i 的选取无关. 因而 X_0 是

全序集. 设 $\varnothing \neq Y \subseteq X_0$. 于是有 j 使得 $Y \cap X_j \neq \varnothing$. 于是 $Y \cap X_j$ 有最小元 c. 若 $y_1 \in Y \setminus X_j$, 设 $y_1 \in X_i$, 因而 $X_j \subset X_i$, 故 $c \leqslant_{X_i} y_1$. 所以 c 是 Y 的最小元, 因此 X_0 是良序集, 为 $\{(X_i, \omega_i)\}$ 的上界. 设 S 的极大元为 $(A_0, \leqslant_{A_0})$. 若 $A_0 \neq A$, 于是有 $b \in A \setminus A_0$. 在 $A_0 \cup \{b\}$ 定义序: $a_1, a_2 \in A_0$, 则 a_1, a_2 的序为 A_0 的序; $a \in A_0$ 则 $a \leqslant b$. 于是 $A_0 \cup \{b\}$ 是良序集, 这与 $(A_0, \leqslant_{A_0})$ 的极大性矛盾. 故 $A = A_0$ 定义为良序集了. ■

良序定理的一个很好的应用是证明任何一个域的代数闭包的存在.

例 0.5.3 任何一个域 K 的代数闭包在同构意义下存在唯一.

证 设 $K[x]$ 是 K 上一元多项式代数. 将 $S = \{p(x) \in K[x] | p(x) \text{ 不可约}\}$ 良序化 "$<$". 对每个 $p(x) \in S$ 作域 K_p 满足:

(1) K_p 是 K 的代数扩张;

(2) $p(x)$ 在 K_p 内完全分解;

(3) $q(x) < p(x)$ 时, K_q 是 K_p 的子域.

若 $p_0(x)$ 是 S 的最小元, 令 K_{p_0} 为 $p_0(x)$ 的分裂域. 设 $q(x) < p(x)$ 已构造出 K_q, 于是 $K_q = \bigcup\limits_{q_1(x) \leqslant q(x)} K_{q_1}$. 令 $F = \bigcup\limits_{q(x) < p(x)} K_q$, 则 F 是 K 的代数扩张. 令 K_p 为 $p(x)$ 在 F 上的分裂域, 则 K_p 满足上面的要求. 于是 $\varOmega = \bigcup\limits_{p(x) \in S} K_p$ 是 K 的代数闭包.

设 $\varOmega'$ 也是 K 的代数闭包. 于是有 K_{p_0} 到 $\varOmega'$ 的子域 K'_{p_0} 的同构 σ_{p_0}. 设对于 $q(x) < p(x)$ 已有 K_q 到 $\varOmega'$ 的子域 K'_q 的 K 同构 σ_q 满足: 当 $q_1(x) < q(x)$ 时, σ_q 在 K_{q_1} 上的限制为 σ_{q_1}. 于是有 $K'_{q_1} = \sigma_{q_1} K_{q_1} = \sigma_q K_{q_1} \subseteq \sigma_q(K_q) = K'_q$. 故有 F 到 $\varOmega'$ 的子域 $F' = \bigcup\limits_{q(x) < p(x)} K'_q$ 的同构 σ_F. 注意 K_p 是 F 的有限代数扩张, 因而有 K_p 到 $\varOmega'$ 的子域 K'_p 的 F 同构 σ_p 使得 $q(x) < p(x)$ 时, σ_q 在 K_q 上的限制为 σ_q. 于是有 $\varOmega$ 到 $\varOmega'$ 的子域 $\varOmega'_1$ 的 K 同构. 由于 $\varOmega'_1$ 是代数封闭的, $\varOmega'$ 是 $\varOmega'_1$ 的代数扩张, 故 $\varOmega'_1 = \varOmega'$. $\varOmega$ 与 $\varOmega'$ 是 K 同构的. ■

在我们的课程中主要用 Zorn 引理的形式. 下面是 Zorn 引理应用的例子.

例 0.5.4 设 V 是域 $\mathbf{F}$ 上的线性空间, $\dim V \neq 0$, E 是 V 的线性无关子集, 则存在 V 的基 $B \supseteq E$.

证 令 M 是 V 的包含 E 的线性无关集的全体. 以包含关系作为序, 则 M 为偏序集. 设 $\{A_i | i \in I\}$ 是 M 的全序子集. 因而 $\bigcup\limits_{i \in I} A_i$ 是 $\{A_i | i \in I\}$ 的上界. 因此 M 中有极大元 B. 若 B 不是基, 则有 $y \in V$, y 不能被 B 线性表示, 因而 $\{y\} \cup B \in M$, 这与 B 为 M 的极大元矛盾. 因此 B 为 V 的基. ■

注 B 称为 V 的 Hamel 基. 如果 V 是某区间上连续函数构成的线性空间, 则

V 有 Hamel 基.

习 题 0

1. 求 $\mathrm{Irr}(\sqrt{2}\pm\sqrt{3},\mathbf{Q})$, 从而证明 $\sqrt{2}\pm\sqrt{3}$ 是代数整数.

2. $S=\{f_1(x,y,z)=\dfrac{x^2}{a^2}+\dfrac{y^2}{b^2}+\dfrac{z^2}{c^2}-1,\ f_2(x,y,z)=x^2+y^2+z^2-b^2\}$. 问 $\mathfrak{V}(S)$ 在空间直角坐标系中的图形是什么?

3. R 模 M 到 R 模 M' 的所有同态的集合常记为 $\mathrm{Hom}(M,M')$. 设 $\eta_1,\eta_2\in\mathrm{Hom}(M,M')$, $a\in R$, 定义 $\eta_1+\eta_2$, $a\eta_1$ 如下:

$$(\eta_1+\eta_2)(x)=\eta_1(x)+\eta_2(x),\quad (a\eta_1)(x)=a\eta_1(x),\quad \forall x\in M.$$

证明 $\mathrm{Hom}(M,M')$ 为 R 模.

4. 设 $\mathfrak{V}_{\mathbf{F}}$ 是以域 $\mathbf{F}$ 上线性空间为对象的类, 并以线性映射为态射, 证明 $\mathfrak{V}_{\mathbf{F}}$ 是一个范畴.

5. 设 p 是素数. S 是有限群 G 的一个 Sylow p 子群. 以 S 的子群为对象, S 的两个子群 P, Q 间的态射 φ 是由 $g\in G$ 决定的共轭 $\varphi=c_g:p\to gpg^{-1}\in Q$, 即

$$\mathrm{Hom}_G(P,Q)=\{\varphi=c_g|gPg^{-1}\subseteq Q\}.$$

证明这是一个范畴.

此范畴称为**G 在 S 上的融合系**.

6. 设 V 是域 $\mathbf{F}$ 上的无限维线性空间, 证明 V 的线性变换构成的线性空间 $\mathrm{End}V$ 也是无限维的.

7. 设 $(S_1,\leqslant_1)$, $(S_2,\leqslant_2)$, $\cdots$, $(S_n,\leqslant_n)$ 都是良序集, $i\neq j$ 时, $S_i\cap S_j=\varnothing$. 在集合 $S=\bigcup\limits_{i}^{n}S_i$ 定义良序 $\leqslant$ 使得 $\leqslant$ 在 S_i 上的限制为 $\leqslant_i$. 这样的良序有多少种?

第 1 章　交换环的根和根式理想

知道抽象代数基础的读者, 都知道环的定义与一些基本性质. 本书要讨论的环是有幺元的交换环. 为了阅读方便先回忆一下环的一些基本事实, 而后着重介绍交换环的根和根式理想.

1.1　环的基本概念

定义 1.1.1　若在非空集合 R 中定义了加法和乘法两种二元运算, 并满足下列条件:

1) R 对加法为 Abel 群;
2) R 对乘法为半群;
3) 加法与乘法间有分配律, 即 $\forall a, b, c \in R$,

$$a(b+c)=ab+ac, \quad (b+c)a=ba+ca,$$

则称 R 是一个**环**.

下面给出一些重要类型的环的概念.

交换环　乘法是交换半群的环.

幺环　乘法是幺半群的环, 通常记**幺元**为 1. 幺环 R 的幺元也常记为 1_R.

交换幺环　乘法是交换幺半群的环.

无零因子环　任意两个非零元的积不为零的环.

设 R 是环.$a, b \in R$, 且 $a \neq 0, b \neq 0$. 若 $ab=0$, 则称 a 是 R 的一个**左零因子**, b 是 R 的一个**右零因子**, 都简称为**零因子**. 有时为方便也将 0 称为零因子. 环 R 中元素 a, 有 $n \in \mathbf{N}$ 使得 $a^n=0$, 则称 a 为**幂零元**.

如果对幺环 R 中元素 a 有元素 b, c 使得 $ab=ca=1$, 则称 a 为 R 的一个**单位或可逆元**. 显然, 幺元 1 是单位. 容易证明 a 为单位时, 有 $b=c$; 且满足 $ax=1$ 的元素是唯一的, 此元素称为 a 的**逆元**, 记为 a^{-1}.

整环　无零因子的幺环.

子环与理想是环论中的基本概念.

定义 1.1.2　若环 R 的非空子集 R_1 对 R 的加法与乘法也构成环, 则称 R_1 为 R 的**子环**. 若 R_1 还满足 $RR_1 \subseteq R_1$(或 $R_1R \subseteq R_1$), 则称 R_1 为 R 的**左理想** (**或右**

理想). 若环 R 的非空子集 $\mathfrak{a}$ 既是左理想又是右理想, 则称 $\mathfrak{a}$ 为 R 的**双边理想**, 简称**理想**.

显然, $\{0\}$ 与 R 都是 R 的理想, 称为**平凡理想**.

定理 1.1.1　设 $\mathfrak{a}$ 为环 R 的理想. 在商集合 $R/\mathfrak{a}$ 中定义加法、乘法为

$$(a+\mathfrak{a})+(b+\mathfrak{a})=(a+b)+\mathfrak{a},\quad \forall a,b\in R; \tag{1.1.1}$$

$$(a+\mathfrak{a})\cdot(b+\mathfrak{a})=ab+\mathfrak{a},\quad \forall a,b\in R, \tag{1.1.2}$$

则 $R/\mathfrak{a}$ 对这种加法与乘法也构成环, 称为 R 对 $\mathfrak{a}$ 的**商环**.

证　因 R 对加法为 Abel 群, 故 R 的加法子群 $\mathfrak{a}$ 为正规子群. 于是 $R/\mathfrak{a}$ 对上述加法运算为 Abel 群. 又 $\mathfrak{a}$ 是 R 的理想. 设 $a,b,c,d\in R$, 且 $a-b,c-d\in\mathfrak{a}$. 此时有 $ac-bd=ac-ad+ad-bd=a(c-d)+(a-b)d\in\mathfrak{a}$.

于是在 $R/\mathfrak{a}$ 中可定义乘法如上, 且为半群. 又 $\forall a,b,c\in R$ 有

$$\begin{aligned}&((a+\mathfrak{a})+(b+\mathfrak{a}))(c+\mathfrak{a})=((a+b)+\mathfrak{a})(c+\mathfrak{a})\\=&(a+b)c+\mathfrak{a}=(ac+bc)+\mathfrak{a}=(ac+\mathfrak{a})+(bc+\mathfrak{a})\\=&(a+\mathfrak{a})(c+\mathfrak{a})+(b+\mathfrak{a})(c+\mathfrak{a}).\end{aligned}$$

类似有

$$(a+\mathfrak{a})((b+\mathfrak{a})+(c+\mathfrak{a}))=(a+\mathfrak{a})(b+\mathfrak{a})+(a+\mathfrak{a})(c+\mathfrak{a}),$$

即分配律成立. 故 $R/\mathfrak{a}$ 是一个环. ∎

由此定理易得下列推论.

推论 1.1.1　若 R 为交换环, 则 $R/\mathfrak{a}$ 也是交换环. 若 R 为幺环, 则 $R/\mathfrak{a}$ 也是幺环, 且 $1+\mathfrak{a}$ 为幺元.

例 1.1.1　一切数域都是环. $\mathbf{Z}$ 对加法与乘法是环, 称为**整数环**. 数域 $\mathbf{P}$ 上的 n 元多项式集合 $\mathbf{P}[x_1,x_2,\cdots,x_n]$ 对多项式的加法和乘法是环, 称为 $\mathbf{P}$ 上的 n 元**多项式环**.

例 1.1.2　$m\mathbf{Z}$ 为 $\mathbf{Z}$ 的理想, 故 $\mathbf{Z}_m=\mathbf{Z}/m\mathbf{Z}$ 对剩余类 $(\bmod\, m)$ 的加法与乘法是一个环. 当 p 为素数时, $\mathbf{Z}_p$ 为域. 若 m 是合数, 即 $m=m_1m_2$, $m_i\in\mathbf{Z}$, $|m_i|>1$, $i=1,2$, 则 $\mathbf{Z}_m$ 有零因子 $\overline{m}_1$, $\overline{m}_2$.

1.2　同态与同构

为了深入地研究一个代数体系的性质, 需将同类型的两个代数体系加以比较, 同态与同构概念就由此而生.

定义 1.2.1　设 R, R_1 是两个环, φ 是 R 到 R_1 的映射, 如果对 $\forall a, b \in R$,

$$\varphi(a+b) = \varphi(a) + \varphi(b),$$
$$\varphi(ab) = \varphi(a)\varphi(b),$$

那么称 φ 是 R 到 R_1 的一个**同态**.

若 φ 是满映射, 则称 φ 为**满同态**, 或 φ 是 R 到 R_1 上的同态.

若 φ 还是一一对应, 则称 φ 为**同构**. 这时也称 R 与 R_1 同构, 记为 $R \cong R_1$.

例 1.2.1　设 R, R_1 是两个环. 定义 R 到 R_1 的映射 $\varphi: \varphi(x) = 0, \forall x \in R$, 则 φ 是 R 到 R_1 的同态, 这样的同态称为**零同态**.

例 1.2.2　设 $\mathfrak{a}$ 是环 R 的一个理想.R 到商环 $R/\mathfrak{a}$ 的自然映射 $\pi: \pi(x) = x + \mathfrak{a}$, $\forall x \in R$, 是 R 到 $R/\mathfrak{a}$ 上的同态, 称为**自然同态**.

定义 1.2.2　设 f 是环 R_1 到环 R_2 的同态, R_2 的零元素 0 的原像集合

$$\ker f = f^{-1}(0) = \{x \in R_1 | f(x) = 0\}$$

称为 f 的**核**或**同态核**.

例 1.2.3　设 $\mathfrak{a}$ 是环 R 的理想, π 是 R 到商环 $R/\mathfrak{a}$ 的自然同态, 则有 $\ker \pi = \mathfrak{a}$.

定理 1.2.1 (环的同态基本定理)　设 f 是环 R 到环 R' 上的同态映射, 则有下列结论:

1) $\ker f$ 是 R 的理想;

2) 设 π 是 R 到商环 $R/\ker f$ 上的自然同态, 则有 $R/\ker f$ 到 R' 上的同构映射 $\bar{f}$ 使得 $f = \bar{f} \cdot \pi$(图 1.1).

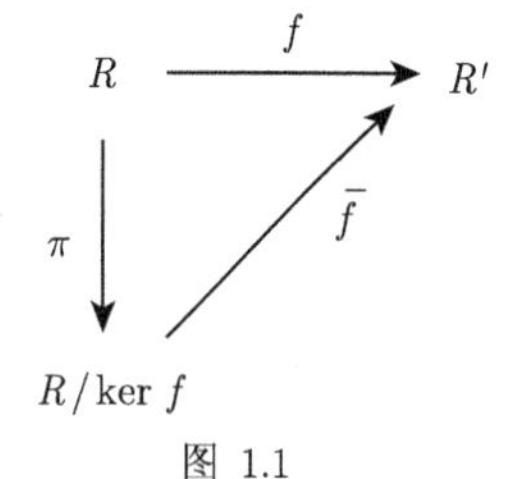

图 1.1

证　1) 设 $x, y \in \ker f$, 则有 $f(x-y) = 0$, 故 $x - y \in \ker f$.

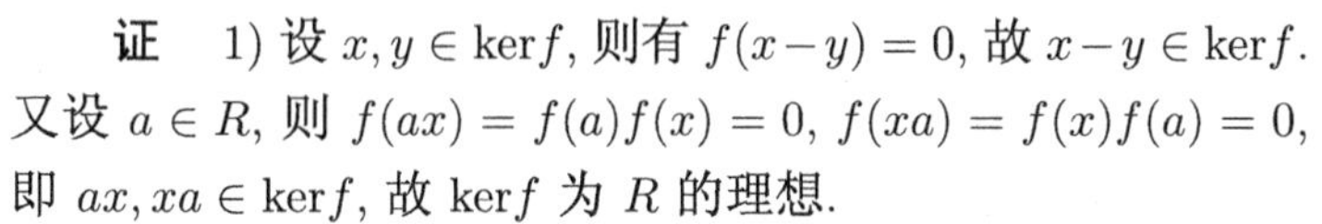
又设 $a \in R$, 则 $f(ax) = f(a)f(x) = 0$, $f(xa) = f(x)f(a) = 0$, 即 $ax, xa \in \ker f$, 故 $\ker f$ 为 R 的理想.

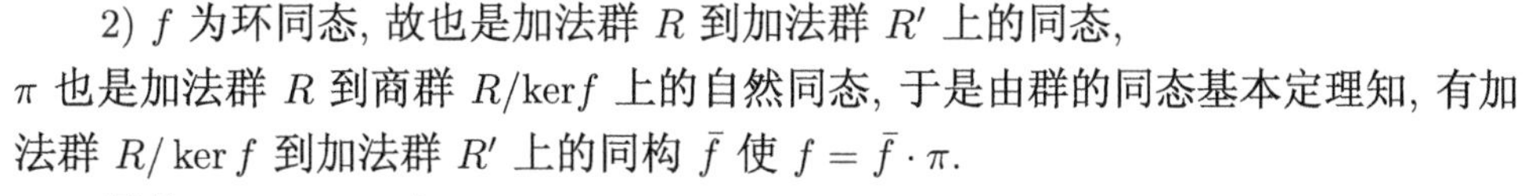
2) f 为环同态, 故也是加法群 R 到加法群 R' 上的同态, π 也是加法群 R 到商群 $R/\ker f$ 上的自然同态, 于是由群的同态基本定理知, 有加法群 $R/\ker f$ 到加法群 R' 上的同构 $\bar{f}$ 使 $f = \bar{f} \cdot \pi$.

另外, $\forall a, b \in R$, 有

$$\bar{f}(\pi(a)\pi(b)) = \bar{f}(\pi(ab)) = f(ab) = f(a)f(b) = \bar{f}(\pi(a))\bar{f}(\pi(b)).$$

因而 $\bar{f}$ 也是环 $R/\ker f$ 到环 R' 上的同构. ∎

定理 1.2.2　设 f 是环 R 到环 R' 上的同态, 又 $\mathfrak{k} = \ker f$, 则有下列结论:

1) f 建立了 R 中包含 $\mathfrak{k}$ 的子环与 R' 的子环之间的一一对应;

2) 上述对应把理想对应到理想;

3) 若 $\mathfrak{a}$ 是 R 的理想, 且 $\mathfrak{a} \supseteq \mathfrak{k}$, 则 $R/\mathfrak{a} \cong R'/f(\mathfrak{a})$.

证 1) 由群的同态定理知, f 建立了加法群 R 中包含 $\mathfrak{k}$ 的子群与加法群 R' 的子群间的一一对应. 设 H 为 R 的子环, 且 $H \supseteq \mathfrak{k}$, 显然 $f(H)$ 为 R' 的子环. 反之, 若 H' 为 R' 的子环, 则 $f^{-1}(H')$ 是 R 中唯一包含 $\mathfrak{k}$ 的加法子群. 又若 $a, b \in f^{-1}(H')$, 则有 $f(ab) = f(a)f(b) \in H'$, 即 $ab \in f^{-1}(H')$. 因而 $f^{-1}(H')$ 是 R 中包含 $\mathfrak{k}$ 的子环, 即结论 1) 成立.

2) 设 $\mathfrak{h}$ 为 R 的理想, 且 $\mathfrak{h} \supseteq \mathfrak{k}$, $\forall a, b \in R$, $h \in \mathfrak{h}$, 有 $f(a)f(h)f(b) = f(ahb) \in f(\mathfrak{h})$, 故 $f(\mathfrak{h})$ 为 R' 的理想. 反之, 设 $\mathfrak{h}'$ 为 R' 的理想.$\forall b \in R$, $x \in f^{-1}(\mathfrak{h}')$, 有 $f(bx) = f(b)f(x) \in \mathfrak{h}'$, $f(xb) = f(x)f(b) \in \mathfrak{h}'$, 即 $bx, xb \in f^{-1}(\mathfrak{h}')$, 故 $f^{-1}(\mathfrak{h}')$ 为 R 的理想. 由此知结论 2) 成立.

3) 设 $\mathfrak{a}$ 是 R 的理想, 且 $\mathfrak{a} \supseteq \mathfrak{k}$, 又设 π 是 R 到 $R/\mathfrak{a}$ 的自然同态, π' 是 R' 到 $R'/f(\mathfrak{a})$ 的自然同态. 易知 $\pi' f$ 是 R 到 $R'/f(\mathfrak{a})$ 上的同态, $\ker(\pi' f) = \mathfrak{a}$. 于是由环同态基本定理知结论 3) 成立. ∎

推论 1.2.1 设 $\mathfrak{a}, \mathfrak{b}$ 均为环 R 的理想, 且 $\mathfrak{a} \subseteq \mathfrak{b}$, 则有 $R/\mathfrak{b} \cong (R/\mathfrak{a})(\mathfrak{b}/\mathfrak{a})$.

事实上, 只要在上面的定理中取 $R' = R/\mathfrak{a}$, f 为 R 到 $R/\mathfrak{a}$ 的自然同态, 即得此推论. ∎

定理 1.2.3 设 H 为环 R 的子环, $\mathfrak{k}$ 为 R 的理想, 则 $H + \mathfrak{k}$ 为 R 的子环, $H \cap \mathfrak{k}$ 为 H 的理想, 且 $(H + \mathfrak{k})/\mathfrak{k} \cong H/(H \cap \mathfrak{k})$.

证 设 π 是环 R 到商环 $R/\mathfrak{k}$ 上的自然同态. 因 H 是 R 的子环, 故 $\pi(H)$ 是 $R/\mathfrak{k}$ 的子环. 且有 $\pi^{-1}(\pi(H)) = H + \mathfrak{k}$. 又 $H + \mathfrak{k}$ 是 R 的子环, 且 $\pi(H) \cong (H + \mathfrak{k})/\mathfrak{k}$, 又 $\pi|_H$ 是 H 到 $\pi(H)$ 上的同态, 且 $\ker(\pi|_H) = H \cap \mathfrak{k}$, 因而 $\pi(H) \cong H/(H \cap \mathfrak{k})$. ∎

定理 1.2.4 设 R 是非零的交换幺环, 则下列条件等价:

1) R 是域;

2) R 只有平凡理想;

3) R 到非零交换幺环的 R_1 同态 φ, 满足 $\varphi(1_R) = 1_{R_1}$, 则 φ 是一一的.

证 1) $\Longrightarrow$ 2) 设 $\mathfrak{a}$ 是一个非零理想, 于是有 $a \in \mathfrak{a}$, $a \neq 0$. 因 R 是域, 故 $1 = a^{-1}a \in \mathfrak{a}$, 所以 $\mathfrak{a} = R$.

2) $\Longrightarrow$ 3) 注意 $1_R \notin \ker \varphi$, $\ker \varphi$ 是 R 的真理想, 于是 $\ker \varphi = \{0\}$, 故 φ 是一一的.

3) $\Longrightarrow$ 1) 设 $x \in R$, x 不是单位, 即非可逆元. 于是 x 生成的理想 $\langle x \rangle \neq R$. 因此 R 到 $R/\langle x \rangle \neq R$ 的自然同态 π 是一一的, 于是 $\ker \pi = \langle x \rangle = \{0\}$, 即 $x = 0$, 所以 R 是域. ∎

1.3 理想的运算

从本节往后, 如无特别的声明, 所说 "环", 均指交换幺环, 此时, 左零因子与右零因子是一致的. 对于交换幺环, 左理想、右理想与理想是一致的. 此外, 称 R_1 为 R 的 "子环" 时, 要求 R 的幺元 1 在 R_1 中. 这时, R_1 为理想, 则 $R_1 = R$. f 是交换幺环 R 到交换幺环 R_1 的同态, 还假定 $f(1_R) = 1_{R_1}$, 这里 $1_R, 1_{R_1}$ 分别为 R, R_1 的幺元.

以下总假定所说理想是在环 R 中的理想, 而不再声明. 设 $\mathfrak{a}, \mathfrak{b}$ 是两个理想. 所说理想的运算, 主要有下面四种:

1) $\mathfrak{a} \cap \mathfrak{b}$ 仍为理想, 称为 **$\mathfrak{a}$ 与 $\mathfrak{b}$ 的交**;

2) $\mathfrak{a} + \mathfrak{b} = \{x + y | x \in \mathfrak{a}, y \in \mathfrak{b}\}$ 仍为理想, 称为 **$\mathfrak{a}$ 与 $\mathfrak{b}$ 的和**;

3) $\mathfrak{a}\mathfrak{b} = \left\{ \sum_{i=1}^{n} x_i y_i | x_i \in \mathfrak{a}, y_i \in \mathfrak{b} \right\}$ 仍为理想, 称为 **$\mathfrak{a}$ 与 $\mathfrak{b}$ 的积**;

4) $\mathfrak{a} : \mathfrak{b} = (\mathfrak{a} : \mathfrak{b}) = \{x \in R | x\mathfrak{b} \subseteq \mathfrak{a}\}$ 仍为理想, 称为 **$\mathfrak{a}$ 与 $\mathfrak{b}$ 的理想商**.

两个理想的交, 和, 积为理想是容易证明的. 对于理想商, 证明如下. 因为 $\mathfrak{a}$ 是理想, 因此 $x \in \mathfrak{a}$, $x\mathfrak{b} \subseteq \mathfrak{a}$, 故 $\mathfrak{a} \subseteq (\mathfrak{a} : \mathfrak{b})$. 设 $x, y \in (\mathfrak{a} : \mathfrak{b})$, $b \in \mathfrak{b}$, 于是 $(x - y)b = xb - yb \in \mathfrak{a}$, 即有 $x - y \in (\mathfrak{a} : \mathfrak{b})$, $(\mathfrak{a} : \mathfrak{b})$ 为加法群 R 的子群. 又若 $z \in R$, 于是 $(zx)b = z(xb) \in \mathfrak{a}$, 故 $zx \in (\mathfrak{a} : \mathfrak{b})$. 所以 $(\mathfrak{a} : \mathfrak{b})$ 是理想.

特别地, $\{0\}$ 是理想, $\{0\} : \mathfrak{b} = \{x \in R | xb = 0, b \in \mathfrak{b}\}$ 也是理想, 称为 $\mathfrak{b}$ 的**零化子** (**零化理想**), 也记为 $\mathrm{ann}\mathfrak{b}$. 于是 $D = \bigcup_{x \neq 0} \mathrm{ann}\langle x \rangle$ 是 R 的零因子的集合.

例 1.3.1 设 F 是一个域, $R = F[x]$ 是 F 上的一元多项式环. $\mathfrak{a} = \langle f(x) \rangle$, $\mathfrak{b} = \langle g(x) \rangle$, 其中 $f(x) = p_1(x)^{a_1} p_2(x)^{a_2} \cdots p_n(x)^{a_n}$, $g(x) = p_1(x)^{b_1} p_2(x)^{b_2} \cdots p_n(x)^{b_n}$, $p_i(x)$ 不可约, $a_i \geqslant 0$, $b_i \geqslant 0$, $i \neq j$ 时, $p_i(x), p_j(x)$ 互素. 令

$$c_i = \max\{a_i - b_i, 0\} = a_i - \min\{a_i, b_i\} = \begin{cases} a_i - b_i, & a_i \geqslant b_i, \\ 0, & a_i \leqslant b_i, \end{cases} \quad 1 \leqslant i \leqslant n.$$

又令 $h(x) = p_1(x)^{c_1} p_2(x)^{c_2} \cdots p_n(x)^{c_n} = f(x)/(f(x), g(x))$, $(f(x), g(x))$ 是 $f(x), g(x)$ 的最大公因式, 则有 $\mathfrak{a} : \mathfrak{b} = \langle h(x) \rangle$.

定理 1.3.1 理想的运算有下面性质:

1) $\mathfrak{a} + \mathfrak{b} = \mathfrak{b} + \mathfrak{a}$; $(\mathfrak{a} + \mathfrak{b}) + \mathfrak{c} = \mathfrak{a} + (\mathfrak{b} + \mathfrak{c})$;

2) $\mathfrak{a}\mathfrak{b} = \mathfrak{b}\mathfrak{a}$; $(\mathfrak{a}\mathfrak{b})\mathfrak{c} = \mathfrak{a}(\mathfrak{b}\mathfrak{c})$; $\mathfrak{a}(\mathfrak{b} + \mathfrak{c}) = \mathfrak{a}\mathfrak{b} + \mathfrak{a}\mathfrak{c}$;

3) $\mathfrak{a} \subseteq \mathfrak{a} + \mathfrak{b}$; $\mathfrak{a}\mathfrak{b} = \mathfrak{a} \cap \mathfrak{b}$;

4) $(\mathfrak{a} : \mathfrak{b})\mathfrak{b} \subseteq \mathfrak{a} \subseteq (\mathfrak{a} : \mathfrak{b})$;

5) $\left(\bigcap_i \mathfrak{a}_i \right) : \mathfrak{b} = \bigcap_i (\mathfrak{a}_i : \mathfrak{b})$;

6) $(\mathfrak{a} : \mathfrak{b}) : \mathfrak{c} = \mathfrak{a} : (\mathfrak{b}\mathfrak{c}) = (\mathfrak{a} : \mathfrak{c}) : \mathfrak{b}$;

7) $\mathfrak{a} : (\mathfrak{b}_1 + \mathfrak{b}_2 + \cdots + \mathfrak{b}_n) = \bigcap_{i=1}^{n} (\mathfrak{a} : \mathfrak{b}_i)$;

8) $\mathfrak{a}:\mathfrak{b}=\mathfrak{a}:(\mathfrak{a}+\mathfrak{b})$.

证　容易证明 1), 2), 3) 及 4).

5) 设 $x\in\left(\bigcap_i\mathfrak{a}_i\right):\mathfrak{b}$, 于是 $x\mathfrak{b}\subseteq\bigcap_i\mathfrak{a}_i$, $x\mathfrak{b}\subseteq\mathfrak{a}_i$, $x\in\bigcap_i(\mathfrak{a}_i:\mathfrak{b})$. 反之, $y\in\bigcap_i(\mathfrak{a}_i:\mathfrak{b})$, 即 $y\in\mathfrak{a}_i:\mathfrak{b}$, $y\mathfrak{b}\subseteq\mathfrak{a}_i$, $1\leqslant i\leqslant n$. 故 $y\mathfrak{b}\in\bigcap_i\mathfrak{a}_i$, 即 $y\in\left(\bigcap_i\mathfrak{a}_i\right):\mathfrak{b}$. 故 5) 成立.

6) 设 $x\in(\mathfrak{a}:\mathfrak{b}):\mathfrak{c}$, 于是 $x\mathfrak{c}\subseteq(\mathfrak{a}:\mathfrak{b})$, 即有 $(x\mathfrak{c})\mathfrak{b}\subseteq\mathfrak{a}$, 因而 $x\in\mathfrak{a}:(\mathfrak{b}\mathfrak{c})$. 反之, 若 $y\in\mathfrak{a}:(\mathfrak{b}\mathfrak{c})$, 故 $\forall b\in\mathfrak{b}$, $c\in\mathfrak{c}$, 有 $y(bc)\in\mathfrak{a}$. 于是 $(yc)b\in\mathfrak{a}$, 即 $yc\in\mathfrak{a}:\mathfrak{b}$, 所以 $y\in(\mathfrak{a}:\mathfrak{b}):\mathfrak{c}$. 于是 $(\mathfrak{a}:\mathfrak{b}):\mathfrak{c}=\mathfrak{a}:(\mathfrak{b}\mathfrak{c})$. 由此而得

$$(\mathfrak{a}:\mathfrak{b}):\mathfrak{c}=\mathfrak{a}:(\mathfrak{b}\mathfrak{c})=\mathfrak{a}:(\mathfrak{c}\mathfrak{b})=(\mathfrak{a}:\mathfrak{c}):\mathfrak{b}.$$

7) 设 $x\in\mathfrak{a}:(\mathfrak{b}_1+\mathfrak{b}_2+\cdots+\mathfrak{b}_n)$, 于是 $1\leqslant i\leqslant n$ 时, 有 $x\mathfrak{b}_i\subseteq x(\mathfrak{b}_1+\mathfrak{b}_2+\cdots+\mathfrak{b}_n)\subseteq\mathfrak{a}$, 因此 $x\in\mathfrak{a}:\mathfrak{b}_i$, 于是 $x\in\bigcap_{i=1}^n(\mathfrak{a}:\mathfrak{b}_i)$. 反之, 若 $y\in\bigcap_{i=1}^n(\mathfrak{a}:\mathfrak{b}_i)$, 于是 $y\in\mathfrak{a}:\mathfrak{b}_i$, 即 $y\mathfrak{b}_i\subseteq\mathfrak{a}$, $1\leqslant i\leqslant n$. 因此 $y(\mathfrak{b}_1+\mathfrak{b}_2+\cdots+\mathfrak{b}_n)\subseteq\mathfrak{a}$, 故 $y\in\mathfrak{a}:(\mathfrak{b}_1+\mathfrak{b}_2+\cdots+\mathfrak{b}_n)$. 于是结论 7) 成立.

8) 因为 $\mathfrak{a}$ 是理想, 故 $R\mathfrak{a}=\mathfrak{a}$, 即 $\mathfrak{a}:\mathfrak{a}=R$. 由结论 7), 有

$$\mathfrak{a}:(\mathfrak{a}+\mathfrak{b})=(\mathfrak{a}:\mathfrak{a})\cap(\mathfrak{a}:\mathfrak{b})=\mathfrak{a}:\mathfrak{b}.$$ ∎

设 A 是 R 的非空子集, R 中所有包含 A 的理想的交是一个理想, 称为由 A 生成的理想, 记为 $\langle A\rangle$. 在抽象代数中熟知

$$\langle A\rangle=\left\{\sum_i r_ia_i\,\middle|\,r_i\in R,a_i\in A,\ \text{和号中除有限项外均为零}\right\},$$

且 $\langle A\rangle+\langle B\rangle=\langle A\cup B\rangle$. 若一个理想可以由有限集生成, 则称为**有限生成理想**. 一个元素生成的理想称为**主理想**.

下面再介绍理想的根式.

定理 1.3.2　设 $\mathfrak{a}$ 是一个理想. 则 $\{x\in R|x^n\in\mathfrak{a},n\in\mathbf{N}\}$ 是一个理想, 称为 $\mathfrak{a}$ 的**根式理想**, 记为 $\sqrt{\mathfrak{a}}$ 或 $r(\mathfrak{a})$.

证　显然 $\mathfrak{a}\subseteq\sqrt{\mathfrak{a}}$. 若 $x,y\in\sqrt{\mathfrak{a}}$, 则 $-x\in\sqrt{\mathfrak{a}}$, 且有 $m,n\in\mathbf{N}$, 使得 $x^n,y^m\in\mathfrak{a}$, 于是 $(x+y)^{m+n}=\sum\limits_{k+l=m+n}\mathrm{C}_{m+n}^kx^ky^l$, 于是 $k\geqslant n$, $l\geqslant m$ 至少有一个成立, 故 $x+y\in\sqrt{\mathfrak{a}}$. 又若 $r\in R$, 则 $(rx)^n=r^nx^n\in\mathfrak{a}$, 于是 $rx\in\sqrt{\mathfrak{a}}$. 故 $\sqrt{\mathfrak{a}}$ 是理想. ∎

定义 1.3.1　$\sqrt{\{0\}}$ 称为 R 的**幂零根基** (**素根**, Nil **根**), 记为 $\mathfrak{N}$ 或 nil$R$.

$\sqrt{\{0\}}$ 由 R 的所有幂零元组成.

推论 1.3.1 R 的有限个幂零理想之和是幂零的, 任何幂零理想在 $\mathfrak{N}$ 中.

证 所谓 $\mathfrak{a}$ 是**幂零理想**, 即有 $n \in \mathbf{N}$, 使得 $\mathfrak{a}^n = \{0\}$. 因此 $a \in \mathfrak{a}$, 必有 $a^n = 0$, 因此 $a \in \mathfrak{N}$.

若 $\mathfrak{a}$, $\mathfrak{b}$ 都是幂零理想, 则有 $\mathfrak{a}^n = \mathfrak{b}^m = \{0\}$. 于是 $(\mathfrak{a}+\mathfrak{b})^{m+n} = \{0\}$, 即 $\mathfrak{a}+\mathfrak{b}$ 幂零. 于是可归纳地证明 R 的有限个幂零理想之和是幂零的. ∎

注 1.3.1 上面我们知道如 $\mathfrak{a}$ 幂零, 则 $\mathfrak{a}$ 中任何元素幂零. 反过来就不然. 例如, F 是一个域, $R = F[x_1, x_2, \cdots, x_i, \cdots]$, 这里 $\{x_i | i \in \mathbf{N}\}$ 是可数个不定元. R 中由 $\{x_i | i \in \mathbf{N}\}$ 生成的理想 $\mathfrak{a} = \left\{ \sum_{i=1}^{\infty} x_i f_i \,\middle|\, f_i \in R,\ \text{仅有限项非零} \right\}$. R 中由 $\{x_i^2 | i \in \mathbf{N}\}$ 生成的理想 $\mathfrak{b}_1 = \left\{ \sum_{i=1}^{\infty} x_i^2 f_i \,\middle|\, f_i \in R,\ \text{仅有限项非零} \right\}$. R 中由 $\{x_i^{i+1} | i \in \mathbf{N}\}$ 生成的理想 $\mathfrak{b}_2 = \left\{ \sum_{i=1}^{\infty} x_i^{i+1} f_i \,\middle|\, f_i \in R,\ \text{仅有限项非零} \right\}$ 有 $\mathfrak{a} \supset \mathfrak{b}_1 \supset \mathfrak{b}_2$. 设 $R_i = R/\mathfrak{b}_i$, $i = 1, 2$. π_i 是 R 到 R_i 的自然同态, $\mathfrak{a}_i = \pi_i(\mathfrak{a})$, $i = 1, 2$. 于是 $\mathfrak{a}_i$ 中任何元素都是幂零的, 但是 $\mathfrak{a}_i$ 不是幂零理想. 事实上, $n \in \mathbf{N}$, $0 \neq \prod_{j=1}^{n} \pi_i(x_j) \in \mathfrak{a}_i^n$. 在 $F = \mathbf{Z}_2$ 时, $\forall x \in \mathfrak{a}_1$, 均有 $x^2 = 0$.

例 1.3.2 当 $R = \mathbf{Z}_6$ 时, $\mathfrak{N} = \{0\}$. 当 $R = \mathbf{Z}_4$ 时, $\mathfrak{N} = \{0, \bar{2}\}$.

下面讨论理想的根式的一些性质.

定理 1.3.3 设 $\mathfrak{a}$, $\mathfrak{b}$ 都是理想, 则有以下结果.

1) $\sqrt{\mathfrak{a}} \supseteq \mathfrak{a}$.

2) $\sqrt{\sqrt{\mathfrak{a}}} = \sqrt{\mathfrak{a}}$.

3) 若有 $n \in \mathbf{N}$, 使得 $\mathfrak{a}^n \subseteq \mathfrak{b}$, 则有 $\sqrt{\mathfrak{a}} \subseteq \sqrt{\mathfrak{b}}$.

4) $\sqrt{\mathfrak{ab}} = \sqrt{\mathfrak{a} \cap \mathfrak{b}} = \sqrt{\mathfrak{a}} \cap \sqrt{\mathfrak{b}}$.

5) $\sqrt{\mathfrak{a}} = R$ 当且仅当 $\mathfrak{a} = R$.

6) $\sqrt{\mathfrak{a}+\mathfrak{b}} = \sqrt{\sqrt{\mathfrak{a}}+\sqrt{\mathfrak{b}}}$.

证 1) $x = x^1 \in \mathfrak{a}$, 故 $x \in \sqrt{\mathfrak{a}}$.

2) 由结论 1), $\sqrt{\sqrt{\mathfrak{a}}} \supseteq \sqrt{\mathfrak{a}}$. 又 $x \in \sqrt{\sqrt{\mathfrak{a}}}$ 则有 $x^n \in \sqrt{\mathfrak{a}}$, 于是有 $(x^n)^m = x^{mn} \in \mathfrak{a}$, 故 $x \in \sqrt{\mathfrak{a}}$. 于是 $\sqrt{\sqrt{\mathfrak{a}}} = \sqrt{\mathfrak{a}}$.

3) 若 $x \in \sqrt{\mathfrak{a}}$, 于是 $x^n \in \mathfrak{a}^n \subseteq \mathfrak{b}$. 因此 $\sqrt{\mathfrak{a}} \subseteq \sqrt{\mathfrak{b}}$.

4) 由 $\mathfrak{ab} \subseteq \mathfrak{a} \cap \mathfrak{b}$, $\mathfrak{a} \cap \mathfrak{b} \subseteq \mathfrak{a}$, $\mathfrak{a} \cap \mathfrak{b} \subseteq \mathfrak{b}$, 于是 $\sqrt{\mathfrak{ab}} \subseteq \sqrt{\mathfrak{a} \cap \mathfrak{b}} \subseteq \sqrt{\mathfrak{a}} \cap \sqrt{\mathfrak{b}}$. 设 $x \in \sqrt{\mathfrak{a}} \cap \sqrt{\mathfrak{b}}$, 于是有 $m, n \in \mathbf{N}$, 使得 $x^m \in \mathfrak{a}$, $x^n \in \mathfrak{b}$. 注意到 $x^{m+n} = x^m x^n \in \mathfrak{ab}$, 所以 $x \in \sqrt{\mathfrak{ab}}$. 故 $\sqrt{\mathfrak{ab}} = \sqrt{\mathfrak{a} \cap \mathfrak{b}} = \sqrt{\mathfrak{a}} \cap \sqrt{\mathfrak{b}}$.

5) 由结论 1), $\sqrt{R} \subseteq R \subseteq \sqrt{R}$, 故 $R = \sqrt{R}$. 设 $\sqrt{\mathfrak{a}} = R$, 于是 $1 \in \sqrt{\mathfrak{a}}$, 即有 $1 = 1^n \in \mathfrak{a}$, 所以 $\mathfrak{a} = R$.

6) 由 $\mathfrak{a} \subseteq \sqrt{\mathfrak{a}}$, $\mathfrak{b} \subseteq \sqrt{\mathfrak{b}}$, 有 $\mathfrak{a} + \mathfrak{b} \subseteq \sqrt{\mathfrak{a}} + \sqrt{\mathfrak{b}}$. 于是 $\sqrt{\mathfrak{a}+\mathfrak{b}} \subseteq \sqrt{\sqrt{\mathfrak{a}} + \sqrt{\mathfrak{b}}}$. 另一方面, 注意 $\mathfrak{a} \subseteq \mathfrak{a} + \mathfrak{b}$, $\mathfrak{b} \subseteq \mathfrak{a} + \mathfrak{b}$. 因而 $\sqrt{\mathfrak{a}} + \sqrt{\mathfrak{b}} \subseteq \sqrt{\mathfrak{a}+\mathfrak{b}}$. 于是 $\sqrt{\sqrt{\mathfrak{a}} + \sqrt{\mathfrak{b}}} \subseteq \sqrt{\sqrt{\mathfrak{a}+\mathfrak{b}}} = \sqrt{\mathfrak{a}+\mathfrak{b}}$. ∎

最后, 介绍环的直积.

设 $R_1, R_2, \cdots, R_n$ 为环, 在积集合

$$R = R_1 \times R_2 \times \cdots \times R_n = \prod_{i=1}^{n} R_i = \{(x_1, x_2, \cdots, x_n) | x_i \in R_i\}$$

中定义加法、乘法为

$$(x_1, x_2, \cdots, x_n) + (y_1, y_2, \cdots, y_n) = (x_1 + y_1, x_2 + y_2, \cdots, x_n + y_n),$$
$$(x_1, x_2, \cdots, x_n)(y_1, y_2, \cdots, y_n) = (x_1 y_1, x_2 y_2, \cdots, x_n y_n),$$

则 $R = \prod\limits_{i=1}^{n} R_i$ 也是交换幺环, 称为 R_i 的**直积**.

也将直积称为**直和**, 此时记

$$R = \{(x_1, x_2, \cdots, x_n) | x_i \in R_i\} = R_1 \oplus R_2 \oplus \cdots \oplus R_n.$$

R 到 R_i 的映射 p_i: $p_i(x_1, x_2, \cdots, x_n) = x_i$ 是环的同态, 称为 R 到 R_i 的**投影**.

对于无限个环所构成的集合 $\{R_\alpha | \alpha \in I\}$, I 为指标集. 在积集合

$$R = \prod_{\alpha} R_\alpha = \{(\cdots, x_\alpha, \cdots) | x_\alpha \in R_\alpha\}$$

中定义加法、乘法为

$$(\cdots, x_\alpha, \cdots) + (\cdots, y_\alpha, \cdots) = (\cdots, x_\alpha + y_\alpha, \cdots),$$
$$(\cdots, x_\alpha, \cdots)(\cdots, y_\alpha, \cdots) = (\cdots, x_\alpha y_\alpha, \cdots),$$

则 $R = \prod\limits_{\alpha} R_\alpha$ 也是交换幺环, 称为 $\{R_\alpha\}$ 的**直积**.

R 到 R_α 的映射 p_α: $p_\alpha(\cdots, x_\alpha, \cdots) = x_\alpha$ 是环的同态, 称为 R 到 R_α 的**投影**.

直积 $\prod\limits_{\alpha} R_\alpha$ 中的子集

$$\bigoplus_{\alpha} R_\alpha = \{(\cdots, x_\alpha, \cdots) | x_\alpha \in R_\alpha, \text{只有有限个 } x_\alpha \neq 0\}$$

构成一个子环, 称为 $\{R_\alpha\}$ 的**直和**. 直和中不一定有幺元.

有限个环的 "直积" 与 "直和" 是一致的.

定义 1.3.2 环 R 中理想 $\mathfrak{a}, \mathfrak{b}$ 若满足 $\mathfrak{a}+\mathfrak{b}=R$, 则称为**互素** (**互极大**)(coprime, comaximal).

定理 1.3.4 $\mathfrak{a}_i$ $(1 \leqslant i \leqslant n)$ 是环 R 的理想. 定义 R 到 $\bigoplus_{i=1}^{n} R/\mathfrak{a}_i$ 的映射 ϕ:

$$\phi(x)=(x+\mathfrak{a}_1, x+\mathfrak{a}_2, \cdots, x+\mathfrak{a}_n), \quad \forall x \in R,$$

则有以下结果.

1) ϕ 是同态映射.

2) ϕ 是一一的同态 (单射) 当且仅当 $\bigcap_{i=1}^{n} \mathfrak{a}_i=\{0\}$.

3) 若 $i \neq j$ 时, $\mathfrak{a}_i$, $\mathfrak{a}_j$ 互素, 则 $\mathfrak{a}_1\mathfrak{a}_2\cdots\mathfrak{a}_n=\bigcap_{i=1}^{n} \mathfrak{a}_i$.

4) ϕ 满同态当且仅当 $i \neq j$ 时, $\mathfrak{a}_i$, $\mathfrak{a}_j$ 互素.

证 1) 可直接验证 ϕ 是同态.

2) $\phi(x)=0$, 当且仅当 $\forall i$, $x+\mathfrak{a}_i=\mathfrak{a}_i$, 即 $x \in \mathfrak{a}_i$. 所以 $\ker\phi=\bigcap_{i=1}^{n} \mathfrak{a}_i$. 于是结论 2) 成立.

3) $n=2$ 时, 显然 $\mathfrak{a}_1\mathfrak{a}_2 \subseteq \mathfrak{a}_1 \cap \mathfrak{a}_2$. 由 $\mathfrak{a}_1+\mathfrak{a}_2=R$, 故有 $x_1 \in \mathfrak{a}_1$, $x_2 \in \mathfrak{a}_2$ 使得 $x_1+x_2=1$. $x \in \mathfrak{a}_1 \cap \mathfrak{a}_2$, 于是 $x=xx_1+xx_2 \in \mathfrak{a}_1\mathfrak{a}_2$. 故 $\mathfrak{a}_1\mathfrak{a}_2=\mathfrak{a}_1 \cap \mathfrak{a}_2$. 对于 $n>2$, 可归纳假定 $\prod_{i=1}^{n-1} \mathfrak{a}_i=\bigcap_{i=1}^{n-1} \mathfrak{a}_i$. 由 $\mathfrak{a}_i+\mathfrak{a}_n=R(1 \leqslant i \leqslant n-1)$, 于是有 $x_i \in \mathfrak{a}_i$, $y_i \in \mathfrak{a}_n$ 使得 $x_i+y_i=1$. 于是

$$\prod_{i=1}^{n-1} x_i=\prod_{i=1}^{n-1}(1-y_i) \equiv 1(\mathrm{mod}\mathfrak{a}_n).$$

故 $\prod_{i=1}^{n-1} \mathfrak{a}_i+\mathfrak{a}_n=R$. 于是 $\prod_{i=1}^{n} \mathfrak{a}_i=\left(\prod_{i=1}^{n-1} \mathfrak{a}_i\right)\mathfrak{a}_n=\left(\bigcap_{i=1}^{n-1} \mathfrak{a}_i\right) \cap \mathfrak{a}_n=\bigcap_{i=1}^{n} \mathfrak{a}_i$.

4) 设 ϕ 是满同态. 例如, 证明 $\mathfrak{a}_1+\mathfrak{a}_2=R$. 因有 $x \in R$, 使得

$$\phi(x)=(1+\mathfrak{a}_1, 0, \cdots, 0),$$

即 $x \equiv 1(\mathrm{mod}\mathfrak{a}_1)$, $x \equiv 0(\mathrm{mod}\mathfrak{a}_2)$. 所以 $1=(1-x)+x \in \mathfrak{a}_1+\mathfrak{a}_2$, 因此 $\mathfrak{a}_1+\mathfrak{a}_2=R$.

反之, 若 $i \neq j$ 时, $\mathfrak{a}_i+\mathfrak{a}_j=R$. 于是由结论 3) 的证明中得到 $\mathfrak{a}_i$ 与 $\prod_{j \neq i} \mathfrak{a}_j$ 互素, 因此有 $x_i \in \mathfrak{a}_i$ 与 $y_i \in \prod_{j \neq i} \mathfrak{a}_j$ 使得 $x_i+y_i=1$, 于是 $y_i \equiv 1(\mathrm{mod}\mathfrak{a}_i)$, $j \neq i$ 时,

$y_i \equiv 0(\mathrm{mod}\mathfrak{a}_j)$. 设 $r_1, r_2, \cdots, r_n \in R$, 令 $x = \sum_{i=1}^{n} r_i y_i$, 则

$$\phi(x) = (r_1 + \mathfrak{a}_1, r_2 + \mathfrak{a}_2, \cdots, r_n + \mathfrak{a}_n).$$ ∎

本定理的结论 4) 等价于说: 对任何 $r_1, r_2, \cdots, r_n \in R$, 方程组

$$\begin{cases} x \equiv r_1(\mathrm{mod}\mathfrak{a}_1), \\ x \equiv r_2(\mathrm{mod}\mathfrak{a}_2), \\ \quad \cdots\cdots \\ x \equiv r_n(\mathrm{mod}\mathfrak{a}_n) \end{cases}$$

有解当且仅当 $i \neq j$ 时, $\mathfrak{a}_i$, $\mathfrak{a}_j$ 互素.

这就是**中国剩余定理**.

1.4 素理想与极大理想

本节讨论交换幺环 R 中两类重要的理想: 素理想与极大理想.

定义 1.4.1 R 的理想 $\mathfrak{p} \neq R$ 且满足: 若 $ab \in \mathfrak{p}$, 有 $a \in \mathfrak{p}$ 或 $b \in \mathfrak{p}$, 则称 $\mathfrak{p}$ 为 R 的**素理想**.

$\{0\}$ 是 R 的素理想当且仅当 R 为整环.

事实上, 设 R 为整环. 若 $a \neq 0, b \neq 0$, 即 $a \notin \{0\}, b \notin \{0\}$. 则 $ab \neq 0$, 即 $ab \notin \{0\}$. 因而 $\{0\}$ 为素理想. 反之, 设 $\{0\}$ 为素理想. 又 $a, b \notin \{0\}$, 故 $ab \notin \{0\}$. 即 $a \neq 0, b \neq 0$ 得出 $ab \neq 0$. 又 R 是交换幺环. 故 R 为整环.

定义 1.4.2 设 R 中的理想 $\mathfrak{m} \neq R$, 且不存在 R 的理想 $\mathfrak{a} \neq R$ 使 $\mathfrak{m} \subset \mathfrak{a}$, 则称 $\mathfrak{m}$ 为 R 的**极大理想**.

$\{0\}$ 是 R 的极大理想当且仅当 R 为域.

事实上, 设 $\{0\}$ 为极大理想. $\forall a \in R$, 且 $a \neq 0$, 有 $\langle a \rangle \supset \{0\}$. 故 $\langle a \rangle = R$. 由 R 含有幺元 1, 故 $1 \in \langle a \rangle$. 因而 $\exists a^{-1} \in R$ 使得 $aa^{-1} = 1$. 再由 R 可换, 知 R 是一个域. 反之, 设 R 是一个域, $\mathfrak{a}$ 为 R 的理想, 且 $\mathfrak{a} \neq \{0\}$, 即 $\exists a \in \mathfrak{a}, a \neq 0$. 又 R 为域, 故 $\exists a^{-1}$ 使 $1 = a^{-1}a \in \mathfrak{a}$. $\forall b \in R$, 有 $b = b \cdot 1 \in \mathfrak{a}$. 因而 $\mathfrak{a} = R$. 故 $\{0\}$ 为极大理想.

例 1.4.1 设 $m \in \mathbf{Z}$, 则 $\langle m \rangle$ 为 $\mathbf{Z}$ 的素理想 (同时也是 $\mathbf{Z}$ 的极大理想) 当且仅当 m 为素数.

定理 1.4.1 设 $\mathfrak{p}$ 与 $\mathfrak{m}$ 为 R 的理想. 则

1) $\mathfrak{p}$ 为素理想当且仅当 $R/\mathfrak{p}$ 为整环;

2) $\mathfrak{m}$ 为极大理想当且仅当 $R/\mathfrak{m}$ 为域.

证 1) 设 π 为 R 到 $R/\mathfrak{p}$ 上的自然同态. 若 $\mathfrak{p}$ 为素理想, 设 $\pi(a)\neq 0, \pi(b)\neq 0$, 也即 $a,b\notin\mathfrak{p}$, 则 $ab\notin\mathfrak{p}$. 即 $\pi(ab)=\pi(a)\pi(b)\neq 0$. 因而 $R/\mathfrak{p}$ 为整环.

反之, 若 $R/\mathfrak{p}$ 为整环, 且 $ab\in\mathfrak{p}$, 则有 $\pi(ab)=\pi(a)\pi(b)=0$. 因而 $\pi(a)=0$ 或 $\pi(b)=0$. 即 $a\in\mathfrak{p}$ 或 $b\in\mathfrak{p}$. 所以 $\mathfrak{p}$ 是素理想.

2) 设 R 的理想 $\mathfrak{a}$ 满足 $\mathfrak{m}\subseteq\mathfrak{a}\subseteq R$, 于是 $\mathfrak{a}/\mathfrak{m}$ 是 $R/\mathfrak{m}$ 的理想. 当 $\mathfrak{m}$ 为极大理想时, 有 $\mathfrak{m}=\mathfrak{a}$ 或 $R=\mathfrak{a}$. 故 $R/\mathfrak{m}$ 仅有的理想为 $\{0\}$ 与 $R/\mathfrak{m}$. 即 $\{0\}$ 为极大理想. 故 $R/\mathfrak{m}$ 为域.

反之, $R/\mathfrak{m}$ 为域, 则 $\{0\}$ 为极大理想. 设 $\mathfrak{a}$ 为 R 的理想, 且 $\mathfrak{a}\supseteq\mathfrak{m}$. 因而若 $\mathfrak{a}\neq\mathfrak{m}$, 则 $\mathfrak{a}/\mathfrak{m}=R/\mathfrak{m}$. 故 $\mathfrak{a}=R$. 即 $\mathfrak{m}$ 为极大理想. ∎

推论 1.4.1 R 的极大理想 $\mathfrak{m}$ 必为素理想.

证 事实上, 因 $R/\mathfrak{m}$ 为域, 故为整环. 所以 $\mathfrak{m}$ 为素理想. ∎

定理 1.4.2 设 R,R' 都是交换幺环, σ 是 R 到 R' 上的同态, $\mathfrak{n}=\ker\sigma$. 若 $\mathfrak{h}$ 是 R 中包含 $\mathfrak{n}$ 的素理想 (或极大理想), 则 $\sigma(\mathfrak{h})$ 是 R' 中的素理想 (或极大理想). 反之, 若 $\mathfrak{h}'$ 是 R' 的素理想 (或极大理想), 则 $\sigma^{-1}(\mathfrak{h}')$ 为 R 中包含 $\mathfrak{n}$ 的素理想 (或极大理想).

证 根据同态定理, 有 $R/\mathfrak{h}\cong R'/\sigma(\mathfrak{h})$. 故知 $\mathfrak{h}(\mathfrak{h}\supseteq\mathfrak{n})$ 为素理想 (或极大理想) 当且仅当 $\sigma(\mathfrak{h})$ 为素理想 (或极大理想). ∎

注 σ 不是满同态时, 可以得到 R' 的素理想的原像是 R 的素理想. 但 R' 的极大理想的原像不一定是 R 的极大理想. 例如, $R=\mathbf{Z}$, $R'=\mathbf{Q}$, $\sigma=\mathrm{id}$. $\{0\}$ 是 R' 的极大理想, 但 $\mathrm{id}^{-1}(\{0\})=\{0\}$ 不是 R 的极大理想.

下面的例子也说明素理想可以不是极大理想.

例 1.4.2 设 F 是一个域, $R=F[x_1,x_2,\cdots,x_n]$ 是 F 上 n 元多项式环, $f\in R$. 则 $\langle f\rangle$ 为素理想当且仅当 f 为不可约多项式. 因 $R/\langle x_1,x_2\rangle\cong F[x_3,\cdots,x_n]$, 故由 x_1,x_2 生成的理想 $\langle x_1,x_2\rangle$ 也是素理想. 而 $\langle x_1,x_2\rangle$ 不是主理想. 当 $n>2$ 时, 我们看到 $\langle x_1,x_2\rangle$ 也不是极大理想.

下面定理也是有关素理想性质的定理.

定理 1.4.3 1) $\mathfrak{p}_i$ $(1\leqslant i\leqslant n)$ 是 R 的素理想, 理想 $\mathfrak{a}\subseteq\bigcup\limits_{i=1}^{n}\mathfrak{p}_i$, 则有某 $\mathfrak{p}_i\supseteq\mathfrak{a}$.

2) $\mathfrak{a}_i$ $(1\leqslant i\leqslant n)$ 是 R 的理想, 素理想 $\mathfrak{p}\supseteq\bigcap\limits_{i=1}^{n}\mathfrak{a}_i$, 则有某个 i, 使得 $\mathfrak{p}\supseteq\mathfrak{a}_i$. 若 $\mathfrak{p}=\bigcap\limits_{i=1}^{n}\mathfrak{a}_i$, 则有某个 i, 使得 $\mathfrak{p}=\mathfrak{a}_i$.

证 1) 只要证明: 若 $\mathfrak{a}\not\subseteq\mathfrak{p}_i$ $(1\leqslant i\leqslant n)$, 则 $\mathfrak{a}\not\subseteq\bigcup\limits_{i=1}^{n}\mathfrak{p}_i$.

对 n 作归纳. $n=1$ 自然成立. 设 $n-1$ 时结论成立. 又 $\mathfrak{a}\not\subseteq\mathfrak{p}_i$ $(1\leqslant i\leqslant n)$. 对

任一 i, 有 $\mathfrak{a} \not\subseteq \bigcup_{j \neq i} \mathfrak{p}_j$. 即有 $x_i \in \mathfrak{a}$ 使得 $j \neq i$ 时, $x_i \notin \mathfrak{p}_j$. 若对某个 i, 有 $x_i \notin \mathfrak{p}_i$, 则结论成立了. 否则对所有 i, 有 $x_i \in \mathfrak{p}_i$. 于是

$$y = \sum_{i=1}^{n} \prod_{j \neq i} x_j \in \mathfrak{a} \setminus \mathfrak{p}_k, \quad 1 \leqslant k \leqslant n.$$

于是 $\mathfrak{a} \not\subseteq \bigcup_{i=1}^{n} \mathfrak{p}_i$. 于是结论 1) 成立.

2) 若对任何 i, $\mathfrak{p} \not\supseteq \mathfrak{a}_i$, 于是有 $x_i \in \mathfrak{a}_i \setminus \mathfrak{p}$. 注意 $\mathfrak{p}$ 是素理想, 故 $\prod_{i=1}^{n} x_i \notin \mathfrak{p}$, 但是 $\prod_{i=1}^{n} x_i \in \prod_{i=1}^{n} \mathfrak{a}_i \subseteq \bigcap_{i=1}^{n} \mathfrak{a}_i$. 此矛盾导致有某个 i, 使得 $\mathfrak{p} \supseteq \mathfrak{a}_i$. 最后, 若 $\mathfrak{p} = \bigcap_{i=1}^{n} \mathfrak{a}_i$, 则 $\mathfrak{p} \subseteq \mathfrak{a}_j$ $(1 \leqslant j \leqslant n)$, 因此 $\mathfrak{a}_i \subseteq \mathfrak{p} \subseteq \mathfrak{a}_i$, 即有 $\mathfrak{p} = \mathfrak{a}_i$. ∎

定理 1.4.4 R 中至少有一个极大理想.

证 令 Σ 为 R 中真理想的集合, 显然 $\subseteq$ 是一个偏序, 再设 $\Sigma_1 = \{\mathfrak{a}_\alpha\}$ 是任一全序子集. $\mathfrak{a} = \bigcup_{\mathfrak{a}_\alpha \in \Sigma_1} \mathfrak{a}_\alpha$. 现在证明 $\mathfrak{a} \in \Sigma$. 因为 $1 \notin \mathfrak{a}_\alpha$, $\mathfrak{a}_\alpha \in \Sigma_1$, 故 $1 \notin \mathfrak{a}$. 设 $x, y \in \mathfrak{a}$, $r \in R$. 于是有 $x \in \mathfrak{a}_\alpha, y \in \mathfrak{a}_\beta$, $\mathfrak{a}_\alpha, \mathfrak{a}_\beta \in \Sigma_1$. 不妨设 $\mathfrak{a}_\alpha \subseteq \mathfrak{a}_\beta$, 于是 $x - y \in \mathfrak{a}_\beta \subseteq \mathfrak{a}$, $rx \in \mathfrak{a}_\alpha \subseteq \mathfrak{a}$. 故 $\mathfrak{a} \in \Sigma$, 且 $\forall \mathfrak{a}_\alpha \in \Sigma_1$, $\mathfrak{a}_\alpha \subseteq \mathfrak{a}$. 由 Zorn 引理, R 中有极大理想. ∎

推论 1.4.2 1) $\mathfrak{a}$ 若为真理想, 则有极大理想 $\mathfrak{m} \supseteq \mathfrak{a}$.

2) $x \in R$, x 不是单位, 则有极大理想 $\mathfrak{m} \ni x$.

证 1) 设 π 是 R 到 $R/\mathfrak{a}$ 的自然同态. $R/\mathfrak{a}$ 的极大理想在 π 下的原像 $\mathfrak{m}$ 是 R 中包含 $\mathfrak{a}$ 的极大理想.

2) 因为 $\langle x \rangle$ 是 R 的真理想, 于是由本推论的结论 1) 知有极大理想 $\mathfrak{m} \ni x$. ∎

定义 1.4.3 如果 R 只有一个极大理想 $\mathfrak{m}$, 则称 R 为**局部环**, $k = R/\mathfrak{m}$ 称为 R 的**剩余类域**. R 只有有限个极大理想, 则称为**半局部环**.

域自然是局部环. 局部环是半局部环. 有限环 (只有有限个元素的环) 是半局部环.

定理 1.4.5 1) 设 $\mathfrak{m}$ 是 R 的真理想, 而且 $\forall x \in R \setminus \mathfrak{m}$, x 是 R 的单位, 则 R 是局部环, $\mathfrak{m}$ 是 R 的极大理想.

2) 设 $\mathfrak{m}$ 是 R 的极大理想, 若 $1 + \mathfrak{m} = \{1 + x \in R | x \in \mathfrak{m}\}$ 中元素均为单位, 则 R 为局部环, $\mathfrak{m}$ 是极大理想.

证 1) $x \notin \mathfrak{m}$, 则 x 为单位, 故 $\langle x \rangle = R$, 于是 $\mathfrak{m}$ 是极大理想. 若 $\mathfrak{a}$ 为真理想, 则其中每个元素都不是单位, 故在 $\mathfrak{m}$ 中, 因此 $\mathfrak{a} \subseteq \mathfrak{m}$. R 为局部环.

2) 若 $x \notin \mathfrak{m}$, 由 $\mathfrak{m}$ 的极大性, 知 $\mathfrak{m}+\langle x\rangle = R$. 于是有 $1 = m + xy$, 这里 $m \in \mathfrak{m}$, $y \in R$. 故 $xy = 1 - m$ 是单位, x 是单位. 由结论 1) 知 R 是局部环. ■

例 1.4.3 主理想整环的每个非零素理想是极大理想.

事实上, 若 $\langle p\rangle \neq \{0\}$ 是素理想. 于是有极大理想 $\langle m\rangle \supseteq \langle p\rangle$. 因而有 $y \in R$, 使得 $p = my$, 即 $my \in \langle p\rangle$. 若 $m \notin \langle p\rangle$, 则 $y \in \langle p\rangle$, 即有 $y = pz$. 因此 $p = mzp$, $mz = 1 \in \langle m\rangle$, 故 $\langle m\rangle = R$. 所以 $\langle p\rangle$ 是极大理想.

例 1.4.4 设 p 是主理想整环 R 的素元素, 则 $R/\langle p^n\rangle$ 是局部环.

设 π 是 R 到 $R_1 = R/\langle p^n\rangle$ 的自然同态, $\mathfrak{m}$ 是 $R_1 = R/\langle p^n\rangle$ 的极大理想. 于是 $R/\pi^{-1}(\mathfrak{m}) \cong R_1/\mathfrak{m}$ 是域. 故 $\pi^{-1}(\mathfrak{m}) = \langle q\rangle$ 是 R 的极大理想, 于是 q 为素元素. 再由 $\langle p^n\rangle \subseteq \pi^{-1}(\mathfrak{m})$, 知 $q|p^n$. 于是 $\mathfrak{m} = \langle p\rangle/\langle p^n\rangle$. 因而 R_1 是局部环.

定理 1.4.6 设 $\mathrm{Spec}(R)$ 为环 R 所有素理想的集合. E 是 R 的子集, 令

$$V(E) = \{\mathfrak{p} \in \mathrm{Spec}(R) | \mathfrak{p} \supseteq E\},$$

即包含 E 的素理想集, 则有以下结果.

1) $V(E) = V(\langle E\rangle) = V(\sqrt{\langle E\rangle})$.

2) $\{V(E)|E \subseteq R\}$ 满足闭集公理, 因而 $\mathrm{Spec}(R)$ 是一个拓扑空间.

证 1) 由于 $\langle E\rangle \supseteq E$, 于是 $V(\langle E\rangle) \subseteq V(E)$. 反之, 设素理想 $\mathfrak{p} \supseteq E$, 则 $\forall e_i \in E, f_i \in R$, 有 $e_i \in \mathfrak{p}$. 因此 $\sum\limits_i e_i f_i \in \mathfrak{p}$, 故 $\langle E\rangle \subseteq \mathfrak{p}$. 由此知 $V(E) = V(\langle E\rangle)$.

由于 $\langle E\rangle \subseteq \sqrt{\langle E\rangle}$, 于是 $V(\sqrt{\langle E\rangle}) \subseteq V(\langle E\rangle) = V(E)$. 反之, 设素理想 $\mathfrak{p} \supseteq E$, 于是 $\forall x \in \sqrt{\langle E\rangle}$, 有 $x^n \in \langle E\rangle \subseteq \mathfrak{p}$. 注意 $\mathfrak{p}$ 是素理想, 故 $x \in \mathfrak{p}$, 所以 $\mathfrak{p} \supseteq \sqrt{\langle E\rangle}$. 因而结论 1) 成立.

2) 显然 $V(R) = \varnothing$, $V(0) = \mathrm{Spec}(R)$.

若 $\{E_i | i \in I\}$, 由于 $E_i \subseteq \bigcup\limits_{j\in I} E_j$, 于是

$$V\left(\bigcup_{j\in I} E_j\right) \subseteq V(E_i), \quad i \in I.$$

因此

$$V\left(\bigcup_{j\in I} E_j\right) \subseteq \bigcap_{i\in I} V(E_i).$$

若 $\mathfrak{p} \in \bigcap\limits_{i\in I} V(E_i)$, 即有

$$\mathfrak{p} \in V(E_i), \quad i \in I.$$

于是 $\mathfrak{p} \supseteq E_i$, $i \in I$. 因此 $\mathfrak{p} \supseteq \bigcup_{j\in I} E_j$, $\mathfrak{p} \in V\left(\bigcup_{j\in I} E_j\right)$. 所以

$$\bigcap_{i\in I} V(E_i) = V\left(\bigcup_{j\in I} E_j\right).$$

由于 $V(E) = V(\langle E\rangle)$, 因而在讨论并时, 可以对理想来讨论. 设 $\mathfrak{a}$, $\mathfrak{b}$ 是理想. 由于 $\mathfrak{a} \supseteq \mathfrak{a}\cap\mathfrak{b} \supseteq \mathfrak{ab}$, $\mathfrak{b} \supseteq \mathfrak{a}\cap\mathfrak{b} \supseteq \mathfrak{ab}$, 所以 $V(\mathfrak{a})\cup V(\mathfrak{b}) \subseteq V(\mathfrak{a}\cap\mathfrak{b}) \subseteq V(\mathfrak{ab})$. 若 $\mathfrak{p} \in V(\mathfrak{a}\cap\mathfrak{b})$, 即有 $\mathfrak{p} \supseteq \mathfrak{a}\cap\mathfrak{b}$. 由定理 1.4.3, 有 $\mathfrak{p} = \mathfrak{a}$ 或 $\mathfrak{p} = \mathfrak{b}$, 自然 $\mathfrak{p} \in V(\mathfrak{a})\cup V(\mathfrak{b})$. 因此 $V(\mathfrak{a})\cup V(\mathfrak{b}) = V(\mathfrak{a}\cap\mathfrak{b})$.

这样就证明了 $\{V(E)|E \subseteq R\}$ 满足闭集公理. Spec(R) 是拓扑空间. ∎

注 1.4.1　上述拓扑称为 Zariski 拓扑, Spec(R) 称为 R 的**素谱**. R 的所有极大理想的集合 Max(R) 是 Spec(R) 的子空间, 称为 R 的**极大谱**.

注 1.4.2　设 $\mathfrak{a}$, $\mathfrak{b}$ 是理想. 由于 $\sqrt{\mathfrak{ab}} = \sqrt{\mathfrak{a}\cap\mathfrak{b}}$, $V(\mathfrak{a}) = V(\sqrt{\mathfrak{a}})$, 于是还有

$$V(\mathfrak{a})\cup V(\mathfrak{b}) = V(\mathfrak{a}\cap\mathfrak{b}) = V(\mathfrak{ab}).$$

1.5　根与根式理想

本节讨论幂零根基、Jacobson 根基和根式理想的一些性质. 回忆 R 的幂零根 $\mathfrak{N} = \sqrt{\{0\}}$ 是由 R 中所有幂零元构成.

定理 1.5.1　$\mathfrak{N}$ 是所有素理想之交, 且 $R/\mathfrak{N}$ 无非零的幂零元.

证　设 $\mathfrak{p}$ 是一素理想, $x \in \mathfrak{N}$. 于是有 $n \in \mathbf{N}$, 使得 $x^n = 0 \in \mathfrak{p}$. 由此可见 $x \in \mathfrak{p}$. 所以 $\mathfrak{N} \subseteq \bigcap_{\mathfrak{q}\text{素理想}} \mathfrak{q}$.

反之, 设 $x \notin \mathfrak{N}$, 即为非幂零元. 令 $\Sigma = \{\mathfrak{a}|\mathfrak{a}\text{ 为 }R\text{ 的理想}, x \notin \sqrt{\mathfrak{a}}\}$, 即为 R 中满足条件: $x \notin \sqrt{\mathfrak{a}}$ 的理想 $\mathfrak{a}$ 的集合. 显然, $\{0\} \in \Sigma$. 又对于 "$\subseteq$", Σ 是一偏序集. 设 Σ_1 是 Σ 的一个全序子集, 易证 $\bigcup_{\mathfrak{a}_\alpha\in\Sigma_1} \mathfrak{a}_\alpha \in \Sigma$ 是 Σ_1 的上界. 于是由 Zorn 引理, Σ 有极大元 $\mathfrak{p}$. 下面证明这是一个素理想. 否则有 $y, z \notin \mathfrak{p}$, 而 $yz \in \mathfrak{p}$. 由于 $\mathfrak{p}$ 的极大性, 知 $\mathfrak{p}+\langle y\rangle, \mathfrak{p}+\langle z\rangle \notin \Sigma$, 因而有 $m, n \in \mathbf{N}$ 使得 $x^m \in \mathfrak{p}+\langle y\rangle$, $x^n \in \mathfrak{p}+\langle z\rangle$. 即有 $x^m = p_1 + r_1 y$, $x^n = p_2 + r_2 z$, 这里 $p_1, p_2 \in \mathfrak{p}$. 因而 $x^{m+n} \in \mathfrak{p}+\langle yz\rangle$. $\mathfrak{p}+\langle yz\rangle \notin \Sigma$. 故 $yz \notin \mathfrak{p}$. 此矛盾导致 $\mathfrak{p}$ 是素理想. $x \notin \mathfrak{p}$, 于是 $x \notin \bigcap_{\mathfrak{q}\text{素理想}} \mathfrak{q}$. 这样就得到 $\mathfrak{N}$ 是所有素理想的交.

设 π 是 R 到 $R/\mathfrak{N}$ 的自然同态. 设 $x \in R$, $\pi(x)$ 是幂零元. 故有 $n \in \mathbf{N}$ 使得 $\pi(x)^n = \pi(x^n) = 0$, 即 $x^n \in \mathfrak{N} = \sqrt{\{0\}}$, 因而 $x \in \mathfrak{N}$, $\pi(x) = 0$. ∎

定义 1.5.1 R 的极大理想的交称为 R 的 Jacobson 根基, 记为 $\mathfrak{R}$.

定理 1.5.2 $x \in \mathfrak{R}$ 当且仅当 $\forall y \in R, 1-xy$ 是 R 的单位.

证 若 $x \in \mathfrak{R}$, 而 $1-xy$ 不是单位, 则有极大理想 $\mathfrak{m} \ni 1-xy$. 因此由 $xy \in \mathfrak{m}$, 有 $1 \in \mathfrak{m}$. 这是不可能的. 于是 $1-xy$ 是单位. 反之, 若有极大理想 $\mathfrak{m}$, 使得 $x \notin \mathfrak{m}$. 于是 $\mathfrak{m}+\langle x\rangle = R$. 故有 $1=u+xy$, 其中 $u \in \mathfrak{m}$, $y \in R$. 故有 $1-xy=u\in\mathfrak{m}$, 不是单位. ■

定理 1.5.3 1) 若 $\mathfrak{p}$ 是素理想, 则对任何 $n \in \mathbf{N}$, $\sqrt{\mathfrak{p}^n}=\mathfrak{p}$.

2) $\sqrt{\mathfrak{a}}$ 是包含 $\mathfrak{a}$ 的素理想的交.

3) 若 $\sqrt{\mathfrak{a}}+\sqrt{\mathfrak{b}}=R$, 则 $\mathfrak{a}+\mathfrak{b}=R$.

证 1) 由 $\sqrt{\mathfrak{a}\mathfrak{b}}=\sqrt{\mathfrak{a}}\cap\sqrt{\mathfrak{b}}$ 知, $\sqrt{\mathfrak{p}^n}=\sqrt{\mathfrak{p}}\supseteq\mathfrak{p}$. 若 $x\in\sqrt{\mathfrak{p}}$, 则有 $n \in \mathbf{N}$, 使得 $x^n\in\mathfrak{p}$. 若 $n=n_1+n_2, n_i\in\mathbf{N}$, 于是由 $\mathfrak{p}$ 是素理想, 知有 $x^{n_1}\in\mathfrak{p}$ 或 $x^{n_2}\in\mathfrak{p}$. 于是可归纳证明 $x\in\mathfrak{p}$. 因此 $\sqrt{\mathfrak{p}^n}=\mathfrak{p}$.

2) 设 π 是 R 到 $R/\mathfrak{a}$ 的自然同态. $\mathfrak{p}$ 是包含 $\mathfrak{a}$ 的理想. 注意 $\pi(R)/\pi(\mathfrak{p})\cong R/\mathfrak{p}$. 于是 $\mathfrak{p}$ 是素理想当且仅当 $\pi(\mathfrak{p})$ 为素理想. 又 $x\in R$, $\pi(x)^n=\pi(x^n)$. 于是 $\pi(x)$ 为幂零元, 当且仅当 $x\in\mathfrak{a}$. 由此知, $\sqrt{\mathfrak{a}}$ 是包含 $\mathfrak{a}$ 的素理想的交.

3) 注意 $\sqrt{\mathfrak{a}+\mathfrak{b}}=\sqrt{\sqrt{\mathfrak{a}}+\sqrt{\mathfrak{b}}}=\sqrt{R}=R$. 又 $\sqrt{\mathfrak{a}}=R$ 当且仅当 $\mathfrak{a}=R$. 于是 $\mathfrak{a}+\mathfrak{b}=R$. ■

理想的根式可以扩充为一般子集的根式.

定义 1.5.2 设 E 是环 R 的子集, 称 $\sqrt{E}=\{x\in R|x^n\in E,\ 对某个\ n\in\mathbf{N}\}$ 为 E 的**根式**.

显然, 若 $\{E_\alpha\}$ 为 R 的子集族, 则有 $\sqrt{\bigcup E_\alpha}=\bigcup\limits_\alpha\sqrt{E_\alpha}$.

定理 1.5.4 R 的零因子集 $D=\bigcup\limits_{x\neq0}\mathrm{ann}x=\bigcup\limits_{x\neq0}\sqrt{\mathrm{ann}x}$.

证 显然 $D\subseteq\sqrt{D}$. 又若 $x\in\sqrt{D}$, 则有 $n\in\mathbf{N}$, 使 $x^n\in D$, x^n 为零因子, 从而 x 为零因子. 故 $D=\sqrt{D}=\bigcup\limits_{x\neq0}\sqrt{\mathrm{ann}x}$. ■

例 1.5.1 1) 设 $R=\mathbf{Z}$, $\mathfrak{a}=\langle m\rangle$, $p_1,p_2,\cdots,p_k$ 是 m 的不同的素因数, 则 $\sqrt{\mathfrak{a}}=\langle p_1p_2\cdots p_k\rangle=\bigcap\limits_{i=1}^k\langle p_i\rangle$.

2) F 是一个域, $R=F[x]$, $\mathfrak{a}=\langle f(x)\rangle$, $p_1(x),p_2(x),\cdots,p_k(x)$ 是 $f(x)$ 的不同的素因子, 则 $\sqrt{\mathfrak{a}}=\langle p_1(x)p_2(x)\cdots p_k(x)\rangle=\bigcap\limits_{i=1}^k\langle p_i(x)\rangle=\langle f(x)/(f(x),f'(x))\rangle$, 这里 $(f(x),f'(x))$ 是 $f(x)$ 及其导数 $f'(x)$ 的最大公因式.

习　题　1

1. 设 R 是幺环. $a \in R$ 有元素 b, c 使得 $ab = ca = 1$. 证明

1) $b = c$;

2) 满足 $ax = 1$ $(xa = 1)$ 的元素是唯一的.

2. 设 R 是幺环. 以 $U(R)$ 表示 R 中所有单位的集合.

1) 证明 $U(R)$ 是一个群. 若设 R 是交换幺环, 则 $U(R)$ 是一个交换群.

2) $R = \mathbf{F}[x]$ 是域 $\mathbf{F}$ 上的一元多项式环. 求 $U(R)$.

3) 设 $R = \mathbf{F}[x, y]/\langle xy - 1\rangle$, 求 $U(R)$.

3. 设 R 是交换幺环. 证明 R 的单位与幂零元的和仍是单位.

4. 设 R 是交换幺环, $\mathfrak{a}_i$ $(1 \leqslant i \leqslant m)$, $\mathfrak{b}_j$ $(1 \leqslant j \leqslant n)$ 是 R 的理想, 且 $\mathfrak{a}_i + \mathfrak{b}_j = R$ $(1 \leqslant i \leqslant m, 1 \leqslant j \leqslant n)$. 证明 $\prod\limits_{i=1}^{m} \mathfrak{a}_i + \prod\limits_{j=1}^{n} \mathfrak{b}_j = R$.

5. 设 $\mathfrak{N}$ 是交换幺环 R 的幂零根基. 证明 R 的理想 $\mathfrak{a}$ 与 $\mathfrak{N}$ 互素, 则 $\mathfrak{a} = R$.

6. 设 $p_1, p_2, \cdots, p_n$ 是不同的素数. 证明环 $\mathbf{Z}_{p_1} \oplus \mathbf{Z}_{p_2} \oplus \cdots \oplus \mathbf{Z}_{p_n}$ 同构于 $\mathbf{Z}_m$, $m = p_1 p_2 \cdots p_n$.

7. 解同余方程组

$$\begin{cases} x \equiv 2 (\operatorname{mod} 3), \\ x \equiv 3 (\operatorname{mod} 5), \\ x \equiv 2 (\operatorname{mod} 7). \end{cases}$$

8. 设 $R[x]$ 是交换幺环 R 上的一元多项式环. $f = a_0 + a_1 x + \cdots + a_n x^n \in R[x]$, 证明

1) f 是单位当且仅当 a_0 是 R 的单位, 且 $a_1, a_2, \cdots, a_n$ 幂零;

2) f 幂零当且仅当 $a_0, a_1, a_2, \cdots, a_n$ 幂零;

3) f 是零因子当且仅当有 $a \in R$ 使得 $af = 0$;

4) f 称为本原的, 如果 $\langle a_0, a_1, \cdots, a_n\rangle = R$. $f, g \in R[x]$. 证明 fg 本原当且仅当 f, g 都本原.

5) $\mathfrak{N} = \mathfrak{R}$.

9. 设 $R[x]$ 是交换幺环 R 上的一元多项式环. $\mathfrak{a}$ 是 R 的理想.

1) 若 R 是整环, 证明 $R[x]$ 也是整环.

2) 设 π 是 R 到 $R/\mathfrak{a}$ 的自然同态, 则由

$$\bar{\pi}\left(\sum_{k=0}^{n} a_k x^k\right) = \sum_{k=0}^{n} \pi(a_k) x^k, \quad a_k \in R,$$

定义的 $\bar{\pi}$ 是 $R[x]$ 到 $(R/\mathfrak{a})[x]$ 的同态, 且 $\ker \bar{\pi} = \mathfrak{a}[x]$, 因而 $(R/\mathfrak{a})[x] \cong R[x]/\mathfrak{a}[x]$.

3) 证明若 $\mathfrak{a}$ 是 R 的素理想, 则 $\mathfrak{a}[x]$ 是 $R[x]$ 的素理想.

4) 若 $\mathfrak{a}$ 是 R 的极大理想, $\mathfrak{a}[x]$ 是否为 $R[x]$ 的极大理想?

10. 证明有限交换环的素理想是极大理想.

11. 设 $R[[x]]$ 是交换幺环 R 上的形式幂级数环. $f = \sum_{n=0}^{\infty} a_n x^n \in R[[x]]$. 证明

1) f 是单位当且仅当 $a_0 \in U(R)$;

2) f 幂零, 则 $\forall n \geqslant 0$, a_n 幂零;

3) $f \in \mathfrak{R}(R[[x]])$ 当且仅当 $a_0 \in \mathfrak{R}(R)$.

12. 设 $\mathfrak{m}$ 是 R 的极大理想, 证明 $R/\mathfrak{m}^n$ 只有一个素理想, 从而是局部环.

13. 设 $\mathfrak{N}$ 是 R 的幂零根基. 证明下列条件等价.

1) R 只有一个素理想;

2) $R = \mathfrak{N} \cup U(R)$;

3) $R/\mathfrak{N}$ 是域.

14. 设 R 是交换幺环, 如定理 1.4.6, $X = \mathrm{Spec}(R)$ 为 Zariski 拓扑空间. $V(E)$ 定义也如定理 1.4.6. 又设 $f \in R$, 令 $X_f = X \setminus V(f)$, 并称为主开集. 证明 $\{X_f | f \in R\}$ 是 X 的 (开集) 基, 并有以下性质:

1) $X_f \cap X_g = X_{fg}$;

2) $X_f = \varnothing$ 当且仅当 f 是幂零元;

3) $X_f = X$ 当且仅当 f 是可逆元;

4) $X_f = X_g$ 当且仅当 $\sqrt{\langle f \rangle} = \sqrt{\langle g \rangle}$;

5) X 的每个开覆盖都有子覆盖, 即 X 是拟紧的 (quasi-compact);

6) X_f 也是拟紧的;

7) X 的一个开集是拟紧的当且仅当此集为有限个主开集的并.

15. 描述空间 $\mathrm{Spec}(\mathbf{Z})$, $\mathrm{Spec}(\mathbf{R})$, $\mathrm{Spec}(\mathbf{C}[x])$, $\mathrm{Spec}(\mathbf{R}[x])$, $\mathrm{Spec}(\mathbf{Z}[x])$.

16. 设 φ 是环 R 到 R' 的同态. $X = \mathrm{Spec}(R)$, $\mathrm{Spec}(R')$ 分别为 R, R' 对应的素谱. 证明由

$$\varphi^*(\mathfrak{a}') = \varphi^{-1}(\mathfrak{a}') = \{x \in R | \varphi(x) \in \mathfrak{a}'\}, \quad \mathfrak{a}' \in Y,$$

定义了拓扑空间 Y 到拓扑空间 X 的连续映射.

17. 设 D 是交换幺环 R 的零因子的集合, Σ 是含于 D 的 R 的理想的集合. 证明 Σ 中有极大元, 且极大元是 R 的素理想, 从而 D 是素理想的并.

第2章　模

我们在高等代数中学过的线性空间, 实际上是由两个代数体系 (数域 $\mathbf{P}$ 和 Abel 群 V) 构成的一个新的代数体系. 本节要介绍的模是数域上线性空间概念的直接推广, 但又不是简单的推广. 例如, 前面介绍的 Abel 群、环等这些代数体系貌似迥异, 但我们有了模的观念之后就会立即发现, 它们都是特殊类型的模, 也就是说, 它们在模的旗帜下统一起来了. 因而从模的观点看, 许多繁杂无章的事物却是那么井然有序. 当然, 模论的用处远不限于此. 现在代数学中的群论、李群与李代数理论等分支在数学的其他领域以及物理、化学等许多学科中应用越来越广泛和深入的原因之一就是模在其中起了越来越大的作用. 因而本节介绍的模的概念也是代数学中的基本概念之一.

2.1　模及其同态

自然在交换代数的课程只讨论交换幺环上的模.

我们回忆, Abel 群 M 是交换幺环 R 上的左模, 则有 $R\times M$ 到 M 的映射: $(a,x)\to ax$, $a\in R$, $x\in M$, 对 $\forall\, a,b\in R$, $x,y\in M$ 满足

1) $a(x+y)=ax+ay$;

2) $(a+b)x=ax+bx$;

3) $(ab)x=a(bx)$;

4) $1x=x$.

当然也可以定义右模、双模. 约定以后如无特别说明, 所说的模都是左模, 也是双模, 即还有 $ax=xa$.

从 R 模的定义, 立即得到下面的结论.

1) $\forall a\in R$, $x\in M$, $a0=0a=0$, $a(-x)=(-a)x=-ax$.

2) $\forall a,a_i\in R$, $x,x_i\in M$, $1\leqslant i\leqslant n$, 有

$$a\left(\sum_{i=1}^n x_i\right)=\sum_{i=1}^n ax_i,\qquad \left(\sum_{i=1}^n a_i\right)x=\sum_{i=1}^n a_ix.$$

定义 2.1.1　设 M 是一个 R 模, M 的子集 N 若满足:

1) N 是 M 的子群;

2) $\forall a \in R, x \in N$, 有 $ax \in N$,

则称 N 为 M 的一个**子模**.

显然, $\{0\}$ 与 M 都是 M 的子模, 称为**平凡子模**.

例 2.1.1 1) 设 V 是数域 $\mathbf{P}$ 上的线性空间, V 的子模即为 V 的线性子空间. 一般域 $\mathbf{F}$ 上的线性空间的子模, 也称为 V 的线性子空间或**子空间**.

2) Abel 群 M 作为 $\mathbf{Z}$ 模, 则 M 的子集 N 为子模当且仅当 N 为 M 的子群.

3) 环 R 可看成 R 模. 其子集 N 是子模当且仅当 N 是 R 的理想.

4) 设 V 是数域 $\mathbf{P}$ 上的线性空间, $\mathcal{A}$ 是 V 上的一个线性变换. 从 $\mathcal{A}$ 出发定义了 $\mathbf{P}[\lambda]$ 模 V. V 的子集 V_1 是 $\mathbf{P}[\lambda]$ 子模当且仅当 V_1 是 $\mathcal{A}$ 的不变子空间.

显然, M 中任意多个子模之交仍为子模;M 中有限多个子模 $N_1, N_2, \cdots, N_r$ 之和 $N_1 + N_2 + \cdots + N_r = \{x_1 + x_2 + \cdots + x_r | x_i \in N_i\}$ 仍为 M 的子模; M 中包含其子集 S 的最小子模是所有包含 S 的子模之交, 称为由 S **生成的子模**.

有限集 $S = \{y_1, y_2, \cdots, y_k\}$ 生成的子模

$$Ry_1 + Ry_2 + \cdots + Ry_k = \left\{ \sum_{i=1}^{k} a_i y_i \middle| a_i \in R \right\}$$

称为**有限生成子模**. 一个元素 x 生成的子模 Rx 称为**循环子模**. 若 M 由一个元素 x 生成, 则称 M 为**循环模**, M 为有限个元素生成, 就称为**有限生成模**.

循环群就是循环 $\mathbf{Z}$ 模. 环 R 就是由幺元 1 生成, 因而是循环 R 模.

定理 2.1.1 设 N 为 R 模 M 的子模.$\overline{M} = M/N = \{x + N | x \in M\}$ 为 M 对 N 的商群, 定义 $R \times \overline{M}$ 到 $\overline{M}$ 的映射:

$$(a, x + N) \longrightarrow ax + N, \quad \forall x \in M,\ a \in R,$$

则 $\overline{M}$ 为 R 模, 称为 M 对 N 的**商模**.

证 首先证明上述映射是单值的, 即 R 中元素与 $\overline{M}$ 中元素所作乘法运算的合理性.

设 $x_1, x_2 \in M$, 且 $x_1 + N = x_2 + N$, 于是 $x_1 - x_2 \in N$, 因而, 由 N 为子模有 $a(x_1 - x_2) = ax_1 - ax_2 \in N$, 故 $ax_1 + N = ax_2 + N$, 即上面映射是单值的.

以下只要验证 R 模的四个定义条件. 这些验证不难, 读者可自行完成. ■

在模中同样有同态与同构的概念.

定义 2.1.2 设 M, M' 为 R 模. 如果 M 到 M' 的映射 η, $\forall a \in R, x, y \in M$, 满足:

1) $\eta(x + y) = \eta(x) + \eta(y)$, 即 η 是群同态;

2) $\eta(ax) = a\eta(x)$,

则称 η 为 M 到 M' 的一个**模同态**或 R **同态**.

若 η 还是满映射, 则称 η 为**满同态**.

若 η 还是一一对应, 则称 η 为**模同构**或 R**同构**, 此时称 M 与 M' 同构, 记为 $M \cong M'$.

例 2.1.2 1) 设 M, M' 是两个 Abel 群, η 是 M 到 M' 的群同态, 则 η 也是 $\mathbf{Z}$ 模 M 到 $\mathbf{Z}$ 模 M' 的模同态; 若 η 为群同构, 则也是模同构.

2) 设 N 是 R 模 M 的子模, π 是 M 到商模 $\overline{M} = M/N$ 的自然映射, 即 $\pi(x) = x + N$, $\forall x \in M$. 已知 π 是群同态, 又对 $\forall a \in R$, $x \in M$, 有 $\pi(ax) = ax + N = a(x + N) = a\pi(x)$. 故 π 也是模同态, 称 π 是 M 到 M/N 上的**自然同态**.

3) 假设 V 是域 $\mathbf{F}$ 上的线性空间.V 到自身的模同态 $\mathcal{A}$, 称为 V 的**线性变换**. 显然, 当 $\mathbf{F}$ 为数域时, $\mathcal{A}$ 就是线性代数中讲的线性空间的线性变换.

易证 R 模的同态有下列简单性质.

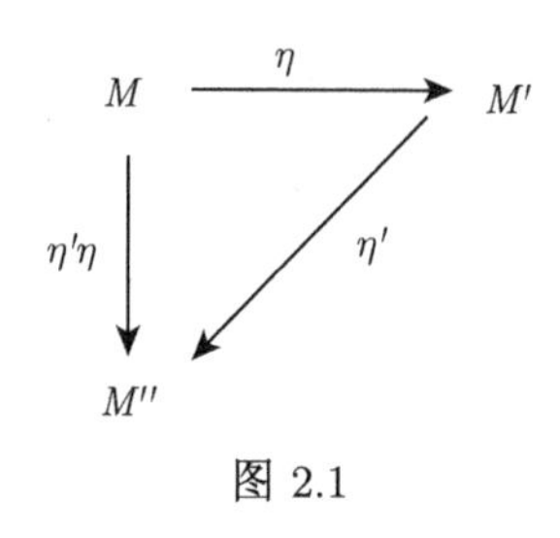

图 2.1

1) 设 η 是 M 到 M' 的 R 同态, 则 $\eta(M)$ 是 M' 的子模, 且 η 是 M 到 $\eta(M)$ 上的同态. $\eta(M)$ 称为 η 的像, 也记为 $\mathrm{Im}\eta$. $M'/\eta(M)$ 称为 η 的**余核**, 记为 $\mathrm{coker}\eta$. $\{x \in M | \eta(x) = 0\}$ 是 M 的子模, 称为 η 的**核**, 记为 $\ker \eta$.

2) 设 η 是 R 模 M 到 R 模 M' 的同态, η' 是 R 模 M' 到 R 模 M'' 的同态, 则 $\eta'\eta$ 是 M 到 M'' 的模同态.

3) R 模之间的同构关系是等价关系.

4) 以 $\mathrm{Hom}_R(M, M')$ 表示 R 模 M 到 R 模 M' 的所有模同态的集合, 在其中定义加法如下. $\eta_1, \eta_2 \in \mathrm{Hom}_R(M, M')$, $x \in M$,

$$(\eta_1 + \eta_2)(x) = \eta_1(x) + \eta_2(x),$$

则 $\mathrm{Hom}_R(M, M')$ 对此加法是交换群. 再定义 R 中元素与 $\mathrm{Hom}_R(M, M')$ 元素乘法如下. $\eta \in \mathrm{Hom}_R(M, M')$, $a \in R$, $x \in M$,

$$(a\eta)(x) = a\eta(x),$$

则 $\mathrm{Hom}_R(M, M')$ 也是 R 模.

这些性质的证明是容易的, 读者可自行完成.

一个 R 模 M 到自身的同态称为 M 的 R**自同态**, 简称**自同态**. R 模 M 的 R 自同态的集合记为 $\mathrm{End}_R M$. 以 $\mathrm{End}M$ 表示 Abel 群 M 的所有群自同态的集合. 由模同态的定义知模同态必为群同态, 故有 $\mathrm{End}_R M \subseteq \mathrm{End}M$. 另一方面我们知道, 在 $\mathrm{End}M$ 中可定义加法与乘法使 $\mathrm{End}M$ 是一个环. 关于 $\mathrm{End}_R M$ 有下面结果.

定理 2.1.2 设 M 是一个 R 模, 则 M 的 R 自同态的集合 $\mathrm{End}_R M$ 是 Abel 群 M 的自同态环 $\mathrm{End}M$ 的子环. $\mathrm{End}_R M$ 称为 R 模 M 的**模自同态环**.

证 显然, $\mathrm{id}_M \in \mathrm{End}_R M$, 故 $\mathrm{End}_R M \neq \varnothing$, 又若 $\eta_1, \eta_2 \in \mathrm{End}_R M$, $x, y \in M$, $a \in R$, 则有

$$(\eta_1 - \eta_2)(x+y) = \eta_1(x+y) - \eta_2(x+y) = (\eta_1 - \eta_2)(x) + (\eta_1 - \eta_2)(y).$$

可知 $\eta_1 - \eta_2 \in \mathrm{End}_R M$, 故 $\mathrm{End}_R M$ 对加法成群. 又由同态性质知 $\eta_1\eta_2 \in \mathrm{End}_R M$, 由此可知 $\mathrm{End}_R M$ 是 $\mathrm{End} M$ 的子环. ∎

例 2.1.3 1) 设 M 为 Abel 群, 于是 M 为 $\mathbf{Z}$ 模, 则 $\mathrm{End}_{\mathbf{Z}} M = \mathrm{End} M$.

2) 环 R 可看成 R 模.$\forall a \in R$, 可定义 a 的左(右)乘变换 L_a: $L_a(x) = ax$, $\forall x \in R$ $(R_a(x) = xa)$. 显然, $\forall x, y, a, b \in R$ 有 $L_a(x+y) = L_a(x) + L_a(y)$, $L_a(bx) = a(bx) = bL_a(x)$. 故 $L_a \in \mathrm{End}_R R$. 设 $\eta \in \mathrm{End}_R R$, $\eta(1) = a$, 于是 $\eta(x) = \eta(x1) = x\eta(1) = xa = L_a(x)$, 即 $\eta = L_a$. 由此可证明 $\mathrm{End}_R R = R$.

有限生成模的自同态有很多重要的结果.

定理 2.1.3 设 M 是有限生成 R 模, $\mathfrak{a}$ 是 R 的理想.

1) 设 ϕ 是 M 的自同态, 使得 $\phi(M) = \mathfrak{a}M$, 则有 $a_i \in \mathfrak{a}$ $(0 \leqslant i \leqslant n-1)$ 使得

$$\phi^n + a_{n-1}\phi^{n-1} + \cdots + a_1\phi + a_0 = 0.$$

2) 若理想 $\mathfrak{a}$ 满足 $\mathfrak{a}M = M$, 则存在 $b \equiv 1(\mathrm{mod}\,\mathfrak{a})$ 使得 $bM = 0$.

3) 若理想 $\mathfrak{a} \subseteq \mathfrak{R}$, $\mathfrak{R}$ 是环 R 的 Jacobson 根, 则由 $\mathfrak{a}M = M$, 可得 $M = \{0\}$.

证 1) 设 $x_1, x_2, \cdots, x_n$ 是 M 的生成元集, 于是由 $\phi(x_i) \in \mathfrak{a}M$, 有 $\phi(x_i) = \sum_{j=1}^{n} a_{ij}x_j$, $a_{ij} \in \mathfrak{a}$, 即有

$$\sum_{j=1}^{n} (\delta_{ij}\phi - a_{ij})x_j = 0, \quad 1 \leqslant i \leqslant n.$$

写成矩阵形式:

$$\begin{pmatrix} \phi - a_{11} & -a_{12} & \cdots & -a_{1n} \\ -a_{21} & \phi - a_{22} & \cdots & -a_{21} \\ \vdots & \vdots & & \vdots \\ -a_{n1} & -a_{n2} & \cdots & \phi - a_{nn} \end{pmatrix} \begin{pmatrix} x_1 \\ x_2 \\ \vdots \\ x_n \end{pmatrix} = 0.$$

左边乘以矩阵 $(\delta_{ij}\phi - a_{ij})$ 的伴随矩阵, 可得 $\det(\delta_{ij}\phi - a_{ij})x_i = 0$. 于是自同态 $\det(\delta_{ij}\phi - a_{ij}) = 0$, 将行列式展开就知 1) 成立.

2) 取 $\phi = \mathrm{id}$, $\phi(M) = M = \mathfrak{a}M$, 于是有 $a_0, a_1, \cdots, a_{n-1}$ 使得自同态 $\mathrm{id} + a_{n-1} + \cdots + a_1 + a_0 = 0$. $b = 1 + a_{n-1} + \cdots + a_1 + a_0$ 即为所求.

3) 由结论 2), 有 $b \equiv 1(\mathrm{mod}\,\mathfrak{a})$ 使得 $bM = 0$. $b \equiv 1(\mathrm{mod}\,\mathfrak{a})$, $\mathfrak{a} \subseteq \mathfrak{R}$, 故 $b \equiv 1(\mathrm{mod}\,\mathfrak{R})$. 由定理 1.5.2, $b = 1 - (1-b)1$ 是 R 的单位, 于是 $M = b^{-1}bM = \{0\}$. ∎

推论 2.1.1 设 M 是有限生成 R 模, N 是 M 的子模, 理想 $\mathfrak{a} \subseteq \mathfrak{R}$, 则由 $M = \mathfrak{a}M + N$, 可得 $M = N$.

证 考虑商模 M/N. 由 $M = \mathfrak{a}M + N$ 知, 对 $x \in M$, $\exists a \in \mathfrak{a}$, $y \in M$, $z \in N$, 使得 $x = ay + z$, 即 $x \equiv ay(\mathrm{mod} N)$. 因此在 M/N 中, $x + N = ay + N = a(y + N)$. 所以 $M/N = \mathfrak{a}(M/N)$, 于是 $M/N = \{0\}$, 即 $M = N$. ■

注 2.1.1 定理 2.1.3 中的结论 1) 就是著名的 Hamilton-Caylay 定理.

结论 3) 称为 Nakayama 引理.

定理 2.1.4 设 R 是局部环, $\mathfrak{m}$ 为其极大理想. 设 M 是 R 模, 于是 $\mathfrak{m}M$ 是 M 的子模, π 是 M 到商模 $M/\mathfrak{m}M$ 的自然同态. $k = R/\mathfrak{m}$ 是域. $k \times M/\mathfrak{m}M$ 到 $M/\mathfrak{m}M$ 的映射 $(x + \mathfrak{m}, v + \mathfrak{m}M) \to xv + \mathfrak{m}M$ 定义了 k 与 $M/\mathfrak{m}M$ 中元素的乘法. 则有以下结果.

1) 当 M 是有限生成模时, $M/\mathfrak{m}M$ 是 k 上的有限维线性空间.

2) 若 $x_1, x_2, \cdots, x_n \in M$, $\pi(x_1), \pi(x_2), \cdots, \pi(x_n)$ 是线性空间 $M/\mathfrak{m}M$ 的基, 则 $x_1, x_2, \cdots, x_n$ 是 M 的生成元.

证 1) 设 $x + \mathfrak{m} = x_1 + \mathfrak{m}$, $v + \mathfrak{m}M = v_1 + \mathfrak{m}M$, 即 $x - x_1 \in \mathfrak{m}$, $v - v_1 \in \mathfrak{m}M$. 于是 $x_1v_1 - xv = x_1(v_1 - v) + (x_1 - x)v \in \mathfrak{m}M$. 故 $x_1v_1 + \mathfrak{m}M = xv + \mathfrak{m}M$. 这就证明了定义 $(x + \mathfrak{m})(v + \mathfrak{m}M) = xv + \mathfrak{m}M$ 的合理性. 当 M 是有限生成模时, 余下验证 $M/\mathfrak{m}M$ 是 k 上有限维线性空间是容易的.

2) 记 $x_1, x_2, \cdots, x_n$ 生成的 M 的子模为 N. 设 ι 是 N 到 M 的嵌入映射, π 是 M 到 $M/\mathfrak{m}M$ 的自然同态. 因而 $\pi\iota$ 是 N 到 $M/\mathfrak{m}M$ 的满映射. 故 $N + \mathfrak{m}M = M$. 因为 $\mathfrak{m} = \mathfrak{R}$, 所以由推论 2.1.1 知 $M = N$, 故 $x_1, x_2, \cdots, x_n$ 生成 M. ■

定理 2.1.5 设 M, M' 都是交换幺环 R 上的模, f 是 M 到 M' 上的模同态, 则有下面结论:

1) $N = \ker f = \{x \in M | f(x) = 0\}$ 是 M 的子模. 若 π 是 M 到 M/N 上的自然模同态, 则有 M/N 到 M' 的模同构 $\bar{f}$ 使得 $\bar{f}\pi = f$.

2) f 建立了 M 中包含 N 的子模与 M' 中子模的一一对应. 若 M_1 是 M 的子模, 且 $M_1 \subseteq N$, 则 $M/N \cong M'/f(M_1)$.

证 1) $\ker f = N$ 是加法群 M 的子群, 设 $a \in R$, $x \in N$, 则 $f(ax) = af(x) = 0$, 因而 $ax \in N$, 故 N 是 M 的子模. 又有加法群 M/N 到加法群 M' 上的同构 $\bar{f}$ 使 $\bar{f} \cdot \pi = f$. 现只需证 $\bar{f}$ 是模同构. 又设 $a \in R$, $x \in M$, 于是有 $\bar{f}(a\pi(x)) = \bar{f}(\pi(ax)) = f(ax) = af(x) = a\bar{f}(\pi(x))$, 即 $\bar{f}$ 为模同构. 故结论 1) 成立.

2) 若 M_1 为 M 为的子模, 则 $f(M_1)$ 为 M' 的子模. 反之, 若 M_1' 为 M' 的子模, 则 $f^{-1}(M_1')$ 是 M 中唯一包含 N 的加法子群. 又设 $a \in R$, $x \in f^{-1}(M_1')$. 由 $f(ax) = af(x) \in M_1'$, 知 $ax \in f^{-1}(M_1')$, 即 $f^{-1}(M_1')$ 是 M 的子模. 结论 2) 的前半部分成立.

设 M_1 为 M 的子模, 且 $M_1 \supseteq N$. 又设 π_1 是 M 到 M/M_1 的自然同态, π' 是 M' 到 $M'/f(M_1)$ 的自然同态. 于是 $\pi' f$ 是 M 到 $M'/f(M_1)$ 上的同态, 而且 $\ker(\pi' f) = M_1$. 故由结论 1) 可知 $M/N \cong M'/f(M_1)$. ∎

注 2.1.2 结论 1) 称为**模的同态基本定理**.

推论 2.1.2 设 M_1, N 都是 R 模 M 的子模, 而且 $M_1 \supseteq N$, 则 M/M_1 与 $(M/N)/(M_1/N)$ 是模同构.

事实上, 只要在上面定理中取 $M' = M/N$, f 为 M 到 $M' = M/N$ 的自然同态, 即得此结论.

定理 2.1.6 设 H, N 为 R 模 M 的子模, 则 $(H+N)/N \cong H/(H \cap N)$.

证 设 π 为 M 到 M/N 的自然同态, 于是有 $\pi(H+N) = \pi(H)$, 因而

$$(H+N)/\ker(\pi|_{H+N}) \cong H/\ker(\pi|_H).$$

由 $\ker(\pi|_{H+N}) = N$, $\ker(\pi|_H) = H \cap N$, 即得定理. ∎

定理 2.1.7 设 f, g 分别是模 M 到模 M', N 的同态, 而且 g 是满同态, $\ker g \subseteq \ker f$, 则存在唯一的 N 到 M' 的同态 h 满足

$$f = hg,$$
$$\ker h = g(\ker f),$$
$$\operatorname{Im} h = \operatorname{Im} f.$$

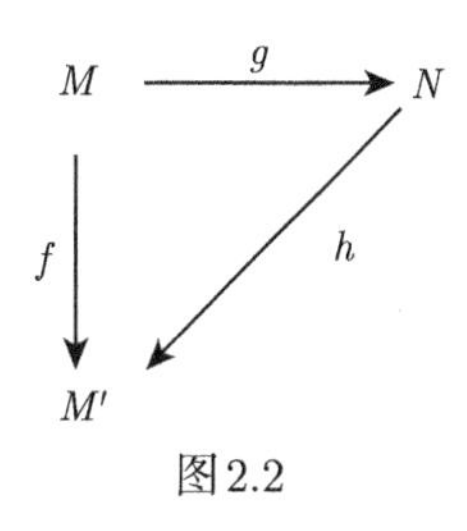

图2.2

h 是单的 (一一的) 当且仅当 $\ker f = \ker g$, h 是满的当且仅当 f 是满的.

证 由于 g 是满映射, 于是 $\forall n \in N$, 有 $m \in M$, 使得 $n = g(m)$. 定义 N 到 M' 的映射 h: $h(n) = h(g(m)) = f(m)$. 若 $n = g(m_1) = g(m_2)$, 则 $g(m_1 - m_2) = 0$, 即 $m_1 - m_2 \in \ker g \subseteq \ker f$, 于是 $f(m_1) = f(m_2)$, 因而 h 的定义是合理的. 由 f, g 是同态, 于是 h 是同态. $g(m) \in \ker h$ 当且仅当 $m \in \ker f$, 于是 $\ker h = g(\ker f)$. $\operatorname{Im} h = h(N) = h(g(M)) = f(M) = \operatorname{Im} f$. ∎

设 M 是一个 R 模, $\mathfrak{a}$ 是 R 的理想, 则 $\left\{\sum_{i=1}^{n} a_i x_i | a_i \in \mathfrak{a}, x_i \in M, n \in \mathbf{N}\right\}$ 是 M 的子模, 记为 $\mathfrak{a}M$.

设 N, P 是 M 的子模, 定义 $(N:P) = \{a \in R | aP \subseteq N\}$, 易知这是 R 的理想. 特别地, 理想 $\operatorname{ann}(M) = (0:M) = \{a \in R | aM = 0\}$ 称为 M 的**零化子**. $\operatorname{ann}(M) = \{0\}$, 则称 M 是**忠实的**. 若理想 $\mathfrak{a} \subseteq \operatorname{ann}(M)$, $x \in R$, $m \in M$, 令 $(x+\mathfrak{a})m = xm$, 则 M 是 $R/\mathfrak{a}$ 模. M 是忠实的 $R/\operatorname{ann}(M)$ 模.

定义 2.1.3　设 M 是 R 模, $m \in M$, 如果 m 的零化子 $\mathrm{ann}(m) = \{x \in R | xm = 0\} \neq \{0\}$, 则称 m 为**扭元**, 否则称为**无扭元**; 如果 M 中任何非零元都是扭元, 称为**扭模**, 如果 M 中任何非零元都是无扭元, 称为**无扭模**.

定理 2.1.8　设 R 是整环, M 是 R 模, 则有下面结果.

1) M 的所有扭元的集合 $T(M)$ 是 M 的子模, 称为 M 的**扭子模**.

2) 商模 $M/T(M)$ 是无扭 R 模.

3) 若 f 是 R 模 M 到 R 模 N 的同态, 则 $f(T(M)) \subseteq T(N)$.

证　1) 显然, $0 \in T(M)$. 若 $m_1, m_2 \in T(M)$, 即有 $x_1, x_2 \in R$, $x_1 \neq 0$, $x_2 \neq 0$, 使得 $x_1m_1 = x_2m_2 = 0$. R 为整环, 于是 $x_1x_2 \neq 0$, 而 $x_1x_2(m_1 + m_2) = 0$. 又对任何 $x \in R$, $x_1(xm_1) = 0$. 因而 $T(M)$ 为子模.

2) 设 π 是 M 到 $M/T(M)$ 的自然同态. 若 $\pi(m)$ 是扭元, 于是有 $x \in R$, $x \neq 0$ 使得 $x\pi(m) = \pi(xm) = 0$. 因此 $xm \in T(M)$, 于是有 $x_1 \in R$, $x_1 \neq 0$ 使得 $x_1(xm) = (x_1x)m = 0$. 由 R 是整环, 因此 $x_1x \neq 0$, 所以 $m \in T(M)$, $\pi(m) = 0$. 这就说明了 $M/T(M)$ 是无扭模.

3) $m \in T(M)$, 于是有 $x \in R$, $x \neq 0$ 使 $xm = 0$. 于是 $0 = f(xm) = xf(m)$, 因此 $f(m) \in T(N)$. ■

2.2　自由模与模的直和

类似于线性空间的直和、群的直积, 在模中也有模的直和概念及相应性质. 它们在模论中占有重要地位. 首先介绍自由模及其基本性质. 这些性质中许多与线性空间中的性质类似, 因而在讨论中完全可以省去一些可由读者补充的证明的细节.

定义 2.2.1　设 R 是交换幺环, M 是 R 模. M 中元素 $u_1, u_2, \cdots, u_n$ 称为**线性无关**, 如果满足 $a_1u_1 + a_2u_2 + \cdots + a_nu_n = 0(a_i \in R)$, 则必有 $a_1 = a_2 = \cdots = a_n = 0$. M 中子集 X 中任何有限子集都线性无关, 则称 X **线性无关**.

若 R 模 F 由其线性无关子集 X 生成, 则称 F 为**自由模**, 并称 X 为 F 的**基**. 称 $|X|$ 为 F 的**秩**.

定理 2.2.1　设 R 是一个交换幺环, 则有以下结果.

1) S 为一集合, 则存在以 S 为基的自由 R 模 F.

2) 设 F 是以 X 为基的自由模, f 是 X 到模 M 的映射, 则有唯一的 F 到 M 的同态 h 使得 $\forall x \in X$, $h(x) = f(x)$.

3) 任何 R 模都是自由模的商模.

证　1) 令

$$F = \left\{ \sum_{s \in S} a_s s \,\middle|\, a_s \in R, \text{ 只有有限个 } a_s \neq 0 \right\}.$$

在 F 中定义

$$\sum_{s\in S} a_s s+\sum_{s\in S} b_s s=\sum_{s\in S}(a_s+b_s)s,\quad c\left(\sum_{s\in S} a_s s\right)=\sum_{s\in S} ca_s s,$$

则 F 是以 $\{1s|s\in S\}=S$ 为基的自由 R 模.

2) 令

$$h\left(\sum_{x\in X} a_x x\right)=\sum_{x\in X} a_x f(x),$$

则 h 是唯一的, 满足 $h(x)=f(x)$ 的 F 到 M 的同态.

3) 设 M 是 R 模. 以 X 表示集合 M. 于是由结论 1) 有以 X 为基的自由 R 模 F. 有 id 是 X 到 M 的映射 $\mathrm{id}(x)=x$. 因而有 F 到 M 的同态 h. 注意 id 是满映射, 故 h 是满同态, 因而 M 是自由模 F 的商模. ∎

定理 2.2.2 若 X, Y 都是 R 模 M 的基, 则 X 与 Y 有相同的势, 即 $|X|=|Y|$.

证 首先证明 X 为无限集的情形. 此时 Y 也是无限集. 若不然, $Y=\{y_1, y_2,\cdots,y_n\}$ 是有限集. 于是有 $y_i=\sum_{j=1}^{n_i} r_{ij}x_{ij}$, $r_{ij}\in R, r_{ij}\neq 0$. 于是 $X_0=\{x_{ij}|1\leqslant i\leqslant n,\ 1\leqslant j\leqslant n_i\}$ 是 X 的有限子集, Y 可被 X_0 线性表出, 且有 $x\in X\setminus X_0$. 因 Y 是基, x 可被 Y 线性表出, 从而被 X_0 线性表出. 这与 X 为基矛盾. 故 Y 也是无限集.

现证明 $|X|\leqslant|Y|$. 对 $x\in X$, 有 $x=\sum_{i=1}^{n} r_i y_i$, $r_i\in R, r_i\neq 0$. 于是有 X 到 $Y^n=\underbrace{Y\times Y\times\cdots\times Y}_{n\text{ 个}}$ 的映射 $\varphi(x)=(y_1,y_2,\cdots,y_n)$.

设 $y=(y_1,y_2,\cdots,y_n)$, $y'=(y_1',y_2',\cdots,y_n')\in\operatorname{Im}\varphi$, $y'\neq y$, 则 $\varphi^{-1}(y')\cap\varphi^{-1}(y)=\varnothing$. y 的原像集 $X_1=\varphi^{-1}(y)$ 可被 $\{y_1,y_2,\cdots,y_n\}$ 线性表出. 而 $\{y_1, y_2,\cdots,y_n\}$ 可被 X 中有限集 X_0 线性表出, 于是 X_1 可被 X_0 线性表出, 因而 X_1 只能是有限集, 于是可以排序即 $X_1=\{x_1,x_2,\cdots,x_m\}$. 于是有 X_1 到 $Y^n\times\mathbf{N}$ 的映射 $\psi(x_i)=(y,i)=(\varphi(x_i),i)$. 由此得到 X 到 $\bigcup_{n=1}^{\infty}(Y^n\times\mathbf{N})$ 的一一映射 ψ. 因而

$$|X|\leqslant\left|\bigcup_{n=1}^{\infty}(Y^n\times\mathbf{N})\right|=\left|\bigcup_{n=1}^{\infty}Y^n\right||\mathbf{N}|=|Y||\mathbf{N}|=|Y|.$$

同样 $|Y|\leqslant|X|$. 于是 $|X|=|Y|$.

其次, X 为有限的情形. 此时 Y 也是有限的. 若 $X=\{x_1,x_2,\cdots,x_n\}$, $Y=\{y_1,y_2,\cdots,y_m\}$, 则有 $A\in\mathbf{R}^{n\times m}, B\in\mathbf{R}^{m\times n}$ 使得

$$\begin{pmatrix} x_1 \\ x_2 \\ \vdots \\ x_n \end{pmatrix} = A \begin{pmatrix} y_1 \\ y_2 \\ \vdots \\ y_m \end{pmatrix}, \quad \begin{pmatrix} y_1 \\ y_2 \\ \vdots \\ y_m \end{pmatrix} = B \begin{pmatrix} x_1 \\ x_2 \\ \vdots \\ x_n \end{pmatrix}.$$

因此 $AB = I_n, BA = I_m$, 故 $m = n$. ■

推论 2.2.1 设 M, M' 是有限秩的自由 R 模, 则 M 与 M' 同构当且仅当 M 与 M' 有相同的秩.

证 若 f 是 M 到 M' 的同构映射, $u_1, u_2, \cdots, u_n$ 是 M 的基, 则 $f(u_1)$, $f(u_2), \cdots, f(u_n)$ 是 M' 的基, 于是 M, M' 的秩相同.

反之, 若 M 与 M' 有相同的秩, 又设 $u'_1, u'_2, \cdots, u'_n$ 是 M' 的基, 于是由 $f\left(\sum_{i=1}^{n} a_i u_i\right) = \sum_{i=1}^{n} a_i u'_i \ (a_i \in R)$ 可得到 M 到 M' 的同构 f. ■

例 2.2.1 设 R 是环, 令集合

$$R^{(n)} = \underbrace{R \times R \times \cdots \times R}_{n \text{个} R} = \{(a_1, \cdots, a_n) | a_i \in R, i = 1, 2, \cdots, n\}.$$

设 $x = (x_1, x_2, \cdots, x_n), y = (y_1, y_2, \cdots, y_n) \in R^{(n)}$, 则下列关系

$$x + y = (x_1 + y_1, x_2 + y_2, \cdots, x_n + y_n),$$
$$ax = (ax_1, ax_2, \cdots, ax_n),$$

定义了 $R^{(n)}$ 的加法运算及 R 与 $R^{(n)}$ 的乘法运算.

令 $e_i = (\delta_{i1}, \delta_{i2} \cdots, \delta_{in}) \in R^{(n)} \ (1 \leqslant i \leqslant n)$, 则 $R^{(n)}$ 是秩为 n 的自由 R 模.

由推论 2.2.1 知, R 模 M 为 n 秩自由模当且仅当 M 与 $R^{(n)}$ 同构.

有限秩自由模的更一般, 更抽象的特征表现在下面的定理中.

定理 2.2.3 设 M 是 R 模, $u_1, u_2, \cdots, u_n$ 是 M 中 n 个元素, 则 M 为秩 n 的自由模, $u_1, u_2, \cdots, u_n$ 为 M 的基的充分必要条件是对任一 R 模 M' 及其中 n 个元素 $v_1, v_2, \cdots, v_n$, 存在唯一的 M 到 M' 的模同态 η, 使得 $\eta(u_i) = v_i, i = 1, \cdots, n$.

证 必要性. 设 $u_1, u_2, \cdots, u_n$ 为自由模 M 的一组基; 又 $v_1, \cdots, v_n \in M'$, 作 M 到 M' 的映射 η:

$$\eta\left(\sum_{i=1}^{n} x_i u_i\right) = \sum_{i=1}^{n} x_i v_i.$$

容易验证 η 是 M 到 M' 的同态, 且 $\eta(u_i) = v_i, 1 \leqslant i \leqslant n$.

若 η' 是 M 到 M' 的同态, 且 $\eta'(u_i) = v_i, 1 \leqslant i \leqslant n$, 则

$$\eta'\left(\sum_{i=1}^{n}x_iu_i\right)=\sum_{i=1}^{n}x_i\eta'(u_i)$$
$$=\sum_{i=1}^{n}x_iv_i=\eta\left(\sum_{i=1}^{n}x_iu_i\right).$$

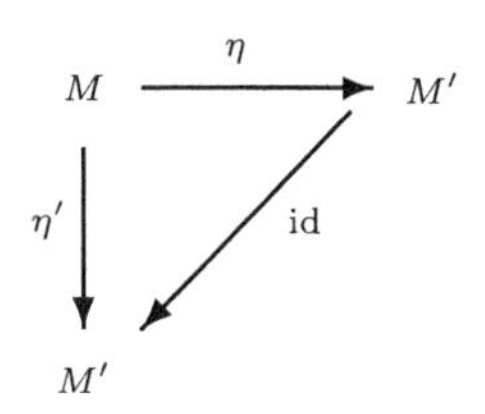

图 2.3

故 $\eta'=\eta$. 唯一性得证.

充分性. 先证 $u_1,u_2,\cdots,u_n$ 生成 M. 令 $M'=\langle u_1,u_2,\cdots,u_n\rangle$. 因而有唯一的 M 到 M' 的同态 η. 使得

$$\eta(u_i)=u_i, 1\leqslant i\leqslant n.$$

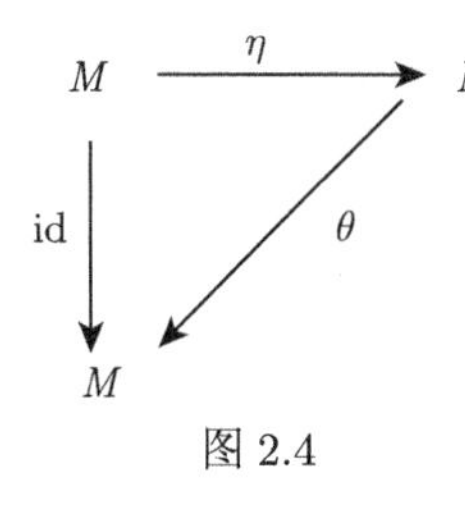

图 2.4

又设 θ 为 M' 到 M 中的嵌入映射, 即 $\theta(x)=x,\forall x\in M'$. 因而 $\theta\cdot\eta$ 是 M 到 M 的同态, 且 $\theta\cdot\eta(u_i)=u_i, 1\leqslant i\leqslant n$. 又 id 也是 M 到 M 的同态, 且 $\mathrm{id}(u_i)=u_i$. 因而由唯一性知 $\theta\cdot\eta=\mathrm{id}$. 故 $\eta(M)=M'=M$.

现作 M 到 $R^{(n)}$ 的同态 σ, 使 $\sigma(u_i)=e_i, 1\leqslant i\leqslant n$. 于是对 $\forall x\in M$. 存在 $x_1,x_2,\cdots,x_n\in R$ 使 $x=\sum_{i=1}^{n}x_iu_i$. 因而

$$\sigma(x)=\sum_{i=1}^{n}x_i\sigma(u_i)=\sum_{i=1}^{n}x_ie_i.$$

由此知 σ 是满同态, 且 $\sigma(x)=0$ 当且仅当 $x=0$. 于是 σ 是 M 到 $R^{(n)}$ 上的同构. 即 M 是秩 n 的自由模. ∎

n 秩自由 R 模 M 的两组基可用可逆方阵联系起来; M 的自同态环 End_RM 与 R 上 n 阶方阵构成的矩阵环 $M_n(R)$ 同构. 这些结论的证明都较简单, 或与线性空间中对应定理类似. 但是，我们要强调指出, 尽管交换幺环上的自由模与域上线性空间有许多类似之处, 但也存在很大差别. 例如, n 维线性空间中任意 n 个线性无关元素必构成一组基, 这一性质在自由模中一般是不成立的. 例如, **Z** 是秩为 1 的自由 **Z** 模, 1 是基; 2 是“线性无关”的, 但 2 并不是基.

定理 2.2.4 R 模 M 是有限生成的当且仅当 M 同构于 $R^{(n)}$ 的商模.

证 设 $x_1,x_2,\cdots,x_n$ 为 M 的生成元. 于是由上面定理, 有 $R^{(n)}$ 到 M 的同态 η, 使得

$$\eta(a_1,a_2,\cdots,a_n)=a_1x_1+a_2x_2+\cdots+a_nx_n.$$

因而 η 是满同态, 故 $M\cong R^{(n)}/\ker\eta$.

反之, 设 N 是 $R^{(n)}$ 的子模, ϕ 是 $R^{(n)}/N$ 到 M 的同构. π 为 $R^{(n)}$ 到 $R^{(n)}/N$ 的自然同态. 于是 $\eta=\phi\pi$ 是 $R^{(n)}$ 到 M 的满同态, 因而 $\eta(e_1),\eta(e_2),\cdots,\eta(e_n)$ 生成 M. ∎

定义 2.2.2　设 $M_1, M_2, \cdots, M_n$ 是 n 个 R 模. 在积集合 $M = M_1 \times M_2 \times \cdots \times M_n = \{(x_1, x_2, \cdots, x_n) | x_i \in M_i, i = 1, 2, \cdots, n\}$ 中定义

$$(x_1, x_2, \cdots, x_n) + (y_1, y_2, \cdots, y_n) = (x_1 + y_1, x_2 + y_2, \cdots, x_n + y_n),$$
$$a(x_1, x_2, \cdots, x_n) = (ax_1, ax_2, \cdots, ax_n),$$

则 M 也是一个 R 模, 称为 $M_1, M_2, \cdots, M_n$ 的**直和**, 记为

$$M = M_1 \oplus M_2 \oplus \cdots \oplus M_n = \bigoplus_{i=1}^{n} M_i.$$

定义的合理性即 M 为 R 模是容易证明的, 留给读者.

令 $M_i' = \{x_i' = (0, \cdots, 0, \overset{i}{x_i}, 0, 0, \cdots, 0) | x_i \in M_i\}$, $1 \leqslant i \leqslant n$. 显然 M_i' 是 M 的子模, 且 $x_i \to x_i'$ 是 M_i 到 M_i' 上的同构.

定理 2.2.5　设 $M_1, M_2, \cdots, M_n$ 与 N 都是 R 模, φ_i 是 M_i 到 N 的模同态, $1 \leqslant i \leqslant n$, 则存在唯一的 $M = \bigoplus\limits_{i=1}^{n} M_i$ 到 N 的模同态 φ 使

$$\varphi(x_i') = \varphi_i(x_i), \quad x_i' \in M_i',\ 1 \leqslant i \leqslant n.$$

证　首先定义映射 φ: $\varphi(x_1, x_2, \cdots, x_n) = \sum\limits_{i=1}^{n} \varphi_i(x_i)$. 于是

$$\begin{aligned}&\varphi((x_1, x_2, \cdots, x_n) + (y_1, y_2, \cdots, y_n)) = \varphi(x_1 + y_1, x_2 + y_2, \cdots, x_n + y_n)\\ &= \sum_{i=1}^{n} \varphi_i(x_i + y_i) = \sum_{i=1}^{n} (\varphi_i(x_i) + \varphi_i(y_i)) = \sum_{i=1}^{n} \varphi_i(x_i) + \sum_{i=1}^{n} \varphi(y_i)\\ &= \varphi(x_1, x_2, \cdots, x_n) + \varphi(y_1, y_2, \cdots, y_n).\end{aligned}$$

又对 $a \in R$, 有

$$\begin{aligned}&\varphi(a(x_1, x_2, \cdots, x_n)) = \varphi(ax_1, ax_2, \cdots, ax_n) = \sum_{i=1}^{n} a\varphi_i(x_i) = a\sum_{i=1}^{n} \varphi_i(x_i)\\ &= a\varphi(x_1, x_2, \cdots, x_n).\end{aligned}$$

故 φ 是 M 到 N 的模同态. 显然 $\varphi(x_i') = \varphi_i(x_i)$. 存在性得证.

现设 ψ 也是 M 到 N 的模同态, 满足

$$\psi(x_i') = \varphi_i(x_i), \quad 1 \leqslant i \leqslant n,$$

则由 $(x_1, x_2, \cdots, x_n) = \sum\limits_{i=1}^{n} x_i'$, 知

$$\psi(x_1, x_2, \cdots, x_n) = \psi\left(\sum_{i=1}^{n} x_i'\right) = \sum_{i=1}^{n} \varphi(x_i) = \varphi(x_1, x_2, \cdots, x_n).$$

因而 $\varphi = \psi$. 唯一性亦得证. ■

定理 2.2.6 设 $M_1, M_2, \cdots, M_n$ 为 R 模 N 的子模, 满足下列条件:

$$\begin{cases} N = M_1 + M_2 + \cdots + M_n, \\ M_i \bigcap \left(\sum\limits_{j \neq i} M_j \right) = \{0\}, \quad 1 \leqslant i \leqslant n, \end{cases}$$

则 $M = \bigoplus\limits_{i=1}^{n} M_i$ 到 N 的映射 $\varphi : \varphi(x_1, x_2, \cdots, x_n) = \sum\limits_{i=1}^{n} x_i (x_i \in M_i)$ 是同构映射.

证 设 φ_i 为 M_i 到 N 的嵌入映射:

$$\varphi_i(x_i) = x_i, \quad \forall x_i \in M_i, \ 1 \leqslant i \leqslant n.$$

由定理 2.2.5 知有 M 到 N 的同态 φ 使得

$$\varphi(x_1, x_2, \cdots, x_n) = \sum_{i=1}^{n} \varphi_i(x_i) = \sum_{i=1}^{n} x_i.$$

由所述条件知 φ 是 M 到 N 的满同态. 又若

$$\varphi(x_1, x_2, \cdots, x_n) = \sum_{i=1}^{n} x_i = 0,$$

则对 $\forall i, 1 \leqslant i \leqslant n$, 有

$$x_i = -\sum_{j \neq i}^{n} x_j \in M_i \bigcap \left(\sum_{j \neq i} M_j \right) = \{0\}.$$

再由所述条件知 $x_i = 0, 1 \leqslant i \leqslant n$. 即 $(x_1, x_2, \cdots, x_n) = (0, 0, \cdots, 0)$. 故 φ 是 M 到 N 的同构映射. ■

定义 2.2.3 若 R 模 N 的 n 个子模 $M_1, M_2, \cdots, M_n$ 满足定理 2.2.6 中的条件, 则称 N 是这 n 个子模 $M_i (1 \leqslant i \leqslant n)$ 的直和 (或**内直和**), 也记为

$$N = M_1 \oplus M_2 \oplus \cdots \oplus M_n.$$

特别地, 若 M 是 R 模 $M_1, M_2, \cdots, M_n$ 的直和, M_i' 如前所述, 则 M 是 $M_1', M_2', \cdots, M_n'$ 的内直和. 我们可把 M_i' 与 M_i 不加区别.

下列直和的性质容易证明, 读者可自行完成.

性质 2.2.1 若 $M = M_1 \oplus M_2 \oplus \cdots \oplus M_n$, 又 $M_i = N_{i\,1} \oplus N_{i\,2} \oplus \cdots \oplus N_{i\,s_i}, 1 \leqslant i \leqslant n$. 则有

$$M = N_{1\,1} \cdots \oplus N_{1\,s_1} \oplus N_{2\,1} \oplus \cdots \oplus N_{2\,s_2} \oplus \cdots \oplus N_{n\,1} \oplus \cdots \oplus N_{n\,s_n} = \bigoplus_{i=1}^{n} \bigoplus_{k=1}^{s_i} N_{i\,k}.$$

性质 2.2.2 $M = M_1 \oplus M_2 \oplus \cdots \oplus M_n$, 设

$$N_k = M_{r_{k-1}+1} \oplus M_{r_{k-1}+2} \oplus \cdots \oplus M_{r_k},$$
$$k = 1, 2, \cdots, s, \quad 1 \leqslant r_1 < r_2 < \cdots < r_s = n,$$

则 $M = N_1 \oplus N_2 \oplus \cdots \oplus N_s$.

比内直和弱一些的概念是无关的概念.

定义 2.2.4 R 模 N 的 n 个子模 $M_1, M_2, \cdots, M_n$ 称为是**无关**的, 若满足

$$M_i \bigcap \left(\sum_{j \neq i} M_j \right) = \{0\}, \quad 1 \leqslant i \leqslant n.$$

如果 $x_1, x_2, \cdots, x_n$ 是 N 中线性无关元素组, 那么 $Rx_1, Rx_2, \cdots, Rx_n$ 是 N 中 n 个无关的子模. 但反之不成立.

例 2.2.2 设 $R = \mathbf{F}$ 是域, V 是 $\mathbf{F}$ 上的线性空间, 则 $x_1, x_2, \cdots, x_n$ 线性无关当且仅当子空间 $\mathbf{F}x_1, \mathbf{F}x_2, \cdots, \mathbf{F}x_n$ 无关.

例 2.2.3 显然 $M = \mathbf{Z}_6 = \{\bar{0}, \bar{1}, \bar{2}, \bar{3}, \bar{4}, \bar{5}\}$ 是 $\mathbf{Z}$ 模. 易证 $\mathbf{Z}\bar{2} \cap \mathbf{Z}\bar{3} = \{\bar{0}\}$, 即 $\mathbf{Z}\bar{2}$, $\mathbf{Z}\bar{3}$ 是无关的. 但由 $3 \times \bar{2} + 2 \times \bar{3} = \bar{0}$, 知 $\bar{2}$, $\bar{3}$ 不是线性无关的.

在第 1 章中曾介绍环的直和, 也可以用模的观念来处理.

设 $R = R_1 \oplus R_2 \oplus \cdots \oplus R_n$ 是环的直和. 令

$$\mathfrak{a}_i = \{(0, \cdots, 0, \overset{i}{a_i}, 0, \cdots, 0) | a_i \in R_i\}, \quad 1 \leqslant i \leqslant n.$$

于是 R 作为 R 模有直和分解: $R = \mathfrak{a}_1 \oplus \mathfrak{a}_2 \oplus \cdots \oplus \mathfrak{a}_n$. 此分解也是理想的直和分解.

反之, 如果 R 有理想的直和分解 $R = \mathfrak{a}_1 \oplus \mathfrak{a}_2 \oplus \cdots \oplus \mathfrak{a}_n$. 令 $\mathfrak{b}_i = \bigoplus\limits_{j \neq i} \mathfrak{a}_j, 1 \leqslant i \leqslant n$, 则每个理想 $\mathfrak{a}_i$ 作为环同构于 $R/\mathfrak{b}_i$.

有限秩自由模的概念及基本结果可以扩充到"任意"秩上.

除模直和的概念, 同样有模的直积的概念.

定义 2.2.5 设 $\{M_\alpha\}$ 为 R 模族, 在集合

$$\prod_\alpha M_\alpha = \{(\cdots, x_\alpha, \cdots) | x_\alpha \in M_\alpha\},$$
$$\bigoplus_\alpha M_\alpha = \{(\cdots, x_\alpha, \cdots) | x_\alpha \in M_\alpha, \text{只有有限个 } x_\alpha \neq 0\}$$

中定义

$$(\cdots, x_\alpha, \cdots) + (\cdots, y_\alpha, \cdots) = (\cdots, x_\alpha + y_\alpha, \cdots),$$
$$a(\cdots, x_\alpha, \cdots) = (\cdots, a x_\alpha, \cdots), \quad a \in R,$$

则 $\prod\limits_\alpha M_\alpha$, $\bigoplus\limits_\alpha M_\alpha$ 都是 R 模, 分别称为 $\{M_\alpha\}$ 的**直积**、**直和**.

注 2.2.1 $\{M_\alpha\}$ 有限时, 直积与直和是一致的.

2.3 模的正合序列

设 M, N 都是 R 模, 以 $\mathrm{Hom}_R(M,N)$ 或简单地, 以 $\mathrm{Hom}(M,N)$ 表示从 M 到 N 的模同态的集合.

定义 2.3.1 R 模 M_i 与模同态 $f_i \in \mathrm{Hom}(M_{i-1}, M_i)$ 序列

$$\cdots \longrightarrow M_{i-1} \xrightarrow{f_i} M_i \xrightarrow{f_{i+1}} M_{i+1} \longrightarrow \cdots$$

称为在 M_i 是**正合**的, 如果 f_i 的像与 f_{i+1} 的核相等, 即 $\mathrm{Im}(f_i) = \ker f_{i+1}$. 如果在每个 M_i 都是正合的, 则称此序列为**正合序列**.

例 2.3.1 1) $0 \longrightarrow M' \xrightarrow{f} M$ 是正合的当且仅当 f 是单射 (一一映射).

2) $M \xrightarrow{g} M'' \longrightarrow 0$ 是正合的当且仅当 g 是满射.

3) $0 \longrightarrow M' \xrightarrow{f} M \xrightarrow{g} M'' \longrightarrow 0$ 是正合的当且仅当 f 是单射, g 是满射. 此时 f 是 M' 到 $f(M')$ 的同构, g 诱导了 $M/f(M')$ 到 M'' 的同构.

称正合序列 $0 \longrightarrow M' \xrightarrow{f} M \xrightarrow{g} M'' \longrightarrow 0$ 为**短正合序列**.

任何 "长正合序列" 可分裂为短正合序列.

R 模及其同态的序列

$$\cdots \longrightarrow M_{i-1} \xrightarrow{f_i} M_i \xrightarrow{f_{i+1}} M_{i+1} \longrightarrow \cdots \tag{2.3.1}$$

正合, 当且仅当对任何 i, 序列

$$0 \longrightarrow N_i \xrightarrow{\iota_i} M_i \longrightarrow N_{i+1} \longrightarrow 0 \tag{2.3.2}$$

(其中 $N_i = \mathrm{Im} f_i$, ι_i 是 N_i 到 M_i 的嵌入映射) 是短正合序列.

事实上, 若 (2.3.1) 正合, 则 $N_i = \mathrm{Im}(f_i) = \ker f_{i+1}$, 故 (2.3.2) 是正合的. 反之, 若 (2.3.2) 正合, 则有 $\mathrm{Im} f_i = N_i = \ker f_{i+1}$, 因而 (2.3.1) 正合.

设 M, M' 及 N 是 R 模. 又 $f \in \mathrm{Hom}(M, M')$, $g \in \mathrm{Hom}(M', N)$. 于是 $gf \in \mathrm{Hom}(M,N)$. 注意到 $(g_1+g_2)f = g_1 f + g_2 f$, $(ag)f = a(gf)$, 于是由 f 确定了 $\mathrm{Hom}(M', N)$ 到 $\mathrm{Hom}(M,N)$ 的 R 模同态 $\bar{f}$: $\bar{f}(g) = gf$, 如图 2.5(a) 所示.

设 M, M', M'' 及 N 是 R 模. 又 $f \in \mathrm{Hom}(M, M')$, $g \in \mathrm{Hom}(M', M'')$, $h \in \mathrm{Hom}(M'', N)$ 于是 $hgf \in \mathrm{Hom}(M,N)$. 且有 $hgf = \bar{f}(hg) = \bar{f}(\bar{g}(h)) = \overline{gf}(h)$, 因此 $\overline{gf} = \bar{f}\bar{g}$, 如图 2.5(b) 所示.

注 2.3.1 由这里的讨论知:

(1) 对任何 R 模 M, N, 则 M 到 N 的同态的集合 $\mathrm{Hom}(M,N)$ 仍是 R 模;

(2) 对一个固定的 R 模 N, $\mathrm{Hom}(-,N)$ 是 R 模范畴 $\mathfrak{M}_R$ 到自身的映射;

(3) 而且 $\mathrm{Hom}(-,N)$ 是 R 模范畴 $\mathfrak{M}_R$ 到自身的反变函子, 只要令

$$\mathrm{Hom}(f,N)(g)=gf,\quad f\in\mathrm{Hom}(M,M'),\ g\in\mathrm{Hom}(M',N).$$

(4) 对任何 R 模 M, 称 $\mathrm{Hom}(M,R)$ 为 M 的**对偶模**, 记为 M^*. R 模范畴 $\mathfrak{M}_R$ 的函子 $D=\mathrm{Hom}(-,R)$ 称为**对偶函子**. D^2 为**双对偶函子**, 即有

$$D^2(M)=\mathrm{Hom}(M^*,R)=\mathrm{Hom}(\mathrm{Hom}(M,R),R).$$

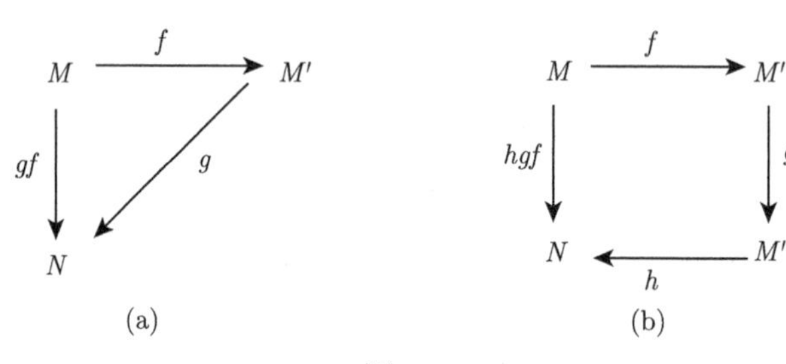

图 2.5

设 N, N' 及 M 是 R 模. 又 $u\in\mathrm{Hom}(N',N)$, $v\in\mathrm{Hom}(M,N')$. 于是 $uv\in\mathrm{Hom}(M,N)$. 注意到 $u(v_1+v_2)=uv_1+uv_2$, $u(av)=a(uv)$ 于是由 u 确定了 $\mathrm{Hom}(M,N')$ 到 $\mathrm{Hom}(M,N)$ 的 R 模同态 u^*: $u^*(v)=uv$, 如图 2.6(a) 所示.

设 N, N', N'' 及 M 是 R 模. 又 $u\in\mathrm{Hom}(N',N)$, $v\in\mathrm{Hom}(N,N'')$, $w\in\mathrm{Hom}(M,N')$, 于是 $vuw\in\mathrm{Hom}(M,N'')$. 于是 $(vu)^*w=v^*(u^*(w))$, 因此 $(vu)^*=v^*u^*$, 如图 2.6(b).

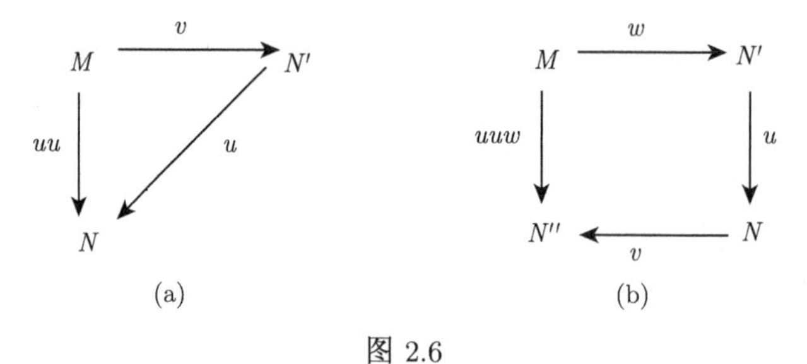

图 2.6

注 2.3.2 对一个固定的 R 模 M, $\mathrm{Hom}(M,-)$ 是 R 模范畴 $\mathfrak{M}_R$ 到自身的映射; $\mathrm{Hom}(M,-)$ 是共变函子, 只要令

$$\mathrm{Hom}(M,u)(v)=uv,\quad u\in\mathrm{Hom}(N',N),\ v\in\mathrm{Hom}(M,N').$$

定理 2.3.1 1) R 模及同态的序列

$$0\longrightarrow N'\stackrel{u}{\longrightarrow}N\stackrel{v}{\longrightarrow}N''\tag{2.3.3}$$

是正合的, 当且仅当对任何 R 模 M, 序列

$$0 \longrightarrow \mathrm{Hom}(M, N') \xrightarrow{u^*} \mathrm{Hom}(M, N) \xrightarrow{v^*} \mathrm{Hom}(M, N'') \qquad (2.3.3')$$

是正合的.

2) R 模及同态的序列

$$M' \xrightarrow{f} M \xrightarrow{g} M'' \longrightarrow 0 \qquad (2.3.4)$$

是正合的, 当且仅当对任何 R 模 N, 序列

$$0 \longrightarrow \mathrm{Hom}(M'', N) \xrightarrow{\bar{g}} \mathrm{Hom}(M, N) \xrightarrow{\bar{f}} \mathrm{Hom}(M', N) \qquad (2.3.4')$$

是正合的.

证 (2.3.3) 正合 $\Longrightarrow$ (2.3.3$'$) 正合. 设 (2.3.3) 是正合序列. 则 u 是单射. 设 $k \in \ker u^*$, 于是 $u^*(k) = uk = 0$, 因 u 是单射, 故 $k = 0$. 即 u^* 是单射. 设 $h \in \mathrm{Hom}(M, N')$. 于是 $u^*(h) = uh$, 由 (2.3.3) 的正合性知 $vu = 0$, 于是 $v^*(u^*(h)) = vuh = 0$, 即 $\mathrm{Im}u^* \subseteq \ker v^*$. 反之, 设 $h \in \ker v^* \subseteq \mathrm{Hom}(M, N)$, 则 $v^*(h) = vh = 0$, 即 $\mathrm{Im}h \subseteq \ker v$, 由 (2.3.3) 的正合性, 知 $\ker v = \mathrm{Im}u$. u 是单射, 于是在 $\mathrm{Im}u$ 上可逆, 于是 $u^{-1}h \in \mathrm{Hom}(M, N')$ 是有意义的. 于是 $h = u^*(u^{-1}h) \in \mathrm{Im}u^*$, 即 $\ker v^* \subseteq \mathrm{Im}u^*$. 所以 (2.3.3$'$) 是正合的.

(2.3.3$'$) 正合 $\Longrightarrow$ (2.3.3) 正合. 设 (2.3.3$'$) 是正合的.

取 $M = \ker u$, $\iota : \ker u \to N'$ 为嵌入同态. 由 $u^*(\iota) = u(\iota) = 0$, u^* 是单射, 于是 $\iota = 0$. 因而 $\ker u = \{0\}$.

取 $M = N'$, 则有 $vu = vu(1_{N'}) = v^*u^*(1_{N'}) = 0$, 于是 $\mathrm{Im}u \subseteq \ker v$.

取 $M = \ker v$, $\iota_1 : \ker v \to N$ 为嵌入同态, 则由 $v^*(\iota_1) = v\iota_1 = 0$, 知 $\iota_1 \in \ker v^* = \mathrm{Im}u^*$. 因此有 $h \in \mathrm{Hom}(\ker v, N')$ 使得 $\iota_1 = u^*(h) = uh$, 即 $\forall x \in \ker v$, 有 $x = \iota_1(x) = u(h(x)) \in \mathrm{Im}u$. 因此 $\mathrm{Im}u = \ker v$. 故 (2.3.3) 是正合的.

(2.3.4) 正合 $\Longrightarrow$ (2.3.4$'$) 正合. 设 (2.3.4) 是正合的. 于是 g 是满射. 对于 $h \in \ker \bar{g}$, 即有 $\bar{g}(h) = 0$. 于是 $\bar{g}(h)(M) = hg(M) = h(M'') = 0$, 因此 $h = 0$, 即 $\bar{g}$ 是单射. 设 $h \in \mathrm{Hom}(M'', N)$, 于是 $\bar{f}(\bar{g}(h)) = hgf$, 由 (2.3.4) 的正合性, 知 $gf = 0$, 故 $\mathrm{Im}\bar{g} \subseteq \ker \bar{f}$. 设 $k \in \ker \bar{f}$. 于是 $\bar{f}(k) = kf = 0$. 因此 $0 = k(f(M')) = k(\mathrm{Im}f) = k(\ker g)$. 故有 $\ker g \subseteq \ker k$. 于是由定理 2.1.7 有 $\bar{k} \in \mathrm{Hom}(M'', N)$ 使得 $k = \bar{k}g = \bar{g}(\bar{k})$, 即 $k \in \mathrm{Im}\bar{g}$. 故 (2.3.4$'$) 正合.

(2.3.4$'$) 正合 $\Longrightarrow$ (2.3.4) 正合. 设 (2.3.4$'$) 是正合的.

取 $N = M''/\mathrm{Im}g$, π 为 M'' 到 $N = M''/\mathrm{Im}g$ 的自然同态. 于是 $\bar{g}(\pi) = \pi g = 0$, 注意 $\bar{g}$ 是一一的, 于是 $\pi = 0$, 故序列 $M \xrightarrow{g} M'' \xrightarrow{\pi} M''/\mathrm{Im}g = \{0\}$ 是正合的, 因而 g 是满映射.

取 $N = M/\mathrm{Im}f$, π_1 为 M 到 $N = M/\mathrm{Im}f$ 的自然同态. $\pi_1 \in \mathrm{Hom}(M, N)$. 于是 $\bar{f}(\pi_1) = \pi_1 f \in \mathrm{Hom}(M', N)$, 而且 $\bar{f}(\pi_1) = \pi_1 f = 0$, 即 $\pi_1 \in \ker \bar{f} = \mathrm{Im}\bar{g}$. 于是有 $\psi \in \mathrm{Hom}(M'', N)$, 使得 $\pi_1 = \bar{g}(\psi) = \psi g$. 注意, $\mathrm{Im}f = \ker \pi_1$. 于是 $\mathrm{Im}f \supseteq \ker g$.

取 $N = M''$, $h = 1_{M''}$. 于是 $0 = \bar{f}(\bar{g}(h)) = hgf = gf$. 因此 $\mathrm{Im}f \subseteq \ker g$. 所以 $\mathrm{Im}f = \ker g$, (2.3.4) 是正合的. ∎

注 2.3.3　此定理用函子的语言, 就是说 Hom 函子有左正合性.

注 2.3.4　此定理说明模的正合序列与模同态的正合序列之间的关系. 但是出现的正合列是不完整的短正合列, 能否补成完整的呢? 下面的例子说明一般是不能补上的. 或者用函子的语言, 就是说 Hom 函子未必有右正合性.

例 2.3.2　$\mathbf{Z}$ 模同态序列:

$$0 \longrightarrow \mathbf{Z} \xrightarrow{f} \mathbf{Z} \xrightarrow{\pi} \mathbf{Z}_2 \longrightarrow 0, \quad f(n) = 2n, \quad \pi \text{ 是自然同态},$$

由于 $\ker f = \{0\}$, $\ker \pi = 2\mathbf{Z} = \mathrm{Im}f$, $\pi(\mathbf{Z}) = \mathbf{Z}_2$, 因此这是一个短正合序列.

注意 $\mathrm{Hom}(\mathbf{Z}_2, \mathbf{Z}) = \{0\}$, $\mathrm{Hom}(\mathbf{Z}_2, \mathbf{Z}_2) \cong \mathbf{Z}_2$, 因而序列

$$0 \longrightarrow \mathrm{Hom}(\mathbf{Z}_2, \mathbf{Z}) \xrightarrow{f^*} \mathrm{Hom}(\mathbf{Z}_2, \mathbf{Z}) \xrightarrow{\pi^*} \mathrm{Hom}(\mathbf{Z}_2, \mathbf{Z}_2) \longrightarrow 0,$$

$$0 \longrightarrow \mathrm{Hom}(\mathbf{Z}_2, \mathbf{Z}_2) \xrightarrow{\bar{\pi}} \mathrm{Hom}(\mathbf{Z}, \mathbf{Z}_2) \xrightarrow{\bar{f}} \mathrm{Hom}(\mathbf{Z}, \mathbf{Z}_2) \longrightarrow 0$$

都不是正合的.

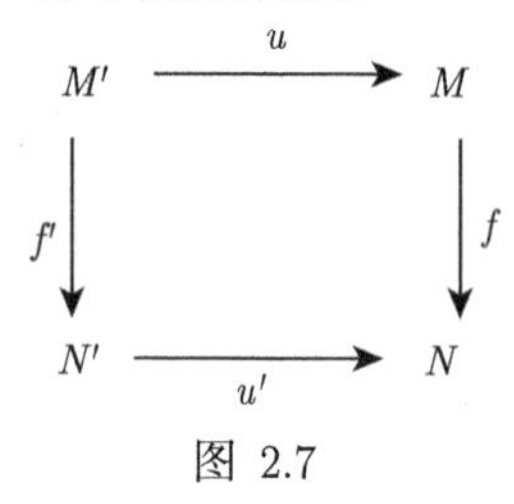

图 2.7

引理 2.3.1　设 u, f' 分别是 R 模 M' 到 R 模 M, N' 的同态, f, u' 分别是 M, N' 到 R 模 N 的同态. 且 $fu = u'f'$, 即图 2.7 可交换. 则有

1) u 在 $\ker f'$ 上的限制 $\bar{u}$ 是 $\ker f'$ 到 $\ker f$ 的同态.

2) 由 u' 可诱导出 $\mathrm{coker}f' = N'/\mathrm{Im}f'$ 到 $\mathrm{coker}f = N/\mathrm{Im}f$ 的同态 u'^*:

$$u'^*(n' + \mathrm{Im}f') = u'(n') + \mathrm{Im}f, \quad \forall n' + \mathrm{Im}f' \in \mathrm{coker}f'.$$

证　1) 只要证明 $u(\ker f') \subseteq \ker f$ 即可. 注意, $f(u(\ker f')) = u'f'(\ker f') = 0$. 于是结论成立.

2) 首先证明 u'^* 的合理性. 设 $n' + \mathrm{Im}f' = n_1' + \mathrm{Im}f'$, 于是 $n' - n_1' \in \mathrm{Im}f'$, 即有 $m' \in M'$ 使得 $n' - n_1' = f'(m')$. 因此 $u'(n' - n_1') = u'f'(m') = f(u(m')) \in \mathrm{Im}f$. 因此 $u'(n') + \mathrm{Im}f = u'(n_1') + \mathrm{Im}f$. u'^* 是模同态可直接验证. ∎

定理 2.3.2　设有 R 模 M', M, M'', N', N, N'' 及其同态构成下面的交换图 (图 2.8), 而且图 2.8 中第一行, 第二行均为正合序列. 又设 $\bar{u}$, $\bar{v}$ 分别为 u, v 在 $\ker f'$, $\ker f$ 上的限制, u'^*, v'^* 分别为 u', v' 诱导的 $\mathrm{coker}f'$ 到 $\mathrm{coker}f$, $\mathrm{coker}f$ 到 $\mathrm{coker}f''$ 的同态.

则有 $\ker f''$ 到 $\mathrm{coker} f'$ 的同态 d 使得序列

$$0 \longrightarrow \ker f' \xrightarrow{\bar{u}} \ker f \xrightarrow{\bar{v}} \ker f'' \xrightarrow{d} \mathrm{coker} f' \xrightarrow{u'^*} \mathrm{coker} f \xrightarrow{v'^*} \mathrm{coker} f'' \longrightarrow 0$$

是正合序列.

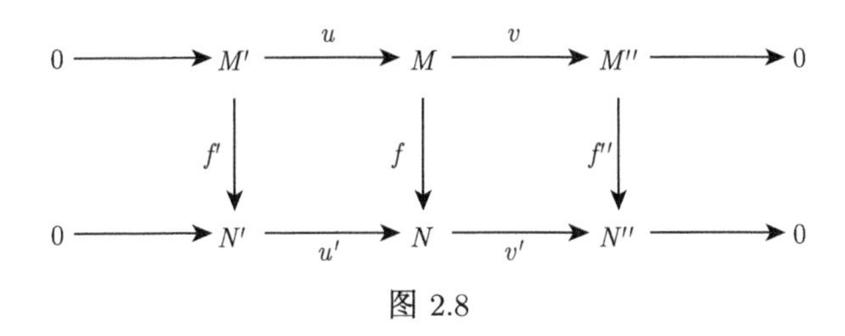

图 2.8

证 首先给出同态 d 的定义. 设 $x'' \in \ker f'' \subseteq M''$, 因为 v 是满映射, 于是有 $x \in M$, 使得 $x'' = v(x)$. 注意, $v'f(x) = f''v(x) = 0$, 于是 $f(x) \in \ker v' = \mathrm{Im}u'$. u' 是单映射, 因此有唯一的 $y' \in N'$ 使得 $f(x) = u'(y')$. 定义 d 为 $d(x'') = y' + \mathrm{Im}f'$. 下面证明 d 的良定性. 若 $x'' = v(x) = v(x_1)$, 则 $x_1 - x \in \ker v = \mathrm{Im}u$, 于是有 $x' \in M'$ 使得 $x_1 = x + u(x')$. 因此 $f(x_1) = f(x) + fu(x') = f(x) + u'f'(x')$. 由

$$v'f(x_1) = f''v(x_1) = 0, \quad v'f(x) = f''v(x) = 0$$

得 $v'u'f'(x') = 0$, 即有 $f(x_1), f(x), u'f'(x') \in \ker v' = \mathrm{Im}u'$. 于是 $y_1', y', y_0' \in N'$, 使得 $u'(y_1') = f(x_1), u'(y') = f(x), u'(y_0') = u'f'(x')$. 注意 u' 是单射, 于是 $y_0' = f'(x')$. 由此 $u'(y_1'-y') = f(x_1)-f(x) = u'f'(x')$, 再由 u' 是单射, 故 $y_1'-y' = f'(x') \in \mathrm{Im}f'$. 因此 d 是良定的. 易证 d 是同态映射.

以下证明所述序列的正合性.

序列在 $\ker f'$ 处的正合性. 由 u 为单射, 故 $\bar{u}$ 为单射.

序列在 $\ker f$ 处的正合性. $\mathrm{Im}\bar{u} \subseteq \ker f$, $\mathrm{Im}\bar{v} \subseteq \ker f''$. 由 $vu = 0$, 于是 $\bar{v}\bar{u} = 0$, 即 $\mathrm{Im}\bar{u} \subseteq \ker \bar{v}$. 设 $x \in \ker \bar{v}$, 于是 $x \in \ker v = \mathrm{Im}u$, 于是 $x = u(x'), x' \in M'$. 又 $x \in \ker f$. 所以 $0 = f(x) = fu(x') = u'f'(x') = 0$. 注意, u' 是单射, 于是 $f'(x') = 0$. 因此 $x = u(x') \in \mathrm{Im}\bar{u}$, 故 $\mathrm{Im}\bar{u} = \ker \bar{v}$.

序列在 $\ker f''$ 处的正合性. 若 $x \in \ker f$, 于是 $v(x) = x'' \in \ker f''$, $f(x) = 0$. 于是 $f''v(x) = v'f(x) = 0$. $f(x) \in \ker v' = \mathrm{Im}u'$, 因 $f(x) = 0$, 由 d 的定义知 $d(v(x)) = 0$, 即 $\mathrm{Im}\bar{v} \subseteq \ker d$. 反之, $x'' \in \ker d$, $x'' = v(x)$, 在定义 d 时, 所得 $y' \in \mathrm{Im}f'$, 即 $y' = 0$, 故所取 $x \in M$, 满足 $0 = u'(0) = f(x)$, 即 $x \in \ker f$, 于是 $x'' = v(x) = \bar{v}(x)$. 故 $\mathrm{Im}\bar{v} = \ker d$.

序列在 $\mathrm{coker} f'$ 处的正合性. 由 $d(x'') = y' + \mathrm{Im}f'$, 其中 y' 满足 $u'(y') = f(x)$, 于是 $u'^*d = 0$, 即 $\mathrm{Im}d \subseteq \ker u'^*$. 反之, 设 $y' + \mathrm{Im}f' \in \ker u'^*$, 于是 $u'(y') \in \mathrm{Im}f$, 即有

$x \in M$ 使得 $u'(y') = f(x)$. 于是 $0 = v'u'(y') = v'f(x) = f''(v(x))$, 故 $v(x) \in \ker f''$, 而 $d(x'') = y' + \mathrm{Im} f'$, 故 $\mathrm{Im} d = \ker u'^*$.

序列在 $\mathrm{coker} f$ 处的正合性. 设 $\bar{x}' = x' + \mathrm{Im} f' \in \mathrm{coker} f'$, 于是 $v'^* u'^*(\bar{x}') = v'u'(x') + \mathrm{Im} f'' = 0$. 因此 $\mathrm{Im} u'^* \subseteq \ker v'^*$. 反之, 设 $\bar{y} = y + \mathrm{Im} f \in \ker v'^*$. 于是 $v'(y) \in \mathrm{Im} f''$. 故 $v'(y) = f''(x'')$, 又有 $x \in M$, 使得 $x'' = v(x)$. 于是 $v'(y) = f''v(x) = v'f(x)$, 所以 $y - f(x) \in \ker v' = \mathrm{Im} u'$ 即有 $y - f(x) = u'(y')$, $y' \in N'$. 故 $\bar{y} = u'^*(y' + \mathrm{Im} f')$. 于是 $\mathrm{Im} u'^* = \ker v'^*$.

序列在 $\mathrm{coker} f''$ 处的正合性. 由 v' 是满映射, 知 v'^* 是满映射.

综上所述, 定理成立. ∎

注 2.3.5　在上面定理中所构造的同态 d 称为**边沿同态**. 所得的正合序列, 是同调代数中正合同调序列的一类特殊情形. 定理所用的证明方法称为**图追踪法**.

推论 2.3.1 (蛇形引理)　设有 R 模 M', M, M'', N', N, N'' 及其同态构成下面的交换图 (图 2.9), 而且图 2.9 中第一行、第二行均为正合序列. 又设 $\bar{u}$, $\bar{v}$ 分别为 u, v 在 $\ker f'$, $\ker f$ 上的限制, u'^*, v'^* 分别为 u', v' 诱导的 $\mathrm{coker} f'$ 到 $\mathrm{coker} f$, $\mathrm{coker} f$ 到 $\mathrm{coker} f''$ 的同态. 则有 $\ker f''$ 到 $\mathrm{coker} f'$ 的同态 d 使得序列

$$\ker f' \xrightarrow{\bar{u}} \ker f \xrightarrow{\bar{v}} \ker f'' \xrightarrow{d} \mathrm{coker} f' \xrightarrow{u'^*} \mathrm{coker} f \xrightarrow{v'^*} \mathrm{coker} f''$$

是正合序列.

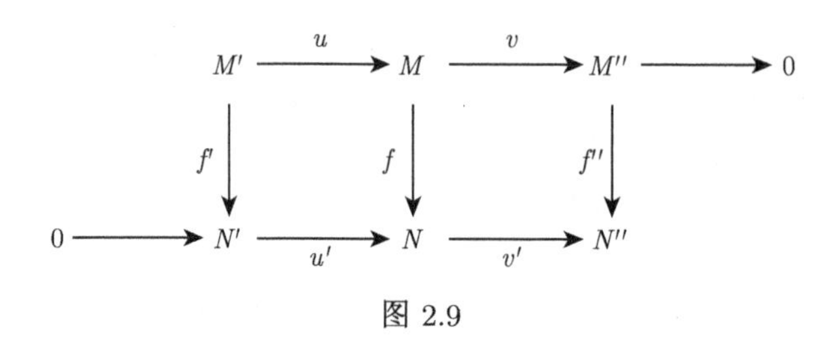

图 2.9

证　注意在定理 2.3.2 的证明中除证明 $\bar{u}$ 是单射外, 没有用到 u 是单射; 除证明 v'^* 是满射外, 没有用到 v' 是满射, 因此蛇形引理的证明与定理 2.3.2 的证明一样的. ∎

推论 2.3.2 (短五引理)　在蛇形引理条件下,

1) 若 f', f'' 是单同态, 则 f 也是单同态;

2) 若 f', f'' 是满同态, 则 f 也是满同态;

3) 若 f', f'' 是同构, 则 f 也是同构.

证　1) 若 f', f'' 是单同态, 即 $\ker f' = \{0\}$, $\ker f'' = \{0\}$, 因此 $\ker f = \{0\}$, 即 f 也是单同态.

2) 若 f', f'' 是满同态, 即 $\operatorname{coker} f' = \{0\}$, $\operatorname{coker} f'' = \{0\}$, 因此 $\operatorname{coker} f = \{0\}$, 即 f 也是满同态.

3) 结论 3) 是结论 1), 2) 的自然推论. ∎

定理 2.3.3 设 $0 \longrightarrow M_1 \xrightarrow{f} M \xrightarrow{g} M_2 \longrightarrow 0$ 是正合序列, 则下列条件等价.

1) 存在 $h \in \operatorname{Hom}(M_2, M)$ 使得 $gh = 1_{M_2}$.

2) 存在 $k \in \operatorname{Hom}(M, M_1)$ 使得 $kf = 1_{M_1}$.

3) 存在 $\varphi \in \operatorname{Hom}(M_1 \oplus M_2, M)$, 使得 φ 是同构, 且图 2.10(其中 ι_1 是 M_1 到 $M_1 \oplus M_2$ 的嵌入映射, π_2 是 $M_1 \oplus M_2$ 到 M_2 的投影) 交换.

$$\begin{array}{ccccccccc} 0 \longrightarrow & M_1 & \xrightarrow{\iota_1} & M_1 \oplus M_2 & \xrightarrow{\pi_2} & M_2 & \longrightarrow 0 \\ & 1_{M_1} \downarrow & & \downarrow \varphi & & \downarrow 1_{M_2} & \\ 0 \longrightarrow & M_1 & \xrightarrow{f} & M & \xrightarrow{g} & M_2 & \longrightarrow 0 \end{array}$$

图 2.10

证 1) $\Longrightarrow$ 3) 设 $(x_1, x_2) \in M_1 \oplus M_2$, 令 $\varphi(x_1, x_2) = f(x_1) + h(x_2)$. 于是 $\varphi \in \operatorname{Hom}(M_1 \oplus M_2, M)$, 且使 3) 中的图交换, 于是由短五引理知 φ 是同构.

2) $\Longrightarrow$ 3) 设 $x \in M$, 令 $\psi(x) = (k(x), g(x)) \in M_1 \oplus M_2$. 于是 $\psi \in \operatorname{Hom}(M, M_1 \oplus M_2)$, 且使图 2.11 交换. 于是由短五引理知 ψ 是同构. 令 $\varphi = \psi^{-1}$ 即可.

$$\begin{array}{ccccccccc} 0 \longrightarrow & M_1 & \xrightarrow{f} & M & \xrightarrow{g} & M_2 & \longrightarrow 0 \\ & 1_{M_1} \downarrow & & \downarrow \psi & & \downarrow 1_{M_2} & \\ 0 \longrightarrow & M_1 & \xrightarrow{\iota_1} & M_1 \oplus M_2 & \xrightarrow{\pi_2} & M_2 & \longrightarrow 0 \end{array}$$

图 2.11

3) $\Longrightarrow$ 1) 及 2) 设 ι_2 为 M_2 到 $M_1 \oplus M_2$ 的嵌入映射, π_1 为 $M_1 \oplus M_2$ 到 M_1 的投影, 则 $h = \varphi\iota_2$, $k = \pi_1\varphi^{-1}$ 为 1), 2) 中所求. ∎

满足上面定理三个条件的正合序列称为**可裂** (**分裂**)的.

定义 2.3.2 设 $\mathfrak{M}_R$ 是 R 模范畴, λ 是 $\mathfrak{M}_R$ 上的取值在 $\mathbf{Z}$ (或任何交换群 G) 的函数. 如果对任何短正合序列 $0 \longrightarrow M' \xrightarrow{f} M \xrightarrow{g} M'' \longrightarrow 0$ 有

$$\lambda(M') - \lambda(M) + \lambda(M'') = 0,$$

则称 λ 为**加性函数**.

例 2.3.3 设 $\mathfrak{V}_k$ 为域 k 上有限维线性空间的范畴, 定义 $\lambda(V) = \dim V$. 于是 λ 是 $\mathfrak{V}_k$ 上的加性函数.

定理 2.3.4 设 R 模及其同态的正合序列

$$0 \longrightarrow M_0 \xrightarrow{f_1} M_1 \xrightarrow{f_2} \cdots \xrightarrow{f_n} M_n \longrightarrow 0$$

中所有 M_i 及同态核均在类 $\mathfrak{M}_R$ 中. λ 是 $\mathfrak{M}_R$ 上的加性函数, 则有

$$\sum_{i=0}^{n}(-1)^i\lambda(M_i)=0.$$

证 令 $N_0=N_{n+1}=0$, $N_i=\mathrm{Im}f_i=\ker f_{i+1}$ $(1\leqslant i\leqslant n)$. 于是 $0\longrightarrow N_i\longrightarrow M_i\longrightarrow N_{i+1}\longrightarrow 0$ 是短正合列, 因而 $\lambda(M_i)=\lambda(N_i)+\lambda(N_{i+1})$, 故结论成立. ∎

2.4 模的张量积

模 (包括线性空间) 的张量积在数学与物理中都被广泛使用, 是极重要的.

定义 2.4.1 设 M, N, P 都是 R 模, $M\times N$ 到 P 的映射 f 称为**双线性映射**, 如果 $\forall x_i\in M;\ y_j\in N;\ k_i,l_j\in R$ $(1\leqslant i\leqslant m,\ 1\leqslant j\leqslant n)$ 有

$$f\left(\sum_{i=1}^{m}k_ix_i,\ \sum_{j=1}^{n}l_jy_j\right)=\sum_{i=1}^{m}\sum_{j=1}^{n}k_il_jf(x_i,y_j).$$

此定义也可说成: $f(x,y)$ 对变量 x, y 都是线性的.

$M\times N$ 到 P 的所有双线性映射的集合记为 $BL(M,N;P)$. 在其中定义加法、与 R 中元素的乘法如下:

$$(f_1+f_2)(x,y)=f_1(x,y)+f_2(x,y),\quad (af)(x,y)=af(x,y),$$
$$\forall f_1,f_2,f\in BL(M,N;P),\ a\in R,\ x\in M,\ y\in N,$$

则 $BL(M,N;P)$ 也是 R 模.

定理 2.4.1 设 M, N 为 R 模, 则存在 R 模 T 与从 $M\times N$ 到 T 的双线性映射 g 满足下面性质: 给定任一 R 模 P 及 $M\times N$ 到 P 的双线性映射 f, 有唯一的 $f'\in\mathrm{Hom}(T,P)$, 使得 $f=f'g$.

又若 (T,g) 与 (T',g') 均有上述性质, 则有唯一的同构 $j:T\longrightarrow T'$ 使得 $jg=g'$. 也就是说, 在同构意义下, (T,g) 是唯一的.

记 $T=M\otimes_R N$ 或 $T=M\otimes N$ 称为 M 与 N 的**张量积**.

证 首先证明 (T,g) 的存在性. 设集合 $M\times N=\{(x,y)|x\in M,y\in N\}$ 生成的自由模为 C, 即 $C=\left\{\sum_{i=1}^{n}a_i(x_i,y_i)\middle| a_i\in R,x_i\in M,y_i\in N,n\in\mathbf{N}\right\}$, C 中的加法、R 与 C 中元素的乘法分别为

$$\sum_{i=1}^{n}a_i(x_i,y_i)+\sum_{i=1}^{n}b_i(x_i,y_i)=\sum_{i=1}^{n}(a_i+b_i)(x_i,y_i),\quad a\left(\sum_{i=1}^{n}a_i(x_i,y_i)\right)=\sum_{i=1}^{n}aa_i(x_i,y_i).$$

设 D 是 C 中由下列形式的元素:

$$\begin{aligned}&(x+x',y)-(x,y)-(x',y),\quad (x,y+y')-(x,y)-(x,y'),\\&(ax,y)-a(x,y),\quad (x,ay)-a(x,y),\\&\qquad \forall\, x,x'\in M;\ y,y'\in N;\ a\in R,\end{aligned}$$

生成的子模. 令 $T=C/D$, π 为 C 到商模 $T=C/D$ 的自然同态. $(x,y)\in C$, 记 $\pi(x,y)$ 为 $x\otimes y$. 由定义有

$$\begin{aligned}&(x+x')\otimes y=x\otimes y+x'\otimes y,\quad x\otimes(y+y')=x\otimes y+x\otimes y',\\&(ax)\otimes y=a(x\otimes y),\quad x\otimes(ay)=a(x\otimes y).\end{aligned}$$

于是定义 $g:\ M\times N\longrightarrow T$ 为 $g(x,y)=x\otimes y$, 则 $g\in BL(M,N;T)$.

设 f 是 $M\times N$ 到 R 模 P 的一个双线性映射, 令

$$\bar{f}\left(\sum_{i=1}^{n}a_i(x_i,y_i)\right)=\sum_{i=1}^{n}a_if(x_i,y_i),$$

则 $\bar{f}\in \mathrm{Hom}(C,P)$. 由于 f 是双线性的, 从而 $\bar{f}(D)=0$, 进而 $\bar{f}$ 诱导了 $T=C/D$ 到 P 的唯一的同态 f', 使得 $f'(x\otimes y)=f(x,y)$, 即有 $f=f'g$.

再证唯一性. 以 (T',g') 替代 (P,f) 有同态 $j:T\longrightarrow T'$ 使得 $g'=jg$. 反之以 (T,g) 替代 (P,f) 有同态 $j':T'\longrightarrow T$ 使得 $g=j'g'$. 于是 $g'=(jj')g'=1_{T'}g'$, $g=(j'j)g=1_Tg$. 因此 $j'j=1_T$, $jj'=1_{T'}$. j 为同构. ∎

推论 2.4.1 若 $\{x_i|i\in I\}$, $\{y_j|j\in J\}$ 分别为 M, N 的生成元组, 则 $\{x_i\otimes y_j|i\in I,j\in J\}$ 为 $M\otimes N$ 的生成元组. 特别地, 若 M, N 是有限生成的, 则 $M\otimes N$ 也是有限生成的.

证 只要注意, 若 $x=\sum_{i=1}^{m}x_i\in M$, $y=\sum_{j=1}^{n}y_j\in N$, 则 $x\otimes y=\sum_{i=1}^{m}\sum_{j=1}^{n}x_i\otimes y_j$. ∎

推论 2.4.2 设 $x_i\in M,y_i\in N$, 且在 $M\otimes N$ 中 $\sum_{i=1}^{n}x_i\otimes y_i=0$. 则有 M 的有限生成子模 M_0, N 的有限生成子模 N_0, 使得在 $M_0\otimes N_0$ 中, 也有 $\sum_{i=1}^{n}x_i\otimes y_i=0$.

证 若在 $M\otimes N$ 中 $\sum_{i=1}^{n}x_i\otimes y_i=0$, 于是在定理 2.4.1 的证明中的符号中, 有 $\sum_{i=1}^{n}(x_i,y_i)\in D$. 设 M_0, N_0 分别是由 $x_1,x_2,\cdots,x_n$; $y_1,y_2,\cdots,y_n$ 及这些元素出现在 D 的生成元的第一, 第二坐标中的元素所生成的 M, N 的子模. 于是作为

$M_0 \otimes N_0$ 中元素, 亦有 $\sum_{i=1}^{n} x_i \otimes y_i = 0$. ■

例 2.4.1 设 $R = \mathbf{Z}$, $M = \mathbf{Z}$, $N = \mathbf{Z}_2$. 于是 $M' = 2\mathbf{Z}$ 是 M 的子模. $N' = \mathbf{Z}_2$. 作为 $M \otimes N$ 的元素 $2 \otimes \bar{1} = 2(1 \otimes \bar{1}) = 1 \otimes 2 \times \bar{1} = 0$. 作为 $M' \otimes N'$ 的元素 $2 \otimes \bar{1} \neq 0$. 现在来看推论 2.4.2 中 M_0 与 N_0. $x_1 = 2$, $y_1 = \bar{1}$. 于是在 D 的生成元中有 $(2, \bar{1}) - 2 \times (1, \bar{1})$ 等元素. 于是 M_0, N_0 分别由 1, $\bar{1}$ 生成, 即为 M, N.

这个例子告诉我们, 如果 M', N' 分别为模 M, N 的子模, 又 $x \in M'$, $y \in N'$, 那么 $x \otimes y$ 分别作为 $M \otimes N$, $M' \otimes N'$ 中的元素可以有不同的意义.

张量积可以推广到有限多个模的情形.

定义 2.4.2 设 $M_1, M_2, \cdots, M_r$ 及 P 都是 R 模, $M_1 \times \cdots \times M_r$ 到 P 的映射 f 称为r **重线性映射**, 如果 $f(x_1, x_2, \cdots, x_r)$ 对每个变量 x_i 都是线性的.

定理 2.4.2 设 $M_1, M_2, \cdots, M_r$ 都为 R 模. 则存在 R 模 T 与从 $M_1 \times \cdots \times M_r$ 到 T 的 r 重线性映射 g 满足下面性质: 给定任一 R 模 P 及 $M_1 \times \cdots \times M_r$ 到 P 的 r 重线性映射 f, 有唯一的 $f' \in \mathrm{Hom}(T, P)$, 使得 $f = f'g$.

又若 (T, g) 与 (T', g') 均有上述性质, 则存在唯一的同构 $j : T \longrightarrow T'$ 使得 $jg = g'$. 也就是说, 在同构意义下, (T, g) 是唯一的.

记 $T = M_1 \otimes M_2 \otimes \cdots \otimes M_r$, 称为 $M_1, M_2, \cdots, M_r$ 的**张量积**.

证 证明与定理 2.4.1 的证明一样. ■

定理 2.4.3 设 M, N, P 都是 R 模. 则有

1) $M \otimes N \cong N \otimes M$;

2) $(M \otimes N) \otimes P \cong M \otimes (N \otimes P) \cong M \otimes N \otimes P$;

3) $(M \oplus N) \otimes P \cong (M \otimes P) \oplus (N \otimes P)$;

4) $R \otimes M \cong M$.

证 1) 令 $f(x, y) = y \otimes x$, $x \in M$, $y \in N$. 于是 $f \in BL(M, N; N \otimes M)$. 于是有 $f' \in \mathrm{Hom}(M \otimes N, N \otimes M)$ 使得 $f = f'g$, 即有 $y \otimes x = f(x, y) = f'(g(x, y)) = f'(x \otimes y)$. 同样有 $g' \in \mathrm{Hom}(N \otimes M, M \otimes N)$ 使得 $g'(y \otimes x) = x \otimes y$. 于是 $g'f' = 1_{M \otimes N}$, $f'g' = 1_{N \otimes M}$. 故结论 1) 成立.

2) $M \times N \times P$ 到 $(M \otimes N) \otimes P$ 的映射: $(x, y, z) \longrightarrow (x \otimes y) \otimes z$ 是 3 重线性的, 于是有 $f \in \mathrm{Hom}(M \otimes N \otimes P, (M \otimes N) \otimes P)$, 使得 $f(x \otimes y \otimes z) = (x \otimes y) \otimes z$. 反之, 设 $z \in P$, 于是 $M \times N$ 到 $M \otimes N \otimes P$ 的映射 $(x, y) \longrightarrow x \otimes y \otimes z$ 是双线性的, 于是有 $g_z \in \mathrm{Hom}(M \otimes N, M \otimes N \otimes P)$ 满足 $g_z(x \otimes y) = x \otimes y \otimes z$. 考虑 $(M \otimes N) \times P$ 到 $M \otimes N \otimes P$ 的映射: $(t, z) \longrightarrow g_z(t)$. 这也是双线性映射. 因而有 $g \in \mathrm{Hom}((M \otimes N) \otimes P, M \otimes N \otimes P)$, 使得 $g((x \otimes y) \otimes z) = x \otimes y \otimes z$. 因此 $fg = 1_{(M \otimes N) \otimes P}$, $gf = 1_{M \otimes N \otimes P}$. 因此 $(M \otimes N) \otimes P \cong M \otimes N \otimes P$. 类似可证 $M \otimes (N \otimes P) \cong M \otimes N \otimes P$.

3) 令 $f(x+y,z)=(x\otimes z)+(y\otimes z)$, $x\in M, y\in N$, $z\in P$. 于是 $f\in BL(M\oplus N,P;(M\otimes P)\oplus(N\otimes P))$. 于是有 $h\in \mathrm{Hom}((M\oplus N)\otimes P,(M\otimes P)\oplus(N\otimes P))$ 使得 $h((x+y)\otimes z)=(x\otimes z)+(y\otimes z)$. 令 $g_1(x,z)=x\otimes z\in(M\oplus N)\otimes P$, 于是 $g_1\in BL(M,P;(M\oplus N)\otimes P)$. 于是有 $k_1\in \mathrm{Hom}(M\otimes P,(M\oplus N)\otimes P)$ 使得 $k_1(x\otimes z)=x\otimes z$. 同样有 $k_2\in \mathrm{Hom}(N\otimes P,(M\oplus N)\otimes P)$ 使得 $k_2(y\otimes z)=y\otimes z$. 定义 $k:(M\otimes P)\oplus(N\otimes P)\longrightarrow(M\oplus N)\otimes P$ 为 $k(x\otimes z_1+y\otimes z_2)=k_1(x\otimes z_1)+k_2(y\otimes z_2)=(x\otimes z_1)+(y\otimes z_2)$. 则不难看出 $k\in \mathrm{Hom}((M\otimes P)\oplus(N\otimes P),(M\oplus N)\otimes P)$; $hk=1_{(M\otimes P)\oplus(N\otimes P)}$; $kh=1_{(M\oplus N)\otimes P}$. 因而结论 3) 成立.

4) 显然由 $f(r,x)=rx$, $r\in R$, $x\in M$ 定义的 $f\in BL(R,M;M)$. 于是有 $h\in \mathrm{Hom}(R\otimes M,M)$ 使得 $h(r\otimes x)=rx$. 又由 $k(x)=1_R\otimes x$, $x\in M$ 所定义的 $k\in \mathrm{Hom}(M,R\otimes M)$. 而且 $kh=1_{R\otimes M}$, $hk=1_M$. 于是结论 4) 成立. ∎

下面介绍张量与模同态的关系.

定理 2.4.4 设 M,M',M'',N,N',N'' 都是 R 模, 且 $f\in \mathrm{Hom}(M,M')$, $f'\in \mathrm{Hom}(M',M'')$; $g\in \mathrm{Hom}(N,N')$, $g'\in \mathrm{Hom}(N',N'')$.

1) 有 $h\in \mathrm{Hom}(M\otimes N,M'\otimes N')$ 使得 $h(x\otimes y)=f(x)\otimes g(y)$, 记 $h=f\otimes g$, 称为f **与** g **的张量积**.

2) $(f'\otimes g')(f\otimes g)=(f'f)\otimes(g'g)$.

证 1) 由 $k(x,y)=f(x)\otimes g(y)$ 定义的 $k\in BL(M,N;M'\otimes N')$. 于是有 $h=f\otimes g\in \mathrm{Hom}(M\otimes N,M'\otimes N')$ 使得 $h(x\otimes y)=f(x)\otimes g(y)$.

2) 注意 $(f'\otimes g')(f\otimes g)(x\otimes y)=(f'\otimes g')(f(x)\otimes g(y))=f'f(x)\otimes g'g(y)=(f'f\otimes g'g)(x\otimes y)$, 而 $\{x\otimes y|x\in M,y\in N\}$ 生成 $M\otimes N$. 于是结论 2) 成立. ∎

线性空间及其线性变换作为特殊的模及其模同态, 线性空间及其线性变换的张量积有许多应用.

下面介绍右模与左模的平衡积的概念与一些结果.

定义 2.4.3 设 R 是交换幺环, M 是右 R 模, N 是左 R 模, P 是 Abel 群 (运算为加法). $M\times N$ 到 P 的映射 β 如果满足:

1) $\beta(m_1+m_1,n)=\beta(m_1,n)+\beta(m_2,n)$, $\quad m_1,m_2\in M,\ n\in N$;

2) $\beta(m,n_1+n_2)=\beta(m,n_1)+\beta(m,n_2)$, $\quad m\in M,\ n_1,n_2\in N$;

3) $\beta(mr,n)=\beta(m,rn)$, $\quad m\in M,n\in N,r\in R$,

则称 β 为 M,N 的**平衡函数**, (P,β) 为 M, N 的**一个平衡积**.

例 2.4.2 1) 环 R 既是右 R 模, 也是左 R 模, 于是 $R\times R$ 到 R 的映射 β: $\beta(x,y)=xy$ 是平衡函数, (R,β) 是 R, R 的平衡积.

2) 设 $R=\{\mathrm{diag}(a_1,a_2,\cdots,a_n)|a_i\in\mathbf{R}\}$ 为实数域 $\mathbf{R}$ 上 n 阶对角矩阵构成的环, 于是 $M=\mathbf{R}^{1\times n}$, $N=\mathbf{R}^{n\times 1}$ 分别为右 R 模, 左 R 模. $M\times N$ 到 $\mathbf{R}$ 的映射 $\beta(x,y)=xy$ 是平衡函数, $(\mathbf{R},\beta)$ 是 M, N 的平衡积.

定义 2.4.4　设 R 是交换幺环, M 是右 R 模, N 是左 R 模, 又 (P,β), (Q,γ) 是 M, N 的平衡积. 若有 P 到 Q 的 Abel 群的同态 η 满足

$$\gamma(x,y)=\eta\beta(x,y),\quad \forall x\in M,\ y\in N,$$

则称 η 为 (P,β) 到 (Q,γ) 的**态射**.

又若 η 是同构, 且 η^{-1} 是 (Q,γ) 到 (P,β) 的态射, 则称 (P,β) 与 (Q,γ) **同构**.

定理 2.4.5　设 R 是交换幺环, M 是右 R 模, N 是左 R 模, 则在同构意义下存在 M, N 的唯一的平衡积 $(M\otimes N,\otimes)$ 满足下面条件: 对 M, N 的任一平衡积 (P,β), 有 $(M\otimes N,\otimes)$ 到 (P,β) 的态射 η, 即有

$$\beta(x,y)=\eta\otimes(x,y),\quad \forall x\in M,\ y\in N,$$

记 $\otimes(x,y)=x\otimes y$.

证　设 F 是集合 $M\times N$ 生成的自由 Abel 群, 即

$$F=\left\{\sum_{i=1}^{n}k_i(x_i,y_i)\,\middle|\,k_i\in\mathbf{Z},n\in\mathbf{N}\right\},$$

F 中加法为

$$\sum_{i=1}^{n}k_i(x_i,y_i)+\sum_{i=1}^{n}l_i(x_i,y_i)=\sum_{i=1}^{n}(k_i+l_i)(x_i,y_i),$$

$M\times N$ 为 F 的基, 也就是 $i\neq j$ 时, $(x_i,y_i)\neq(x_j,y_j)$, $\sum\limits_{i=1}^{n}k_i(x_i,y_i)=0$ 当且仅当 $k_i=0(1\leqslant i\leqslant n)$. 以 G 表示由下列元素:

$$(x+x',y)-(x,y)-(x',y),\quad (x,y+y')-(x,y)-(x,y'),\quad (xa,y)-(x,ay),$$
$$\forall\, x,x'\in M,\ y,y'\in N,a\in R$$

生成的 F 的子群. 定义

$$M\otimes_R N=F/G,\quad x\otimes y=(x,y)+G\in M\otimes_R N.$$

在 $M\otimes_R N$ 中有

$$\begin{aligned}&(x+x')\otimes y-x\otimes y-x'\otimes y=(x+x',y)+G-((x,y)+G)-((x',y)+G)\\&=(x+x',y)-(x,y)-(x'y)+G=G=0.\end{aligned}$$

类似有 $x\otimes(y+y')=x\otimes y+x\otimes y'$, $xa\otimes y=a\otimes ay$. 因而 $(M\otimes_R N,\otimes)$ 是 M 与 N 的平衡积.

设 (P,β) 是 M 与 N 的平衡积. 若 $x \in M, y \in N$, 则 $\beta(x,y) \in P$. 注意 F 是 $\{(x,y)|x \in M, y \in N\}$ 生成的自由 Abel 群, 于是有 F 到 P 的同态 η_1 使得 $\eta_1(x,y) = f(x,y)$. 由于

$$\eta_1((x+x',y)-(x,y)-(x',y))=0, \quad \eta_1((x,y+y')-(x,y)-(x,y'))=0,$$
$$\eta_1((xa,y)-(x,ay))=0, \quad x,x' \in M,\ y,y' \in N,\ a \in R,$$

所以 $G \subseteq \ker \eta_1$. 于是有 $F/G = M \otimes_R N$ 到 P 的同态使得 $\eta \otimes (x,y) = \eta(x \otimes y) = f(x,y)$. 由于 $x \otimes y$ 生成 $M \otimes_R N$, 所以 η 是唯一确定的.

若 $((M \otimes_R N)_1, \otimes_1)$ 对 M, N 的任何平衡积 (P,β) 都有态射. 于是有 $((M \otimes_R N)_1, \otimes_1)$ 到 $(P,\beta) = (M \otimes_R N, \otimes)$ 的态射 ζ, 满足 $\zeta \otimes_1 (x,y) = \zeta(x \otimes_1 y) = x \otimes y$. 同样, 有 $(M \otimes_R N, \otimes)$ 到 $((M \otimes_R N)_1, \otimes_1)$ 的态射 η, 满足 $\eta \otimes (x,y) = \eta(x \otimes y) = x \otimes_1 y$. 于是 $((M \otimes_R N)_1, \otimes_1)$ 与 $(M \otimes_R N, \otimes)$ 是同构的. ∎

平衡积的概念不只是适用于交换环, 而且适用于一般的环及其左右模. 从而由定理 2.4.5 导出下面一般环上左右模的张量积的定义.

定义 2.4.5 设 R 是环, M, N 分别是右 R 模, 左 R 模, 由定理 2.4.5 得到的 $M \otimes_R N$ 称为 M 与 N 的**张量积**.

这节的最后, 介绍由两个环作用在同一个交换群上所构成的 "双模" 的概念和一个张量的性质. 处理这类双模的张量积要当心一些.

定义 2.4.6 设 A, B 都是交换幺环. 又设 N 是左 A 模, 又是右 B 模, 而且满足: $(ax)b = a(xb) \quad \forall a \in A, b \in B, x \in N$, 则称 N 是(A,B) **双模**.

例 2.4.3 1) 设 $A = \mathbf{C}$, $B = \mathbf{R}$, $M = \mathbf{C}$. 明显, M 是 (A,B) 模. $M \otimes_A M$ 由 $1 \otimes_A 1$ 生成. 而 $M \otimes_B M$ 不能由 $1 \otimes_B 1$ 生成. 于是 $M \otimes_A M$ 与 $M \otimes_B M$ 是不同的.

2) 设 $A = \mathbf{Z}[\sqrt{-1}] = \{a + b\sqrt{-1}|a, b \in \mathbf{Z}\}$, $M = \mathbf{Z}[\sqrt{-1}]$, 则 M 既是 A 模, 又是 $\mathbf{Z}$ 模, 而且 $n \in \mathbf{Z}, x \in M, y \in A$, 有 $(nx)y = n(xy)$, 于是 M 是 $(\mathbf{Z}, A)$ 双模. 在 $M \otimes_A M$ 中, $1 \otimes_A \sqrt{-1} = 1 \otimes_A (\sqrt{-1} \cdot 1) = \sqrt{-1}(1 \otimes_A 1) = \sqrt{-1} \otimes 1$. 而在 $M \otimes_{\mathbf{Z}} M$ 中 $1 \otimes_{\mathbf{Z}} \sqrt{-1} \neq \sqrt{-1} \otimes_{\mathbf{Z}} 1$.

定理 2.4.6 设 A, B 是交换幺环. M 是 A 模, P 是 B 模, N 是 (A,B) 双模. $M \otimes_A N$ 是 A 模. 定义

$$\left(\sum_i x_i \otimes_A y_i\right) b = \sum_i (x_i \otimes_A by_i), \quad \forall b \in B, \quad \sum_i x_i \otimes_A y_i \in M \otimes_A N;$$
$$a\left(\sum_i y_i \otimes_B z_i\right) = \sum_i (ay_i \otimes_B z_i), \quad \forall a \in B, \quad \sum_i y_i \otimes_B z_i \in N \otimes_B P,$$

则 $M \otimes_A N$ 与 $N \otimes_B P$ 都是 (A,B) 双模, 且 $(M \otimes_A N) \otimes_B P \cong M \otimes_A (N \otimes_B P)$.

证 设 $x \in M, y \in N, z \in P; a \in A, b \in B$. 由于

$$a(x \otimes_A y) = ax \otimes_A y, \quad (x \otimes_A y)b = x \otimes_A by;$$
$$a(y \otimes_B z) = ay \otimes_B z, \quad (y \otimes_B z)b = y \otimes_B bz,$$

所以 $M \otimes_A N$ 与 $N \otimes_B P$ 都是 (A, B) 双模.

对于 $a \in A$, 有

$$ax \otimes_A (y \otimes_B z) = x \otimes_A a(y \otimes_B z) = x \otimes_A (ay \otimes_B z).$$

因而对固定的 z, $f_z(x, y) = x \otimes_A (y \otimes_B z)$ 是 M 与 N 的平衡积, 于是有 $M \otimes_A N$ 到 $M \otimes_A (N \otimes_B P)$ 的群同态 η 使得 $\eta(x \otimes_A y) = x \otimes_A (y \otimes_B z)$. 于是

$$\eta\left(\sum_i x_i \otimes y_i\right) = \sum_i x_i \otimes_A (y_i \otimes z).$$

定义 f 为 $(M \otimes_A N) \times P$ 到 $M \otimes_A (N \otimes_B P)$ 的映射为

$$f\left(\sum_i x \otimes_A y, z\right) = \sum_i x_i \otimes_A (y_i \otimes_B z).$$

f 确定了右 B 模 $M \otimes_A N$ 与左 B 模 P 的平衡积 $M \otimes_A (N \otimes_B P)$. 因而有 $(M \otimes_A N) \times P$ 到 $M \otimes_A (N \otimes_B P)$ 的群同态 ζ, 使得 $\zeta((x \otimes_A y) \otimes_B z) = x \otimes_A (y \otimes_B z)$. 实际上 ζ 也是 (A, B) 双模的同态. 类似地, 也有 $M \otimes_A (N \otimes_B P)$ 到 $(M \otimes_A N) \times P$ 的 (A, B) 双模的同态 ζ' 使得 $\zeta'(x \otimes_A (y \otimes_B z)) = (x \otimes_A y) \otimes_B z$. 因此 ζ, ζ' 互为逆映射, 故为同构, $(M \otimes_A N) \otimes_B P \cong M \otimes_A (N \otimes_B P)$. ∎

2.5 张量积的正合性

本节介绍模的张量积的正合性, 特别是平坦模.

定理 2.5.1 设 M, N, P 都是 R 模, 则作为 R 模, 有

$$BL(M, N; P) \cong \mathrm{Hom}(M, \mathrm{Hom}(N, P)) \cong \mathrm{Hom}(M \otimes N, P).$$

证 设 $f \in BL(M, N; P)$. 对 $x \in M$, 定义 $f_x : N \longrightarrow P$, 为 $f_x(y) = f(x, y)$, 由 f 对 y 是线性的, 于是 $f_x \in \mathrm{Hom}(N, P)$. 作

$$\phi : \ BL(M, N; P) \longrightarrow \mathrm{Hom}(M, \mathrm{Hom}(N, P))$$

为

$$\phi(f)(x) = f_x, \quad \forall x \in M, \quad f \in BL(M, N; P).$$

由于 f 对 x 是线性的, $\phi(f) \in \mathrm{Hom}(M, \mathrm{Hom}(N, P))$. 容易验证

$$\phi(a_1f_1+a_2f_2)=a_1\phi(f_1)+a_2\phi(f_2),\quad a_1,a_2\in R,\ f_1,f_2\in BL(M,N;P).$$

因而 ϕ 是模同态. 又若 $\phi(f)=0$, 则由 $(\phi(f)(x))(y)=f(x,y)=0,\forall x\in M,y\in N$, 故 $f=0$.

设 $\varphi\in \mathrm{Hom}(M,\mathrm{Hom}(N,P))$, 则由 $\psi(x,y)=\varphi(x)(y)$ 定义的 $\psi\in BL(M,N;P)$. 此时 $(\phi(\psi)(x))(y)=\varphi(x)(y)$, 即 $\phi(\psi)=\varphi$. 因此 ϕ 是同构.

由定理 2.4.1, $f\in BL(M,N;P)$, 有唯一的 $f'\in \mathrm{Hom}(M\otimes N,P)$ 使得

$$f'(x\otimes y)=f(x,y).$$

反之, $h'\in \mathrm{Hom}(M\otimes N,P)$, 则由 $h(x,y)=h'(x\otimes y)$ 所定义的 $h\in BL(M,N;P)$. 于是 $f\longrightarrow f'$ 是 $BL(M,N;P)$ 到 $\mathrm{Hom}(M\otimes N,P)$ 的同构. ∎

定理 2.5.2 设有 R 模与同态的正合序列

$$M'\xrightarrow{f}M\xrightarrow{g}M''\longrightarrow 0,\tag{2.5.1}$$

N 是任一 R 模, 则序列

$$M'\otimes N\xrightarrow{f\otimes 1}M\otimes N\xrightarrow{g\otimes 1}M''\otimes N\longrightarrow 0\tag{2.5.2}$$

与序列

$$N\otimes M'\xrightarrow{1\otimes f}N\otimes M\xrightarrow{1\otimes g}N\otimes M''\longrightarrow 0\tag{2.5.3}$$

(其中 1 是 N 的恒等映射) 是正合的. 反之, (2.5.2), (2.5.3) 之一正合, 则 (2.5.1) 也正合.

证 首先证明由 (2.5.1) 的正合性得到 (2.5.3) 的正合性.

由于 (2.5.1) 正合, 故 g 是满映射. 故 $x''\in M''$ 有 $x\in M$ 使得 $x''=g(x)$. 因此对于 $y\otimes x''\in N\otimes M''$, 有 $(1\otimes g)(y\otimes x)=y\otimes x''$. 因而 $1\otimes g$ 是满映射. 由 (2.5.1) 正合, 于是 $gf=0$, 因此 $(1\otimes g)(1\otimes f)=1\otimes gf=0$, 即 $\mathrm{Im}(1\otimes f)\subseteq \ker(1\otimes g)$.

下面需要证明 $\mathrm{Im}(1\otimes f)\supseteq\ker(1\otimes g)$. 记 $K=\mathrm{Im}(1\otimes f)$, π 为 $N\otimes M$ 到 $(N\otimes M)/K$ 的自然同态. 于是 $K=\ker\pi\subseteq\ker(1\otimes g)$. 由定理 2.1.7, 有 $(N\otimes M)/K$ 到 $N\otimes M''$ 的同态 ν, 使得 $\nu\pi=1\otimes g$. 由于 $1\otimes g$ 是满映射, 故由定理 2.1.7, ν 也是满映射. 下面只要证明 ν 是同构.

设 $x\in\ker g=\mathrm{Im}f$, 于是有 $x'\in M'$ 使得 $f(x')=x$. 于是 $\forall y\in N$, 有 $y\otimes x=(1\otimes f)(y\otimes x')\in K$. 也就是说, 若 $x,x_1\in M$, $g(x)=g(x_1)$, 则 $\pi(y\otimes x)=\pi(y\otimes x_1)$. 于是 $h(y,g(x))=\pi(y\otimes g(x))$ 是有意义的, 而且 $h\in BL(N,M'';(N\otimes M)/K)$. 于是有 $\psi\in\mathrm{Hom}(N\otimes M'',(N\otimes M)/K)$ 使得 $\psi(y\otimes g(x))=\pi(y\otimes g(x))$. 于是 $\nu\psi(y\otimes g(x))=\nu\pi(y\otimes g(x))=y\otimes g(x)$. 因此 $\nu\psi=\mathrm{id}_{N\otimes M''}$. 而 $\psi\nu(\pi(y\otimes x))=\psi(y\otimes g(x))=\pi(y\otimes g(x))$, 因此 $\psi\nu=\mathrm{id}_{(N\otimes M)/K}$. 故 ν 为同构. (2.5.3) 是正合的.

其次证明由 (2.5.1) 的正合性得到 (2.5.2) 的正合性. 也可以用上面的方法证明. 我们换一种方法. 对任何 R 模 P, 序列 (2.5.1) 正合, 由定理 2.3.1 之 2), 知序列

$$0 \longrightarrow \mathrm{Hom}(M'', \mathrm{Hom}(N, P)) \longrightarrow \mathrm{Hom}(M, \mathrm{Hom}(N, P)) \longrightarrow \mathrm{Hom}(M', \mathrm{Hom}(N, P))$$

正合. 由定理 2.5.1 知序列

$$0 \longrightarrow \mathrm{Hom}(M'' \otimes N, P) \longrightarrow \mathrm{Hom}(M \otimes N, P) \longrightarrow \mathrm{Hom}(M' \otimes N, P)$$

正合. 再由定理 2.3.1 之 2) 知, 序列 (2.5.2) 正合.

最后由 (2.5.2) 或 (2.5.3) 的正合性证明 (2.5.1) 的正合性. 只需取 $N = R$ 即得. ∎

例 2.5.1　设 $R = \mathbf{Z}$, 于是序列 $0 \longrightarrow \mathbf{Z} \xrightarrow{f: x \longrightarrow 2x} \mathbf{Z}$ 是正合序列. 注意 $f \otimes 1(\mathbf{Z} \otimes \mathbf{Z}_2) = 0$, 于是 $0 \longrightarrow \mathbf{Z} \otimes \mathbf{Z}_2 \xrightarrow{f \otimes 1} \mathbf{Z} \otimes \mathbf{Z}_2$ 不是正合的.

此例说明, 对一个模的正合列, 在其中每项张量上同一个模, 所得序列未必是正合的. 这里问题出在虽然 f 是单射, 而 $f \otimes 1$ 不是单射.

定义 2.5.1　设 R 模 N. 对任一 R 模及其同态的正合序列 $M' \xrightarrow{f} M \xrightarrow{g} M''$, N 使得 $M' \otimes N \xrightarrow{f \otimes 1} M \otimes N \xrightarrow{g \otimes 1} M'' \otimes N$ 仍为正合序列, 即由 $\mathrm{Im} f = \ker g$, 可得 $\mathrm{Im}(f \otimes 1) = \ker(g \otimes 1)$, 则称 N 为**平坦模**.

定理 2.5.3　设 N 为 R 模, 则下列条件等价.

1) N 是平坦模.

2) 对任何正合序列

$$\cdots \longrightarrow M_{i-1} \xrightarrow{f_i} M_i \xrightarrow{f_{i+1}} M_{i+1} \longrightarrow \cdots,$$

张量序列

$$\cdots \longrightarrow M_{i-1} \otimes N \xrightarrow{f_i \otimes 1} M_i \otimes N \xrightarrow{f_{i+1} \otimes 1} M_{i+1} \otimes N \longrightarrow \cdots$$

是正合的.

3) 若 $0 \longrightarrow M' \xrightarrow{f} M \xrightarrow{g} M'' \longrightarrow 0$ 正合, 则 $0 \longrightarrow M' \otimes N \xrightarrow{f \otimes 1} M \otimes N \xrightarrow{g \otimes 1} M'' \otimes N \longrightarrow 0$ 正合.

4) 若 $f : M' \longrightarrow M$ 是单射, 则 $f \otimes 1 : M' \otimes N \longrightarrow M \otimes N$ 是单射.

5) 若 $f : M' \longrightarrow M$ 是单射, 且 M', M 是有限生成的, 则 $f \otimes 1 : M' \otimes N \longrightarrow M \otimes N$ 是单射.

证　1) $\Longrightarrow$ 2)　由 $\mathrm{Im}\, f_i = \ker f_{i+1}$, N 平坦, 于是 $\mathrm{Im}\,(f_i \otimes 1) = \ker(f_{i+1} \otimes 1)$.

2) $\Longrightarrow$ 1)　对于只有 3 项的正合序列就说明 N 是平坦的.

2) $\Longrightarrow$ 3)　只要考虑短五正合序列就可以了.

3) $\Longrightarrow$ 1) 设 $M' \xrightarrow{f} M \xrightarrow{g} M''$ 正合, 于是

$$0 \longrightarrow f(M') \xrightarrow{\iota} M \xrightarrow{g} g(M) \longrightarrow 0$$

正合, 其中 ι 是 $f(M')$ 到 M 的嵌入映射. 因而

$$0 \longrightarrow f(M') \otimes N \xrightarrow{\iota\otimes 1} M \otimes N \xrightarrow{g\otimes 1} g(M) \otimes N \longrightarrow 0$$

正合.

于是 $\mathrm{Im}\,(\iota \otimes 1) = f(M') \otimes N = \ker(g \otimes 1)$. 由于 $\iota \otimes 1$ 是单射, $\mathrm{Im}\,(\iota \otimes 1) = f(M') \otimes N = \mathrm{Im}\,(f \otimes 1)$. 故 $\mathrm{Im}\,(f \otimes 1) = \ker(g \otimes 1)$.

至此已证明了 1), 2), 3) 的等价.

1) $\Longrightarrow$ 4) 4) 是 1) 的特殊情形.

4) $\Longrightarrow$ 3) 由 4), 从 $0 \longrightarrow M' \xrightarrow{f} M$ 正合, 于是 f 是单射, 故 $f \otimes 1$ 是单射, 即 $0 \longrightarrow M' \otimes N \xrightarrow{f\otimes 1} M \otimes N$ 正合. 又由 $M' \xrightarrow{f} M \xrightarrow{g} M'' \longrightarrow 0$ 正合, 根据定理 2.5.2, $M' \otimes N \xrightarrow{f\otimes 1} M \otimes N \xrightarrow{g\otimes 1} M'' \otimes N \longrightarrow 0$ 正合, 于是

$$0 \longrightarrow M' \otimes N \xrightarrow{f\otimes 1} M \otimes N \xrightarrow{g\otimes 1} M'' \otimes N \longrightarrow 0$$

正合.

4) $\Longrightarrow$ 5) 5) 只是 4) 的特殊情形.

5) $\Longrightarrow$ 4) 设 $f: M' \longrightarrow M$ 是单射, $u = \sum\limits_i x_i' \otimes y_i \in \ker(f \otimes 1)$, 故 $\sum\limits_i f(x_i') \otimes y_i = 0$. 令 $M_0' = \langle x_i' \rangle$, 为 M' 的子模. 设 $u_0 = \sum\limits_i x_i' \otimes y_i$ 为 $M_0' \otimes N$ 中元素. 由推论 2.4.2, 有 M 的有限生成子模 $M_0 \supseteq f(M_0')$ 使得作为 $M_0 \otimes N$ 中元素, 亦有 $\sum\limits_i f(x_i') \otimes y_i = 0$. 设 f_0 是在 M_0' 上的限制, 这意味着 $(f_0 \otimes 1)(u_0) = 0$. M_0', M_0 是有限生成的, $f_0 \otimes 1$ 是单射, 于是 $u_0 = 0$, 故 $u = 0$. ∎

推论 2.5.1 1) R 作为 R 模是平坦的.

2) $N = \bigoplus\limits_i N_i$ 是平坦模, 当且仅当每个 N_i 是平坦模.

3) 自由模是平坦模.

证 1) 若 $f: M' \longrightarrow M$ 是单射, 则 $f \otimes 1: M' \otimes R \longrightarrow M \otimes R$ 是单射.

2) 注意 $1_N = \sum\limits_i 1_{N_i}$. 若 $f: M' \longrightarrow M$ 是单射, 则 $f \otimes 1_N = \sum\limits_i (f \otimes 1_{N_i})$ 为单射, 当且仅当 $f \otimes 1_{N_i}$ 为单射.

3) 这是结论 1), 2) 的自然结果. ∎

用范畴理论的语言, 总结所得结果可以如下表述.

设 A 是一个固定的 R 模. 定义 R 模范畴 $\mathfrak{M}_R$ 到 $\mathfrak{M}_R$ 的映射 $A\otimes -$, $-\otimes A$ 分别为

$$(A\otimes -)(B)=A\otimes B,\qquad (-\otimes A)(B)=B\otimes A,\quad B\in \mathrm{ob}\mathfrak{M}_R.$$

定义 $A\otimes -$, $-\otimes A$ 为从 $\mathrm{Hom}(M,N)$ 到 $\mathrm{Hom}(A\otimes M, A\otimes N)$, $\mathrm{Hom}(M\otimes A, N\otimes A)$ 的映射:

$$(A\otimes -)(f)=\mathrm{id}_A\otimes f,\quad (-\otimes A)(f)=f\otimes \mathrm{id}_A,\quad f\in \mathrm{Hom}(M,N).$$

注意

$$(\mathrm{id}_A\otimes f)(\mathrm{id}_A\otimes g)=(\mathrm{id}_A\otimes fg),\qquad (f\otimes \mathrm{id}_A)(g\otimes \mathrm{id}_A)=fg\otimes \mathrm{id}_A.$$

因此 $A\otimes -$, $-\otimes A$ 是共变函子, 称为**张量积** ($\otimes$) **函子**.

定理 2.5.2 可以叙述为张量积函子有右正合性. 例 2.5.1 则说明张量积函子不具左正合性.

2.6 投射模与内射模

本节介绍一类特殊的平坦模, 这就是投射模, 与投射模密切相关的是内射模.

定义 2.6.1 R 模 P 称为**投射模**, 如果对于任意 R 模的满同态 $f\in \mathrm{Hom}(M,N)$, 及 $g\in \mathrm{Hom}(P,N)$, 存在 $h\in \mathrm{Hom}(P,M)$ 使得 $fh=g$, 即有交换图 (图 2.12).

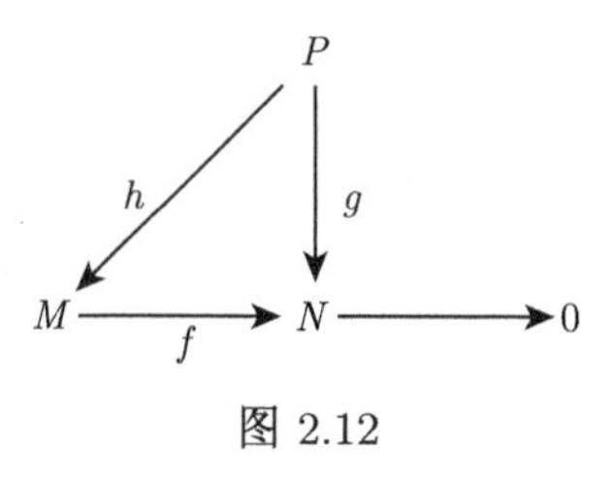

图 2.12

如果在投射模的定义中将其交换图中的箭头都反向, 就得到内射模的概念. 也就是说, 内射模是投射模的对偶. 因此内射模的定义如下.

定义 2.6.2 R 模 Q 称为**内射模**, 如果对于任意 R 模的单同态 $f\in \mathrm{Hom}(M,N)$, 及 $g\in \mathrm{Hom}(M,Q)$, 存在 $h\in \mathrm{Hom}(N,Q)$ 使得 $hf=g$, 即有交换图 (图 2.13).

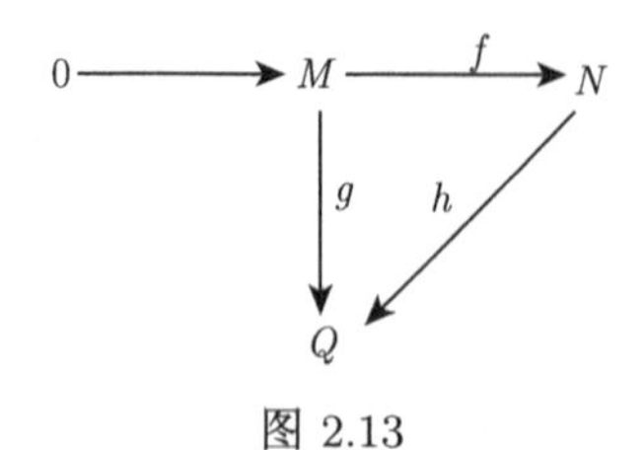

图 2.13

下面定理说明投射模的基本性质.

定理 2.6.1 设 P 为 R 模, 则下列条件等价.

1) P 是投射模;

2) 对任何短正合列

$$0 \longrightarrow M' \xrightarrow{f} M \xrightarrow{g} M'' \longrightarrow 0,$$

序列

$$0 \longrightarrow \mathrm{Hom}(P, M') \xrightarrow{f^*} \mathrm{Hom}(P, M) \xrightarrow{g^*} \mathrm{Hom}(P, M'') \longrightarrow 0$$

是正合序列;

3) 对任何短正合列

$$0 \longrightarrow M \xrightarrow{f} N \xrightarrow{g} P \longrightarrow 0$$

有 $M \oplus P \cong N$;

4) 存在 R 模 Q, 使得 $P \oplus Q$ 是自由 R 模.

证 1) $\Longrightarrow$ 2) 由定理 2.3.1, 只要证明 g^* 是满的. 由 P 是投射模, $\forall k \in \mathrm{Hom}(P, M'')$, 存在 $h \in \mathrm{Hom}(P, M)$, 使得 $k = gh = g^*(h)$. 故 g^* 是满的.

2) $\Longrightarrow$ 3) 由 $g^* \in \mathrm{Hom}(\mathrm{Hom}(P, N), \mathrm{Hom}(P, P))$ 且是满的, 故有 $h \in \mathrm{Hom}(P, N)$ 使得 $g^*(h) = gh = 1_P$. 于是由定理 2.3.3 知结论 3) 成立.

3) $\Longrightarrow$ 4) 由定理 2.2.1, P 是自由模 F 的同态像, 于是有正合序列

$$0 \longrightarrow \ker f \longrightarrow F \xrightarrow{f} P \longrightarrow 0$$

于是由条件 3) 知 $P \oplus \ker f \cong F$.

4) $\Longrightarrow$ 1) 设自由模 $P \oplus Q = F$ 的基为 X. 又设 $\pi \in \mathrm{Hom}(F, P)$, $\iota \in \mathrm{Hom}(P, F)$ 分别定义为

$$\pi(y+z) = y, \quad \iota(y) = y, \quad y \in P,\ z \in Q.$$

于是 $\pi\iota = \mathrm{id}_P = 1_P$.

设 $f \in \mathrm{Hom}(M, N)$, 且 f 是满同态. 又 $g \in \mathrm{Hom}(P, N)$. 对任一 $x \in X \subseteq F$, 有 $g\pi(x) \in N$, 注意 f 是满的, 于是有 $m_x \in M$ 使得 $f(m_x) = g\pi(x)$. 由定理 2.2.8 知有 $h' \in \mathrm{Hom}(F, M)$ 使得

$$h'(x) = m_x, \quad \forall x \in X.$$

设 $y = \sum\limits_{x \in X} a_x x \in F$, 于是

$$fh'(y) = \sum_{x \in X} a_x f(m_x) = \sum_{x \in X} a_x g\pi(x) = g\pi(y).$$

即有 $fh' = g\pi$, 如图 2.14 所示.

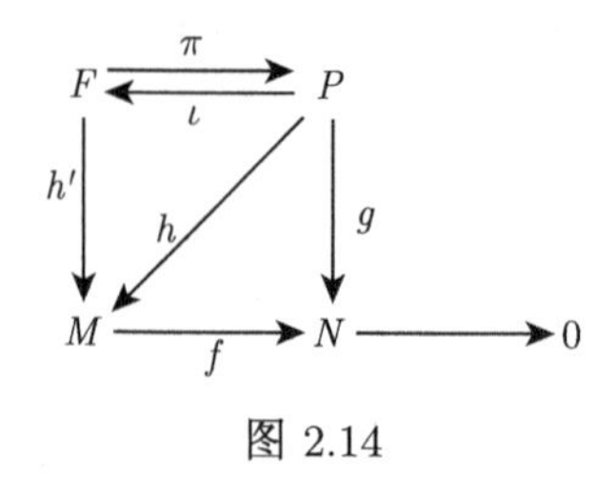

图 2.14

令 $h = h'\iota$. 于是 $fh = fh'\iota = g\pi\iota = g1_P = g$. 故 P 是投射模. ∎

推论 2.6.1 1) R 模 $P = \bigoplus_i P_i$ 是投射模当且仅当每个 P_i 是投射模.

2) 投射模 P 是平坦模.

证 1) $P = \bigoplus_i P_i$ 是投射模, 于是有 Q 使 $P \oplus Q = P_i \oplus \left(\bigoplus_{j\neq i} P_j\right) \oplus Q$ 是自由模, 于是 P_i 是投射模.

反之, 若 P_i 是投射模, 则有 Q_i 使得 $P_i \oplus Q_i = F_i$ 是自由模. 于是

$$\left(\bigoplus_i P_i\right) \oplus \left(\bigoplus_i Q_i\right) = \bigoplus_i (P_i \oplus Q_i) = \bigoplus_i F_i$$

是自由模, 故 P 是投射模.

2) P 为投射模, 于是有 Q 使得 $P \oplus Q = F$ 是自由模, 因而是平坦模, 于是 P 也是平坦模. ∎

与投射模对偶的内射模则有下面的基本性质.

定理 2.6.2 设 Q 为 R 模, 则下列条件等价.

1) Q 是内射模;

2) 对任何短正合列

$$0 \longrightarrow M' \xrightarrow{f} M \xrightarrow{g} M'' \longrightarrow 0,$$

序列

$$0 \longrightarrow \mathrm{Hom}(M'', Q) \xrightarrow{\bar{g}} \mathrm{Hom}(M, Q) \xrightarrow{\bar{f}} \mathrm{Hom}(M', Q) \longrightarrow 0$$

是正合序列;

3) 对任何短正合列

$$0 \longrightarrow Q \xrightarrow{f} M \xrightarrow{g} N \longrightarrow 0$$

有 $Q \oplus N \cong M$;

4) (**Baer 准则**) 对 R 的任一理想 I, 以及 R 同态 $f \in \mathrm{Hom}(I,Q)$, 存在 $h \in \mathrm{Hom}(R,Q)$ 使得 f 是 h 在 I 上的限制 (或 h 是 f 的扩张), 即 $h_I = f$.

证 1) $\Longrightarrow$ 2) 由定理 2.3.1, 只要证明 $\bar{f}$ 是满的. 由 Q 是内射模, $\forall k \in \mathrm{Hom}(M',Q)$, 存在 $h \in \mathrm{Hom}(M,Q)$, 使得 $k = hf = \bar{f}(h)$. 故 $\bar{f}$ 是满的.

2) $\Longrightarrow$ 3) 由 $\bar{f} \in \mathrm{Hom}(\mathrm{Hom}(M,Q),\mathrm{Hom}(Q,Q))$ 且是满的, 故有 $h \in \mathrm{Hom}(M,Q)$ 使得 $\bar{f}(h) = hf = 1_Q$. 于是由定理 2.3.3 知结论 3) 成立.

3) $\Longrightarrow$ 4) 设 R 模 $Q \oplus R$ 对子模 $W = \{(f(a),-a) \in Q \oplus R | a \in I\}$ 的商模为 $M = (Q \oplus R)/W$. 定义 $g \in \mathrm{Hom}(R,M)$, $j \in \mathrm{Hom}(Q,M)$, ι 为

$$\begin{cases} g(r) = (0,r) + W, & r \in R, \\ j(x) = (f(x),0) + W, & x \in Q, \\ \iota(a) = a, & a \in I. \end{cases}$$

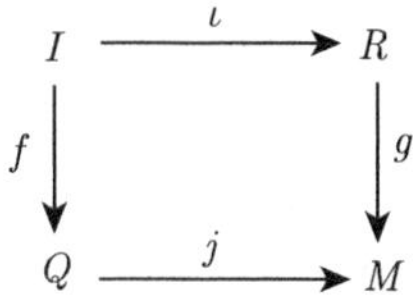

$$\begin{array}{ccc} I & \xrightarrow{\ \iota\ } & R \\ {\scriptstyle f}\downarrow & & \downarrow{\scriptstyle g} \\ Q & \xrightarrow{\ j\ } & M \end{array}$$

图 2.15

于是

$$jf(a) = (f(a),0) + W = (0,a) + W = g\iota(a), \quad \forall a \in I.$$

注意 j 是单射, 于是由正合序列

$$0 \longrightarrow Q \xrightarrow{\ f\ } M \longrightarrow \mathrm{coker}\, j \longrightarrow 0$$

从条件 3) 知 $Q \oplus \mathrm{coker}\, j \cong M$. 因此有 $k \in \mathrm{Hom}(M,Q)$ 使得 $kj = 1_Q$. 令 $h = kg$, 则 $h\iota = kjf = 1_Q f = f$, 即 $h|_I = f$.

4) $\Longrightarrow$ 1) 设 $f \in \mathrm{Hom}(M,N)$ 是单射, $g \in \mathrm{Hom}(M,Q)$. 由于 f 是单射, 因此在 $\mathrm{Im}\, f$ 上是可逆的, $gf^{-1} \in \mathrm{Hom}(\mathrm{Im}\, f, Q)$. 集合

$$S = \{k \in \mathrm{Hom}(A,Q) | \mathrm{Im} f \subseteq A \subseteq N\} \neq \varnothing.$$

在 S 中定义偏序 "$\leqslant$" 如下

$$k_1 \leqslant k_2, \quad 若\ A_1 \subseteq A_2,\ k_2|_{A_1} = k_1.$$

若 $S_1 = \{k_j \in \mathrm{Hom}(A_j,Q) | j \in J\}$ 是 S 的全序子集. 则 $A = \bigcup\limits_{j \in J} A_j$ 是 R 模, 且由 $k(x) = k_j(x)$, $x \in A_j$ 确定的 $k \in \mathrm{Hom}(A,Q)$. 于是 $k \in S$ 且为 S_1 的上界. 因此 S 有极大元 $h \in \mathrm{Hom}(B,Q)$. 如果 $B = N$, 则 $hf = g$. 以下证明 $B = N$.

若不然, 取 $x \in N \backslash B$. 于是 $I = \{r \in R | rx \in B\}$ 是 R 的理想. 且由 $l'(r) = h(rx)$ 定义的 $l' \in \mathrm{Hom}(I,Q)$. 由条件 4), l' 可扩张为 $l \in \mathrm{Hom}(R,Q)$. 记 $B_1 = B + Rx$, 令

$$h'(b + rx) = h(b) + l(r), \quad b \in B, r \in R.$$

若 $b + rx = b_1 + r_1x \in B_1$, $b, b_1 \in B$, $r, r_1 \in R$, 则 $(r - r_1)x = b_1 - b \in B$, 于是 $r - r_1 \in I$, 所以

$$h(b_1) - h(b) = h(b_1 - b) = h((r - r_1)x) = l'(r - r_1) = l(r - r_1) = l(r) - l(r_1).$$

因此 $h(b) + l(r) = h(b_1) + l(r)$, 即 h' 是良定的, 且容易验证 $h' \in S$, $h < h'$. 这与 h 的极大性矛盾. 于是 Q 是内射模. ∎

推论 2.6.2 R 模的直积 $Q = \prod_i Q_i$ 是内射模当且仅当每个 Q_i 内射模.

证 设 $\tau_i \in \mathrm{Hom}(Q_i, Q)$, $\pi_i \in \mathrm{Hom}(Q, Q_i)$ 为标准嵌入与投影.

若 Q 是内射模. $f \in \mathrm{Hom}(M, N)$ 是单射, $g \in \mathrm{Hom}(M, Q_i)$, 于是 $\tau_i g \in \mathrm{Hom}(M, Q)$. 因而有 $h \in \mathrm{Hom}(N, Q)$ 使得 $hf = \tau_i g$. 令 $h_i = \pi_i h$, 于是 $h_i f = g$. Q_i 是内射模.

反之, Q_i 是内射模. $f \in \mathrm{Hom}(M, N)$ 是单射, $g \in \mathrm{Hom}(M, Q)$, 于是 $g\pi_i \in \mathrm{Hom}(M, Q_i)$. 因而有 $h_i \in \mathrm{Hom}(N, Q_i)$ 使得 $h_i f = g\pi_i$.

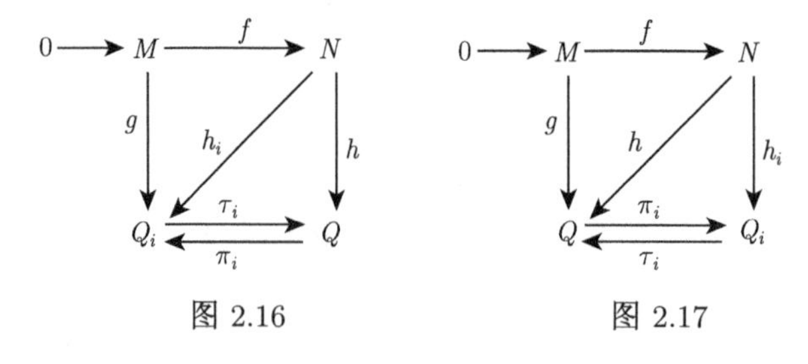

图 2.16　　图 2.17

于是有 $h \in \mathrm{Hom}(N, Q)$, 使得 $\pi_i h = h_i$. 于是 $hf = g$, Q 是内射模. ∎

推论 2.6.3 设 Q 为内射 R 模, $x \in Q$, $r \in R$, 且 r 是非零因子. 则有 $y \in Q$ 使得 $ry = x$.

证 显然 Rr 是 R 的理想, 因而也是 R 模. 又因 r 是非零因子, 所以由 $f(ar) = ax$ 定义的 $f \in \mathrm{Hom}(Rr, Q)$. 于是 f 可扩充为 $g \in \mathrm{Hom}(R, Q)$. 令 $y = g(1)$. 所以 $ry = rg(1) = g(r) = f(r) = x$. ∎

内射模的这个性质, 一般表述为内射模是可除的.

定义 2.6.3 R 模 D 称为**可除的**, 若 $x \in D$, $r \in R$, 且 r 是非零因子, 则有 $y \in D$ 使得 $ry = x$.

例 2.6.1 1) 有理数加法群 $\mathbf{Q}$ 是可除 $\mathbf{Z}$ 模.

事实上, $r \in \mathbf{Z}, r \neq 0$, $x \in \mathbf{Q}$. 令 $y = r^{-1}x$ 即可.

2) 整数加法群 $\mathbf{Z}$ 不是可除 $\mathbf{Z}$ 模.

事实上, 取 $r = 3$, $x = 1$. 不存在 $y \in \mathbf{Z}$, 使得 $3y = 1$.

3) 有理数加法群 $\mathbf{Q}$ 对整数加法群 $\mathbf{Z}$ 的商模 $\mathbf{Q}/\mathbf{Z}$ 是可除 $\mathbf{Z}$ 模.

4) 可除模的直积, 直和仍是可除模.

5) 可除模的商模是可除模.

4), 5) 的证明是简单的, 读者可自行证明.

引理 2.6.1 假定 A 是 $\mathbf{Z}$ 模. 则有以下结果.

1) A 是可除的当且仅当 A 是内射模.

2) 模 A 可嵌入一个可除 $\mathbf{Z}$ 模.

证 1) 前面已经证明了内射模是可除的. 现设 A 是可除的, $\mathbf{Z}n$ 是 A 的一个理想, 自然是 $\mathbf{Z}$ 模. 又 $f \in \mathrm{Hom}_{\mathbf{Z}}(\mathbf{Z}n, A)$. $f(n) \in A$, 于是由 A 的可除性知有 $x \in A$ 使得 $nx = f(n)$. 设 $h \in \mathrm{Hom}(\mathbf{Z}, A)$ 定义为 $h(k) = kx$, 于是 h 是 f 的扩张. 因此 A 是内射的.

2) 模 A 是自由 $\mathbf{Z}$ 模的商模, 即 $A \cong F/K$, $F = \bigoplus\limits_{i \in I} \mathbf{Z}$. 而 F 是可除 $\mathbf{Z}$ 模 $G = \bigoplus\limits_{i \in I} \mathbf{Q}$ 的子模, 于是 A 是可除模 G/K 的子模. ■

引理 2.6.2 设 R 是交换幺环, B 是 R 模, 自然是 $\mathbf{Z}$ 模. 又 C 是 $\mathbf{Z}$ 模, 于是有下面结果.

1) $\mathrm{Hom}_{\mathbf{Z}}(B, C)$ 是 R 模. 特别地, $\mathrm{Hom}_{\mathbf{Z}}(R, C)$ 是 R 模.

2) 若 C 是可除 $\mathbf{Z}$ 模, 则 $\mathrm{Hom}_{\mathbf{Z}}(R, C)$ 是内射 R 模.

证 1) 由 $(rf)(b_1 + b_2) = f(r(b_1 + b_2)) = f(rb_1) + f(rb_2) = (rf)(b_1) + (rf)b_2)$ 知 $(rf) \in \mathrm{Hom}_{\mathbf{Z}}(B, C)$. 注意

$$
\begin{aligned}
&(r(f_1 + f_2))(b) = (f_1 + f_2)(rb) = f_1(rb) + f_2(rb) = (rf_1 + rf_2)(b), \\
&((r + r_1)f)(b) = f((r + r_1)b) = f(rb) + f(r_1 b) = rf(b) + r_1 f(b), \\
&r(r_1 f)(b) = (r_1 f)(rb) = f(r_1 rb) = (rr_1 f)(b), \\
&(1f)(b) = f(1b) = f(b).
\end{aligned}
$$

所以 $\mathrm{Hom}_{\mathbf{Z}}(B, C)$ 是 R 模.

2) C 是可除 $\mathbf{Z}$ 模, 故为内射 $\mathbf{Z}$ 模. 设 I 是 R 的理想, f 是 I 到 $\mathrm{Hom}_{\mathbf{Z}}(R, C)$ 的 R 模同态. 于是 $\forall a \in I$, $f(a) \in \mathrm{Hom}_{\mathbf{Z}}(R, C)$, $f(a)(1_R) \in C$. 因此可得 I 到 C 的映射 g: $g(a) = f(a)(1_R)$. 可以验证 $g \in \mathrm{Hom}_{\mathbf{Z}}(I, C)$. C 是内射 $\mathbf{Z}$ 模, 于是 g 可扩张为 R 到 C 的 $\mathbf{Z}$ 同态 $\bar{g}$.

对于 $r \in R$, 定义 R 到 C 的映射 $h(r)$ 为

$$
h(r)(x) = \bar{g}(rx), \quad \forall r, x \in R.
$$

不难验证 $h(r) \in \mathrm{Hom}_{\mathbf{Z}}(R, C)$. 于是 h 是 R 到 $\mathrm{Hom}_{\mathbf{Z}}(R, C)$ 的映射. 由于 $\forall r, s, x \in R$, 则有

$$h(r+s)(x)=\bar{g}((r+s)x)=\bar{g}(rx+sx)=\bar{g}(rx)+\bar{g}(sx)$$
$$=h(r)(x)+h(s)(x)=(h(r)+h(s))(x);$$
$$h(rs)(x)=\bar{g}(rsx)=\bar{g}(r(sx))=h(r)(sx)=(sh(r))(x),$$

所以

$$h(r+s)=h(r)+h(s), \quad h(rs)=rh(s).$$

即 h 是 R 到 $\mathrm{Hom}_{\mathbf{Z}}(R,C)$ 的 R 模同态. 最后, 设 $a\in I$, $x\in R$, 由 $ax\in I$, 有

$$h(a)(x)=\bar{g}(ax)=g(ax)=f(ax)(1_r)=(xf(a))(1_R)=f(a)(x).$$

因此 h 是 f 的扩张, 于是 $\mathrm{Hom}_{\mathbf{Z}}(R,C)$ 是内射模. ■

定理 2.6.3　交换幺环 R 的任何模 M 可嵌入内射 R 模中.

证　M 是 R 模, 自然也是 $\mathbf{Z}$ 模. 于是由引理 2.6.1, 可嵌入内射 $\mathbf{Z}$ 模 D 中, 设 ι 为嵌入 $\mathbf{Z}$ 模同态. 于是由定理 2.3.1, 有 $\mathrm{Hom}_{\mathbf{Z}}(R,M)$ 到 $\mathrm{Hom}_{\mathbf{Z}}(R,D)$ 的 $\mathbf{Z}$ 模单同态 ι^* 满足

$$(\iota^* f)(r)=\iota f(r), \quad f\in \mathrm{Hom}_{\mathbf{Z}}(R,M), \quad r\in R.$$

注意 $\mathrm{Hom}_{\mathbf{Z}}(R,M)$ 与 $\mathrm{Hom}_{\mathbf{Z}}(R,D)$ 都是 $\mathbf{R}$ 模. 再由

$$(r\iota^*(f))(a)=(\iota^* f)(ra)=\iota(f(ra))=\iota((rf)(a))=(\iota^*(rf))(a), \quad r,a\in R.$$

因此 ι^* 也是 $\mathrm{Hom}_{\mathbf{Z}}(R,M)$ 到 $\mathrm{Hom}_{\mathbf{Z}}(R,D)$ 的 $\mathbf{R}$ 模单同态. 又 $f\in \mathrm{Hom}_R(R,M)$, 有映射 $\mathrm{Hom}_R(R,M)$ 到 M 的映射 $f\longrightarrow f(1_R)$, 这是同构映射. 因此 M 可等同于 $\mathrm{Hom}_R(R,M)$, 又 $\mathrm{Hom}_R(R,M)$ 是 $\mathrm{Hom}_{\mathbf{Z}}(R,M)$ 的子模, $\mathrm{Hom}_{\mathbf{Z}}(R,M)$ 可视为 $\mathrm{Hom}_{\mathbf{Z}}(R,D)$ 的子模, 由引理 2.6.2, $\mathrm{Hom}_{\mathbf{Z}}(R,D)$ 是内射 R 模. ■

以下讨论内射模与平坦模的关系.

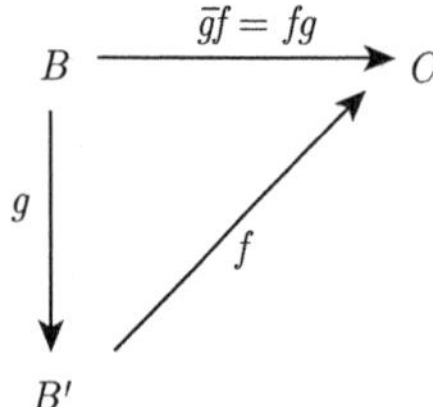

图 2.18

引理 2.6.3　设 B, B' 是 R 模, C 是 $\mathbf{Z}$ 模. B, B' 自然也是 $\mathbf{Z}$ 模. 若 $g\in \mathrm{Hom}_R(B,B')$. 那么 $g\in \mathrm{Hom}_{\mathbf{Z}}(B,B')$, 而且 $\bar{g}:\mathrm{Hom}_{\mathbf{Z}}(B',C)\longrightarrow \mathrm{Hom}_{\mathbf{Z}}(B,C)$ 既是 $\mathbf{Z}$ 模同态, 也是 R 模同态.

证　设 $g\in \mathrm{Hom}_R(B,B')$. 由 $g(b_1+b_2)=g(b_1)+g(b_2)$, 知 $g\in \mathrm{Hom}_{\mathbf{Z}}(B,B')$. 由引理 2.6.2 知 $\mathrm{Hom}_{\mathbf{Z}}(B,C)$, $\mathrm{Hom}_{\mathbf{Z}}(B',C)$ 既是 $\mathbf{Z}$ 模, 也是 R 模.

设 $f\in \mathrm{Hom}_{\mathbf{Z}}(B',C)$. 于是 $\bar{g}(f)=fg$.

对 $r\in R$, $b\in B$, 有

$$\bar{g}(rf)(b)=(rf)(gb)=f(rg(b))=fg(rb)=(\bar{g}f)(rb)=r(\bar{g}f)(b).$$

因此 $\bar{g}(rf)=r(\bar{g}f)$, 容易验证 $\bar{g}(f_1+f_2)=\bar{g}f_1+\bar{g}f_2$. 因此 $\bar{g}$ 是 R 模同态. ■

定理 2.6.4(伴随定理) 设 A, A', B 是 R 模, C 是 $\mathbf{Z}$ 模.

1) 由下面关系

$$(\eta_A f)(a)(b) = f(a \otimes_R b), \quad f \in \mathrm{Hom}_{\mathbf{Z}}(A \otimes_R B, C), a \in A, b \in B \tag{2.6.1}$$

确定的 η_A 是 $\mathrm{Hom}_{\mathbf{Z}}(A \otimes_R B, C)$ 到 $\mathrm{Hom}_R(A, \mathrm{Hom}_{\mathbf{Z}}(B, C))$ 的 R 模同构.

2) 若 $g \in \mathrm{Hom}_R(A, A')$, 则图 2.19 交换.

$$\begin{array}{ccc} \mathrm{Hom}_Z(A' \otimes_R B, C) & \xrightarrow{\eta_{A'}} & \mathrm{Hom}_R(A', \mathrm{Hom}_Z B, C) \\ \overline{g \otimes 1_B} \downarrow & & \downarrow \bar{g} \\ \mathrm{Hom}_Z(A \otimes_R B, C) & \xrightarrow{\eta_A} & \mathrm{Hom}_R(A, \mathrm{Hom}_Z B, C) \end{array}$$

图 2.19

证 1) 由 $f(a \otimes_R b) \in C$ 及 $\eta_A f(a)(b_1 + b_2) = f(a \otimes_R (b_1 + b_2)) = f(a \otimes_R b_1) + f(a \otimes_R b_2)$ 知 $\eta_A f(a)$ 是 B 到 C 的 $\mathbf{Z}$ 模同态. 因而 $\eta_A f$ 是 A 到 $\mathrm{Hom}_{\mathbf{Z}}(B, C)$ 的映射. 由 (2.6.1) 式及引理 2.6.2 知

$$\eta_A f(a)(rb) = f(a \otimes_R rb) = \eta_A f(ra)(b) = \eta_A(rf)(a)(b) = r(\eta_A f)(a)(b),$$

因此 $\eta_A f(a)$ 是 A 到 $\mathrm{Hom}_{\mathbf{Z}}(B, C))$ 的 R 模同态即 $\eta_A f \in \mathrm{Hom}_R(A, \mathrm{Hom}_{\mathbf{Z}}(B, C))$, η_A 是 $\mathrm{Hom}_{\mathbf{Z}}(A \otimes_R B, C)$ 到 $\mathrm{Hom}_R(A, \mathrm{Hom}_{\mathbf{Z}}(B, C))$ 的 R 模同态.

反之, 设 $h \in \mathrm{Hom}_R(A, \mathrm{Hom}_{\mathbf{Z}}(B, C))$, 则由下面条件

$$\xi h\left(\sum_{i=1}^{n} a_i \otimes_R b_i\right) = \sum_{i=1}^{n} h(a_i)(b_i), \quad a_i \in A, \ b_i \in B$$

定义了 ξ. $h(a_i)(b_i) \in C$. 于是 ξh 是 $A \otimes_R B$ 到 C 的映射. 注意, $r \in \mathbf{Z}$, 有

$$\xi h\left(r\sum_{i=1}^{n} a_i \otimes_R b_i\right) = \xi h\left(\sum_{i=1}^{n} ra_i \otimes_R b_i\right) = r\sum_{i=1}^{n} h(a_i)(b_i),$$

因此 $\xi h \in \mathrm{Hom}_{\mathbf{Z}}(A \otimes_R B, C)$. 再注意

$$\xi(h_1 + h_2)(a \otimes_R b) = (h_1 + h_2)(a)(b) = h_1(a)(b) + h_2(a)(b),$$

$$\xi(rh)(a \otimes_R b) = (rh)(a)(b) = h(ra)(b) = \xi h(r(a \otimes_R b)) = r(\xi h)(a \otimes_R b).$$

因此 ξ 是 R 模同态. 最后由

$$(\xi(\eta_A f))(a \otimes_R b) = \eta_A f(a)(b) = f(a \otimes_R b),$$

$$(\eta_A(\xi h))(a)(b) = \xi h(a \otimes_R b) = h(a)(b)$$

知 $\xi=\eta_A^{-1}$, 即 η_A 是 R 模同构.

2) 由引理 2.6.3, $f\in \mathrm{Hom}_{\mathbf{Z}}(A'\otimes_R B, C)$, $a\in A$, $b\in B$, 有

$$(\eta_A(\overline{g\otimes 1_B}\, f)(a))(b)=(\overline{g\otimes 1_B}\, f)(a\otimes_R b)=f(g\otimes 1_B)(a\otimes_R b)=f(g(a)\otimes b),$$
$$(\bar{g}(\eta_{A'}f))(a)(b)=(\eta_{A'}f)g(a)(b)=f(g(a)\otimes_R b),$$

因此结论 2) 亦成立. ∎

伴随定理说 R 模范畴的反变函子 $\mathrm{Hom}_{\mathbf{Z}}(-\otimes_R B, C)$, $\mathrm{Hom}_R(-,\mathrm{Hom}_{\mathbf{Z}}(B,C))$ 是 "同构的".

定理 2.6.5 设 M 是 R 模, 则下面条件等价:

1) M 是平坦 R 模;

2) $\mathrm{Hom}_{\mathbf{Z}}(M,\mathbf{Q}/\mathbf{Z})$ 是内射 R 模;

3) 对 R 的任一理想 $\mathfrak{a}$ 及其嵌入映射 ι, $\iota\otimes 1_M\in \mathrm{Hom}_R(\mathfrak{a}\otimes_R M, R\otimes_R M)$ 是单射;

4) 对 R 的任一理想 $\mathfrak{a}$, 由

$$u\left(\sum_i a_i\otimes m_i\right)=\sum_i a_i m_i,\quad a_i\in\mathfrak{a},\ m_i\in M$$

定义的 u 是 $\mathfrak{a}\otimes_R M$ 到 $\mathfrak{a}M$ 的 R 模的单同态.

证 首先证明 1) 与 2) 的等价性.

设 A, B 是 R 模, $f\in \mathrm{Hom}_R(A,B)$, 由伴随定理有交换图 (图 2.20).

$$\begin{array}{ccc}
\mathrm{Hom}_{\mathbf{Z}}(B\otimes_R M,\mathbf{Q}/\mathbf{Z}) & \xrightarrow{\eta_B} & \mathrm{Hom}_R(B,\mathrm{Hom}_{\mathbf{Z}}(M,\mathbf{Q}/\mathbf{Z})) \\
\overline{f\otimes 1_M}\downarrow & & \downarrow \bar{f} \\
\mathrm{Hom}_{\mathbf{Z}}(A\otimes_R M,\mathbf{Q}/\mathbf{Z}) & \xrightarrow{\eta_A} & \mathrm{Hom}_R(A,\mathrm{Hom}_{\mathbf{Z}}(M,\mathbf{Q}/\mathbf{Z}))
\end{array}$$

图 2.20

由于 η_B,η_A 是 R 模的同构, $\mathbf{Q}/\mathbf{Z}$ 是内射 $\mathbf{Z}$ 模, 于是 $f\otimes 1_M\in \mathrm{Hom}_R(A\otimes_R M, B\otimes_R M)$ 是 R 模单射 (即 M 平坦) 当且仅当 $\overline{f\otimes 1_M}$ 是 R 模的满射, 当且仅当 $\bar{f}$ 是 R 模的满射. 于是 1) 与 2) 等价.

由定理 2.5.3, 从条件 1) 可得条件 3). 反之, 若条件 3) 成立, 在上面的交换图 2.20 中取 $A=\mathfrak{a}$, $B=R$, $f=\iota$. 由 $\iota\otimes 1_M$ 是单射, $\bar{\iota}$ 是满射. 由定理 2.6.2 知 $\mathrm{Hom}_{\mathbf{Z}}(M,\mathbf{Q}/\mathbf{Z})$ 是内射 R 模, 即 2) 成立, 因而条件 1) 也成立.

最后证明 3) 与 4) 等价.

容易验证 u 是 R 同态. 令 $\varphi\in \mathrm{Hom}_R(R\otimes_R M, M)$, 满足 $\varphi(r\otimes m)=rm$. 再令 $\zeta\in \mathrm{Hom}_R(\mathfrak{a}M, M)$, 满足 $\zeta(am)=am$. 于是 $\varphi(\iota\otimes 1_M)=\zeta u$. 因而 $\iota\otimes 1_M$ 是单射当且仅当 u 是单射. 因而 3) 与 4) 等价. ∎

定理 2.6.6　当 R 是整交换幺环时, 平坦 R 模 M 是无扭的. 更进一步, R 是主理想整交换幺环时, R 模 M 是平坦的当且仅当 M 是无扭的.

证　取 $r \in R, r \neq 0$. R, Rr 都是 R 模, 定义 $f_r \in \mathrm{Hom}_R(R, Rr)$ 为 $f_r(a) = ar$. 而且 f_r 是模同构. M, rM 是 R 模, 定义 $g_r \in \mathrm{Hom}_R(M, rM)$ 为 $g_r(m) = rm$; $\varphi \in \mathrm{Hom}_R(R \otimes_R M, M)$ 定义为 $\varphi(a \otimes m) = am$; $u \in \mathrm{Hom}_R(Rr \otimes_R M, rM)$ 定义为 $u((ar) \otimes m) = ram$. 于是图 2.21 交换.

$$\begin{array}{ccc} R\otimes_R M & \xrightarrow{f_r\otimes 1_M} & Rr\otimes_R M \\ \varphi\downarrow & & \downarrow u \\ M & \xrightarrow{g_r} & rM \end{array}$$

图 2.21

如果 M 是平坦的, 由定理 2.6.5, u, $f_r \otimes 1_M$ 是 R 模同构. φ 也是 R 模同构, 于是 g_r 亦是, 故 M 是无扭的.

若 R 是主理想整交换幺环, R 的任一非零理想 $\mathfrak{a} = \langle r \rangle = Rr$, $r \neq 0$. 设 M 是无扭的, 则图 2.21 中 g_r 是 R 模同构, 从而 u 是 R 模同构, 由定理 2.6.5 知 M 是平坦的. ■

2.7　纯量的限制与扩充

在高等代数中, 可以将一个有理系数的多项式看成复系数的多项式, 这就是 "纯量的扩充", 也可以将复线性空间看成实线性空间, 这就是 "纯量的限制". 将这种方法推广, 就是一般环, 模的纯量的限制与扩充.

定理 2.7.1　设 R, S 都是交换幺环, f 是 R 到 S 的同态. N 是 S 模.

1) 令

$$ax = f(a)x, \quad \forall a \in R,\ x \in N,$$

则 N 是一个 R 模, 此模称为由 N 的**纯量限制**而得.

2) 特别地, S 可视为 R 模.

3) 若 N 是有限生成的 S 模, S 是有限生成的 R 模, 则 N 也是有限生成的 R 模.

证　1) 可直接验证模的条件.

2) 因 S 是 S 模, 由结论 1) 可得结论 2).

3) 设 $y_1, y_2, \cdots, y_n$ 是 S 模 N 的生成元, $b_1, b_2, \cdots, b_m$ 是 R 模 S 的生成元, 于是 $\{b_i y_j | 1 \leqslant i \leqslant m, 1 \leqslant j \leqslant n\}$ 这 mn 个元素是 R 模 N 的生成元. ■

反过来, 一个 R 模, 也可以变成一个 S 模.

定理 2.7.2　设 R, S 为交换幺环, f 是 R 到 S 的同态. 由定理 2.7.1, S 是 R 模. 又设 M 是 R 模.

1) 记 R 模 $S \otimes_R M = M_S$. 定义 $S \times M_S$ 到 M_S 的线性映射, 使得

$$b(b' \otimes x) = bb' \otimes x, \quad b, b' \in S, x \in M,$$

则 M_S 是一个 S 模, 称此模为由 M 的**纯量扩充**而得.

2) 若 M, N 为 R 模, 则 $(M+N)_S = M_S + N_S$.

3) 若 M 是有限生成的 R 模, 则 M_S 是有限生成的 S 模.

4) 若 M 是自由 R 模, 则 M_S 是自由 S 模.

5) 若 M 是投射 R 模, 则 M_S 是投射 S 模.

6) 若 M, N 是 R 模, 又 $u \in \mathrm{Hom}(M, N)$. 则 $1_S \otimes u$ 是 M_S 到 N_S 的 S 模同态.

证　以下将 $S \otimes_R M$ 简记为 $S \otimes M$.

1) 可直接验证模的条件.

2) 注意 $S \otimes (M+N) = S \otimes M + S \otimes N$.

3) 若 $x_1, x_2, \cdots, x_n$ 是 R 模 M 的生成元, 则 $1_S \otimes x_1, 1_S \otimes x_2, \cdots, 1_S \otimes x_n$ 是 S 模 M_S 的生成元.

4) 若自由模 M 的基为 $X = \{x_i | i \in I\}$, 则

$$S \otimes M = S \otimes \left(\bigoplus_{i \in I} Rx_i\right) \cong S \otimes \left(\bigoplus_{x \in X} R\right) \cong \bigoplus_{x \in X} S \otimes R = \bigoplus_{x \in X} S.$$

特别地, M_S 有基 $\{1_S \otimes x_i | i \in I\}$.

5) M 为投射 R 模, 于是有 R 模 N 使 $M \oplus N$ 为自由 R 模. 由 $(M \oplus N)_S = M_S \oplus N_S$ 为自由 S 模, 于是 M_S 为投射 S 模.

6) 显然, $1_S \otimes u$ 是 M_S 到 N_S 的 Abel 群的同态, 又注意 $\forall s, s_1 \in S, m \in M$ 有

$$\begin{aligned}(1_S \otimes u)(s_1(s \otimes m)) &= (1_S \otimes u)(s_1 s \otimes m) \\ &= s_1 s \otimes u(m) = s_1(s \otimes u(m)) = s_1(1_S \otimes u)(s \otimes m),\end{aligned}$$

因而定理成立. ∎

注 2.7.1　定理 2.7.2 说明, 给定环 S 到环 R 的同态后, $S \otimes_R -$ 是范畴 $\mathfrak{M}_R$ 到范畴 $\mathfrak{M}_S$ 的共变函子, 称为**换环函子**.

定理 2.7.3　设 R, S 为交换幺环, f 是 R 到 S 的同态.M, N 是 R 模, 则 $M_S \otimes_S N_S \cong (M \otimes_R N)_S$.

证　考虑 $M_S \otimes_S N_S$ 到 $(M \otimes_R N)_S$ 的映射

$$\left(\sum_i a_i \otimes m_i, \sum_j b_j \otimes n_j\right) \longrightarrow \sum_{i,j} a_i b_j \otimes (m_i \otimes n_j), \quad a_i, b_j \in S; m_i \in M, n_j \in N$$

是 S 双线性的, 于是有 $M_S \otimes_S N_S$ 到 $(M \otimes_R N)_S$ 的 S 模同态 ψ 使得

$$\psi((a \otimes m) \otimes_S (b \otimes n)) = ab \otimes (m \otimes n), \quad a, b \in S, m \in M, n \in N.$$

反之, $(M \otimes_R N)_S$ 到 $M_S \otimes N_S$ 的 S 模同态 ϕ:

$$\phi\left(\sum_i a_i \otimes m_i \otimes n_i\right) = \sum_i a_i((1 \otimes_i) \otimes_S (1 \otimes n_i)), \quad a_i \in S, m_i \in M, n_i \in N.$$

容易验证 $\phi = \psi^{-1}$. 于是定理成立. ∎

例 2.7.1 设 $R = \mathbf{R}$ 为实数域, $S = \mathbf{C}$ 为复数域, f 是 $\mathbf{R}$ 到 $\mathbf{C}$ 的嵌入映射. V 是 $\mathbf{C}$ 上的线性空间. 于是 V 可定义为 $\mathbf{R}$ 上的线性空间. 如果复空间的维数 $\dim_{\mathbf{C}} V = n$, 则实空间的维数 $\dim_{\mathbf{R}} V = 2n$. 事实上, 若 $v_1, v_2, \cdots, v_n$ 为复空间 V 的基, 则 $v_1, v_2, \cdots, v_n$, $\sqrt{-1}v_1, \sqrt{-1}v_2, \cdots, \sqrt{-1}v_n$ 为实空间 V 的基.

反过来, 一个实线性空间 W 是否是由一个复线性空间 W 的纯量限制而得? 此问题就是所谓实线性空间 W 上有无 "复结构" 的问题. 如果有 W 的线性变换 $\mathcal{J}$, 满足 $\mathcal{J}^2 = -\mathrm{id}$, 则 W 上有复结构.

例 2.7.2 设 $R = \mathbf{R}$ 为实数域, $S = \mathbf{C}$ 为复数域, f 是 $\mathbf{R}$ 到 $\mathbf{C}$ 的嵌入映射. V 是 $\mathbf{R}$ 上的线性空间. 于是 $V_{\mathbf{C}} = \mathbf{C} \otimes_{\mathbf{R}} V$ 可定义为 $\mathbf{C}$ 上的线性空间. $V_{\mathbf{C}}$ 是将 V 的系数由实数扩充为复数而得. 若 $\dim V = n$, 则 $\dim V_{\mathbf{C}} = n$. 事实上, 若 $v_1, v_2, \cdots, v_n$ 为 V 的基, 则 $1 \otimes v_1, 1 \otimes v_2, \cdots, 1 \otimes v_n$ 为 $V_{\mathbf{C}}$ 的基. 通常, 将 $V_{\mathbf{C}}$ 中元素 $1 \otimes v$ 仍记为 v. $V_{\mathbf{C}}$ 称为 V 的**复化**.

反过来, 一个复线性空间 W 是否是由一个实线性空间 W 的纯量扩充而得? 此问题就是所谓复线性空间 W 的 "实形式" 的问题. 如果有 W 到 W 的映射 σ 满足:

$$\begin{cases} \sigma(v_1 + v_2) = \sigma(v_1) + \sigma(v_2), & \forall v_1, v_2 \in W, \\ \sigma(av) = \bar{a}\sigma(v), & \forall a \in \mathbf{C},\ v \in W, \\ \sigma^2 = \mathrm{id}, \end{cases}$$

则 $W_0 = \{v \in W | \sigma(v) = v\}$ 是 W 的**实形式**.

2.8 代数及其张量积

本节介绍交换幺环上的交换结合代数及其张量积. 当然也有非交换, 非结合的代数, 不在本书的讨论范围中.

定理 2.8.1 设 f 是交换幺环 A 到交换幺环 B 的同态, 定义 $A \times B$ 到 B 的映射:

$$(a, b) \longrightarrow ab = f(a)b, \quad \forall a \in A,\ b \in B,$$

则 B 是 A 模, 而且 $\forall a \in A, b_1, b_2 \in B$, 有 $a(b_1b_2) = (ab_1)b_2 = b_1(ab_2)$.

此时称 B 是A **代数**.

证　因为 B 自然是 B 模, 于是由定理 2.7.1, 知 $ab = f(a)b$ 使 B 成为 A 模. 又 $a(b_1b_2) = f(a)(b_1b_2) = (f(a)b_1)b_2 = b_1(f(a)b_2) = (ab_1)b_2 = b_1(ab_2)$. ∎

例 2.8.1　1) 设 $A = K$ 是一个域, $B = K[x_1, x_2, \cdots, x_n]$ 是 K 上 n 元多项式环, 于是由 $f(a) = a$ 定义的 f 是同态. 因而 $K[x_1, x_2, \cdots, x_n]$ 是 K 代数.

2) A 是交换幺环, 以 $A[x_1, x_2, \cdots, x_n]$ 表示 A 上 n 元多项式环, 于是由 $f(a) = a$ 定义的 f 是同态. 因而 $A[x_1, x_2, \cdots, x_n]$ 是 A 代数.

注 2.8.1　1) 若 $A = K$ 是域, A 到 B 的同态 f, 由 $f(1_A) = 1_B$, 可知 f 是单射, 于是 A 与 $f(A) \subseteq B$ 同构, 因此可视 A 为 B 的子环.

2) 设 A 是交换幺环, 于是由 $f(n) = n\,1_A$, $n \in \mathbf{Z}$ 定义了 $\mathbf{Z}$ 到 A 的同态, 因而 A 是 $\mathbf{Z}$ 代数.

定义 2.8.1　设 B, C 是 A 代数, B 到 C 的映射 h 称为A **代数同态**, 若 h 既是环的同态, 又是 A 模同态, 即有

$$\begin{cases} h(b_1 + b_2) = h(b_1) + h(b_2), & \forall b_1, b_2 \in B, \\ h(b_1b_2) = h(b_1)h(b_2), & \forall b_1, b_2 \in B, \\ h(ab) = ah(b), & \forall a \in A,\ b \in B. \end{cases}$$

从此定义可以看出, $\ker h$ 既是环 B 的理想, 又是 A 模 B 的子模. 因此可以定义 A 代数 B 的理想, 并定义商代数, 建立同态基本定理等.

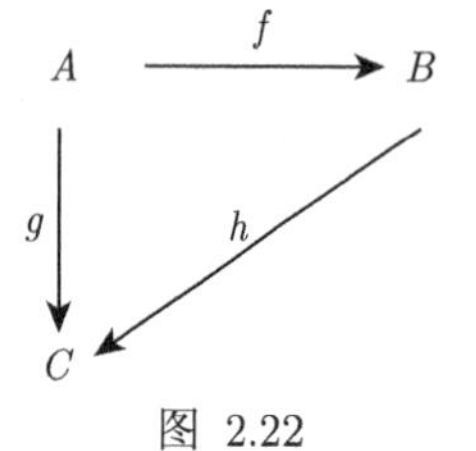

图 2.22

定理 2.8.2　设 f, g, h 分别为环 A 到环 B, A 到环 C, B 到 C 的同态. 则 h 为 A 代数 B 到 A 代数 C 的同态当且仅当 $g = hf$.

证　若 h 为代数同态, 当且仅当 $\forall a \in A, b \in B$,

$$\begin{aligned} ah(b) &= g(a)(h(b)) \\ &= h(ab) = h(f(a)b) \\ &= hf(a)h(b). \end{aligned}$$

$g = hf$ 时, 上式自然成立. 反之, 上式成立时, 取 $b = 1_B$, 于是 $g(a) = hf(a), \forall a \in A$, 故 $g = hf$. ∎

定义 2.8.2　设 f 是环 A 到环 B 的同态, 于是 B 是 A 代数.

1) 若 B 是有限生成的 A 模, 则称 f 是**有限的**, B 为**有限** A **代数**.

2) 若有 $x_1, x_2, \cdots, x_n \in B$, 使得 $\forall b \in B$ 有 $b = \sum\limits_{i_1, i_2, \cdots, i_n} b_{i_1 i_2 \cdots i_n} x_1^{i_1} x_2^{i_2} \cdots x_n^{i_n}$, 其中 $b_{i_1 i_2 \cdots i_n} \in f(A)$, 则称 f 是**有限型的**, B 为**有限生成的** A **代数**.

3) 环 A 称为**有限生成的**, 若 A 作为 $\mathbf{Z}$ 代数是有限生成的.

例 2.8.2 设 $A=\mathbf{Q}$ 为有理数域, $B=\mathbf{Q}[\alpha]$.

1) α 为代数数时, B 是 A 上有限代数.

2) α 为超越数时, B 是 A 上有限生成代数, 不是有限代数.

3) α 为超越数时, $\mathbf{Q}$ 的单纯超越扩张 $\mathbf{Q}(\alpha)$ 不是有限生成代数.

定理 2.8.3 B 为有限生成的 A 代数, 当且仅当 B 同构于 A 上多元多项式代数 $A[t_1,t_2,\cdots,t_n]$ 的商代数.

特别地,若环A是有限生成的,则A同构于$\mathbf{Z}$上多元多项式代数 $\mathbf{Z}[t_1,t_2,\cdots,t_n]$ 的商代数.

证 显然, $A[t_1,t_2,\cdots,t_n]$ 的商代数是有限生成的 A 代数. 反之, 若 B 为有限生成的 A 代数, 则 $\forall b\in B$ 有 $b=\displaystyle\sum_{i_1,i_2,\cdots,i_n} b_{i_1i_2\cdots i_n}x_1^{i_1}x_2^{i_2}\cdots x_n^{i_n}$, 其中 $b_{i_1i_2\cdots i_n}\in f(A)$. 定义 h 如下:

$$h\left(\sum_{i_1,i_2,\cdots,i_n} a_{i_1i_2\cdots i_n}t_1^{i_1}t_2^{i_2}\cdots t_n^{i_n}\right)=\sum_{i_1,i_2,\cdots,i_n} f(a_{i_1i_2\cdots i_n})x_1^{i_1}x_2^{i_2}\cdots x_n^{i_n}.$$

则 h 是满 A 代数同态. 因而由同态基本定理知结论成立. ■

定理 2.8.4 设 f,g 分别为环 A 到环 B,C 的同态. 于是 B,C 均为 A 代数, 自然也是 A 模, 在 A 模 $D=B\otimes C$ 中定义乘法如下:

$$\left(\sum_i(b_i\otimes c_i)\right)\left(\sum_j(b'_j\otimes c'_j)\right)=\sum_{i,j}(b_ib'_j\otimes c_ic'_j), \tag{2.8.1}$$

则 $D=B\otimes C$ 也是 A 代数, 称为**B 与 C 的张量积**.

证 考虑 $B\times C\times B\times C$ 到 D 的映射:

$$(b,c,b',c')\longrightarrow bb'\otimes cc',\quad \forall b,b'\in B,\ c,c'\in C,$$

这是 4 重线性映射. 于是有 $B\otimes C\otimes B\otimes C$ 到 D 的 A 模同态, 注意 $B\otimes C\otimes B\otimes C\cong(B\otimes C)\otimes(B\otimes C)=D\otimes D$. 因而有 $D\otimes D$ 到 D 的 A 模同态, 此同态对应一个 $\mu\in BL(D,D;D)$, 满足

$$\mu(b\otimes c,b'\otimes c')=bb'\otimes cc',\quad \forall b,b'\in B,\ c,c'\in C.$$

于是 (2.8.1) 给出了 D 的双线性乘法. 再由

$$\begin{aligned}&(b\otimes c)(b'\otimes c')=bb'\otimes cc'=b'b\otimes c'c=(b'\otimes c')(b\otimes c);\\&(1_B\otimes 1_C)(b\otimes c)=b\otimes c;\\&((b\otimes c)(b'\otimes c'))(b''\otimes c'')=(bb')b''\otimes(cc')c''=b(b'b'')\otimes c(c'c'')\\&\qquad\qquad\qquad\qquad\qquad\qquad\ \ =(b\otimes c)((b'\otimes c')(b''\otimes c''))\end{aligned}$$

知 D 是交换幺环.

又由于

$$a((b\otimes c)(b'\otimes c'))=a(bb'\otimes cc')=(f(a)b)b'\otimes cc'=b(f(a)b')\otimes cc'$$
$$=(a(b\otimes c))(b'\otimes c')=(b\otimes c)(a(b'\otimes c')),$$

故 D 是 A 代数. ∎

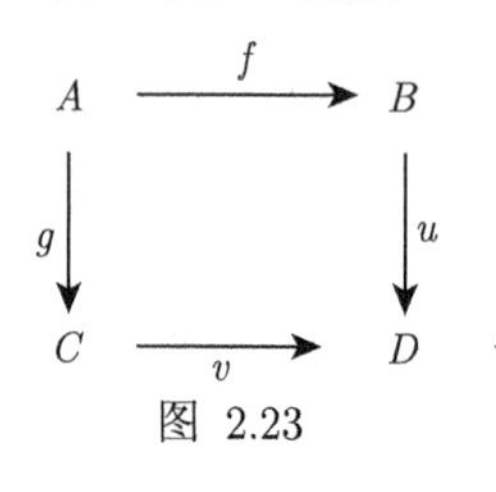

图 2.23

推论 2.8.1　在 $D=B\otimes C$ 中,

1) $\forall a\in A$, 有 $f(a)\otimes 1_C=1_B\otimes g(a)$;

2) 由 $u(b)=b\otimes 1_C$, $v(c)=1_B\otimes c$ 所确定的 u, v 分别是 B, C 到 D 的环同态.

3) $uf=vg$ 为 A 到 D 的环同态.

证　只要注意, $a(1_B\otimes 1_C)=a1_B\otimes 1_C=1_B\otimes a1_C$ 即可. ∎

习　题　2

1. R 模 M 称为**单模**, 如果 M 除 M 与 $\{0\}$ 外, 没有其他子模. R 模 M 的子模 N 称为 M 的**极大子模**, 如果 N 满足: (1) $N\neq M$; (2) 若有子模 $N'\supset N$, 则 $N'=M$.

1) 证明 R 模 M 的子模 N 是 M 的极大子模当且仅当 M/N 是单模.

2) 证明有限生成的非零 R 模 M 一定有极大子模.

2. 有理数域 $\mathbf{Q}$ 关于加法构成 $\mathbf{Z}$ 模, 证明 $\mathbf{Q}$ 不是有限生成的 $\mathbf{Z}$ 模.

3. 设 N,P 是 R 模 M 的子模, 证明:

1) $\mathrm{ann}(N+P)=\mathrm{ann}(N)\cap\mathrm{ann}(P)$.

2) $(N:P)=\mathrm{ann}((N+P)/N)$.

4. 设 m,n 是正整数, 于是 $\mathbf{Z}_m=\mathbf{Z}/\langle m\rangle$, $\mathbf{Z}_n=\mathbf{Z}/\langle n\rangle$ 都是 $\mathbf{Z}$ 模. 证明 $\mathbf{Z}$ 模 $\mathrm{Hom}_{\mathbf{Z}}(\mathbf{Z}_m,\mathbf{Z}_n)$ 同构于 $\mathbf{Z}_d$, 其中 $d=(m,n)$ 是 m,n 的最大公因数.

5. 设 M 是 R 模, $f\in\mathrm{End}_R M$, 且 $f^2=f$. 证明 $M=\ker f\oplus\mathrm{Im}\, f$.

6. 设 $0\longrightarrow M'\xrightarrow{f}M_1\oplus M_2\xrightarrow{g}M''\longrightarrow 0$ 是 R 模的正合列. 此序列是否是分裂的?

7. 设 $0\longrightarrow M'\xrightarrow{f}M\xrightarrow{g}M''\longrightarrow 0$ 是 R 模的正合列, M', M'' 是有限生成的. 证明 M 也是有限生成的.

8. 设 M, N 是 R 模, N 是有限生成的. $\mathfrak{a}$ 是 R 的理想.

1) 证明: 若 $\mu\in\mathrm{Hom}_R(M,N)$, 则存在 $\bar{\mu}\in\mathrm{Hom}_R(M/\mathfrak{a}M,N/\mathfrak{a}N)$, 使得 $\bar{\mu}\pi_1=\pi_2\mu$, 其中 π_1,π_2 分别是 M 到 $M/\mathfrak{a}M$, N 到 $N/\mathfrak{a}N$ 的自然同态.

2) 证明: 如果 $\bar{\mu}$ 是满同态, 则 μ 也是满同态.

9. 设 R 是主理想整环, m, n 是 R 中互素的元素. 证明 $R/\langle m\rangle\otimes_R R/\langle n\rangle$ 是零 R 模, 即 $\forall k\in R$, $x\in R/\langle m\rangle\otimes_R R/\langle n\rangle$, $kx=0$.

10. 设 $\mathfrak{a}$ 是交换幺环 R 的理想, M 是 R 模.

1) 证明 R 模 $R/\mathfrak{a}\otimes_R M$ 与 R 模 $M/\mathfrak{a}M$ 同构;

2) 当 $\mathfrak{m}$ 是 R 的极大理想时, 证明 $R/\mathfrak{m}\otimes_R M$ 是域 $R/\mathfrak{m}$ 上的线性空间. 如果 M 是有限生成的, 则此空间是有限维的.

11. 设 $\mathfrak{m}$ 是局部环 R 的极大理想. M, N 是有限生成的 R 模. 证明若 $M\otimes_R N$ 是零 R 模, 则 $M=0$ 或 $N=0$.

12. 设 $R[x]$ 是交换幺环 R 上的一元多项式环. 证明 $R[x]$ 是平坦 R 模.

13. 设 M 是 R 模, x 是一个不定元, 令

$$M[x]=\{m_0+m_1x+\cdots m_rx^r|m_i\in M,r\in\mathbf{N}\cup\{0\}\}.$$

1) 证明在 $M[x]$ 中定义加法:

$$\left(\sum_{i=1}^{r}m_ix^r\right)+\left(\sum_{i=1}^{r}n_ix^i\right)=\sum_{i=1}^{r}(m_i+n_i)x^i,$$

则 $M[x]$ 是交换群;

2) 证明定义 $R[x]$ 中元素与 $M[x]$ 中元素的乘积:

$$\left(\sum_{s=0}^{k}r_sx^s\right)\left(\sum_{t=0}^{l}m_tx^t\right)=\sum_{i=0}^{k+l}\left(\sum_{s+t=i}r_sm_t\right)x^i,$$

则 $M[x]$ 是 $R[x]$ 模;

3) 证明 $M[x]\cong R[x]\otimes_R M$.

14. 设 M, N 是平坦 R 模. 证明 $M\otimes_R N$ 是平坦的 R 模.

15. 设 A 是 R 代数, 同时也是平坦 R 模, N 是平坦 A 模. 证明 N 是平坦 R 模.

16. 设 R,S,T,U 都是环, M 是 (R,S) 双模, N 是 (S,T) 双模, P 是 (T,U) 双模. 证明 $M\otimes_S(N\otimes_T P)$, $(M\otimes_S N)\otimes_T P$ 都是 (R,U) 双模, 且 $M\otimes_S(N\otimes_T P)\cong(M\otimes_S N)\otimes_T P$.

17. 设 f 是交换幺环 A 到交换幺环 B 的同态, M 是平坦 A 模. 证明 $M_B\doteq B\otimes_A B$ 是平坦 B 模.

第 3 章　分式环与分式模

在抽象代数中我们知道, 从一个交换整环, 可以得到一个域, 即它的分式域. 本章是要将这个理论一般化, 从交换幺环得到它的分式环. 同样要将分式的概念和方法用于模上. 这种一般化在代数几何中是很重要的工具. 当然也不仅在代数几何中.

3.1　交换幺环的乘法封闭集

一般意义的分式环依赖于所谓的 "乘法封闭集". 因此先给出它的定义与一些性质.

定义 3.1.1　交换幺环 R 的子集 S 称为对 R 的**乘法封闭集** 或**子幺半群**, 如果 S 是子半群, 而且 R 的幺元 $1 \in S$.

例 3.1.1　1) 设 $\mathfrak{p}$ 是 R 的理想, 则 $S = R \setminus \mathfrak{p}$ 是 R 的乘法封闭集当且仅当 $\mathfrak{p}$ 是素理想.

事实上, 若 $\mathfrak{p}$ 是素理想, $x, y \in S$, 即 $x, y \notin \mathfrak{p}$, 故 $xy \notin \mathfrak{p}$, 因而 $xy \in S$. 反之, 若 S 是乘法封闭的, 于是 $x, y \in S$, 有 $xy \in S$, 也就是说, $x, y \notin \mathfrak{p}$, 则 $xy \notin \mathfrak{p}$. 换句话说, 若 $uv \in \mathfrak{p}$ 必有 $u \in \mathfrak{p}$ 或 $v \in \mathfrak{p}$, 因而 $\mathfrak{p}$ 是素理想.

2) 设 $f \in R$, 则 $S = \{f^n | n \geqslant 0\}$ 是 R 的乘法封闭集.

这是因为 $f^n f^m = f^{n+m}$.

3) 设 $\mathfrak{a}$ 是 R 的理想, 则 $S = \{1 + a | a \in \mathfrak{a}\}$ 是 R 的乘法封闭集.

设 $a, b \in \mathfrak{a}$, 于是有 $(1+a)(1+b) = 1 + (a + b + ab)$, 而 $a + b + ab \in \mathfrak{a}$.

定义 3.1.2　R 的乘法封闭集 S 称为**饱和的**, 如果 $xy \in S$ 当且仅当 $x, y \in S$.

例 3.1.2　1) 设 $\mathfrak{p}_i$ $(i \in I)$ 是 R 的素理想, 则 $S = R \setminus \left(\bigcup_{i \in I} \mathfrak{p}_i\right)$ 是饱和的乘法封闭集.

事实上, 若 $x, y \in S$, 则 $x, y \notin \mathfrak{p}_i$. 因为 $\mathfrak{p}_i$ 是素理想, 于是 $xy \notin \mathfrak{p}_i$, 即 $xy \in S$. 另一方面, 若 $xy \in S$, 则 $xy \notin \mathfrak{p}_i$, 因为 $\mathfrak{p}_i$ 是素理想, 于是 $x, y \notin \mathfrak{p}_i$, 故 $x, y \in S$.

2) 设 S_0 是 R 的非零因子的集合, 则 S_0 是饱和的乘法封闭集.

事实上, $1 \in S_0$, 又 x, y 是非零因子, 则 xy 是非零因子. 反之, 若 xy 是非零因子, 则 x, y 都是非零因子. 于是 S_0 是饱和的乘法封闭集.

性质 3.1.1　1) R 的乘法封闭集 $S_i\ (i\in I)$ 的交 $S=\bigcap_{i\in I}S_i$ 是乘法封闭集.

2) R 的有限个乘法封闭集 $S_i\ (1\leqslant i\leqslant n)$ 的积 $T=\prod_{i=1}^{n}S_i=\{s_1s_2\cdots s_n|s_i\in S_i\}$ 是乘法封闭集, 而且 $S_i\subseteq T$.

3) R 的饱和乘法封闭集 $S_i\ (i\in I)$ 的交 $S=\bigcap_{i\in I}S_i$ 是饱和乘法封闭集.

4) 设 R 是非零交换幺环, Σ 是 R 中所有不含 0 的乘法封闭集的集合. 则 Σ 中按包含关系有极大元, 而且极大元是饱和的.

证　1) 设 $x,y\in S$, 于是 $xy\in S_i\ (i\in I)$, 因而 $xy\in S$.

2) 只要注意 $(s_1s_2\cdots s_n)(t_1t_2\cdots t_n)=(s_1t_1)(s_2t_2)\cdots(s_nt_n)$, $1\in S_i$.

3) 设 $xy\in S$, 于是 $xy\in S_i\ (i\in I)$. 由于 S_i 是饱和的, 于是 $x\in S_i$ 及 $y\in S_i$. 因此 $x\in S$ 及 $y\in S$. 所以 S 是饱和的.

4) 设 Σ 中的链如下

$$S_1\subset S_2\subset\cdots\subset S_n\subset\cdots$$

令 $S_0=\bigcup_i S_i$. 若 $x,y\in S_0$, 则有 $x\in S_i$, $y\in S_j$. 所以 $x,y\in S_{\max\{i,j\}}$, 于是 $xy\in S_{\max\{i,j\}}\subseteq S_0$. 因此 S_0 是乘法封闭集, 自然 $0\notin S_0$. 于是 S_0 是上述链的上界. 故 Σ 有极大元.

设 S 是 Σ 的一个极大元. 又 $xy\in S$. 由 $S\in\Sigma$, 故 $0\notin S$, 从而 xy,x,y 都不是幂零元. 于是 $T_1=\{x^n|n\in\mathbf{N}\cup\{0\}\},T_2=\{y^n|n\in\mathbf{N}\cup\{0\}\}\in\Sigma$. 由 2) 知 T_1T_2S 是乘法封闭集. 若有 $s\in S$, $x^ky^ls=0$, 则 $0=(xy)^{\max\{k,l\}}s\in S$, 这与 $S\in\Sigma$ 矛盾. 于是 $T_1T_2S\in\Sigma$. 由 S 的极大性知 $T_1T_2S=S$, 因此 $x,y\in S$, 即 S 是饱和的. ∎

性质 3.1.2　设 f 是交换幺环 R 到交换幺环 R_1 的同态, S 是 R 的乘法封闭集, 则 $f(S)$ 是 R_1 的乘法封闭集.

反之, 若 T 是 R_1 的乘法封闭集, 则 $f^{-1}(T)$ 是 R 的乘法封闭集.

事实上, 由 $f(1_R)=1_{R_1}$, $f(x)f(y)=f(xy)$ 知此性质成立. ∎

在 3.4 节中将进一步描绘 Σ 中极大元与 R 的极小素理想的关系.

3.2　分式环与分式模

本节主要给出分式环与分式模的定义. 这里是用构造的方法来定义分式环与分式模的.

定理 3.2.1　设 S 是交换幺环 R 的乘法封闭集.

1) 集合 $R\times S=\{(a,s)|a\in R,s\in S\}$ 中的关系 $\sim$:

$$(a,s)\sim(b,t)\text{ 当且仅当有 } u\in S,\text{ 使得 } (at-bs)u=0,$$

是等价关系.

2) 以 $\frac{a}{s}$ 表示 (a,s) 等价类, 以 $S^{-1}R$ 表示所有等价类的集合, 在其中定义加法、乘法:

$$\frac{a}{s}+\frac{b}{t}=\frac{at+bs}{st},\quad \frac{a}{s}\frac{b}{t}=\frac{ab}{st},$$

则 $S^{-1}R$ 是交换幺环, 称为 R 对 S 的**分式环**.

3) 由 $f(x)=\frac{x}{1}$ 定义的 f 是 R 到 $S^{-1}R$ 的环同态.

4) $\ker f=\bigcup\limits_{u\in S}\operatorname{ann}u$. 由此有 f 是单射当且仅当 S 中不包含 R 的零因子.

证　1) 由于 $1\in S$, $(as-as)1=0$, 故 $(a,s)\sim(a,s)$. 由 $(at-bs)u=-(bs-at)u$, 知 $(a,s)\sim(b,t)$ 则 $(b,t)\sim(a,s)$. 设 $(at-bs)v=(bu-ct)w=0$, 则

$$\begin{aligned}(au-cs)tvw &= autvw-buvws+buvws-cstvw\\ &=(at-bs)vuw+(bu-ct)wvs=0.\end{aligned}$$

因而从 $(a,s)\sim(b,t)$, $(b,t)\sim(c,u)$ 可得 $(a,s)\sim(c,u)$. 于是 $\sim$ 是等价关系.

2) 设 $\frac{a}{s}=\frac{a_1}{s_1}$, $\frac{b}{t}=\frac{b_1}{t_1}$, 即有 $u,v\in S$ 使得

$$\begin{cases}as_1u=a_1su,\\ bt_1v=b_1tv.\end{cases}$$

因而有

$$\begin{aligned}&(at+bs)(s_1t_1)(uv)=(as_1u)tt_1v+(bt_1v)ss_1u\\ =&(a_1su)tt_1v+(b_1tv)ss_1u=(a_1t_1)(st)(uv)+(b_1s_1)(st)(uv);\\ &(ab)(s_1t_1)uv=(a_1b_1)(st)uv.\end{aligned}$$

于是

$$\frac{at+bs}{st}=\frac{a_1t_1+b_1s_1}{s_1t_1},\quad \frac{ab}{st}=\frac{a_1b_1}{s_1t_1}.$$

所以上面加法, 乘法运算的定义合理.

注意

$$\left(\frac{a}{s}+\frac{b}{t}\right)+\frac{c}{u}=\frac{(at+bs)u+cst}{stu}=\frac{a(tu)+(bu+ct)s}{stu}=\frac{a}{s}+\left(\frac{b}{t}+\frac{c}{u}\right);$$

$$\frac{a}{s}+\frac{b}{t}=\frac{at+bs}{st}=\frac{bs+at}{st}=\frac{b}{t}+\frac{a}{s};$$

$$\frac{0}{1}+\frac{a}{s}=\frac{a}{s};$$

$$\frac{a}{s}+\frac{-a}{s}=\frac{0}{s}=\frac{0}{1}.$$

因此 $S^{-1}R$ 对上面加法是交换群.

再注意

$$\left(\frac{a}{s}\frac{b}{t}\right)\frac{c}{u}=\frac{(ab)c}{(st)u}=\frac{a(bc)}{s(tu)}=\frac{a}{s}\left(\frac{b}{t}\frac{c}{u}\right);$$
$$\frac{a}{s}\frac{b}{t}=\frac{ab}{st}=\frac{ba}{ts}=\frac{b}{t}\frac{a}{s};$$
$$\frac{1}{1}\frac{a}{s}=\frac{a}{s}.$$

因此 $S^{-1}R$ 对上面乘法是交换幺半群.

由于 $(a(su)-s(au))1=0$, 于是 $\dfrac{a}{s}=\dfrac{au}{su}=\dfrac{a}{s}\dfrac{u}{u}$. 由此可得

$$\frac{a}{s}\frac{b}{t}+\frac{a}{s}\frac{c}{u}=\frac{abus+acts}{stus}=\frac{a(bu+ct)}{s(tu)}=\frac{a}{s}\left(\frac{b}{t}+\frac{c}{u}\right).$$

故 $S^{-1}R$ 对上面加法, 乘法是交换幺环.

3) 由

$$f(x+y)=\frac{x+y}{1}=\frac{x}{1}+\frac{y}{1}=f(x)+f(y);$$
$$f(xy)=\frac{xy}{1}=\frac{x}{1}\frac{y}{1}=f(x)f(y);$$
$$f(1)=\frac{1}{1}$$

知 f 是环同态.

4) 注意 $f(x)=\dfrac{x}{1}=\dfrac{0}{1}$, 当且仅当存在 $u\in S$, 使得 $(x\cdot 1-0\cdot 1)u=xu=0$, 于是 $\ker f=\bigcup\limits_{u\in S}\operatorname{ann}u$.

特别地, $\ker f=\{0\}$ 当且仅当 S 中无零因子. ■

注 3.2.1 1) R 是整交换幺环, $S=R\setminus\{0\}$, 则 $S^{-1}R$ 是域, 称为 R 的**分式域**. 事实上, 设 $\dfrac{a}{s}\neq 0$, 于是 $\dfrac{s}{a}\dfrac{a}{s}=\dfrac{as}{as}=\dfrac{1}{1}$.

此时, f 是单射, 故可将 R 作为 $S^{-1}R$ 的子环.

2) $S^{-1}R$ 是零环当且仅当 $0\in S$.

只要注意, $\dfrac{1}{1}=\dfrac{0}{1}$, 当且仅当有 $s\in S$, 使得 $(1\cdot 1-0\cdot 1)s=0$, 即 $s=0\in S$.

下面讨论分式环的 “泛” 性.

定理 3.2.2 设 S 是环 R 的子幺半群, f 如定理 3.2.1 之 3) 所定义.

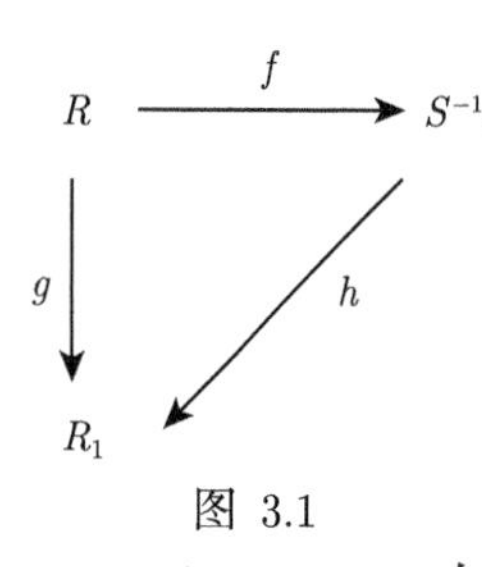

图 3.1

1) 若 g 是环 R 到环 R_1 的同态, 满足: $\forall s \in S$, $g(s)$ 是 R_1 的单位, 则存在唯一的 $S^{-1}R$ 到 R_1 的同态 h 使得 $g = hf$.

2) 若 g 是环 R 到环 R_1 的同态, 满足:

i) $\forall s \in S, g(s)$ 是R_1 的单位;

ii) $g(a) = 0$,则有 $s \in S$,使得 $as = 0$;

iii) $\forall b \in R_1$, 有 $b = g(a)g(s)^{-1}$,

则存在唯一的 $S^{-1}R$ 到 R_1 的同构 h 使得 $g = hf$.

证　1) 首先证明 h 的存在性. 令 $h\left(\dfrac{a}{s}\right) = g(a)g(s)^{-1}$. 如果 $\dfrac{a}{s} = \dfrac{a'}{s'}$, 则有 $t \in S$, 使得 $(as' - a's)t = 0$. 于是 $(g(a)g(s') - g(a')g(s))g(t) = 0$. 因为 $g(t)$ 是 R_1 的单位, 于是 $g(a)g(s)^{-1} = g(a')g(s')^{-1}$. 因而 h 的定义是合理的. h 是同态可直接验证. 又 $h(f(a)) = h\left(\dfrac{a}{1}\right) = g(a)g(1)^{-1} = g(a)$, 于是 $g = hf$.

h 的唯一性, 由 $h\left(\dfrac{a}{s}\right) = g(a)g(s)^{-1}$ 知 h 被 g 唯一决定.

2) 只需要证明 1) 中定义的 h 是同构. 由条件 iii), $\operatorname{Im} h = R_1$. 若 $\dfrac{a}{s} \in \ker h$, 因而 $h\left(\dfrac{a}{s}\right) = g(a)g(s)^{-1} = 0$, 于是 $g(a) = 0$. 由条件 ii), 有 $t \in S$, 使得 $0 = ta = t(a \cdot 1 - s \cdot 0)$, 故 $\dfrac{a}{s} = \dfrac{0}{1}$, 即 $\ker h = \{0\}$. h 为同构. ∎

例 3.2.1　1) 设 $\mathfrak{p}$ 是 R 的素理想, $S = R \setminus \mathfrak{p}$, 记 $S^{-1}R = R_{\mathfrak{p}}$, 则 $R_{\mathfrak{p}}$ 是局部环, 其极大理想为 $\mathfrak{m} = \left\{\dfrac{a}{s}\middle| a \in \mathfrak{p}\right\}$.

事实上, 容易验证 $\mathfrak{m} = \left\{\dfrac{a}{s}\middle| a \in \mathfrak{p}\right\}$ 确为 $R_{\mathfrak{p}}$ 的理想. 若 $\dfrac{b}{t} \notin \mathfrak{m}$, 即有 $b \notin \mathfrak{p}$, 故 $b \in S$, 于是 $\dfrac{b}{t}$ 是 $R_{\mathfrak{p}}$ 的单位. 因此 $\mathfrak{m}$ 是唯一的极大理想. 称 $R_{\mathfrak{p}}$ 为 R 在 $\mathfrak{p}$ 处的**局部化**.

2) $R = \mathbf{Z}$, p 为素数, $\mathfrak{p} = \langle p \rangle$, 则 $R_{\mathfrak{p}} = \left\{\dfrac{m}{n}\middle| m, n \in \mathbf{Z}, (n, p) = 1\right\}$.

这时 $\dfrac{m}{n} = \dfrac{k}{n}p^l$, $(m, n) = (k, p) = (n, p) = 1$, $l \geqslant 0$. $R_{\mathfrak{p}}$ 的极大理想 $\mathfrak{m} = \left\{\dfrac{k}{n}p^l | (m, n) = (k, p) = (n, p) = 1, l > 0\right\}$, $R_{\mathfrak{p}}/\mathfrak{m} \cong \mathbf{Z}_p$ 为以 p 为特征的素域.

3) 设 $R = k[t_1, t_2, \cdots, t_n]$ 是域 k 上的 n 元多项式环. $\mathfrak{p}$ 是素理想. 则 $R_{\mathfrak{p}} = \left\{\dfrac{f}{g}\middle| f, g \in R, g \notin \mathfrak{p}\right\}$, $\dfrac{f}{g}$ 是 k 上 n 元有理函数.

例 3.2.2　1) $f \in R$, $S = \{f^n | n \geqslant 0\}$. 记 $S^{-1}R = R_f$.

2) $R = \mathbf{Z}$, $0 \neq f \in \mathbf{Z}$. 则 $R_f = \left\{\dfrac{m}{f^n}\middle| m, n \in \mathbf{Z}, n \geqslant 0\right\}$.

3) 设 k 为域, $R=k[x]$, $f\in R$, $f\neq 0$. 则 $R_f=\left\{\dfrac{g}{f^n}\middle| g,f\in R,n\geqslant 0\right\}$, $\dfrac{g}{f^n}$ 是 k 上 1 元有理函数.

下面讨论分式模.

定理 3.2.3 设 S 是交换幺环 R 对于乘法的子幺半群, $S^{-1}R$ 是分式环. M 是 R 模.

1) 集合 $M\times S=\{(m,s)|m\in M,s\in S\}$ 中的关系 $\sim$:

$$(a,s)\sim(b,t)\ \text{当且仅当有}\ u\in S,\ \text{使得}\ u(ta-sb)=0$$

是等价关系.

2) 以 $\dfrac{a}{s}$ 表示 (a,s) 的等价类, 以 $S^{-1}M$ 表示所有等价类的集合, 在其中定义加法:

$$\frac{a}{s}+\frac{b}{t}=\frac{ta+sb}{st},$$

则 $S^{-1}M$ 是交换群.

3) 定义 $S^{-1}R$ 与 $S^{-1}M$ 中元素的乘法:

$$\frac{a}{s}\frac{b}{t}=\frac{ab}{st},\quad a\in R,b\in M;s,t\in S,$$

则 $S^{-1}M$ 是 $S^{-1}R$ 模, 称为 M 对 S 的**分式模**.

4) 设 $f(x)=\dfrac{x}{1}$ 是 R 到 $S^{-1}R$ 的环同态, 于是 $S^{-1}M$ 也是 R 模. 令 $f(m)=\dfrac{m}{1}$ 为 M 到 $S^{-1}M$ 的映射, 则 f 是 R 模同态.

证 1) 由于 $1\in S$, $1(sa-sa)=0$, 故 $(a,s)\sim(a,s)$. 由 $u(ta-sb)=-u(sb-ta)$, 知 $(a,s)\sim(b,t)$ 则 $(b,t)\sim(a,s)$. 设 $v(ta-sb)=w(ub-tc)=0$, 则

$$\begin{aligned}tvw(ua-sc)&=tvwua-uvwsb+uvwsb-tvwsc\\&=vuw(ta-sb)+wvs(ub-tc)=0.\end{aligned}$$

因而从 $(a,s)\sim(b,t)$, $(b,t)\sim(c,u)$ 可得 $(a,s)\sim(c,u)$. 于是 $\sim$ 是等价关系.

2) 设 $\dfrac{a}{s}=\dfrac{a_1}{s_1}$, $\dfrac{b}{t}=\dfrac{b_1}{t_1}$, 即有 $u,v\in S$ 使得

$$\begin{cases}us_1a=usa_1,\\ vt_1b=vtb_1.\end{cases}$$

因而有

$$\begin{aligned}&(uv)(s_1t_1)(ta+sb)=tt_1vs_1ua+t_1vss_1ub\\&=sutt_1va_1+tvss_1ub_1=(st)(uv)(t_1a_1)+(st)(uv)(s_1b_1)\\&=(uv)(st)(t_1a_1+s_1b_1).\end{aligned}$$

于是
$$\frac{ta+sb}{st}=\frac{t_1a_1+s_1b_1}{s_1t_1}.$$
所以加法运算的定义合理.

注意
$$\left(\frac{a}{s}+\frac{b}{t}\right)+\frac{c}{u}=\frac{u(ta+sb)+stc}{stu}=\frac{(tu)a+s(ub+tc)}{stu}=\frac{a}{s}+\left(\frac{b}{t}+\frac{c}{u}\right);$$
$$\frac{a}{s}+\frac{b}{t}=\frac{ta+sb}{st}=\frac{sb+ta}{st}=\frac{b}{t}+\frac{a}{s};$$
$$\frac{0}{1}+\frac{a}{s}=\frac{a}{s};$$
$$\frac{a}{s}+\frac{-a}{s}=\frac{0}{s^2}=\frac{0}{1}.$$
因此 $S^{-1}M$ 对上面加法是交换群.

3) 设 $\frac{a}{s}=\frac{a_1}{s_1}\in S^{-1}R$, $\frac{b}{t}=\frac{b_1}{t_1}\in S^{-1}M$, 即有 $u,v\in S$ 使得
$$\begin{cases} as_1u=a_1su, \\ vt_1b=vtb_1. \end{cases}$$
因而有 $uv(s_1t_1)(ab)=uv(st)(a_1b_1)$, 于是 $\frac{ab}{st}=\frac{a_1b_1}{s_1t_1}$, 即乘法运算的定义合理.

再注意, $a,a_1\in R$, $b,c\in M$, $s,s_1,t,u\in S$, 由于 $1((su)b-s(ub))=0$, 于是 $\frac{b}{s}=\frac{ub}{us}=\frac{u}{u}\frac{b}{s}$. 由此可得
$$\left(\frac{a}{s}\frac{a_1}{s_1}\right)\frac{c}{u}=\frac{(aa_1)c}{(ss_1)u}=\frac{a(a_1c)}{s(s_1u)}=\frac{a}{s}\left(\frac{a_1}{s_1}\frac{c}{u}\right);$$
$$\frac{1}{1}\frac{b}{t}=\frac{b}{t},$$
$$\frac{a}{s}\frac{b}{t}+\frac{a}{s}\frac{c}{u}=\frac{usab+tsac}{stus}=\frac{a(ub+tc)}{s(tu)}=\frac{a}{s}\left(\frac{b}{t}+\frac{c}{u}\right).$$
因此 $S^{-1}M$ 是 $S^{-1}R$ 模.

4) $m,m_1,m_2\in M$, $a\in R$, $s\in S$. $S^{-1}M$ 作为 R 模有 $a\frac{m}{s}=f(a)\frac{m}{s}=\frac{am}{s}$. 于是有
$$f(m_1+m_2)=\frac{m_1+m_2}{1}=\frac{m_1}{1}+\frac{m_2}{1}=f(m_1)+f(m_2);$$
$$f(am)=\frac{am}{1}=\frac{a}{1}\frac{m}{1}=f(a)f(m)=af(m).$$
故 f 是 R 模同态. ∎

例 3.2.3 1) 设 $\mathfrak{p}$ 是 R 的素理想, $S=R\setminus\mathfrak{p}$, M 是 R 模. 记 $S^{-1}M=M_{\mathfrak{p}}$.

2) R 是交换幺环, $f\in R$, $S=\{f^n|n\geqslant 0\}$. 记 $S^{-1}M=M_f$.

定理 3.2.4 设 S 是交换幺环 R 对于乘法的子幺半群. M',M,M'' 是 R 模.

1) 如果 $u\in \mathrm{Hom}_R(M',M)$, 定义 $S^{-1}M'$ 到 $S^{-1}M$ 的映射 $S^{-1}u$:

$$(S^{-1}u)\frac{m'}{s}=\frac{u(m')}{s},\quad m'\in M',\ s\in S,$$

则 $S^{-1}u\in \mathrm{Hom}_{S^{-1}R}(S^{-1}M',S^{-1}M)$. 而且有

$$\begin{aligned}
&S^{-1}(u+u_1)=S^{-1}u+S^{-1}u_1, && u,u_1\in \mathrm{Hom}_R(M',M);\\
&S^{-1}(au)=\frac{a}{1}S^{-1}u, && a\in R, u\in \mathrm{Hom}_R(M',M);\\
&S^{-1}(vu)=(S^{-1}v)(S^{-1}u), && u\in \mathrm{Hom}(M',M), v\in \mathrm{Hom}(M,M'').
\end{aligned}$$

2) 如果 $M'\xrightarrow{u}M\xrightarrow{v}M''$ 在 M 处正合, 则 $S^{-1}M'\xrightarrow{S^{-1}u}S^{-1}M\xrightarrow{S^{-1}v}S^{-1}M''$ 在 $S^{-1}M$ 处正合.

证 1) 由于

$$\begin{aligned}
&(S^{-1}u)\left(\frac{m'}{s}+\frac{m_1'}{s_1}\right)=(S^{-1}u)\frac{m's_1+m_1's}{ss_1}=\frac{u(s_1m'+sm_1')}{ss_1}\\
=&\frac{s_1u(m')+su(m_1')}{ss_1}=\frac{s_1u(m')}{ss_1}+\frac{su(m_1')}{ss_1}=\frac{u(m')}{s}+\frac{u(m_1')}{s_1}\\
=&(S^{-1}u)\frac{m'}{s}+(S^{-1}u)\frac{m_1'}{s_1};\\
&(S^{-1}u)\left(\frac{a}{t}\frac{m'}{s}\right)=(S^{-1}u)\frac{am'}{ts}=\frac{au(m')}{ts}\\
=&\frac{a}{t}(S^{-1}u)\frac{m'}{s}.
\end{aligned}$$

于是 $S^{-1}u\in \mathrm{Hom}_{S^{-1}R}(S^{-1}M',S^{-1}M)$.

设 $m'\in M'$, $s\in S$, 于是

$$\begin{aligned}
&S^{-1}(u+u_1)\left(\frac{m'}{s}\right)=\frac{(u+u_1)(m')}{s}=(S^{-1}u+S^{-1}u_1)\frac{m'}{s},\\
&S^{-1}(au)\frac{m'}{s}=\frac{(au)m'}{s}=\frac{a}{1}S^{-1}u\frac{m'}{s},\\
&S^{-1}(vu)\frac{m'}{s}=\frac{v(u(m'))}{s}=(S^{-1}v)\frac{um'}{s}=(S^{-1}v)(S^{-1}u)\frac{m'}{s}.
\end{aligned}$$

因此结论 1) 成立.

2) 由 $vu=0$, 知 $(S^{-1}v)(S^{-1}u)=S^{-1}(vu)=0$, 即 $\mathrm{Im}\,S^{-1}u\subseteq\ker S^{-1}v$. 设 $\dfrac{m}{s}\in\ker S^{-1}v$, 于是 $(S^{-1}v)\dfrac{m}{s}=\dfrac{v(m)}{s}=\dfrac{0}{t}$. 于是 $tv(m)=v(tm)=0$, 即 $tm\in\ker v=\mathrm{Im}\,u$. 于是 $tm=u(m')$. 于是 $\dfrac{m}{s}=\dfrac{tm}{ts}=\dfrac{u(m')}{st}=(S^{-1}u)\dfrac{m'}{st}\in\mathrm{Im}\,S^{-1}u$. ∎

推论 3.2.1　设 S 是交换幺环 R 对于乘法的子幺半群, M 是 R 模, N, P 是 M 的子模, 则有以下结果.

1) $S^{-1}N$ 可视为 $S^{-1}M$ 的子模.

2) $S^{-1}(N+P)=S^{-1}N+S^{-1}P$.

3) $S^{-1}(N\cap P)=S^{-1}N\cap S^{-1}P$.

4) $S^{-1}(M/N)\cong S^{-1}M/S^{-1}N$.

证　1) 设 ι 为 N 到 M 的嵌入映射. 由定理 3.2.4 知 $S^{-1}N$ 到 $S^{-1}M$ 的同态 $S^{-1}\iota$ 是单射.

2) 由 $N+P=\{n+p|n\in N,\, p\in P\}$, 知

$$S^{-1}(N+P)=\left\{\frac{n+p}{s}=\frac{n}{s}+\frac{p}{s}\middle|\, s\in S\right\}\subseteq S^{-1}N+S^{-1}P.$$

反之,

$$S^{-1}N+S^{-1}P=\left\{\frac{n}{s}+\frac{p}{t}=\frac{tn+sp}{st}\middle|\, s,t\in S\right\}\subseteq S^{-1}(N+P).$$

3) 若 $\dfrac{n}{s}=\dfrac{p}{t}$, 则有 $u\in S$ 使得 $u(tn-sp)=0$, 于是 $w=utn=usp\in N\cap P$, 故 $\dfrac{n}{s}=\dfrac{utn}{uts}\in S^{-1}(N\cap P)$. 因此 $S^{-1}N\cap S^{-1}P\subseteq S^{-1}(N\cap P)$. 反过来的包含关系是明显的.

4) 序列 $0\longrightarrow N\longrightarrow M\longrightarrow M/N\longrightarrow 0$ 正合, 于是由定理 3.2.4 知 $0\longrightarrow S^{-1}N\longrightarrow S^{-1}M\longrightarrow S^{-1}(M/N)\longrightarrow 0$ 正合, 即 $S^{-1}(M/N)\cong S^{-1}M/S^{-1}N$. ∎

若 S 是 R 的子幺半群, 定理 3.2.4 用范畴的语言可以叙述为, S^{-1} 是从 R 模范畴 $\mathfrak{M}_R$ 到 $S^{-1}R$ 模范畴 $\mathfrak{M}_{S^{-1}R}$ 的共变函子, 而且保持正合性, 此函子称为 (对 S 的)**分式化函子**.

定理 3.2.5　设 S 是交换幺环 R 对于乘法的子幺半群. M 是 R 模, 于是 $S^{-1}R$ 是 $S^{-1}R$ (R) 模, 因而 $S^{-1}R\otimes_R M$ 也是 $S^{-1}R$ (R) 模, 则 $S^{-1}R\otimes_R M$ 到 $S^{-1}M$ 的映射 f:

$$f\left(\frac{a}{s}\otimes m\right)=\frac{am}{s},\quad \forall a\in R,\, m\in M,\, s\in S \tag{3.2.1}$$

是 $S^{-1}R\otimes_R M$ 到 $S^{-1}M$ 的唯一的 $S^{-1}R$ (R) 模同构.

证　$S^{-1}R\times M$ 到 $S^{-1}M$ 的映射:

$$\left(\frac{a}{s},m\right)\longrightarrow\frac{am}{s},\quad \forall a\in R, m\in M, s\in S$$

是 R 双线性的, 于是有唯一的 $f\in \mathrm{Hom}_R(S^{-1}R\otimes_R M, S^{-1}M)$ 满足 (3.2.1), 而且 f 是满同态. 注意

$$f\left(\frac{a_1}{s_1}\left(\frac{a}{s}\otimes m\right)\right)=f\left(\frac{a_1a}{s_1s}\otimes m\right)=\frac{a_1am}{s_1s}=\frac{a_1}{s_1}\frac{am}{s}=\frac{a_1}{s_1}f\left(\frac{a}{s}\otimes m\right),$$

故 $f \in \mathrm{Hom}_{S^{-1}R}(S^{-1}R \otimes_R M, S^{-1}M)$.

下面先证明 $S^{-1}R \otimes_R M = \left\{\dfrac{1}{s} \otimes m | s \in S, m \in M\right\}$. $S^{-1}R \otimes_R M$ 中元素形如 $x = \sum\limits_{i=1}^{n} \dfrac{a_i}{s_i} \otimes m_i$, $a_i \in R, s_i \in S, m_i \in M$. 令 $s = \prod\limits_{i=1}^{n} s_i$, $t_i = \prod\limits_{j \neq i} s_j$. 于是

$$x = \sum_{i=1}^{n} \frac{a_i t_i}{s} \otimes m_i = \sum_{i=1}^{n} \frac{1}{s} \otimes a_i t_i m_i = \frac{1}{s} \otimes \left(\sum_{i=1}^{n} a_i t_i m_i\right).$$

设 $f\left(\dfrac{1}{s} \otimes m\right) = \dfrac{m}{s} = 0$, 即有 $t \in S$ 使得 $tm = 0$. 于是

$$\frac{1}{s} \otimes m = \frac{t}{ts} \otimes m = \frac{1}{st} \otimes tm = \frac{1}{st} \otimes 0 = 0.$$ ∎

推论 3.2.2 $S^{-1}R$ 是平坦 R 模.

证 $M' \longrightarrow M \longrightarrow M''$ 正合, 则 $S^{-1}M' \longrightarrow S^{-1}M \longrightarrow S^{-1}M''$ 正合, 即 $S^{-1}R \otimes M' \longrightarrow S^{-1}R \otimes M \longrightarrow S^{-1}R \otimes M''$ 正合. ∎

定理 3.2.6 设 S 是交换幺环 R 对于乘法的子幺半群. M, N 是 R 模. 则

$$f\left(\frac{m}{s} \otimes \frac{n}{t}\right) = \frac{m \otimes n}{st}, \quad m \in M, n \in N, s, t \in S, \tag{3.2.2}$$

是 $S^{-1}M \otimes_{S^{-1}R} S^{-1}N$ 到 $S^{-1}(M \otimes_R N)$ 的唯一的 $S^{-1}R$ 模同构.

特别地, 若 $\mathfrak{p}$ 是 R 的素理想, 则作为 $R_\mathfrak{p}$ 模, $M_\mathfrak{p} \otimes_\mathfrak{p} N_\mathfrak{p} \cong (M \otimes_R N)_\mathfrak{p}$.

证 $\left(\dfrac{m}{s}, \dfrac{n}{t}\right) \longrightarrow \dfrac{m \otimes n}{st}$ 是 $S^{-1}M \times S^{-1}N$ 到 $S^{-1}(M \otimes_R N)$ 的 $S^{-1}R$ 双线性映射, 于是有唯一的 $f \in \mathrm{Hom}_{S^{-1}R}(S^{-1}M \otimes_{S^{-1}R} S^{-1}N, S^{-1}(M \otimes_R N))$ 使得 (3.2.2) 式成立. 而 $g\left(\dfrac{m \otimes n}{s}\right) = \dfrac{m}{s} \otimes \dfrac{n}{1}$ 是 f 的逆映射. 故 f 为同构. ∎

将这里的结论与 2.7 节的结论比较可以看出, 这里将 R 模变成了 $S^{-1}R$ 模, 即将模的环变化了. 因此说分式化函子只不过是特殊的换环函子.

3.3 局 部 性

通过局部性质把握整体性质, 是数学中的有效方法, 在代数几何中也不例外. 本节从代数的角度来讨论环, 模局部化后的性质如何反映整体的性质.

定义 3.3.1 设 R 是交换幺环, M 是 R 模. R(或 M) 的性质 P 称为**局部** (**整体**) **性质**, 当且仅当对 R 的每个素理想 $\mathfrak{p}$, $R_\mathfrak{p}$ $(M_\mathfrak{p})$ 有性质 P.

定理 3.3.1　设 M 是 R 模, 则下面条件等价:

1) $M = 0$;

2) 对 R 的每个素理想 $\mathfrak{p}$, $M_{\mathfrak{p}} = 0$;

3) 对 R 的每个极大理想 $\mathfrak{m}$, $M_{\mathfrak{m}} = 0$.

证　1) $\Longrightarrow$ 2) $\Longrightarrow$ 3)　这是明显的.

3) $\Longrightarrow$ 1)　若 $M \neq 0$, 则有 $x \in M$, $x \neq 0$. 于是 $\mathfrak{a} = \operatorname{ann} x$ 是真理想. 于是有极大理想 $\mathfrak{m} \supseteq \mathfrak{a}$. 而由 $\dfrac{x}{1} \in M_{\mathfrak{m}} = 0$, 知有 $u \in R \setminus \mathfrak{m}$, 使得 $ux = 0$, 即 $u \in \operatorname{ann} x$, 这就导出矛盾. ∎

设 M, N 为 R 模, $\phi \in \operatorname{Hom}(M, N)$. $\mathfrak{p}$, $\mathfrak{m}$ 分别为 R 的素理想、极大理想. 记 $S = R \setminus \mathfrak{p}$, $S_1 = R \setminus \mathfrak{m}$. 因而 $S^{-1}\phi \in \operatorname{Hom}(M_{\mathfrak{p}}, N_{\mathfrak{p}})$, $S_1^{-1}\phi \in \operatorname{Hom}(M_{\mathfrak{m}}, N_{\mathfrak{m}})$. 记 $S^{-1}\phi = \phi_{\mathfrak{p}}$, $S_1^{-1}\phi = \phi_{\mathfrak{m}}$.

定理 3.3.2　设 M, N 为 R 模, $\phi \in \operatorname{Hom}(M, N)$, 则有以下结果.

1) 以下条件等价.

i) ϕ 是单射;

ii) 对任何素理想 $\mathfrak{p}$, $\phi_{\mathfrak{p}}$ 是单射;

iii) 对任何极大理想 $\mathfrak{m}$, $\phi_{\mathfrak{m}}$ 是单射.

2) 以下条件等价.

i) ϕ 是满射;

ii) 对任何素理想 $\mathfrak{p}$, $\phi_{\mathfrak{p}}$ 是满射;

iii) 对任何极大理想 $\mathfrak{m}$, $\phi_{\mathfrak{m}}$ 是满射.

3) 以下条件等价.

i) ϕ 是双射;

ii) 对任何素理想 $\mathfrak{p}$, $\phi_{\mathfrak{p}}$ 是双射;

iii) 对任何极大理想 $\mathfrak{m}$, $\phi_{\mathfrak{m}}$ 是双射.

证　1)　i) $\Longrightarrow$ ii)　这是定理 3.2.4 的必然结果.

ii) $\Longrightarrow$ iii)　这是显然的.

iii) $\Longrightarrow$ i)　序列 $0 \longrightarrow \ker\phi \longrightarrow M \longrightarrow N$ 正合, 于是 $0 \longrightarrow (\ker\phi)_{\mathfrak{m}} \longrightarrow M_{\mathfrak{m}} \longrightarrow N_{\mathfrak{m}}$ 正合, 于是 $(\ker\phi)_{\mathfrak{m}} \cong \ker\phi_{\mathfrak{m}} = 0$. 由定理 3.3.1, $\ker\phi = 0$, 即 ϕ 为单射.

2)　i) $\Longrightarrow$ ii)　这是定理 3.2.4 的必然结果.

ii) $\Longrightarrow$ iii)　这是显然的.

iii) $\Longrightarrow$ i)　序列 $M \longrightarrow N \longrightarrow \operatorname{coker}\phi \longrightarrow 0$ 正合, 于是 $M_{\mathfrak{m}} \longrightarrow N_{\mathfrak{m}} \longrightarrow (\operatorname{coker}\phi)_{\mathfrak{m}} \longrightarrow 0$ 正合, 于是 $(\operatorname{coker}\phi)_{\mathfrak{m}} \cong \operatorname{coker}\phi_{\mathfrak{m}} = 0$. 由定理 3.3.1, $\operatorname{coker}\phi = 0$, 即 ϕ 为满射.

3) 由结论 1) 与 2) 即可得. ∎

定理 3.3.3 设 M 是 R 模, 则下面条件等价:

1) M 是平坦 R 模;

2) 对 R 的每个素理想 $\mathfrak{p}$, $M_\mathfrak{p}$ 是平坦 $R_\mathfrak{p}$ 模;

3) 对 R 的每个极大理想 $\mathfrak{m}$, $M_\mathfrak{m}$ 是平坦 $R_\mathfrak{m}$ 模.

证 1) $\Longrightarrow$ 2) 设 N, P 是 $R_\mathfrak{p}$ 模, $f \in \mathrm{Hom}_{R_\mathfrak{p}}(N, P)$ 且为单射. 于是根据定理 2.7.1, N, P 均为 R 模. 而且 $\forall a \in R, n \in N$, 有 $f(an) = f\left(\dfrac{a}{1}n\right) = \dfrac{a}{1}f(n) = af(n)$. 于是 $f \in \mathrm{Hom}_R(N, P)$, 自然仍为单射. 而且有 $N_\mathfrak{p} = N$, $P_\mathfrak{p} = P$, $f_\mathfrak{p} = f$. 又由 M 为平坦 R 模. 于是 $f \otimes 1 \in \mathrm{Hom}_R(N \otimes_R M, P \otimes_R M)$ 是单射. 于是由定理 3.2.4 知 $(f \otimes 1)_\mathfrak{p} \in \mathrm{Hom}_{R_\mathfrak{p}}((N \otimes_R M)_\mathfrak{p}, (P \otimes_R M)_\mathfrak{p})$, 且为单射. 由定理 3.2.6, 有 $N_\mathfrak{p} \otimes_{R_\mathfrak{p}} M_\mathfrak{p}$ 到 $(N \otimes_R M)_{R_\mathfrak{p}}$ 的同构 η_N, 满足 $\eta_N\left(\dfrac{n}{t} \otimes \dfrac{m}{s}\right) = \dfrac{n \otimes m}{ts}$; $P_\mathfrak{p} \otimes_{R_\mathfrak{p}} M_\mathfrak{p}$ 到 $(P \otimes_R M)_{R_\mathfrak{p}}$ 的同构 η_P, 满足 $\eta_P\left(\dfrac{p}{t} \otimes \dfrac{m}{s}\right) = \dfrac{p \otimes m}{ts}$. 于是有

$$\eta_P(f_\mathfrak{p} \otimes 1)\left(\frac{n}{t} \otimes \frac{m}{s}\right) = \frac{f(n) \otimes m}{st},$$

$$(f \otimes 1)_\mathfrak{p}\eta_N\left(\frac{n}{t} \otimes \frac{m}{s}\right) = \frac{f(n) \otimes m}{st},$$

即图 3.2 是交换图.

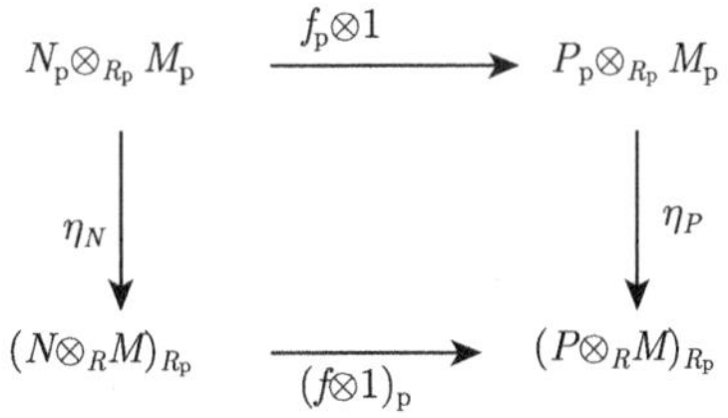

$$\begin{array}{ccc} N_\mathrm{p}\otimes_{R_\mathrm{p}} M_\mathrm{p} & \xrightarrow{f_\mathrm{p}\otimes 1} & P_\mathrm{p}\otimes_{R_\mathrm{p}} M_\mathrm{p} \\ \downarrow{\scriptstyle \eta_N} & & \downarrow{\scriptstyle \eta_P} \\ (N\otimes_R M)_{R_\mathrm{p}} & \xrightarrow[(f\otimes 1)_\mathrm{p}]{} & (P\otimes_R M)_{R_\mathrm{p}} \end{array}$$

图 3.2

于是从 $(f \otimes 1)_\mathfrak{p}$ 是单射, 得 $f_\mathfrak{p} \otimes 1$ 是单射, 故 $M_\mathfrak{p}$ 是平坦的.

2) $\Longrightarrow$ 3) 这是显然的.

3) $\Longrightarrow$ 1) 设 $\mathfrak{m}$ 是 R 的极大理想, $f \in \mathrm{Hom}_R(N, P)$, 且为单射. 由定理 3.2.2, 同态 $f_\mathfrak{m}$ 是单射. 由于 $M_\mathfrak{m}$ 是平坦的, 故由定理 2.5.3, $f_\mathfrak{m} \otimes 1$ 是单射. 由定理 3.2.6, $(f \otimes 1)_\mathfrak{m}$ 是单射. 再由定理 3.2.2, $f \otimes 1$ 是单射. 故再由定理 2.7.3, M 是平坦的. ∎

3.4 理想的扩张与局限

本节讨论环同态下环的理想的变化. 特别地, 由环到其分式环的同态而产生的

理想的变化.

设 μ 是环 R 到环 R_1 的同态, $\mathfrak{a}$ 是 R 的理想.

如果 μ 是满同态, 则 $\mu(\mathfrak{a})$ 是 R_1 的理想. 事实上, 若 $x' \in R_1$, 则有 $x \in R$, 使得 $x' = \mu(x)$, 于是 $\forall a \in \mathfrak{a}$, $x'\mu(a) = \mu(x)\mu(a) = \mu(xa) \in \mu(\mathfrak{a})$.

但是 μ 不是满同态时, 则 $\mu(\mathfrak{a})$ 不一定是 R_1 的理想. 例如, $R = \mathbf{Z}$, $R_1 = \mathbf{Q}$, μ 是嵌入映射. $\mathfrak{a}$ 为 $\mathbf{Z}$ 任何非零理想, 则 $\mu(\mathfrak{a})$ 不是 $\mathbf{Q}$ 的理想.

若 $\mathfrak{b}$ 是 R_1 的理想, 则有 $\mu^{-1}(\mathfrak{b}) = \{x \in R | \mu(x) \in \mathfrak{b}\}$ 是 R 的理想.

其实, $\forall x \in \mu^{-1}(\mathfrak{b}), y \in R$, 有 $\mu(xy) = \mu(x)\mu(y) \in \mathfrak{b}\mu(y) \subseteq \mathfrak{b}$. 故 $xy \in \mu^{-1}(\mathfrak{b})$.

定义 3.4.1 设 μ 是环 R 到环 R_1 的同态, $\mathfrak{a}$ 是 R 的理想. $\mu(\mathfrak{a})$ 在 R_1 中生成的理想称为 $\mathfrak{a}$ 的**扩张**, 记为 $\mathfrak{a}^e$. 若 $\mathfrak{b}$ 是 R_1 的理想, 称 R 的理想 $\mu^{-1}(\mathfrak{b})$ 为 $\mathfrak{b}$ 的**局限**, 记为 $\mathfrak{b}^c$.

显然有 $\mathfrak{a}^e = \left\{ \sum_{i=1}^{n} \mu(a_i) y_i | a_i \in \mathfrak{a}, y_i \in R_1, n \in \mathbf{N} \right\}$.

性质 3.4.1 若 $\mathfrak{b}$ 是 R_1 的素理想, 则 $\mathfrak{b}^c$ 是 R 的素理想.

事实上, 设 $x, y \in R, xy \in \mathfrak{b}^c$. 因此 $\mu(xy) = \mu(x)\mu(y) \in \mathfrak{b}$. 于是 $\mu(x) \in \mathfrak{b}$ 或 $\mu(y) \in \mathfrak{b}$, 于是 $x \in \mathfrak{b}^c$ 或 $y \in \mathfrak{b}^c$.

此性质反过来不一定对, 即 $\mathfrak{a}$ 是素理想时, $\mathfrak{a}^e$ 未必是素理想.

设 $R = \mathbf{Z}$, $R_1 = \mathbf{Q}$, μ 是嵌入映射. $\mathfrak{a}$ 为 $\mathbf{Z}$ 任何非零理想, 则 $\mathfrak{a}^e = \mu(\mathfrak{a})\mathbf{Q} = \mathbf{Q}$ 不是素理想.

环 R 到 R_1 的同态 μ 可以作一个 "因式分解":

$$R \xrightarrow{p} \mu(R) \xrightarrow{\iota} R_1$$

p 是将 μ 作为 R 到 $\mu(R)$ 的同态是满射, ι 是嵌入, 是单射, 而且 $\mu = \iota p$.

R 与 $\mu(R)$ 之间的关系由同态基本定理所刻画. 而 $\mu(R)$ 与 R_1 间理想的关系就比较复杂了.

例 3.4.1 设 $R = \mathbf{Z}$, $R_1 = \mathbf{Z}[\sqrt{-1}]$, ι 为 $\mathbf{Z}$ 到 Gauss 整数环 $\mathbf{Z}[\sqrt{-1}]$ 的嵌入同态. p 是素数, 于是 $\langle p \rangle$ 是 $\mathbf{Z}$ 的素理想.

1) $p = 2$, $\langle 2 \rangle^e = \langle 1 + \sqrt{-1} \rangle^2$ 是素理想的平方.

因为 $(1 + \sqrt{-1})^2 = 2\sqrt{-1}$.

2) $p \equiv 1(\mathrm{mod} 4)$, $\langle p \rangle^e$ 是两个不同素理想的积. 如 $\langle 5 \rangle = \langle 2 + \sqrt{-1} \rangle \langle 2 - \sqrt{-1} \rangle$.

3) $p \equiv 1(\mathrm{mod} 3)$, $\langle p \rangle^e$ 仍是素理想.

性质 3.4.2 设 μ 是环 R 到环 R_1 的同态, $\mathfrak{a}$ 是 R 的理想, $\mathfrak{b}$ 是 R_1 的理想. 则有:

1) $\mathfrak{a} \subseteq \mathfrak{a}^{ec}$, $\mathfrak{b} \supseteq \mathfrak{b}^{ce}$;

2) $\mathfrak{b}^c = \mathfrak{b}^{cec}$, $\mathfrak{a}^e = \mathfrak{a}^{ece}$;

3) 设 C 是 R 中局限的理想的集合, E 是 R_1 中扩张的理想的集合, 则 $C=\{\mathfrak{a}|\mathfrak{a}^{ec}=\mathfrak{a}\}$, $E=\{\mathfrak{b}|\mathfrak{b}^{ce}=\mathfrak{b}\}$, 且 $\mathfrak{a}\longrightarrow\mathfrak{a}^e$ 是 C 到 E 的一一对应, 其逆为 $\mathfrak{b}\longrightarrow\mathfrak{b}^c$.

证 1) 结论 1) 是显然的.

2) 结论 2) 可由结论 1) 得到.

3) 若 $\mathfrak{a}\in C$, 即有 $\mathfrak{b}$, 使得 $\mathfrak{a}=\mathfrak{b}^c=\mathfrak{b}^{cec}=\mathfrak{a}^{ec}$. 反之, 若 $\mathfrak{a}=\mathfrak{a}^{ec}$, 则 $\mathfrak{a}$ 是 $\mathfrak{a}^e$ 的局限. 对于 E 的证明是类似的. C 与 E 间的一一对应是明显的. ■

性质 3.4.3 设 μ 是环 R 到环 R_1 的同态, $\mathfrak{a}_1$, $\mathfrak{a}_2$ 是 R 的理想, $\mathfrak{b}_1$, $\mathfrak{b}_2$ 是 R_1 的理想. 则有:

$$\begin{aligned}
&(\mathfrak{a}_1+\mathfrak{a}_2)^e=\mathfrak{a}_1^e+\mathfrak{a}_2^e, && (\mathfrak{b}_1+\mathfrak{b}_2)^c\supseteq\mathfrak{b}_1^c+\mathfrak{b}_2^c,\\
&(\mathfrak{a}_1\cap\mathfrak{a}_2)^e\subseteq\mathfrak{a}_1^e\cap\mathfrak{a}_2^e, && (\mathfrak{b}_1\cap\mathfrak{b}_2)^c=\mathfrak{b}_1^c\cap\mathfrak{b}_2^c,\\
&(\mathfrak{a}_1\mathfrak{a}_2)^e=\mathfrak{a}_1^e\mathfrak{a}_2^e, && (\mathfrak{b}_1\mathfrak{b}_2)^c\supseteq\mathfrak{b}_1^c\mathfrak{b}_2^c,\\
&(\mathfrak{a}_1:\mathfrak{a}_2)^e\subseteq\mathfrak{a}_1^e:\mathfrak{a}_2^e, && (\mathfrak{b}_1:\mathfrak{b}_2)^c\subseteq\mathfrak{b}_1^c:\mathfrak{b}_2^c,\\
&\sqrt{\mathfrak{a}}^e\subseteq\sqrt{\mathfrak{a}^e}, && \sqrt{\mathfrak{b}}^c=\sqrt{\mathfrak{b}^c}.
\end{aligned}$$

E 对理想的和与积是封闭的, C 对上面理想的另外三种运算 (交、商、根式) 是封闭的.

证 上面 10 个公式可直接验证.

若 $\mathfrak{b}_1,\mathfrak{b}_2\in E$, 由性质 3.4.2, $\mathfrak{b}_1+\mathfrak{b}_2\supseteq(\mathfrak{b}_1+\mathfrak{b}_2)^{ce}$, 再由 $(\mathfrak{b}_1+\mathfrak{b}_2)^c\supseteq\mathfrak{b}_1^c+\mathfrak{b}_2^c$, 于是 $\mathfrak{b}_1+\mathfrak{b}_2\supseteq(\mathfrak{b}_1+\mathfrak{b}_2)^{ce}\supseteq(\mathfrak{b}_1^c+\mathfrak{b}_2^c)^e$, 再由 $(\mathfrak{a}_1+\mathfrak{a}_2)^e=\mathfrak{a}_1^e+\mathfrak{a}_2^e$ 有

$$\mathfrak{b}_1+\mathfrak{b}_2\supseteq(\mathfrak{b}_1+\mathfrak{b}_2)^{ce}\supseteq\mathfrak{b}_1^{ce}+\mathfrak{b}_2^{ce}=\mathfrak{b}_1+\mathfrak{b}_2,$$

故 $\mathfrak{b}_1+\mathfrak{b}_2\in E$. 又

$$\mathfrak{b}_1\mathfrak{b}_2\supseteq(\mathfrak{b}_1\mathfrak{b}_2)^{ce}\supseteq(\mathfrak{b}_1^c\mathfrak{b}_2^c)^e=\mathfrak{b}_1^{ce}\mathfrak{b}_2^{ce}=\mathfrak{b}_1\mathfrak{b}_2.$$

故 $\mathfrak{b}_1\mathfrak{b}_2\in E$.

若 $\mathfrak{a}_1,\mathfrak{a}_2\in C$, 则

$$\mathfrak{a}_1\cap\mathfrak{a}_2\subseteq(\mathfrak{a}_1\cap\mathfrak{a}_2)^{ec}\subseteq(\mathfrak{a}_1^e\cap\mathfrak{a}_2^e)^c=\mathfrak{a}_1^{ec}\cap\mathfrak{a}_2^{ec}=\mathfrak{a}_1\cap\mathfrak{a}_2.$$

故 $\mathfrak{a}_1\cap\mathfrak{a}_2\in C$. 又

$$\mathfrak{a}_1:\mathfrak{a}_2\subseteq(\mathfrak{a}_1:\mathfrak{a}_2)^{ec}\subseteq(\mathfrak{a}_1^e:\mathfrak{a}_2^e)^c\subseteq\mathfrak{a}_1^{ec}:\mathfrak{a}_2^{ec}=\mathfrak{a}_1:\mathfrak{a}_2.$$

故 $\mathfrak{a}_1:\mathfrak{a}_2\in C$.

若 $\mathfrak{a}\in C$, 则

$$\sqrt{\mathfrak{a}}\subseteq(\sqrt{\mathfrak{a}})^{ec}\subseteq(\sqrt{\mathfrak{a}^e})^c=\sqrt{\mathfrak{a}^{ec}}=\sqrt{\mathfrak{a}}.$$

故 $\sqrt{\mathfrak{a}}\in C$. ■

设 S 是环 R 的乘法封闭集, $S^{-1}R$ 是 R 对 S 的分式环, $f(a)=\dfrac{a}{1}$ 是 R 到 $S^{-1}R$ 的同态. 以下讨论关于 f 的扩张和局限.

引理 3.4.1　若 $\mathfrak{a}$ 是 R 的理想, 则 $\mathfrak{a}^e=S^{-1}\mathfrak{a}=\left\{\dfrac{a}{s}\middle| a\in\mathfrak{a}, s\in S\right\}$. 进而 $\mathfrak{a}^e=\langle 1\rangle$ 当且仅当 $\mathfrak{a}\cap S\neq\varnothing$.

证　由定义知, $\mathfrak{a}^e=\left\{\displaystyle\sum_{i=1}^k f(a_i)\frac{x_i}{s_i}=\sum_{i=1}^k\frac{a_ix_i}{s_i}\middle| a_i\in\mathfrak{a},\frac{x_i}{s_i}\in S^{-1}R\right\}$. 令

$$s=\prod_{i=1}^k s_i, t_i=\prod_{j\neq i}s_j,$$

于是

$$\sum_{i=1}^k\frac{a_ix_i}{s_i}=\frac{\displaystyle\sum_{i=1}^k a_ix_it_i}{s}=\frac{a}{s},$$

其中 $a=\displaystyle\sum_{i=1}^k a_ix_it_i\in\mathfrak{a}$.

进而 $\mathfrak{a}^e=\langle 1\rangle$ 当且仅当 $\dfrac{1}{1}=\dfrac{a}{s}\in\mathfrak{a}^e=\langle 1\rangle$, 于是有 $t\in S$, 使得 $at=ts\in S\cap\mathfrak{a}$, 即 $\mathfrak{a}\cap S\neq\varnothing$. ∎

定理 3.4.1　设 S 是环 R 的子幺半群, $S^{-1}R$ 是 R 对 S 的分式环, $f(a)=\dfrac{a}{1}$ 是 R 到 $S^{-1}R$ 的同态, 则有以下结果.

1) $S^{-1}R$ 中每个理想都是扩张理想.

2) 若 $\mathfrak{a}$ 是 R 的理想, 则 $\mathfrak{a}^{ec}=\displaystyle\bigcup_{s\in S}(\mathfrak{a}:s)$.

3) C 为关于 f 的局限理想的集合, 则 $\mathfrak{a}\in C$ 当且仅当 S 中元素都不是 $R/\mathfrak{a}$ 的零因子.

4) $S^{-1}R$ 的素理想与 R 中与 S 不相交的素理想一一对应: $\mathfrak{p}\leftrightarrow S^{-1}\mathfrak{p}$.

5) 设 $\mathfrak{a}, \mathfrak{b}$ 为 R 的理想, 则

$$S^{-1}(\mathfrak{a}+\mathfrak{b})=S^{-1}\mathfrak{a}+S^{-1}\mathfrak{b},\quad S^{-1}(\mathfrak{a}\mathfrak{b})=S^{-1}\mathfrak{a}S^{-1}\mathfrak{b},$$
$$S^{-1}(\mathfrak{a}\cap\mathfrak{b})=S^{-1}\mathfrak{a}\cap S^{-1}\mathfrak{b},\quad S^{-1}\sqrt{\mathfrak{a}}=\sqrt{S^{-1}\mathfrak{a}}.$$

证　1) 设 $\mathfrak{b}$ 为 $S^{-1}R$ 的理想, $\dfrac{x}{s}\in\mathfrak{b}$. 于是 $\dfrac{x}{1}=\dfrac{x}{s}\dfrac{s}{1}\in\mathfrak{b}$, 故 $x\in\mathfrak{b}^c$, $\dfrac{x}{s}\in\mathfrak{b}^{ce}$. 而 $\mathfrak{b}\supseteq\mathfrak{b}^{ce}$, 因此 $\mathfrak{b}=\mathfrak{b}^{ce}$ 为扩张理想.

2) 设 $x\in\mathfrak{a}^{ec}$, 由引理 3.4.1, $x\in(S^{-1}\mathfrak{a})^c$, 当且仅当有 $a\in\mathfrak{a}, s\in S$, 使得 $\dfrac{x}{1}=\dfrac{a}{s}$, 当且仅当有 $t\in S$, 使得 $xst=at\in\mathfrak{a}$, 即 $x\in(\mathfrak{a}:st)\subseteq\displaystyle\bigcup_{s_1\in S}(\mathfrak{a}:s_1)$.

3) $\mathfrak{a} \in C$, 由性质 3.4.2 与引理 3.4.1, 当且仅当 $\mathfrak{a} = \mathfrak{a}^{ec} = (S^{-1}\mathfrak{a})^c$. 即 $\forall \frac{a}{s} \in S^{-1}\mathfrak{a}$, 若有 $x \in R$ 使得 $\frac{x}{1} = \frac{a}{s}$, 则有 $x \in \mathfrak{a}$. 等价地, 若有 $t \in S$, 使得 $xt \in \mathfrak{a}$, 则 $x \in \mathfrak{a}$. 也就是说 S 中元素都不是 $R/\mathfrak{a}$ 的零因子.

4) 若 $\mathfrak{q}$ 为 $S^{-1}R$ 中的素理想, $x, y \in R$, $xy \in \mathfrak{q}^c$, 于是 $f(xy) = f(x)f(y) \in \mathfrak{q}$, 因而有 $f(x) \in \mathfrak{q}$ 或 $f(y) \in \mathfrak{q}$, 故 $x \in \mathfrak{q}^c$ 或 $y \in \mathfrak{q}^c$. 即 $\mathfrak{q}^c$ 是素理想.

反之, 设 $\mathfrak{p}$ 是 R 的素理想. 于是 $R/\mathfrak{p}$ 是整环. 又设 π 是 R 到 $R/\mathfrak{p}$ 的自然同态, 则 $\overline{S} = \pi(S)$ 是 $R/\mathfrak{p}$ 的子幺半群. 不难证明 $S^{-1}R/S^{-1}\mathfrak{p} \cong \overline{S}^{-1}(R/\mathfrak{p})$. 于是, $\overline{S}^{-1}(R/\mathfrak{p})$ 或为 $\{0\}$, 或为 $R/\mathfrak{p}$ 的分式域的子环, 因而是整环.

$\overline{S}^{-1}(R/\mathfrak{p}) = \{0\}$ 时, $S^{-1}\mathfrak{p} = S^{-1}R$, 当且仅当 $S \cap \mathfrak{p} \neq \varnothing$.

$\overline{S}^{-1}(R/\mathfrak{p})$ 为整环时, $S^{-1}\mathfrak{p}$ 为素理想. 于是结论 4) 成立.

5) 设 $\mathfrak{a}, \mathfrak{b}$ 为 R 的理想. 由性质 3.4.3 和推论 3.2.1 知

$$S^{-1}(\mathfrak{a} + \mathfrak{b}) = S^{-1}\mathfrak{a} + S^{-1}\mathfrak{b}, \quad S^{-1}(\mathfrak{a}\mathfrak{b}) = S^{-1}\mathfrak{a}S^{-1}\mathfrak{b}, \quad S^{-1}(\mathfrak{a} \cap \mathfrak{b}) = S^{-1}\mathfrak{a} \cap S^{-1}\mathfrak{b}.$$

设 $b \in \sqrt{\mathfrak{a}}$, 即有 $k \in \mathbf{N}$ 使得 $b^k \in \mathfrak{a}$. 于是 $\left(\frac{b}{s}\right)^k = \frac{b^k}{s^k} \in S^{-1}\mathfrak{a}$, 故 $\frac{b}{s} \in \sqrt{S^{-1}\mathfrak{a}}$. 反之, 设 $\frac{b}{s} \in \sqrt{S^{-1}\mathfrak{a}}$, 则有 $k \in \mathbf{N}$ 使得 $\left(\frac{b}{s}\right)^k = \frac{b^k}{s^k} \in S^{-1}\mathfrak{a} = \left\{\frac{a}{t} | a \in \mathfrak{a}, t \in S\right\}$, 于是 $b^k \in \mathfrak{a}$, $\frac{b}{s} \in S^{-1}\mathfrak{a}$. 故结论 5) 成立. ∎

推论 3.4.1 1) 设 $\mathfrak{N}$ 为 R 的幂零根基, 则 $S^{-1}\mathfrak{N}$ 为 $S^{-1}R$ 的幂零根基.

2) 设 $\mathfrak{p}$ 为 R 的素理想, 则 $R_{\mathfrak{p}}$ 中素理想与 R 的包含在 $\mathfrak{p}$ 中的素理想一一对应.

证 1) $\mathfrak{N}$ 是 R 中所有素理想的交. 而 $S^{-1}R$ 的幂零根基是 $S^{-1}R$ 中所有素理想的交, 而其素理想形如 $S^{-1}\mathfrak{p}$, 其中 $\mathfrak{p}$ 为 R 的素理想, 且 $\mathfrak{p} \cap S = \varnothing$. $\mathfrak{p} \cap S \neq \varnothing$ 时, $S^{-1}\mathfrak{p} = S^{-1}R$. 于是

$$S^{-1}\mathfrak{N} = S^{-1} \bigcap_{\mathfrak{p}\text{素理想}} \mathfrak{p} = \bigcap_{\mathfrak{p}\text{素理想}} S^{-1}\mathfrak{p}$$

为 $S^{-1}R$ 的幂零根基.

2) 注意此时 $S = R \setminus \mathfrak{p}$, R 的子集 K 与 S 不相交当且仅当 $K \subseteq \mathfrak{p}$. ∎

定理 3.4.2 设 R 是交换幺环, S 是子幺半群, M 是有限生成的 R 模, 则

$$S^{-1}(\operatorname{ann} M) = \operatorname{ann} S^{-1}M.$$

证 用归纳法证明.

M 由一个元素 x 生成时, $\operatorname{ann} M = \{a \in R | ax = 0\}$, 作为 R 模 $M \cong R/\operatorname{ann} M$. 由推论 3.2.1 有 $S^{-1}M \cong S^{-1}R/S^{-1}\operatorname{ann} M$, 即有 $\operatorname{ann}(S^{-1}M) = S^{-1}\operatorname{ann} M$. 定理成立.

下面只需证明, 若 N, P 是 R 模, 且

$$S^{-1}(\operatorname{ann} N) = \operatorname{ann} S^{-1}N, \quad S^{-1}(\operatorname{ann} P) = \operatorname{ann} S^{-1}P,$$

则

$$S^{-1}(\operatorname{ann}(N+P)) = \operatorname{ann} S^{-1}(N+P).$$

注意, 若 $a \in \operatorname{ann}(N+P)$, 则 $a(N+P) = aN + aP = 0$, 于是 $a \in \operatorname{ann} N \cap \operatorname{ann} P$. 反之, 若 $a \in \operatorname{ann} N \cap \operatorname{ann} P$, 则 $a(N+P) = aN + aP = 0$, 于是 $a \in \operatorname{ann}(N+P)$. 所以一般有

$$\operatorname{ann}(N+P) = \operatorname{ann} N \cap \operatorname{ann} P.$$

由此关系和推论 3.2.1, 有

$$\begin{aligned} S^{-1}(\operatorname{ann}(N+P)) &= S^{-1}(\operatorname{ann} N \cap \operatorname{ann} P) = S^{-1}\operatorname{ann} N \cap S^{-1}\operatorname{ann} P \\ &= \operatorname{ann} S^{-1}N \cap \operatorname{ann} S^{-1}P = \operatorname{ann}(S^{-1}N + S^{-1}P) = \operatorname{ann} S^{-1}(N+P). \end{aligned}$$

于是定理成立. ∎

推论 3.4.2　1) 设 N, P 是 R 模 M 的子模, 且 P 是有限生成的, 则

$$S^{-1}(N : P) = (S^{-1}N : S^{-1}P).$$

2) 设 $\mathfrak{a}, \mathfrak{b}$ 是 R 的理想, 且 $\mathfrak{b}$ 是有限生成的. 则 $S^{-1}(\mathfrak{a} : \mathfrak{b}) = (S^{-1}\mathfrak{a} : S^{-1}\mathfrak{b})$.

证　1) 首先证明:

$$(N : P) = \operatorname{ann}((N+P)/N).$$

若 $a \in (N : P)$, 则 $aP \subseteq N$, 于是 $a(N+P) = aN + aP \subseteq N$, 故 $a \in \operatorname{ann}((N+P)/N)$. 反之, 若 $a \in \operatorname{ann}((N+P)/N)$, 则 $a(N+P) = aN + aP \subseteq N$, 因而 $aP \subseteq N$. 于是上式成立. P 是有限生成, 则 $(N+P)/P$ 是有限生成的 R 模, 于是由性质 3.4.2, 有

$$\begin{aligned} S^{-1}(N : P) &= S^{-1}\operatorname{ann}((N+P)/N) = \operatorname{ann} S^{-1}((N+P)/N) \\ &= \operatorname{ann}(S^{-1}(N+P)/S^{-1}N) = \operatorname{ann}((S^{-1}N + S^{-1}P)/S^{-1}P) = (S^{-1}N : S^{-1}P). \end{aligned}$$

2) 只需注意 $\mathfrak{a}, \mathfrak{b}$ 是 R 模 R 的子模, 且 $\mathfrak{b}$ 是有限生成的. ∎

定理 3.4.3　设 μ 是交换幺环 R 到 R_1 的同态, $\mathfrak{p}$ 是 R 的素理想, 则 $\mathfrak{p}$ 是 R_1 中一个素理想的局限, 当且仅当 $\mathfrak{p}^{ec} = \mathfrak{p}$.

证　若 $\mathfrak{q}$ 是 R_1 的素理想, 且 $\mathfrak{q}^c = \mathfrak{p}$, 则由定理 3.4.1 知 $\mathfrak{p}^{ec} = \mathfrak{p}$.

反之, 设 $\mathfrak{p}^{ec} = \mathfrak{p}$. 则令 $S = \mu(R \backslash \mathfrak{p})$, 于是 $1_{R_1} = \mu(1_R)$, $a, b \in R \backslash \mathfrak{p}$, $\mu(a), \mu(b) \in S$. 则由 $ab \in R \setminus \mathfrak{p}$ 得 $\mu(a)\mu(b) = \mu(ab) \in S$. 故 S 是 R_1 的子幺半群. $\mathfrak{p}^e$ 为 $\mathfrak{p}$ 在 R_1 中的扩张理想. 若 $x \in \mathfrak{p}^e$, 因而有 $y \in \mathfrak{p}^{ec} = \mathfrak{p}$ 使得 $\mu(y) = x$, 但是 $y \notin R \setminus \mathfrak{p}$, 故

$x=\mu(y)\notin S$. 因此 $\mathfrak{p}^e\cap S=\varnothing$. 于是 $\mathfrak{p}^e$ 在 $S^{-1}R_1$ 中的扩张理想是 $S^{-1}R_1$ 的真理想, 因而在 $S^{-1}R_1$ 的某个极大理想 $\mathfrak{m}$ 中. 记 $\mathfrak{m}$ 在 R_1 中的局限理想为 $\mathfrak{q}$, 这是 R_1 的素理想, 且 $\mathfrak{q}\supseteq\mathfrak{p}^e$, $\mathfrak{q}\cap S=\varnothing$. $\mathfrak{q}^c=\mathfrak{p}$. ∎

下面用分式环的性质来给出极大乘法封闭集的一个特征性质.

定理 3.4.4 设 Σ 是交换幺环 R 的不含 0 的子幺半群的集合, 则 $S\in\Sigma$ 为极大元当且仅当 $R\setminus S$ 是 R 的极小素理想.

证 因为 $0\notin S$, 因而在 $S^{-1}R$ 中 $\dfrac{1}{1}\neq\dfrac{0}{1}$. 所以 $S^{-1}R$ 是非零环, 故而有极大理想 $\mathfrak{m}$. 设 f 是 R 到 $S^{-1}R$ 的同态 $f(x)=\dfrac{x}{1}$. 因此 $\mathfrak{m}$ 在 R 中的局限 $f^{-1}(\mathfrak{m})=\mathfrak{p}$ 是 R 的素理想, 且 $\mathfrak{p}\cap S=\varnothing$. 于是 $S\subseteq R\setminus\mathfrak{p}$. 从而 $R\setminus\mathfrak{p}\in\Sigma$. 设 R 的素理想 $\mathfrak{q}\subseteq\mathfrak{p}$. 于是 $R\setminus\mathfrak{q}\in\Sigma$, 且 $S=R\setminus\mathfrak{p}\subseteq R\setminus\mathfrak{q}$. 由 S 的极大性知 $\mathfrak{q}=\mathfrak{p}$, 所以 $R\setminus S=\mathfrak{p}$ 是 R 的极小素理想.

反之, 设 $R\setminus S=\mathfrak{p}$ 是 R 的极小素理想. 于是 $S=R\setminus\mathfrak{p}\in\Sigma$. 设 S' 是 Σ 的极大元, 且 $S'\supseteq S$. 于是 $R\setminus S'\subseteq R\setminus S=\mathfrak{p}$. 根据前面的证明, $R\setminus S'$ 是 R 的极小素理想, 再由 $\mathfrak{p}$ 的极小性, 故有 $S=S'$, 即 S 是 Σ 的极大元. ∎

3.5 准 素 分 解

粗糙地说, 如果素理想相当于整数中的素数、一元多项式环中一元不可约多项式, 那么本节要讨论的准素理想则相当于素数的幂、一元不可约多项式的幂. 但是要注意准素理想不是素数的幂、一元不可约多项式的幂的简单推广.

定义 3.5.1 环 R 的真理想 $\mathfrak{q}$ 称为**准素理想**, 如果满足条件: 若 $xy\in\mathfrak{q}$, $x\notin\mathfrak{q}$, 则有 $n\in\mathbf{N}$, 使得 $y^n\in\mathfrak{q}$, 即 $y\in\sqrt{\mathfrak{q}}$.

显然, 素理想是准素理想.

定理 3.5.1 1) $\mathfrak{q}$ 是准素理想当且仅当 $R/\mathfrak{q}\neq\{0\}$, 且其零因子是幂零元.

2) 设 $\mathfrak{q}$ 是准素理想, 则 $\sqrt{\mathfrak{q}}$ 是包含 $\mathfrak{q}$ 的最小素理想.

证 1) 设 π 是 R 到 $R/\mathfrak{q}$ 的自然同态. $x\in R$, $\pi(x)\neq 0$ 为零因子. $\pi(y)\neq 0$. $\pi(x)\pi(y)=0$. 于是 $xy\in\mathfrak{q}$. $y\notin\mathfrak{q}$.

若 $\mathfrak{q}$ 是准素的, 则有 $x^n\in\mathfrak{q}$, 于是 $\pi(x)^n=0$, $\pi(x)$ 是幂零的. 反之, $\pi(x)$ 幂零, 即有 $x^n\in\mathfrak{q}$. 因而 $\mathfrak{q}$ 是准素的.

2) 因为 $\sqrt{\mathfrak{q}}$ 是包含 $\mathfrak{q}$ 的所有素理想的交, 故只要证明 $\sqrt{\mathfrak{q}}$ 是素理想. 设 $xy\in\sqrt{\mathfrak{q}}$. 于是有 $(xy)^n=x^ny^n\in\mathfrak{q}$. 因此或 $x^n\in\mathfrak{q}$, 或 $y^{nm}\in\mathfrak{q}$, 即或 $x\in\sqrt{\mathfrak{q}}$ 或 $y\in\sqrt{\mathfrak{q}}$. $\sqrt{\mathfrak{q}}$ 是素理想. ∎

如果 $\mathfrak{q}$ 是准素的, 且 $\sqrt{\mathfrak{q}}=\mathfrak{p}$, 则称 $\mathfrak{q}$ 是$\mathfrak{p}$ **准素的**.

例 3.5.1 1) $\mathbf{Z}$ 中准素理想是 $\{0\}$, $\langle p^n\rangle$ (p 是素数).

2) F 是域, $R=F[x,y]$. $\mathfrak{q}=\langle x,y^2\rangle$. $R/\mathfrak{q}\cong F[y]/\langle y^2\rangle$, 其中零因子都是 y 的倍式, 因而是幂零的. 于是 $\mathfrak{q}$ 是准素的. 但是 $\mathfrak{p}=\sqrt{\mathfrak{q}}=\langle x,y\rangle$. 而 $\mathfrak{p}^2\subset\mathfrak{q}\subset\mathfrak{p}$.

3) $R=F[x,y,z]/\langle xy-z^2\rangle$. 以 $\bar{x},\bar{y},\bar{z}$ 表示 x, y, z 在 R 中的代表. 令 $\mathfrak{p}=\langle\bar{x},\bar{z}\rangle$. 由于 $R/\mathfrak{p}\cong F[y]$ 是整环, 于是 $\mathfrak{p}$ 是素理想. 注意 $\bar{x}\bar{y}=\bar{z}^2\in\mathfrak{p}^2$, $\bar{x}\notin\mathfrak{p}^2$, $\bar{y}\notin\sqrt{\mathfrak{p}^2}=\mathfrak{p}$, 于是 $\mathfrak{p}^2$ 不是准素的.

此例说明准素理想不一定是素理想的幂, 素理想的幂也不见得是准素的.

定理 3.5.2 若 $\sqrt{\mathfrak{a}}$ 是极大理想, 则 $\mathfrak{a}$ 是准素理想. 特别地, 极大理想 $\mathfrak{m}$ 的幂是准素理想.

证 若 $\mathfrak{q}=\sqrt{\mathfrak{a}}$ 是极大理想, 于是 $R/\mathfrak{q}$ 是域. 由此, $\mathfrak{q}/\mathfrak{a}$ 是 $R/\mathfrak{a}$ 的极大理想. 又设 $x+\mathfrak{a}\in\mathfrak{q}/\mathfrak{a}\subseteq R/\mathfrak{a}$, 即 $x\in\mathfrak{q}$, 故有 $x^n\in\mathfrak{a}$. 于是 $(x+\mathfrak{a})^n=0+\mathfrak{a}$. 由此 $\mathfrak{q}/\mathfrak{a}$ 是 $R/\mathfrak{a}$ 的幂零根基, 为所有素理想的交, 故为 $R/\mathfrak{a}$ 的唯一的素理想 (极大理想). 于是 $R/\mathfrak{a}$ 的零因子均在 $\mathfrak{q}/\mathfrak{a}$ 中, 即 $x,y\in R$, $xy\in\mathfrak{a}$, 则 $x\in\mathfrak{q}$ 或 $y\in\mathfrak{q}$, 故 $x^n\in\mathfrak{a}$ 或 $y^m\in\mathfrak{a}$. $\mathfrak{a}$ 是准素的.

$\mathfrak{m}$ 为极大理想, 则 $\sqrt{\mathfrak{m}^k}=\mathfrak{m}$, 于是 $\mathfrak{m}^k$ 是准素的. ∎

$\mathfrak{p}$ 准素理想有以下性质.

性质 3.5.1 1) 若 $\mathfrak{q}_i$ $(1\leqslant i\leqslant n)$ 是 $\mathfrak{p}$ 准素的, 则 $\mathfrak{q}=\bigcap_{i=1}^{n}\mathfrak{q}_i$ 是 $\mathfrak{p}$ 准素的.

2) 设 $\mathfrak{q}$ 是 $\mathfrak{p}$ 准素理想. 若 $x\in\mathfrak{q}$, 则 $(\mathfrak{q}:x)=R$.

3) 设 $\mathfrak{q}$ 是 $\mathfrak{p}$ 准素理想. $x\in R\setminus\mathfrak{p}$, 则 $(\mathfrak{q}:x)=\mathfrak{q}$.

4) 设 $\mathfrak{q}$ 是 $\mathfrak{p}$ 准素理想. 若 $x\in R\setminus\mathfrak{q}$, 则 $(\mathfrak{q}:x)$ 是 $\mathfrak{p}$ 准素的, 因之 $\sqrt{(\mathfrak{q}:x)}=\mathfrak{p}$.

证 1) 由于 $\sqrt{\mathfrak{q}}=\bigcap_{i=1}^{n}\sqrt{\mathfrak{q}_i}=\mathfrak{p}$ 是素理想. 只需证明 $\mathfrak{q}$ 是准素的. 设 $x,y\in R$, $xy\in\mathfrak{q}$, $y\notin\mathfrak{q}$. 于是有 i, 使得 $y\notin\mathfrak{q}_i$, 而 $xy\in\mathfrak{q}_i$. 因 $\mathfrak{q}_i$ 是准素的, 于是 $x\in\sqrt{\mathfrak{q}_i}=\mathfrak{p}$. 因此 $\mathfrak{q}$ 是 $\mathfrak{p}$ 准素的.

2) $x\in\mathfrak{q}$, 于是 $\forall y\in R$, $yx\in\mathfrak{q}$. 故 2) 成立.

3) $x\notin\mathfrak{p}$(即 $x^k\notin\mathfrak{q}$), 而 $yx\in\mathfrak{q}$, 故 $y\in\mathfrak{q}$, $(\mathfrak{q}:x)=\mathfrak{q}$.

4) 若 $x\notin\mathfrak{q}$, 而 $xy\in\mathfrak{q}$, 则有 $y^k\in\mathfrak{q}$, 即 $y\in\sqrt{\mathfrak{q}}=\mathfrak{p}$. 因此 $\mathfrak{q}\subseteq(\mathfrak{q}:x)\subseteq\sqrt{\mathfrak{q}}=\mathfrak{p}$. 再取根式, 得 $\sqrt{(\mathfrak{q}:x)}=\mathfrak{p}$. 最后证明 $(\mathfrak{q}:x)$ 是准素的. 设 $y,z\in R$, $yz\in(\mathfrak{q}:x)$, $y^k\notin(\mathfrak{q}:x)$, 等价地 $y\notin\mathfrak{p}$. 由 $yzx\in\mathfrak{q}$, 知 $zx\in\mathfrak{q}$, 即 $z\in(\mathfrak{q}:x)$. ∎

定义 3.5.2 交换幺环 R 的理想 $\mathfrak{a}$ 称为**可分解的**, 若 $\mathfrak{a}$ 是有限个准素理想的交, 即

$$\mathfrak{a}=\bigcap_{i=1}^{n}\mathfrak{q}_i,\quad \mathfrak{q}_i\ 准素,$$

$\mathfrak{q}_i$ 称为 $\mathfrak{a}$ 的**准素分支**, 上式称为 $\mathfrak{a}$ 的一个**准素分解**.

注意, 若有 i 使得 $\mathfrak{q}_i \supseteq \bigcap\limits_{j\neq i}\mathfrak{q}_j$, 则 $\mathfrak{a} = \bigcap\limits_{j\neq i}\mathfrak{q}_j$. 于是可以假定 $\mathfrak{q}_i \not\supseteq \bigcap\limits_{j\neq i}\mathfrak{q}_j, 1\leqslant i\leqslant n$. 再若 $\sqrt{\mathfrak{q}_{i_1}} = \sqrt{\mathfrak{q}_{i_2}} = \cdots = \sqrt{\mathfrak{q}_{i_r}} = \mathfrak{p}$, 即 $\mathfrak{q}_{i_j}$ $(1\leqslant j\leqslant r)$ 是 $\mathfrak{p}$ 准素的, 由性质 3.5.1 知 $\bigcap\limits_{j=1}^{r}\mathfrak{q}_{i_j}$ 也是 $\mathfrak{p}$ 准素的. 于是可以假定 $i\neq j$ 时, $\sqrt{\mathfrak{q}_i}\neq\sqrt{\mathfrak{q}_j}$. 可分解理想 $\mathfrak{a}$ 满足这两个条件的分解称为**极小准素分解**, 并称 $\sqrt{\mathfrak{q}_i}$ 为**属于 $\mathfrak{a}$ 的素理想**.

定理 3.5.3 (准素分解第一唯一性定理) 属于可分解理想的素理想集由此理想唯一确定, 与此理想的极小准素分解的方式无关.

证 设 $\mathfrak{a}$ 是可分解的. 考虑 R 的素理想集的子集:

$$S = \{\mathfrak{p} | R \text{ 的素理想}, \exists x\in R, \sqrt{\mathfrak{a}:x} = \mathfrak{p}\}.$$

显然这是只与 $\mathfrak{a}$ 有关, 而与 $\mathfrak{a}$ 的分解无关的集合. 再设 $\mathfrak{a} = \bigcap\limits_{i=1}^{n}\mathfrak{q}_i$ 是 $\mathfrak{a}$ 的一个极小准素分解, 令 $S_1 = \{\sqrt{\mathfrak{q}_i} = \mathfrak{p}_i | 1\leqslant i\leqslant n\}$. 于是只要证明 $S = S_1$.

$x\in R$, 则 $\mathfrak{a}:x = \left(\bigcap\limits_{i=1}^{n}\mathfrak{q}_i\right):x = \bigcap\limits_{i=1}^{n}(\mathfrak{q}_i:x)$. 由性质 3.5.1 得

$$\sqrt{\mathfrak{a}:x} = \bigcap_{i=1}^{n}\sqrt{\mathfrak{q}_i:x} = \bigcap_{x\notin\mathfrak{q}_j}\mathfrak{p}_j.$$

若 $\mathfrak{p}\in S$, 则 $\mathfrak{p} = \sqrt{\mathfrak{a}:x} = \bigcap\limits_{x\notin\mathfrak{q}_j}\mathfrak{p}_j$, 由定理 1.4.3, 知有 $\mathfrak{p} = \mathfrak{p}_j\in S_1$.

反之, 由 $\mathfrak{a}$ 的分解的极小性知 $\mathfrak{p}_j \not\supseteq \bigcap\limits_{i\neq j}\mathfrak{p}_i$. 于是有 $x_j\in\bigcap\limits_{i\neq j}\mathfrak{p}_i\setminus\mathfrak{p}_j$. 再由性质 3.5.1 知 $\mathfrak{p}_j = \sqrt{\mathfrak{a}:x_j}\in S$. ∎

定义 3.5.3 设 S 为属于可分解理想 $\mathfrak{a}$ 的素理想集. 按照包含关系, S 中的极小理想称为属于 $\mathfrak{a}$ 的**极小素理想**或**孤立素理想**, 对应的准素分支称为**孤立准素分支**, $\mathfrak{a}$ 的非孤立素理想、非孤立准素分支分别称为**嵌入素理想**、**嵌入准素分支**.

定理 3.5.4 设 $\mathfrak{a}$ 是可分解的理想, 素理想 $\mathfrak{p}\supseteq\mathfrak{a}$, 则 $\mathfrak{p}$ 包含一个属于 $\mathfrak{a}$ 的极小素理想.

证 设 $\mathfrak{a} = \bigcap\limits_{i=1}^{n}\mathfrak{q}_i$ 是 $\mathfrak{a}$ 的极小准素分解. 于是 $\mathfrak{p} = \sqrt{\mathfrak{p}}\supseteq\sqrt{\mathfrak{a}} = \bigcap\limits_{i=1}^{n}\sqrt{\mathfrak{q}_i} = \bigcap\limits_{i=1}^{n}\mathfrak{p}_i$, 于是由定理 1.4.3, 有 $\mathfrak{p}\supseteq\mathfrak{p}_i$. 因而 $\mathfrak{p}$ 包含 $\mathfrak{a}$ 的一个极小素理想. ∎

例 3.5.2 设 k 是域, $R = k[x,y]$, $\mathfrak{a} = \langle x^2, xy\rangle$. 于是有

$$\mathfrak{a} = \langle x\rangle\cap\langle x,y\rangle^2 = \langle x\rangle\cap\langle x^2,y\rangle$$

是 $\mathfrak{a}$ 的两个极小准素分解. $\mathfrak{a}$ 的素理想是 $\langle x\rangle$, $\langle x,y\rangle$, 孤立素理想是 $\langle x\rangle$.

定理 3.5.5 设 $\mathfrak{a}$ 是 R 的可分解理想, $\mathfrak{a}=\bigcap_{i=1}^{n}\mathfrak{q}_i$ 是 $\mathfrak{a}$ 的极小准素分解, $\mathfrak{p}_i=\sqrt{\mathfrak{q}_i}$, 则

$$\bigcup_{i=1}^{n}\mathfrak{p}_i=\{x\in R|(\mathfrak{a}:x)\neq\mathfrak{a}\}.$$

特别地, 若 $\{0\}$ 是可分解的, 则 R 的零因子的集合是属于 $\{0\}$ 的素理想的并.

证 设 π 是 R 到 $R/\mathfrak{a}$ 的自然同态. 如果理想 $\mathfrak{q}\supseteq\mathfrak{a}$, 则有 $R/\mathfrak{q}\cong(R/\mathfrak{a})/(\mathfrak{q}/\mathfrak{a})$. 于是由定理 3.5.1 知, $\mathfrak{q}$ 是 R 的准素理想, 则 $\pi(\mathfrak{q})$ 是 $R/\mathfrak{a}$ 的准素理想. 于是 $\pi(\mathfrak{a})=\bigcap_{i=1}^{n}\pi(\mathfrak{q}_i)$ 是 $\pi(\mathfrak{a})$ 的极小准素分解, 因而只要证明零理想可分解时定理成立即可. 由定理 1.5.4, $D=\bigcup_{x\neq0}\sqrt{\mathrm{ann}x}=\bigcup_{x\neq0}\sqrt{0:x}$. 又由定理 3.5.3 的证明知, 有某个 j, 使得 $\sqrt{0:x}=\bigcap_{x\notin\mathfrak{q}_j}\mathfrak{p}_j\subseteq\mathfrak{p}_j$. 于是 $D\subseteq\bigcup_{i=1}^{n}\mathfrak{p}_i$. 仍由定理 3.5.3 的证明知, 每个 $\mathfrak{p}_i$, 一定有 $x\in R$ 使得 $\mathfrak{p}_i=\sqrt{0:x}$. 因此 $D=\bigcup_{i=1}^{n}\mathfrak{p}_i$. ■

如果 $\{0\}$ 是 R 的可分解理想, 设 S_0 是属于 $\{0\}$ 的素理想的集合, 则 R 所有零因子的集合 $D=\bigcup_{\mathfrak{p}\in S_0}\mathfrak{p}$, R 所有幂零元的集合 $\mathfrak{N}=\bigcap_{\mathfrak{p}\in S_0}\mathfrak{p}$.

前面讨论了可分解理想的准素分解. 现在利用分式环的理论给出孤立准素分支的唯一性.

引理 3.5.1 设 μ 是交换幺环 R 到交换幺环 R_1 的同态, 则 R_1 的准素理想 $\mathfrak{q}$ 的局限 $\mathfrak{q}^c$ 是 R 的准素理想.

证 设 $x,y\in R$, $xy\in\mathfrak{q}^c$. 于是 $\mu(xy)=\mu(x)\mu(y)\in\mathfrak{q}$. 由 $\mathfrak{q}$ 准素, 于是或 $\mu(x)\in\mathfrak{q}$, 或有 $k\in\mathbf{N}$, 使 $(\mu(y))^k=\mu(y^k)\in\mathfrak{q}$. 因此或 $x\in\mathfrak{q}^c$, 或 $y^k\in\mathfrak{q}^c$, 也就是说 $\mathfrak{q}^c$ 是准素的. ■

定理 3.5.6 设 S 是交换幺环 R 的子幺半群, $\mathfrak{q}$ 是 R 的 $\mathfrak{p}$ 准素理想.

1) 若 $S\cap\mathfrak{p}\neq\varnothing$, 则 $S^{-1}\mathfrak{q}=S^{-1}R$.

2) 若 $S\cap\mathfrak{p}=\varnothing$, 则 $S^{-1}\mathfrak{q}$ 是 $S^{-1}\mathfrak{p}$ 准素的, 且其在 R 中的局限为 $\mathfrak{q}$.

3) 在 $S^{-1}R$ 中的理想与 R 中局限理想的对应中, 准素理想对应准素理想.

证 1) 如果 $s\in S\cap\mathfrak{p}$, 于是有 $n\in\mathbf{N}$ 使得 $s^n\in S\cap\mathfrak{q}$. 于是 $S^{-1}\mathfrak{q}$ 包含可逆元 $\frac{s^n}{1}$, 因而 $S^{-1}\mathfrak{q}=S^{-1}R$.

2) 设 $S\cap\mathfrak{p}=\varnothing$. 首先证明 $\mathfrak{q}^{ec}=\mathfrak{q}$. 由定理 3.4.1 有 $\mathfrak{q}^{ec}=\bigcup_{s\in S}(\mathfrak{q}:s)$. 设 $s\in S$, $a\in R$, 且 $sa\in\mathfrak{q}$. 此时有 $k\in\mathbf{N}$ 使得 $s^ka^k\in\mathfrak{p}$. 注意 $s^k\in S$, $s^k\notin\mathfrak{p}$, 于是 $a^k\in\mathfrak{p}$,

故 $a \in \mathfrak{q}$. 故 $\mathfrak{q}^{ec} = \mathfrak{q}$.

再由定理 3.4.1, 有 $\sqrt{\mathfrak{q}^e} = \sqrt{S^{-1}\mathfrak{q}} = S^{-1}\sqrt{\mathfrak{q}} = S^{-1}\mathfrak{p}$. 若有 $\dfrac{a_1}{t_1}\dfrac{a_2}{t_2} = \dfrac{a_1a_2}{t_1t_2} \in S^{-1}\mathfrak{q} = \left\{\dfrac{q}{s}\middle| q \in \mathfrak{q}, s \in S\right\}$, 则 $a_1a_2 \in \mathfrak{q}$, 由 $\mathfrak{q}$ 是准素的, 于是得 $S^{-1}\mathfrak{q}$ 是 $S^{-1}\mathfrak{p}$ 准素的.

3) 由结论 1), 2) 知, 结论 3) 成立. ∎

定义 3.5.4 设 $\mathfrak{a}$ 是交换幺环 R 的可分解理想, 属于 $\mathfrak{a}$ 的素理想的集合 Σ 称为**孤立的**, 如果满足下面条件: 如果 $\mathfrak{p}'$ 是属于 $\mathfrak{a}$ 的素理想, 且有 $\mathfrak{p} \in \Sigma$ 使得 $\mathfrak{p}' \subseteq \mathfrak{p}$, 则 $\mathfrak{p}' \in \Sigma$.

显然, 若 $\mathfrak{p}$ 是属于 $\mathfrak{a}$ 的孤立素理想, 则 $\Sigma = \{\mathfrak{p}\}$ 是孤立的.

定理 3.5.7 (准素分解第二唯一性定理) 设 $\mathfrak{a}$ 是 R 的可分解理想, 并有极小准素分解 $\mathfrak{a} = \bigcap\limits_{i=1}^{n} \mathfrak{q}_i$, $\mathfrak{p}_i = \sqrt{\mathfrak{q}_i}$. 又 Σ 是属于 $\mathfrak{a}$ 的孤立的素理想集合, 则 $\bigcap\limits_{\mathfrak{p}_j \in \Sigma}^{m} \mathfrak{q}_j$ 与分解无关.

特别地, $\mathfrak{a}$ 的孤立准素分支与分解无关, 即由 $\mathfrak{a}$ 唯一决定.

证 不妨设 $\Sigma = \{\mathfrak{p}_1, \mathfrak{p}_2, \cdots, \mathfrak{p}_m\}$. R 的子集 $S = R \setminus \bigcup\limits_{j=1}^{m} \mathfrak{p}_j = R \setminus \bigcup\limits_{\mathfrak{p} \in \Sigma} \mathfrak{p}$ 是乘法封闭的.

设 $\mathfrak{p}'$ 是属于 $\mathfrak{a}$ 的素理想. 若 $\mathfrak{p}' \in \Sigma$, 则 $\mathfrak{p}' \cap S = \varnothing$. 若 $\mathfrak{p}' \notin \Sigma$, 于是 $\forall \mathfrak{p} \in \Sigma$, $\mathfrak{p}' \not\subseteq \mathfrak{p}$. 由定理 1.4.3, $\mathfrak{p}' \not\subseteq \bigcup\limits_{\mathfrak{p} \in \Sigma} \mathfrak{p}$, 因此 $\mathfrak{p}' \cap S \neq \varnothing$. 于是

$$S \cap \mathfrak{p}_i = \varnothing,\ 1 \leqslant i \leqslant m; \quad S \cap \mathfrak{p}_j \neq \varnothing,\ m+1 \leqslant j \leqslant n.$$

由定理 3.4.3, $S^{-1}\mathfrak{a} = \bigcap\limits_{i=1}^{n} S^{-1}\mathfrak{q}_i$. 再由定理 3.5.1, $S^{-1}\mathfrak{a} = \bigcap\limits_{i=1}^{m} S^{-1}\mathfrak{q}_i$, $S^{-1}\mathfrak{q}_i$ 是 $S^{-1}\mathfrak{p}_i$ 准素的. 又因为 $\mathfrak{p}_i$ 互不相同, 故 $S^{-1}\mathfrak{p}_i$ 互不相同, 于是 $S^{-1}\mathfrak{a} = \bigcap\limits_{i=1}^{m} S^{-1}\mathfrak{q}_i$ 是极小准素分解. 两边取局限, 仍由定理 3.5.1, $(S^{-1}\mathfrak{a})^c = \bigcap\limits_{i=1}^{m} \mathfrak{q}_i$ 与分解无关. ∎

从上面定理的证明可以得到下面推论.

推论 3.5.1 设 $\mathfrak{a}$ 是 R 的可分解理想, 并有极小准素分解 $\mathfrak{a} = \bigcap\limits_{i=1}^{n} \mathfrak{q}_i$, $\mathfrak{p}_i = \sqrt{\mathfrak{q}_i}$. S 是 R 的子幺半群, 满足

$$S \cap \mathfrak{p}_i = \varnothing,\ 1 \leqslant i \leqslant m; \quad S \cap \mathfrak{p}_j \neq \varnothing,\ m+1 \leqslant j \leqslant n,$$

则 $S^{-1}\mathfrak{a}=\bigcap\limits_{i=1}^{m}S^{-1}\mathfrak{q}_i$, $(S^{-1}\mathfrak{a})^c=\bigcap\limits_{i=1}^{m}\mathfrak{q}_i$, 且它们都是极小准素分解.

习　题　3

1. 设 S 是 R 的子幺半群, 证明 $S^{-1}R=R$, 当且仅当, S 中每个元素是单位.

2. 设 $\mathfrak{a}$ 是环 R 的理想, $S=1+\mathfrak{a}$. 证明 $S^{-1}\mathfrak{a}$ 含在 $S^{-1}R$ 的 Jacobson 根 $\mathfrak{R}(S^{-1}R)$ 中.

3. 设 $\mathbf{Z}/6\mathbf{Z}$, $S=\{\bar{1},\bar{2},\bar{4}\}$. 证明 $S^{-1}R\cong\mathbf{Z}/3\mathbf{Z}$ 是域.

4. 设交换幺环 R 的乘法封闭集 S 是不含 0 的极大乘法封闭集, 证明 $S^{-1}R$ 是局部环.

5. 设 S 交换幺环 R 的乘法封闭集.

1) 证明 S 是饱和的当且仅当 $R\setminus S$ 是素理想的并;

2) 令 $P=\{\mathfrak{p}\text{ 素理想 }|S\cap\mathfrak{p}=\varnothing\}$, 证明 $\overline{S}=R\setminus\left(\bigcup\limits_{\mathfrak{p}\in P}\mathfrak{p}\right)$ 是饱和的乘法封闭集, $\overline{S}\supseteq S$, 而且若饱和的乘法封闭集 $S_1\supseteq S$, 那么 $S_1\supseteq\overline{S}$, 称 $\overline{S}$ 为 S 的**饱和化**;

3) 设 $\mathfrak{a}$ 是 R 的理想. 求 $S=1+\mathfrak{a}$ 的饱和化 $\overline{S}$.

6. 证明交换幺环 R 的极小素理想在 R 的零因子集合 D 中.

7. 设 S 是 R 的子幺半群, R 是整环 (主理想整环、唯一析因整环). 证明 $S^{-1}R$ 是整环 (主理想整环、唯一析因整环).

8. 设 $\mathfrak{p}$ 是 R 的素理想, $\mathfrak{m}$ 是局部环 $R_{\mathfrak{p}}$ 的极大理想. 证明 $R_{\mathfrak{p}}/\mathfrak{m}$ 同构于 $R/\mathfrak{p}$ 的分式域.

9. 设 S,T 是环 R 的子幺半群. $U=S^{-1}T$ 为 T 在 $S^{-1}R$ 中的像. 证明 $(ST)^{-1}R\cong U^{-1}(S^{-1}R)$.

10. 设 $\mathfrak{p}_1,\mathfrak{p}_2,\cdots,\mathfrak{p}_n$ 是 R 的素理想. 证明:

1) $S^{-1}R$ 是半局部环, 且 $\mathrm{Max}(S^{-1}R)=\{S^{-1}\mathfrak{q}|\mathfrak{q}\text{ 是 }\{\mathfrak{p}_1,\mathfrak{p}_2,\cdots,\mathfrak{p}_n\}\text{ 中的极大元}\}$;

2) 环 $R_{\mathfrak{p}_i}$ 与环 $(S^{-1}R)_{S^{-1}\mathfrak{p}_i}$ 同构;

3) 环 $S^{-1}R=\bigcap\limits_{i=1}^{n}R_{\mathfrak{p}_i}$.

11. 设 S 是 R 的子幺半群. 证明:

1) 若 M 是自由 R 模, 则 $S^{-1}M$ 是自由 $S^{-1}R$ 模;

2) 若 M 是投射 R 模, 则 $S^{-1}M$ 是投射 $S^{-1}R$ 模;

3) 若 M 是内射 R 模, 则 $S^{-1}M$ 是内射 $S^{-1}R$ 模;

4) 若 M 是有限生成 R 模, 则 $S^{-1}M$ 是有限生成 $S^{-1}R$ 模.

12. 设 S 是 R 的子幺半群, $f(s)=T,M$ 是有限生成 R 模. 证明 $S^{-1}M=0$, 当且仅当, 存在 $s\in S$ 使得 $sM=0$.

13. 设 f 是环 R 到环 R_1 的同态, S 是 R 的子幺半群. 证明

1) $T^{-1}R_1$ 有 $S^{-1}R$ 模结构;

2) R 模 R_1 的分式模 $S^{-1}R_1$ 作为 $S^{-1}R$ 模与 $S^{-1}R$ 模 $T^{-1}R_1$ 同构.

14. 设 S,T 都是 R 的子幺半群, 且 $S\subseteq T$. 再设 $\phi\left(\frac{a}{s}\right)=\frac{a}{s}$ $(a\in R,\ s\in S)$ 是 $S^{-1}R$ 到 $T^{-1}R$ 的同态. 证明下列条件等价.

1) ϕ 是一一对应;

2) $\forall t\in T$, $\frac{t}{1}$ 是 $S^{-1}R$ 中的单位;

3) $\forall t\in T$, 存在 $x\in R$, 使得 $xt\in S$;

4) 若素理想 $\mathfrak{p}$ 与 T 相交, 则也与 S 相交.

15. 设 S_0 是交换幺环 R 的非零因子的集合. 证明下列事实.

1) S_0 是 R 中使得 R 到 $S_0^{-1}R$ 的同态为单射的最大子幺半群;

2) $S_0^{-1}R$ 中的元素或者是零因子或者是单位.

3) 若 R 中的元素或者是零因子或者是单位, 则 R 与 $S_0^{-1}R$ 相等.

注 $S_0^{-1}R$ 称为 R 的**全分式环**.

16. 设 S 是交换幺整环 R 的子幺半群, 由习题 7 知 $S^{-1}R$ 也是整环. M 是 R 模, 其扭子模为 $T(M)$. $T(S^{-1}M)$ 是 $S^{-1}R$ 模 $S^{-1}M$ 的扭子模.

1) 证明 $T(S^{-1}M)=S^{-1}T(M)$.

2) 证明下列命题等价.

(1) M 是无扭的;

(2) 对 R 的任何素理想 $\mathfrak{p}$, $M_{\mathfrak{p}}$ 是无扭的;

(3) 对 R 的任何极大理想 $\mathfrak{m}$, $M_{\mathfrak{m}}$ 是无扭的.

17. 设 $R=\mathbf{Z}[x]$ 是整数环上的一元多项式环. p 是一个素数. 证明:

1) $\mathfrak{m}=\langle p,x\rangle$ 是极大理想;

2) $\mathfrak{q}=\langle p^a,x\rangle\,(a>1)$ 是 $\mathfrak{m}$ 准素理想;

3) $\mathfrak{q}=\langle p^a,x\rangle\,(a>1)$ 不是素理想的幂.

18. 设 $R=\mathbf{F}[x,y,z]$ 是域 $\mathbf{F}$ 上的三元多项式环.

1) 证明 $\mathfrak{p}_1=\langle x,y\rangle$, $\mathfrak{p}_2=\langle x,z\rangle$ 是 R 的素理想, $\mathfrak{m}=\langle x,y,z\rangle$ 是 R 的极大理想;

2) 证明 $\mathfrak{a}=\mathfrak{p}_1\mathfrak{p}_2=\mathfrak{p}_1\cap\mathfrak{p}_2\cap\mathfrak{m}^2$ 是 $\mathfrak{a}$ 的极小准素分解;

3) 在上述分解中哪些分支是孤立的, 哪些分支是嵌入的?

19. 环 R 的理想 $\mathfrak{a}$ 称为**不可约**, 如果 $\mathfrak{a}$ 不是有限个严格包含它的理想的交.

1) 证明素理想都是不可约的;

2) 设 $R=\mathbf{F}[x,y]$ 是域 $\mathbf{F}$ 上的二元多项式环. 证明 $\mathfrak{q}=\langle x^2,y^2,xy\rangle$ 是准素的, 而且是两个严格包含它的理想的交.

20. 设 $[a,b]$ 是闭区间, $C=C([a,b])$ 是 $[a,b]$ 上实值连续函数集合, 对函数的加法和乘法, C 构成一个环.

1) 设 $x\in[a,b]$, 证明 C 到 $\mathbf{R}$ 的映射 φ_x: $\varphi_x(f)=f(x)$ $(f\in C)$ 是环的满同态, 从而 $\ker\varphi_x=\mathfrak{m}_x=\{f\in C|f(x)=0\}$ 是 C 的极大理想;

2) 设 $\mathfrak{m}$ 是 C 的极大理想, 证明 $V(\mathfrak{m})=\{x\in[a,b]|f(x)=0,\ \forall f\in\mathfrak{m}\}\neq\varnothing$;

3) 证明由 $\mu(x)=\mathfrak{m}_x$ 定义的 $[a,b]$ 到 $\mathrm{Max}(C)$ 的映射是双射;

4) 设 $f\in C$, $U_f=\{x\in[a,b]|f(x)\neq 0\}$, 证明 $\{U_f|f\in C\}$ 是拓扑空间 $[a,b]$ 的拓扑基;

5) 设 $f \in C$, $\widetilde{U}_f = \{\mathfrak{m} \in \mathrm{Max}(C) | f \notin \mathfrak{m}\}$, 证明 $\{\widetilde{U}_f | f \in C\}$ 是拓扑空间 $\mathrm{Max}(C)$ 的拓扑基;

6) 证明 5) 中定义的 μ 满足 $\mu(U_f) = \widetilde{U}_f$. 从而 $[a, b]$ 与 $\mathrm{Max}(C)$ 同胚.

21. $C = C([a, b])$ 如习题 19 所定义, 其零理想 $\{0\}$ 是否可分解?

22. 设 m 是一个正整数. 交换幺环 $\mathbf{Z}_m = \mathbf{Z}/\langle m \rangle$ 的理想是否可分解? $\{0\}$ 是否可分解? 如果可分解, 属于 $\{0\}$ 的素理想是什么?

23. 设 $\mathbf{F}$ 是域, $f(x) \in \mathbf{F}[x]$, $R = \mathbf{F}[x]/\langle x \rangle$. R 的理想是否可分解? $\{0\}$ 是否可分解? 如果可分解, 属于 $\{0\}$ 的素理想是什么?

24. 设 R, R' 是交换幺环, $\varphi \in \mathrm{Hom}(R, R')$. 于是 R' 是 R 代数. 并假定 R' 作为 R 代数是平坦的. 证明下述条件等价:

1) 对 R 的任何理想 $\mathfrak{a}$, $\mathfrak{a}^{ec} = \mathfrak{a}$;

2) φ^* 是 $\mathrm{Spec}(R')$ 到 $\mathrm{Spec}(R)$ 的满映射;

3) 若 $\mathfrak{m}$ 是 R 的极大理想, 则 $\mathfrak{m}^e \neq \langle 1 \rangle$;

4) 若 M 是非零 R 模, 则 $M_B = B \otimes_A M \neq \{0\}$;

5) 若 M 是 R 模, M 到 M_B 的映射 $x \longrightarrow x \otimes 1$ 是单射.

注 此时称 R' 在 R 上**忠实平坦**.

25. 设 R, R', R'' 是交换幺环, $\varphi \in \mathrm{Hom}(R, R')$, $\psi \in \mathrm{Hom}(R', R'')$, 且 $\psi\varphi$ 是平坦的, ψ 是忠实平坦的. 证明 φ 是平坦的.

第4章　诺　特　环

在交换代数中 Noether 环是最重要的一类环. 这是加上了某些有限性条件的交换幺环. 加这些条件是为进一步的研究和得到更深入的结果.

4.1　链　条　件

定理 4.1.1　设集合 Σ 以 "$\leqslant$" 为偏序. 则 Σ 关于下列条件等价.

1) Σ 中每个递增序列是稳定的, 即若有

$$x_1 \leqslant x_2 \leqslant \cdots \leqslant x_k \leqslant \cdots$$

为递增序列, 则有 $n \in \mathbf{N}$ 使得 $x_n = x_{n+1} = \cdots$.

2) Σ 的每个非空子集有极大元.

证　1) $\Longrightarrow$ 2)　设 $T \subseteq \Sigma, T \neq \varnothing$. 若 T 无极大元, 取 $x_1 \in T$, x_1 非极大, 故有 $x_2 \in T$, 使得 $x_1 \leqslant x_2$, $x_1 \neq x_2$. x_2 也是非极大的, 于是可归纳地构造严格的递增序列

$$x_1 \leqslant x_2 \leqslant \cdots \leqslant x_k \leqslant \cdots, \quad x_k \neq x_{k+1},\ k = 1, 2, \cdots.$$

这与条件 1) 矛盾.

2) $\Longrightarrow$ 1)　设 $x_1 \leqslant x_2 \leqslant \cdots \leqslant x_k \leqslant \cdots$, 为递增序列, 则 $T = \{x_k | k = 1, 2, \cdots\}$ 是 Σ 的非空子集. 设 x_n 为极大元, 于是 $x_n = x_{n+1} = \cdots$. 即此序列是稳定的. ∎

定义 4.1.1　设 R 是交换幺环, M 是 R 模, Σ 是 M 的子模的集合.

在 Σ 中以 "$\subseteq$" 定义偏序 "$\leqslant$". 定理 4.1.1 中的条件 1) 称为**升链条件**, 定理 4.1.1 中的条件 2) 称为**极大条件**. 满足其中之一的模 M 称为**Noether 模**.

在 Σ 中以 "$\supseteq$" 定义偏序 "$\leqslant$". 定理 4.1.1 中的条件 1) 称为**降链条件**, 定理 4.1.1 中的条件 2) 称为**极小条件**. 满足其中之一的模 M 称为**Artin 模**.

升链条件与降链条件分别简记为 a.c.c. 与 d.c.c.

定理 4.1.2　R 模 M 为 Noether 模当且仅当 M 的每个子模都是有限生成的.

证　设 N 是 Noether 模 M 的子模. 令 Σ 是含于 N 中的所有有限生成的子模的集合. 由 $\{0\} \in \Sigma$, 故 Σ 有极大元 N_0. 若 $N_0 \neq N$, 于是有 $x \in N \setminus N_0$. 子模 $N_0 + Rx \subseteq N$. 注意 N_0 有限生成, 故 $N_0 + Rx$ 有限生成, 于是 $N_0 + Rx \in \Sigma$, 这与 N_0 为极大元矛盾. 故 $N = N_0$ 是有限生成的.

反之, 设 M 的每个子模是有限生成的. 又

$$M_1 \subseteq M_2 \subseteq \cdots \subseteq M_k \subseteq \cdots$$

为一子模升链. 于是 $N = \bigcup_{i=1}^{\infty} M_i$ 是一个子模, 故有有限生成元: $x_1, x_2, \cdots, x_r$. 设 $x_i \in M_{n_i}$, $1 \leqslant i \leqslant r$. 令 $n = \max\{n_1, n_2, \cdots, n_r\}$. 于是 $x_1, x_2, \cdots, x_r \in M_n$, 所以 $M_n = M_{n+1} = \cdots = N$. 故 M 为 Noether 模. ∎

定理 4.1.3　设 $0 \longrightarrow M' \stackrel{u}{\longrightarrow} M \stackrel{v}{\longrightarrow} M'' \longrightarrow 0$ 是 R 模的正合序列, 则有

1) M 为 Noether 模, 当且仅当 M', M'' 为 Noether 模.

2) M 为 Artin 模, 当且仅当 M', M'' 为 Artin 模.

证　设 M 为 Noether (Artin) 模. $\{N_i'\}$ 为 M' 的子模的升 (降) 链, $\{N_i''\}$ 为 M'' 的子模的升 (降) 链. 于是 $\{u(N_i')\}$ 与 $\{v^{-1}(N_i'')\}$ 为 M 的升 (降) 链, 因而是稳定的. 故 $\{N_i'\}$, $\{N_i''\}$ 是稳定的.

反之, 由正合性, 不妨设 M' 是 M 的子模, $M'' = M/M'$ 是 M 对 M' 的商模, u, v 分别为嵌入映射, 自然同态. 设 $\{N_i\}$ 是 M 的子模的升 (降) 链. 于是 $\{u^{-1}(N_i) = M' \cap N_i\}$ 是 M' 的子模的升 (降) 链. 因而是稳定的, 即有 n_1 使得 $M' \cap N_{n_1} = M' \cap N_{n_1+1} = \cdots$. $\{v(N_i) = (N_i + M')/M' \cong N_i/(M' \cap N_i)\}$ 是 M'' 的子模的升 (降) 链. 因而是稳定的, 即有 n_2 使得 $N_{n_2}/(M' \cap N_{n_2}) = N_{n_2+1}/(M' \cap N_{n_2+1}) = \cdots$. 令 $n_0 = \max\{n_1, n_2\}$, 于是

$$M' \cap N_{n_0} = M' \cap N_{n_0+1} = \cdots,$$

$$N_{n_0}/(M' \cap N_{n_0}) = N_{n_0+1}/(M' \cap N_{n_0+1}) = \cdots.$$

因此 $N_{n_0} = N_{n_0+1} = \cdots$, 即 $\{N_i\}$ 是稳定的, 所以 M 是 Noether (Artin) 模. ∎

推论 4.1.1　1) Noether (Artin) 模的子模与商模仍是 Noether (Artin) 模.

2) 若 R 模 M 的子模 N, 商模 M/N 是 Noether (Artin) 模, 则 M 也 Noether (Artin) 模.

3) 若 R 模 $M_1, M_2, \cdots, M_n$ 是 Noether (Artin) 模, 则 $\bigoplus_{i=1}^{n} M_i$ 是 Noether (Artin) 模.

证　结论 1), 2) 是定理 4.1.3 的等价说法.

对 n 归纳证明结论 3). $n = 1$ 时, 自然成立. 注意 $\left(\bigoplus_{i=1}^{n} M_i\right)/M_1 \cong \bigoplus_{i=2}^{n} M_i$, 于是结论 3) 成立. ∎

定义 4.1.2　如果交换幺环 R 作为 R 模是 Noether 模, 则称 R 为**Noether 环**.

如果交换幺环 R 作为 R 模是 Artin 模, 则称 R 为**Artin 环**.

例 4.1.1 1) 有限交换群作为 $\mathbf{Z}$ 模满足 a.c.c. 与 d.c.c.

2) 域 K 既是 Noether 环又是 Artin 环.

3) 主理想整环 R 是 Noether 环, 但主理想整环 R 不一定是 Artin 环. 如 $R=\mathbf{Z}$, $a\in\mathbf{Z}$, $a\neq 0,\pm 1$, $\langle a\rangle\supset\langle a^2\rangle\supset\cdots\supset\langle a^n\rangle\supset\cdots$ 不是稳定的.

4) 设 p 是一个素数, $G=\{a\in\mathbf{Q}/\mathbf{Z}|\exists n\in\mathbf{N}$, 使得 $p^n a=0\}$ 为 $\mathbf{Q}/\mathbf{Z}$ 的子群. 对整数 $n\geqslant 0$, 则 $G_n=\{a\in G|p^n a=0\}=(p^{-n}\mathbf{Z})/\mathbf{Z}$ 是 G 的 p^n 阶子群,

$$G_0\subset G_1\subset\cdots\subset G_n\subset\cdots,$$

是不稳定的, 故 G 不满足 a.c.c. 但是 G 的任何真子群均是 G_n 的形式, 于是 G 满足 d.c.c.

5) 设 p 是一个素数, $G=\{a\in\mathbf{Q}/\mathbf{Z}|\exists n\in\mathbf{N}$, 使得 $p^n a=0\}$, $H=\left\{\dfrac{m}{p^n}\middle|m,n\in\mathbf{Z},\ n\geqslant 0\right\}$ 是 $\mathbf{Q}$ 的子群. 可以证明 $0\longrightarrow\mathbf{Z}\longrightarrow H\longrightarrow G\longrightarrow 0$ 是正合序列. 由于 $\mathbf{Z}$ 不满足 d.c.c., 故 H 不满足 d.c.c., 由于 G 不满足 a.c.c., 故 H 不满足 a.c.c.

6) K 是域, K 上无限多个不定元的多项式环 $R=K[x_1,x_2,\cdots]$ 的理想序列

$$\langle x_1\rangle\subset\langle x_1,x_2\rangle\subset\cdots,\qquad \langle x_1\rangle\supset\langle x_1^2\rangle\supset\cdots$$

都不是稳定的. 故 R 既不是 Noether 环又不是 Artin 环.

但是 R 的分式域既是 Noether 环又是 Artin 环. 因而 Noether (Artin) 环的子环可以不是 Noether (Artin) 环.

7) X 无限的紧 Hausdorff 空间, $C(X)$ 是 X 上的实值连续函数环, 取 X 的一个严格闭集的降链 $F_1\supset F_2\supset\cdots\supset F_n\supset\cdots$. 于是 $\mathfrak{a}_n=\{f(x)\in C(X)|f(F_n)=0\}$ 是$C(X)$的理想, 而且$\mathfrak{a}_1\subset\mathfrak{a}_2\subset\cdots\mathfrak{a}_n\subset\cdots$ 是不稳定的, 故$C(X)$不是 Noether 环.

定理 4.1.4 Noether (Artin) 环的有限生成模是 Noether (Artin) 模.

证 设 $x_1,x_2,\cdots,x_n$ 是 R 模 M 的生成元. 于是 M 是 $R^n=\underbrace{R\oplus R\oplus\cdots\oplus R}_{n个}$ 的商模. 由推论 4.1.1 与定理 4.1.3 知结论成立. ∎

定义 4.1.3 设 R 是交换幺环. 无非平凡子模的 R 模 M 称为**单模**.

显然, $M\neq\{0\}$ 为单模当且仅当对 $\forall x\in M$, $x\neq 0$ 有 $M=Rx$.

设 R 模 M 为单模, 则 $\operatorname{ann}M=\mathfrak{q}$ 是 R 的极大理想.

事实上, 作为 R 模, $M=Rx(x\neq 0)$, 于是 $\operatorname{ann}M=\operatorname{ann}x$. 因此 $M\cong R/\mathfrak{q}$. 若 $\mathfrak{q}$ 不是极大理想, 就有真理想 $\mathfrak{m}\supset\mathfrak{q}$, 于是 $\mathfrak{m}/\mathfrak{q}$ 是 $R/\mathfrak{q}$ 的非平凡子模, 这就导致矛盾.

定义 4.1.4 交换幺环 R 的模 M 的子模序列 $M=M_0\supset M_1\supset\cdots\supset M_n=\{0\}$ 称为 M 的一个**子模链**, n 称为此链的**长度**, 或**连结数**.

定义 4.1.5 称 R 模的两个子模序列

$$M = G_1 \supset G_1 \supset \cdots \supset G_r = \{0\}, \quad M = H_1 \supset H_2 \supset \cdots \supset H_s = \{0\}$$

为**同构**, 若二序列的商模集 $\{G_i/G_{i+1} \,|\, 0 \leqslant 1 \leqslant r-1\}$, $\{H_j/H_{j+1} \,|\, 1 \leqslant j \leqslant s-1\}$ 之间有一一对应关系, 且对应的商模是同构的.

显然, 若两个子模序列同构, 则它们有相同的长度, 即 $r = s$.

引理 4.1.1 (Zassenhaus 定理) 设 H, K 是 R 模 M 的子模, H^*, K^* 分别是 H, K 的子模, 则

$$(H^* + (K \cap H))/(H^* + (H \cap K^*)) \cong (K^* + (K \cap H))/(K^* + (K \cap H^*)).$$

证 显然, $H \cap K$, $H \cap K^*$ 都是 H 的子模, 故 $H^* + (H \cap K)$, $H^* + (H \cap K^*)$ 都是 H 的子模. 同样 $K^* + (H \cap K)$, $K^* + (H^* \cap K)$ 都是 K 的子模, 而且 $H^* + (H \cap K^*) \subseteq H^* + (H \cap K)$, $K^* + (H^* \cap K) \subseteq K^* + (H \cap K)$. $(H \cap K^*) + (H^* \cap K) = L$ 也是 $H \cap K$ 的子模.

作 $H^* + (H \cap K)$ 到 $(H \cap K)/L$ 的映射 $\phi : \phi(h + x) = x + L$ $(h \in H^*,\ x \in H \cap K)$. 若 $h_1 + x_1 = h_2 + x_2$, $h_i \in H^*$, $x_i \in H \cap K$, $i = 1, 2$, 则

$$h_2 - h_1 = x_1 - x_2 \in H^* \cap (H \cap K) = H^* \cap K \subseteq L.$$

因而 $\phi(h_1 + x_1) = \phi(h_2 + x_2)$. 故 ϕ 是单值映射. 由

$$\begin{aligned} &\phi((h_1 + x_1) + (h_2 + x_2)) = \phi((x_1 + x_1) + (h_1 + h_2)) = (x_1 + x_2) + L \\ =& (x_1 + L) + (x_2 + L) = \phi(h_1 + x_1) + \phi(h_2 + x_2), \end{aligned}$$

知 ϕ 是 $H^* + (H \cap K)$ 到 $H \cap K/L$ 上的同态.

若 $h + x \in \ker \phi$, 即 $x \in L$, 当且仅当

$$h + x \in H^* + L = H^* + (H^* \cap K) + (H \cap K^*) = H^* + (H \cap K^*).$$

因而 $(H^* + (H \cap K))/(H^* + (H \cap K^*)) \cong (H \cap K)/((H \cap K^*) + (K \cap H^*))$.

同理, $(K^* + (H \cap K))/(K^* + (K \cap H^*)) \cong (H \cap K)/((H \cap K^*) + (K \cap H^*))$. 于是引理成立. ∎

注 4.1.1 引理 4.1.1 也称为**蝴蝶引理**, 因为此引理的示意图形如蝴蝶 (图 4.1).

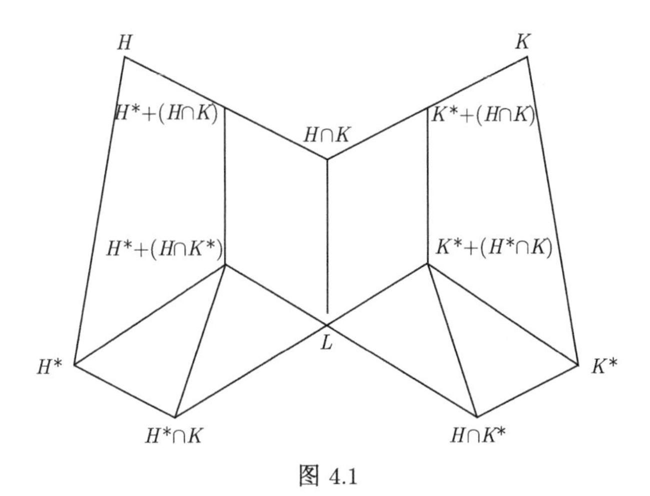

图 4.1

定理 4.1.5 (Schreier 定理) R 模 M 的两个子模序列

$$M = G_1 \supset G_2 \supset \cdots \supset G_r = \{0\}, \tag{4.1.1}$$

$$M = H_1 \supset H_2 \supset \cdots \supset H_s = \{0\} \tag{4.1.2}$$

可以插入一些子模 (称为**加细**) 使它们为同构的子模序列.

证 令

$$G_{i,\,k} = (G_i \cap H_k) + G_{i+1},\ 1 \leqslant i \leqslant r-1,\ 1 \leqslant k \leqslant s;$$
$$G_{r,\,s} = \{0\}.$$
$$H_{i,\,k} = (H_i \cap G_k) + H_{i+1},\ 1 \leqslant i \leqslant s-1,\ 1 \leqslant k \leqslant r;$$
$$H_{s,\,r} = \{0\}.$$

显然有

$$G_{i,\,k+1} \subset G_{i,\,k},\ 1 \leqslant k \leqslant s-1;$$
$$G_{i+1} = G_{i+1,\,1} = (G_{i+1} \cap M) + G_{i+2} = (G_i \cap H_s) + G_{i+1} = G_{i,\,s} \subset G_{i,\,s-1}.$$
$$H_{i+1} = H_{i+1,\,1} = (H_{i+1} \cap M) + H_{i+2} = (H_i \cap G_r) + H_{i+1} = H_{i,\,r} \subset H_{i,\,r-1}.$$

这样, 即得序列 (4.1.1), (4.1.2) 的加细:

$$\begin{aligned} M = G_{1,\,1} &\supset G_{1,\,2} \supset \cdots \supset G_{1,\,s-1} \\ &\supset G_{2,\,1} \supset G_{2,\,2} \supset \cdots \supset G_{2,\,s-1} \\ &\qquad\cdots\cdots \\ &\supset G_{r-1,\,1} \supset G_{r-1,\,2} \supset \cdots \supset G_{r-1,\,s-1} \supset G_{r,\,s} = \{0\}, \end{aligned} \tag{4.1.3}$$

$$
\begin{aligned}
M = H_{1,1} &\supset H_{1,2} \supset \cdots \supset H_{1,r-1} \\
&\supset H_{2,1} \supset H_{2,2} \supset \cdots \supset H_{2,r-1} \\
&\qquad \cdots\cdots \\
&\supset H_{s-1,1} \supset H_{s-1,2} \supset \cdots \supset H_{s-1,r-1} \supset H_{s,r} = \{0\}.
\end{aligned} \tag{4.1.4}
$$

由引理 4.1.1 有

$$
\frac{G_{i,k}}{G_{i,k+1}} = \frac{(G_i \cap H_k) + G_{i+1}}{(G_i \cap H_{k+1}) + G_{i+1}} \cong \frac{(G_i \cap H_k) + H_{k+1}}{(G_{i-1} \cap H_k) + H_{k+1}} = \frac{H_{k,i}}{H_{k,i+1}},
$$

$$
H_{s-1,r-1} = H_{s-1} \cap G_{r-1} = G_{r-1,s-1}.
$$

故序列 (4.1.3), (4.1.4) 是 M 的同构的子模序列. ■

定义 4.1.6　R 模 M 的有限子模序列

$$
M = M_1 \supset M_2 \supset \cdots \supset M_r = \{0\}
$$

满足 $M_i/M_{i+1}\,(i = 1, 2, \cdots, r-1)$ 为单模, 则该序列称为 M 的一个**合成序列**, M_i/M_{i+1} 称为**合成因子**.

定理 4.1.6 (Jordan-Hölder 定理)　若 R 模 M 有合成序列, 则 M 的任两合成序列是同构的, 即它们的合成因子在同构意义下唯一.

证　设 M 有两合成序列

$$
M = G_1 \supset G_2 \supset \cdots \supset G_r = \{0\}, \qquad M = H_1 \supset H_2 \supset \cdots \supset H_s = \{0\}.
$$

由于 G_i/G_{i+1}, H_j/H_{j+1} 都是单模, 因而它们不可能再加细. 另外, 由定理 4.1.5 知它们又可加细为同构的子模序列, 因而这两个序列必然同构. ■

推论 4.1.2　1) 若 R 模有合成序列, 则 M 的每个子模链可加细为合成序列.

2) 若 R 模 M 有合成序列, 则 M 的任何合成序列有相同的长度, 记为 $l(M)$.

定理 4.1.7　R 模 M 有合成序列当且仅当 M 满足升链条件与降链条件.

证　设 M 有合成序列, M 中所有链都是有限长的, 因此满足升链条件与降链条件.

反之, M 满足升链条件与降链条件, 于是 M 的真子模集中有极大元 M_1, M_1 的真子模集中有极大元 $M_2\ \cdots$, 于是有 $M = M_0 \supset M_1 \supset M_2 \supset \cdots$, 再由降链条件, 有 $M_n = \{0\}$, 而且 M_i/M_{i+1} 是单模. 故上面是合成序列. ■

有合成序列的模称为**有限长度模**.

定理 4.1.8　设 M 是有限长度的 R 模. 则 M 的子模 M', 商模 $M'' = M/M'$ 也是有限长度模, 且

$$
l(M) - l(M'') - l(M') = 0.
$$

也就是说在有限长度的 R 模的范畴上, 长度是加性函数.

证 将子模链 $M_0 = M \supset M' \supset \{0\}$ 加细为合成序列:

$$M_0 = M \supset M_1 \supset \cdots \supset M_k = M' \supset \cdots \supset M_n = \{0\}.$$

于是

$$M_k = M' \supset \cdots \supset M_n = \{0\}$$

为 M' 的合成序列. 而

$$M_0/M' = M/M' \supset M_1/M' \supset \cdots \supset M_k/M' = M'/M' = \{0\}$$

中 $(M_i/M')/(M_{i+1}/M') \cong M_i/M_{i+1}$ 为单模, 故上面序列为 M/M' 的合成序列. 于是 M', M'' 也是有限长度模, 而且 $l(M) = n$, $l(M') = n - k$, $l(M'') = k$. ∎

定理 4.1.9 设 k 是域, V 是 k 上的线性空间. 则下面条件等价.

1) $\dim V = n < \infty$.

2) 作为 k 模是有限长度模.

3) V 满足升链条件.

4) V 满足降链条件.

证 注意在线性空间中, 单模是一维线性空间, 于是条件 1), 2) 是等价的, 且 $l(V) = \dim V$. 由定理 4.1.7, 知由条件 2) 可得到条件 3), 4).

余下只要证明: 如果 $\dim V = \infty$, 则 V 不满足条件 3), 4). 此时 V 中有线性无关的无限序列: $\{x_1, x_2, \cdots, x_n, \cdots\}$. 于是

$$\langle x_1 \rangle \subset \langle x_1, x_2 \rangle \subset \cdots \subset \langle x_1, x_2, \cdots, x_n \rangle \subset \cdots,$$

$$\langle x_1, x_2, \cdots, \rangle \supset \langle x_2, x_3, \cdots, \rangle \supset \cdots \supset \langle x_n, x_{n+1}, \cdots, \rangle \supset \cdots$$

是 V 中不稳定的升链和降链. ∎

此定理说明在线性空间中升链条件和降链条件是一致的.

定理 4.1.10 设 R 是交换幺环, 理想 $\{0\} = \mathfrak{m}_1\mathfrak{m}_2\cdots\mathfrak{m}_n$, 每个 $\mathfrak{m}_i$ 都是 R 的极大理想, 则 R 是 Noether 环当且仅当 R 是 Artin 环.

证 考虑理想链:

$$R \supset \mathfrak{m}_1 \supseteq \mathfrak{m}_1\mathfrak{m}_2 \supseteq \cdots \supseteq \mathfrak{m}_1\mathfrak{m}_2\cdots\mathfrak{m}_n = \{0\}.$$

设 π_i 是 R 模 $\mathfrak{m}_1\cdots\mathfrak{m}_i$ 到 R 模 $\mathfrak{m}_1\cdots\mathfrak{m}_i/\mathfrak{m}_1\cdots\mathfrak{m}_{i+1}$ 的自然同态. 于是对 $a \in R$, $x \in \mathfrak{m}_1\cdots\mathfrak{m}_i$, 有 $a\pi_i(x) = \pi_i(ax)$. 如果 $a \in \mathfrak{m}_{i+1}$, 则 $a\pi_i(x) = \pi_i(ax) = 0$. 由此可定义域 $R/\mathfrak{m}_{i+1}$ 在 $\mathfrak{m}_1\cdots\mathfrak{m}_i/\mathfrak{m}_1\cdots\mathfrak{m}_{i+1}$ 上的作用 $(b + \mathfrak{m}_{i+1})\pi_i(x) = \pi_i(bx)$. 对此作用, 每个因子 $\mathfrak{m}_1\cdots\mathfrak{m}_i/\mathfrak{m}_1\cdots\mathfrak{m}_{i+1}$ 是域 $R/\mathfrak{m}_{i+1}$ 上的线性空间. 于是对每个因子, 升链条件与降链条件等价. 再用定理 4.1.3, 对每个因子升链条件 (降链条件) 成立当且仅当 R 满足升链条件 (降链条件). 因此对于 R 升链条件与降链条件等价. ∎

4.2 诺 特 环

本节讨论 Noether 环的运算, 并证明 Hilbert 基定理.

定理 4.2.1 设 R 是 Noether 环. 则有以下结果.

1) R 的每个理想都是有限生成的. 反之, R 的每个理想都是有限生成的, 则 R 是 Noether 环.

2) 若 $\mathfrak{a}$ 是 R 的理想, 则 $R/\mathfrak{a}$ 是 Noether 环. 由此知 Noether 环的同态像是 Noether 环.

3) 若 R 是 R_1 的子环, R_1 作为 R 模是有限生成的, 则 R_1 是 Noether 环.

4) 若 S 是 R 的子幺半群, 则 $S^{-1}R$ 是 Noether 环. 特别 R 对素理想 $\mathfrak{p}$ 的局部化 $R_{\mathfrak{p}}$ 是 Noether 环.

证 1) 这是定理 4.1.2 的直接推论.

2) 由定理 4.1.3, $R/\mathfrak{a}$ 作为 R 模是 Noether 模, 因而作为 $R/\mathfrak{a}$ 模也是 Noether 模, 故 $R/\mathfrak{a}$ 是 Noether 环.R 的同态像, 同构于 $R/\mathfrak{a}$ 故也是 Noether 环.

3) R 是 Noether 环, R_1 是有限生成的 R 模, 于是为 Noether R 模, 自然也是 Noether R_1 模, 故为 Noether 环.

4) 由定理 3.4.1, $S^{-1}R$ 中的理想形如 $S^{-1}\mathfrak{a}$, 这里 $\mathfrak{a}$ 是 R 的理想. 因 R 是 Noether 环, 于是 $\mathfrak{a}$ 有生成元 $x_1, x_2, \cdots, x_n$, 因而 $S^{-1}\mathfrak{a}$ 有生成元 $\dfrac{x_1}{1}, \dfrac{x_2}{1}, \cdots, \dfrac{x_n}{1}$. 因此 $S^{-1}R$ 是 Noether 环. ∎

定理 4.2.2(Hilbert 基定理) Noether 环 R 上的多项式环 $R[x_1, x_2, \cdots, x_n]$ 是 Noether 环.

证 注意 $R[x_1, x_2, \cdots, x_n] = (R[x_1, x_2, \cdots, x_{n-1}])[x_n]$, 于是只需证明 $R[x]$ 是 Noether 环.

设 $\mathfrak{a}$ 是 $R[x]$ 的理想. 令 $\mathfrak{l} = \{a \in R | \exists f(x) \in \mathfrak{a}$ 使得 a 是 $f(x)$ 的首项系数$\}$. 容易验证 $\mathfrak{l}$ 是 R 的理想, 故是有限生成的, 即 $\mathfrak{l} = \langle a_1, a_2, \cdots, a_n \rangle$. 于是有 $f_i(x) \in \mathfrak{a}$ $(1 \leqslant i \leqslant n)$ 使得 a_i 是其首项系数. 于是 $\mathfrak{a}' = \langle f_1(x), f_2(x), \cdots f_n(x) \rangle \subseteq \mathfrak{a}$. 令 $r = \max\{\deg f_1(x), \deg f_2(x), \cdots, \deg f_n(x)\}$.

设 $f(x) = ax^m + a_{m-1}x^{m-1} + \cdots + a_0 \in \mathfrak{a}$. 于是 $a \in \mathfrak{l}$, $a = \sum\limits_{i=1}^{n} a_i b_i$. 若 $m \geqslant r$, 则有

$$\begin{cases} f(x) - \sum\limits_{i=1}^{n} b_i f_i(x) x^{m-\deg f_i(x)} = g(x), \\ \deg g(x) < \deg f(x), \ g(x) \in \mathfrak{a}, \\ \sum\limits_{i=1}^{n} b_i f_i(x) x^{m-r} \in \mathfrak{a}'. \end{cases}$$

由此可知 $\forall f(x) \in \mathfrak{a}$, 有 $g(x) \in \mathfrak{a}$ 且 $\deg g(x) < r$, $h(x) \in \mathfrak{a}'$ 使得 $f(x) = g(x) + h(x)$. 注意 $g(x) \in \langle 1, x, \cdots, x^r \rangle \cap \mathfrak{a}$, 所以有

$$\mathfrak{a} = (\langle 1, x, \cdots, x^r \rangle \cap \mathfrak{a}) + \mathfrak{a}'.$$

作为 R 模 $\langle 1, x, \cdots, x^r \rangle$ 是有限生成的, 故为 Noether 模, 其子模 $\langle 1, x, \cdots, x^r \rangle \cap \mathfrak{a}$ 也是 Noether 模, 因而是有限生成的, 于是 $\mathfrak{a} = (\langle 1, x, \cdots, x^r \rangle \cap \mathfrak{a}) + \mathfrak{a}'$ 是有限生成的, 因而 $R[x]$ 是 Noether 环. ∎

推论 4.2.1 Noether 环 R 上的有限生成的代数 R_1 是 Noether 环.

特别地, 有限生成环与域上有限生成的代数是 Noether 环.

证 R_1 是 $R[x_1, x_2, \cdots, x_n]$ 的同态像, 因而是 Noether 环. ∎

例 4.2.1 复数域 $\mathbf{C}$上n元Laurent多项式代数$\mathbf{C}[t_1^{\pm 1}, t_2^{\pm 1}, \cdots, t_n^{\pm 1}]$是Noether环.

4.3 诺特环中的准素分解

本节证明 Noether 环中每个理想都是可分解的.

定义 4.3.1 交换幺环 R 的理想 $\mathfrak{a}$ 称为**不可约**, 如果有理想 $\mathfrak{b}$, $\mathfrak{c}$ 使 $\mathfrak{a} = \mathfrak{b} \cap \mathfrak{c}$, 则有 $\mathfrak{a} = \mathfrak{b}$ 或 $\mathfrak{a} = \mathfrak{c}$.

不是不可约的理想称为**可约的**. 理想 $\mathfrak{a}$ 可约, 即存在理想 $\mathfrak{b}$, $\mathfrak{c}$ 满足 $\mathfrak{a} = \mathfrak{b} \cap \mathfrak{c}$, $\mathfrak{a} \subset \mathfrak{b}$, $\mathfrak{a} \subset \mathfrak{c}$.

例 4.3.1 1) R 是不可约理想.

2) R 的素理想 $\mathfrak{p}$ 是不可约理想.

事实上, 若 $\mathfrak{p} = \mathfrak{b} \cap \mathfrak{c}$, $\mathfrak{p} \subset \mathfrak{b}$, $\mathfrak{p} \subset \mathfrak{c}$. 则 $\mathfrak{b}/\mathfrak{p}$, $\mathfrak{c}/\mathfrak{p}$ 是整环 $R/\mathfrak{p}$ 中非零理想. 但是 $(\mathfrak{b}/\mathfrak{p})(\mathfrak{c}/\mathfrak{p}) \subseteq (\mathfrak{b}\mathfrak{c})/\mathfrak{p} \subseteq (\mathfrak{b} \cap \mathfrak{c})/\mathfrak{p} = \{0\}$. 从此矛盾知 $\mathfrak{p}$ 是不可约的.

定理 4.3.1 设 R 是 Noether 环. 则有以下结果.

1) R 的每个理想是有限个不可约理想的交.

2) R 的每个不可约理想是准素的.

3) R 的每个理想是可分解的.

证 1) 如果结论不成立, 则 R 中不是有限个不可约理想的交的理想集 $\Sigma \neq \varnothing$. R 是 Noether 环, 于是 Σ 中有极大元 $\mathfrak{a}$, 这是可约的, 于是有 $\mathfrak{b}$, $\mathfrak{c}$ 使 $\mathfrak{a} = \mathfrak{b} \cap \mathfrak{c}$, $\mathfrak{a} \subset \mathfrak{b}$, $\mathfrak{a} \subset \mathfrak{c}$. 由于 $\mathfrak{b}, \mathfrak{c} \notin \Sigma$, 于是它们是不可约理想之交, $\mathfrak{a}$ 亦然, 矛盾. 故 $\Sigma = \varnothing$, 结论 1) 成立.

2) 若 $\{0\}$ 是不可约理想, $xy = 0$, $y \neq 0$. 于是理想链 $\operatorname{ann}\langle x \rangle \subseteq \operatorname{ann}\langle x^2 \rangle \subseteq \cdots$ 是稳定的, 即有 $\operatorname{ann}\langle x^n \rangle = \operatorname{ann}\langle x^{n+1} \rangle = \cdots$. 如 $a \in \langle x^n \rangle \cap \langle y \rangle$, 由 $a \in \langle y \rangle$ 有 $ax = 0$; 由 $a \in \langle x^n \rangle$, 即 $a = bx^n$. 所以 $bx^{n+1} = ax = 0$. 故 $b \in \operatorname{ann}\langle x^{n+1} \rangle = \operatorname{ann}\langle x^n \rangle$. 于是 $a =$

$bx^n = 0$. 再由 $\{0\}$ 是不可约的, $\langle y \rangle \neq \{0\}$, 因此 $\langle x^n \rangle = \{0\}$, $x^n = 0$. 于是 $\{0\}$ 是准素的.

设 $\mathfrak{a}$ 是 R 的不可约理想, π 是 R 到 $R/\mathfrak{a}$ 的自然同态, 若 $\mathfrak{b}$, $\mathfrak{c}$ 是 R 中包含 $\mathfrak{a}$ 的理想, 且 $\pi(\{0\}) = \pi(\mathfrak{b}) \cap \pi(\mathfrak{c})$. 于是 $\mathfrak{a} = \mathfrak{b} \cap \mathfrak{c}$, 因而 $\mathfrak{a} = \mathfrak{b}$ 或 $\mathfrak{a} = \mathfrak{c}$. 于是 $\pi(\mathfrak{b}) = \pi(\{0\})$ 或 $\pi(\mathfrak{c}) = \pi(\{0\})$, 即 $\pi(\{0\})$ 是不可约的, 故是准素的, 从而 $\mathfrak{a}$ 是准素的.

3) 结论 3) 是结论 1), 2) 的自然结果. ∎

定理 4.3.2　设 $\mathfrak{a}$ 是 Noether 环的理想, 则有 $m \in \mathbf{N}$ 使得 $(\sqrt{\mathfrak{a}})^m \subseteq \mathfrak{a}$.

特别地, R 的幂零根基是幂零的.

证　R 是 Noether 环, 于是 $\sqrt{\mathfrak{a}}$ 由有限个元素 $x_1, x_2, \cdots, x_k$ 生成. 因而有 $x_i^{n_i} \in \mathfrak{a}$, 令 $m = \sum_{i=1}^{k} n_i$, $(\sqrt{\mathfrak{a}})^m$ 由 $x_1^{r_1} x_2^{r_2} \cdots x_k^{r_k} \left(\sum_{i=1}^{k} r_i = m \right)$ 生成, 至少有一个 $r_i \geqslant n_i$, 因此 $(\sqrt{\mathfrak{a}})^m \subseteq \mathfrak{a}$.

由 $\sqrt{\{0\}} = \mathfrak{N}$, 知有 $(\sqrt{\{0\}})^m = \mathfrak{N}^m = \{0\}$. ∎

推论 4.3.1　设 $\mathfrak{m}$, $\mathfrak{q}$ 分别是 Noether 环 R 的极大理想、理想, 则下面的条件等价:

1) $\mathfrak{q}$ 是 $\mathfrak{m}$ 准素的;

2) $\sqrt{\mathfrak{q}} = \mathfrak{m}$;

3) 有 $n > 0$, 使 $\mathfrak{m}^n \subseteq \mathfrak{q} \subseteq \mathfrak{m}$.

证　1) 成立, 自然 2) 成立. 由于 $\mathfrak{m}$ 极大, 因此 2) 成立, 1) 也就成立. 由上面定理知, 由 2) 可得 3). 由 3) 有 $\mathfrak{m} = \sqrt{\mathfrak{m}^n} \subseteq \sqrt{\mathfrak{q}} \subseteq \sqrt{\mathfrak{m}} = \mathfrak{m}$. 即 2) 成立. ∎

定理 4.3.3　设 $\mathfrak{a}$ 是 Noether 环 R 的真理想, 则属于 $\mathfrak{a}$ 的素理想, 恰是理想集合 $\{(\mathfrak{a} : x) | x \in R\}$ 中出现的素理想.

证　首先设 $\mathfrak{a} = \{0\}$, 且 $\{0\} = \bigcap_{i=1}^{n} \mathfrak{q}_i$ 为极小准素分解, $\mathfrak{p}_i = \sqrt{\mathfrak{q}_i}$ 为属于 $\{0\}$ 的素理想. 于是 $\mathfrak{a}_i = \bigcap_{j \neq i} \mathfrak{q}_j \neq \{0\}$. 由定理 3.5.3 的证明知 $\forall x \in \mathfrak{a}_i, x \neq 0$, 有 $\sqrt{\operatorname{ann} x} = \mathfrak{p}_i$. 于是 $\operatorname{ann} x \subseteq \mathfrak{p}_i$.

由于 $\mathfrak{q}_i$ 是 $\mathfrak{p}_i$ 准素的, 由定理 4.3.2, 有 m 使得 $\mathfrak{p}_i^m \subseteq \mathfrak{q}_i$. 进而

$$\mathfrak{a}_i \mathfrak{p}_i^m \subseteq \mathfrak{a}_i \cap \mathfrak{p}_i^m \subseteq \mathfrak{a}_i \cap \mathfrak{q}_i = \{0\}.$$

取 m 使得 $\mathfrak{a}_i \mathfrak{p}_i^m = \{0\}$, 而 $\mathfrak{a}_i \mathfrak{p}_i^{m-1} \neq \{0\}$. 取 $x \in \mathfrak{a}_i \mathfrak{p}_i^{m-1}$, $x \neq 0$. 于是 $x\mathfrak{p}_i = 0$, 故 $\mathfrak{p}_i \subseteq \operatorname{ann} x$. 因此 $\mathfrak{p}_i = \operatorname{ann} x$.

反之, 若 $\operatorname{ann} x$ 是一个素理想, 则 $\sqrt{\operatorname{ann} x} = \operatorname{ann} x$. 由定理 4.3.2, $\operatorname{ann} x$ 是属于 $\{0\}$ 的素理想.

对一般的 $\mathfrak{a}$, 只要注意 $R/\mathfrak{a}$ 仍是 Noether 环, 即可证明定理. ∎

定理 4.3.4 Noether 环 R 只有有限个极小素理想.

证 R 的幂零根基为 $\sqrt{\{0\}}=\mathfrak{N}$, 于是 $\sqrt{\mathfrak{N}}=\sqrt{\sqrt{\{0\}}}=\mathfrak{N}$. 设 $\mathfrak{N}=\bigcap_{i=1}^{n}\mathfrak{q}_i$ 为极小准素分解. 因而 $\mathfrak{N}=\sqrt{\mathfrak{N}}=\bigcap_{i=1}^{n}\sqrt{\mathfrak{q}_i}$. 于是 R 的极小素理想为 $\sqrt{\mathfrak{q}_i}$, $1\leqslant i\leqslant n$. ∎

4.4 阿 廷 环

Artin 环是满足降链条件, 等价地满足极小条件的环. 本节将给出 Artin 环的结构定理.

定理 4.4.1 设 R 是 Artin 环, 则有

1) R 的每个素理想都是极大理想, 故 R 的幂零根基与 Jacobson 根基相等;

2) R 是半局部环;

3) R 的幂零根基是幂零理想.

证 1) 设 $\mathfrak{p}$ 是 R 的素理想, 于是 $R_1=R/\mathfrak{p}$ 是整 Artin 环. 设 $x\in R_1$, $x\neq 0$. 于是由降链条件, 有 n 使得 $\langle x^n\rangle=\langle x^{n+1}\rangle$. 故有 $y\in R_1$ 使得 $yx^{n+1}=x^n$. 由于 R_1 是整环, 故 $xy=1$, 因此 R_1 为域, $\mathfrak{p}$ 为极大理想.

2) 有限个极大理想的交构成的集合中有极小元 $\mathfrak{m}_1\cap\mathfrak{m}_2\cap\cdots\cap\mathfrak{m}_n$. 设 $\mathfrak{m}$ 是极大理想, 于是

$$\mathfrak{m}\cap(\mathfrak{m}_1\cap\mathfrak{m}_2\cap\cdots\cap\mathfrak{m}_n)=\mathfrak{m}_1\cap\mathfrak{m}_2\cap\cdots\cap\mathfrak{m}_n.$$

于是极大理想 $\mathfrak{m}\supseteq\mathfrak{m}_1\cap\mathfrak{m}_2\cap\cdots\cap\mathfrak{m}_n$, 因而有 i 使得 $\mathfrak{m}\supseteq\mathfrak{m}_i$. 注意 $\mathfrak{m}_i$ 是极大的, 于是 $\mathfrak{m}=\mathfrak{m}_i$. 故 R 是半局部的.

3) 设 $\mathfrak{N}$ 为 R 的幂零根基. 由降链条件知有 $k>0$, 使得 $\mathfrak{N}^k=\mathfrak{N}^{k+1}=\cdots=\mathfrak{a}$. 由此知 $\mathfrak{a}^2=\mathfrak{a}$. 若 $\mathfrak{a}\neq\{0\}$, 设 Σ 是所有与 $\mathfrak{a}$ 的积不为零的理想的集合. $\mathfrak{a}\in\Sigma$, 故 $\Sigma\neq\varnothing$, 于是有极小元 $\mathfrak{c}$. 因此有 $x\in\mathfrak{c}$, 使 $x\mathfrak{a}\neq 0$. 又 $\langle x\rangle\subseteq\mathfrak{c}$, 由 $\mathfrak{c}$ 的极小性, 有 $\langle x\rangle=\mathfrak{c}$. 又有 $x\mathfrak{a}=x\mathfrak{a}^2\neq\{0\}$, $x\mathfrak{a}\subseteq\langle x\rangle$, 再用极小性, 有 $x\mathfrak{a}=\langle x\rangle$. 于是有 $y\in\mathfrak{a}$ 使得 $x=xy$. 于是 $x=xy^n$, $n=1,2,\cdots$. 注意 $y\in\mathfrak{N}^k\subseteq\mathfrak{N}$, y 是幂零的. 于是 $y^n=0$, $x=0$, 矛盾. 故 $\mathfrak{N}$ 是幂零理想. ∎

定义 4.4.1 交换幺环 R 的一个**素理想链**是一个有限的严格递增的素理想序列

$$\mathfrak{p}_0\subset\mathfrak{p}_1\subset\cdots\subset\mathfrak{p}_n.$$

n 称为此链的长度. R 中所有素理想链的长度的上确界称为 R 的**维数**, 记为 $\dim R$.

R 非零, 则 $\dim R\geqslant 0$ 或 $\dim R=\infty$.

R 为域, 则 $\dim R=0$. 因为 $\{0\}$ 是唯一的极大理想.

$R = \mathbf{Z}$, 则 $\dim \mathbf{Z} = 1$. 因为 $\mathbf{Z}$ 中每个非零素理想都是极大理想.

定理 4.4.2 R 为 Artin 环当且仅当 R 为 0 维的 Noether 环.

证 R 为 Artin 环, 每个素理想都是极大的, 于是 $\dim R = 0$. 同时 R 只有有限个极大理想: $\mathfrak{m}_1, \mathfrak{m}_2, \cdots, \mathfrak{m}_n$, $\mathfrak{N}$ 是幂零的, 即有 $\mathfrak{N}^k = \{0\}$. 于是

$$\{0\} = \mathfrak{N}^k = \left(\bigcap_{i=1}^{n} \mathfrak{m}_i\right)^k \supseteq \prod_{i=1}^{n} \mathfrak{m}_i^k.$$

由定理 4.1.10, R 是 Noether 环.

反之, 设 R 为 0 维的 Noether 环. 于是 $\{0\}$ 有极小准素分解 $\{0\} = \bigcap_{i=1}^{n} \mathfrak{q}_i$. 因此

$$\mathfrak{N} = \sqrt{\{0\}} = \bigcap_{i=1}^{n} \sqrt{\mathfrak{q}_i}.$$

由 $\dim R = 0$, 所以素理想 $\mathfrak{m}_i = \sqrt{\mathfrak{q}_i}$ 都是极大理想. 幂零根基 $\mathfrak{N} = \bigcap_{i=1}^{n} \mathfrak{m}_i$ 是幂零理想, 于是有 $\mathfrak{N}^k = \{0\}$, 如定理前部分的证明, 有 $\prod_{i=1}^{n} \mathfrak{m}_i^k = \{0\}$. 由定理 4.1.10, R 是 Artin 环. ∎

推论 4.4.1 局部 Artin 环 R 中元素或者是可逆的, 或者是幂零的.

证 由定理 4.4.2, 局部 Artin 环 R 的唯一的极大理想 $\mathfrak{m}$, 也是 R 唯一的素理想, 于是也是 R 的幂零根基, 而且是幂零理想. $x \in \mathfrak{m}$, x 是幂零的. $x \notin \mathfrak{m}$, 于是有 $1 = xy + m$, $m \in \mathfrak{m}$. 因此 $xy = 1 - m$, 并有 k 使 $m^k = 0$. 于是 xy, 因而 x 可逆. ∎

设 p 是素数, 环 $\mathbf{Z}/\langle p^n \rangle$ 中元素或者幂零, 或者可逆.

定理 4.4.3 设 R 是局部 Noether 环, $\mathfrak{m}$ 为其极大理想. 则以下两个论述恰有一个成立.

1) $\mathfrak{m}^n \neq \mathfrak{m}^{n+1}$, $\forall n \in \mathbf{N}$.

2) $\mathfrak{m}^n = \{0\}$, 对某个 n, 此时 R 是 Artin 环.

证 设对某个 n 有 $\mathfrak{m}^n = \mathfrak{m}^{n+1}$. $\mathfrak{m}^n$ 是 R 模, 且 R 的 Jacobson 根 $\mathfrak{R} = \mathfrak{m}$. 于是由定理 2.1.3, $\mathfrak{m}^n = \{0\}$. 设 $\mathfrak{p}$ 是 R 的素理想, 于是 $\mathfrak{m}^n \subseteq \mathfrak{p}$. 于是 $\mathfrak{m} = \sqrt{\mathfrak{m}^n} \subseteq \sqrt{\mathfrak{p}} = \mathfrak{p}.\mathfrak{m}$ 是极大的, 于是 $\mathfrak{m} = \mathfrak{p}$. 因此 R 是局部 Artin 环. ∎

定理 4.4.4(Artin 环的结构定理) Artin 环 R 是有限个局部 Artin 环的直积, 而且此直积在同构意义下是唯一的.

证 设 $\mathfrak{m}_i$ $(1 \leqslant i \leqslant n)$ 是 R 互不相同的极大理想. 从定理 4.4.2 的证明知 $\prod_{i=1}^{n} \mathfrak{m}_i^k = \{0\}$. 由定理 1.5.3, 从 $\mathfrak{m}_i$ 的两两互素得到 $\mathfrak{m}_i^k$ $(1 \leqslant i \leqslant n)$ 是两两互素的.

由定理 1.3.4 得

$$\prod_{i=1}^{n} \mathfrak{m}_i^k = \bigcap_{i=1}^{n} \mathfrak{m}_i^k = \{0\},$$

由

$$\varphi(x) = (x + \mathfrak{m}_1^k, x + \mathfrak{m}_2^k, \cdots, x + \mathfrak{m}_n^k)$$

定义的 φ 是 R 到 $\prod_{i=1}^{n} R/\mathfrak{m}_i^k$ 的同构, 而 $R/\mathfrak{m}_i^k$ 是局部 Artin 环.

设 $R \cong \prod_{i=1}^{n} R_i$, R_i 是局部 Artin 环. 令 ϕ_i 为 R 到 R_i 上的投影, $\mathfrak{a}_i = \ker \phi_i$, 由定理 1.3.4, 它们是两两互素的, 且 $\bigcap_{i=1}^{n} \mathfrak{a}_i = \{0\}$. 设 $\mathfrak{q}_i$ 是 R_i 的 (唯一的) 素理想, $\mathfrak{p}_i = \phi_i^{-1}(\mathfrak{q}_i)$ 是 $\mathfrak{q}_i$ 的局限, 因而是素理想, 从而是极大理想. 因为 $\mathfrak{q}_i$ 是幂零的, 所以 $\mathfrak{a}_i$ 是 $\mathfrak{p}_i$ 准素的, 且 $\bigcap_{i=1}^{n} \mathfrak{a}_i = \{0\}$ 是 R 中零理想的准素分解, $\mathfrak{a}_i$ 两两互素, 故 $\mathfrak{p}_i$ 两两互素, $\mathfrak{a}_i$ 为孤立准素分支, 因而被 R 唯一确定. ∎

例 4.4.1 设 $R = k[x_1, x_2, \cdots]$ 是域 k 上可数无限个不定元 $x_1, x_2, \cdots$ 的多项式环. 令 $\mathfrak{a} = \langle x_1, x_2^2, \cdots, x_n^n, \cdots \rangle$. $R_1 = R/\mathfrak{a}$, 则 R 的理想 $\langle x_1, x_2, \cdots, x_n, \cdots, \rangle$ 在 R 到 R_1 的自然同态下的像是 R_1 的唯一的素理想, 于是 R_1 是维数为 0 的局部环, 但不是 Noether 环, 因此素理想不是有限生成的.

设 R 是局部环, $\mathfrak{m}$ 为其极大理想, 于是 $\mathfrak{m}, \mathfrak{m}^2, \mathfrak{m}/\mathfrak{m}^2$ 是 R 模. 由于 $\mathfrak{m}(\mathfrak{m}/\mathfrak{m}^2) = 0$, 于是 $\mathfrak{m}/\mathfrak{m}^2$ 可视为域 $k = R/\mathfrak{m}$ 上的线性空间. 如果 $\mathfrak{m}$ 是有限生成的, 则其生成元的像张成 $\mathfrak{m}/\mathfrak{m}^2$, 因而 $\mathfrak{m}/\mathfrak{m}^2$ 是 k 上有限维线性空间, 其维数记为 $\dim_k \mathfrak{m}/\mathfrak{m}^2$.

定理 4.4.5 局部 Artin 环 R 关于下列条件等价:

1) R 的理想是主理想;

2) R 的极大理想 $\mathfrak{m}$ 是主理想;

3) $\dim_k \mathfrak{m}/\mathfrak{m}^2 \leqslant 1$, $k = R/\mathfrak{m}$.

证 由 1) 到 2), 由 2) 到 3) 是显然的.

若 $\dim_k \mathfrak{m}/\mathfrak{m}^2 = 0$, 则 $\mathfrak{m}^2 = \mathfrak{m}$, 此时 $\mathfrak{m} = 0$, R 是域, 结论成立.

若 $\dim_k \mathfrak{m}/\mathfrak{m}^2 = 1$, 由定理 2.1.4, $\mathfrak{m}$ 是主理想 $\langle x \rangle$. 设 $\mathfrak{a}$ 是 R 的一个非平凡理想. 由 $\mathfrak{m} = \mathfrak{N} = \mathfrak{R}$ 是幂零的, 故有 r 使得 $\mathfrak{a} \subseteq \mathfrak{m}^r$, $\mathfrak{a} \not\subseteq \mathfrak{m}^{r+1}$, 于是有 $y \in \mathfrak{a}$, 使得 $y = ax^r, y \notin \langle x^{r+1} \rangle$, 由此 $a \notin \langle x \rangle = \mathfrak{m}$. 故 a 是可逆元, 于是 $x^r \in \mathfrak{a}$, 所以 $\mathfrak{m}^r = \langle x^r \rangle \subseteq \mathfrak{a}$. 因此 $\mathfrak{a} = \langle x^r \rangle$ 是主理想. ∎

例 4.4.2 1) p 为素数, 环 $\mathbf{Z}/\langle p^n \rangle$ 满足定理 4.4.5 的条件.

2) k 是域, $f(x)$ 为 $k[x]$ 中不可约多项式, 环 $k[x]/\langle f(x)^n\rangle$ 满足定理 4.4.5 的条件.

3) k 是域, 局部 Artin 环 $k[x^2,x^3]/\langle x^4\rangle$ 不满足定理 4.4.5 的条件. 因为极大理想 $\mathfrak{m}$ 由 $x^2(\mathrm{mod} x^4)$, $x^3(\mathrm{mod} x^4)$ 生成, 而 $\mathfrak{m}^2=\{0\}$, 于是 $\dim_k \mathfrak{m}/\mathfrak{m}^2=2$.

习 题 4

1. 设 N_1, N_2 是 R 模 M 的子模, $M/N_1, M/N_2$ 均为 Noether (Artin) 模. 证明 $M/(N_1\cap N_2)$ 也是 Noether (Artin) 模.

2. 设 M 是 $\mathbf{Z}$ 模. 证明

1) M 是 Noether 模当且仅当 M 是有限生成的 $\mathbf{Z}$ 模;

2) M 有合成列当且仅当 M 是有限 $\mathbf{Z}$ 模.

3. 设 M 是有限生成 R 模. 证明:

1) 若 $\mathfrak{a}$ 是 R 的理想使得 $\mathfrak{a}M=M$, 则存在 $a\in\mathfrak{a}$ 使得 $(1-a)M=0$;

2) M 的满自同态 f 是同构.

4. 设 M 是 Artin R 模. 证明 M 的自同态若为单射, 则为同构.

5. 设 $\mathfrak{a}_i$ $(1\leqslant i\leqslant n)$ 是交换幺环 R 的理想, 且 $R/\mathfrak{a}_i$ 是 Noether 环, $\bigcap\limits_{i=1}^{n}\mathfrak{a}_i=\{0\}$. 证明 R 是 Noether 环.

6. 1) 设 R 不是 Noether 环, Σ 为 R 中非有限生成的理想的集合, 证明 Σ 中有极大元, 且极大元是素理想;

2) 若交换幺环 R 的每个素理想都是有限生成的, 证明 R 是 Noether 环.

7. 设交换幺环 R 的每个极大理想为 Re, 其中 $e^2=e\in R$ (称为**幂等元**).

1) 证明 R 的每个准素理想是极大理想;

2) 证明 R 是 Noether 环.

8. 设 M 为 Noether R 模, $R[x]$, $M[x]$ 如 2.9 节的习题 13. 证明 $M[x]$ 是 Noether $R[x]$ 模.

9. 设 M 是有限生成的 R 模. 证明 M 是 Noether R 模当且仅当 $R/\mathrm{ann}M$ 是 Noether 环.

10. 设 M 是 Artin R 模. 证明 $R/\mathrm{ann}M$ 是 Artin 环.

11. 设 $R=F[x_1,x_2,\cdots,x_n,\cdots]$ 是域 F 上的可数无限个不定元的多项式环. 又 $m_1<m_2<\cdots$ 是正整数序列, 满足

$$m_{i+1}-m_i>m_i-m_{i-1},\quad i\geqslant 2.$$

理想 $\mathfrak{p}_i=\langle x_{m_i+1},\cdots,x_{m_{i+1}}\rangle$, $S=R\setminus\left(\bigcup\limits_{i\geqslant 1}\mathfrak{p}_i\right)$.

1) 证明 $\mathfrak{p}_i$ 是素理想;

2) 证明 S 是乘法封闭集;

3) 证明 $S^{-1}R$ 是 Noether 环;

4) 证明 $\dim S^{-1}R = \infty$.

12. 设 R 为有限交换幺环, 且 $|R| = \prod_{i=1}^{r} p_i^{n_i}$, p_i 为素数, $n_i \in \mathbf{N}$. 又 $R = \prod_{i=1}^{r} R_i$, R_i 为局部 Artin 环. 证明 $\{R_i\}$ 中必含元素个数为 $p_i^{t_i}$ $(1 < t_i \leqslant n_i)$ 的局部环.

第 5 章　整相关性与戴德金整环

在经典的代数几何研究中常将曲线投影到直线上和将曲线看作直线的覆盖来研究. 研究代数数域时, 则离不开与整数环的关系. 这两者的共同的代数特点就是所谓的整性相关. 戴德金整环的一个典型的例子是代数整数环. 本章介绍整相关性与戴德金整环.

5.1　整 相 关 性

整相关性, 自然要有 "整" 的概念. 此概念其实是代数整数概念的推广.

定义 5.1.1　设 A 是 B 的子环. $x \in B$ 称为在 A 上**整**, 如果 x 是 A 上一元多项式环中首一多项式的根, 即有

$$x^n + a_1 x^{n-1} + \cdots + a_n = 0, \quad a_i \in A.$$

例 5.1.1　1) A 中元素在 A 上整.

2) $\mathbf{Q}$ 中元素 r 在 $\mathbf{Z}$ 上整当且仅当 r 是整数.

定理 5.1.1　设 A 是 B 的子环, 则下面条件等价:

1) $x \in B$ 在 A 上整;

2) $A[x]$ 是有限生成 A 模;

3) $A[x]$ 包含在 B 的一个子环 C 中, C 是有限生成 A 模;

4) 存在一个忠实 $A[x]$ 模 M, 它作为 A 模是有限生成的.

证　1) $\Longrightarrow$ 2)　由 $x^{n+r} = -x^r(a_1 x^{n-1} + \cdots + a_n)$, $\forall r \in \mathbf{N} \cup \{0\}$, 可知 $A[x] = \langle 1, x, \cdots, x^{n-1} \rangle$ 是有限生成 A 模.

2) $\Longrightarrow$ 3)　$A[x]$ 是子环, 于是可取 $C = A[x]$.

3) $\Longrightarrow$ 4)　取 $M = C$. 注意 $M = C \supseteq A[x] \ni 1$, 若 $y \in A[x]$, $yC = 0$, 则 $y = y \cdot 1 = 0$, M 为忠实的 $A[x]$ 模.

4) $\Longrightarrow$ 1)　令 $\phi(m) = xm, \forall m \in M$. 由 M 是 $A[x]$ 模, 则 $\phi(M) \subseteq M$, 而且易验证 ϕ 是 A 模 M 的自同态, M 是有限生成的, $A(M) = M$, 由定理 2.1.3, 知有

$$x^n + a_1 x^{n-1} + \cdots + a_n = 0, \quad a_i \in A. \qquad \blacksquare$$

推论 5.1.1　设 A 是 B 的子环.

1) B 中元素 $x_1, x_2, \cdots, x_n$ 在 A 上整, 则环 $A[x_1, x_2, \cdots, x_n]$ 是有限生成 A 模.

2) B 中所有在 A 上整的元素所成集合 C 是 B 的包含 A 的子环, 称为 A 在 B 中的**整闭包**.

如果 $C = A$, 称 A 在 B 中**整闭**. 如果 $C = B$, 称 B 在 A 上**整**, 也称 B 是 A 的**整扩张**.

3) 又若 B 是 D 的子环, B 在 A 上整, D 在 B 上整, 则 D 在 A 上整.

4) C 是 A 在 B 中的整闭包, 则 C 在 B 中是整闭的.

证 1) 对 n 归纳证明. $n = 1$ 时, 由定理 5.1.1 知结论成立. 注意

$$A[x_1, x_2, \cdots, x_{n-1}, x_n] = (A[x_1, x_2, \cdots, x_{n-1}])[x_n].$$

x_n 在 A 上整, 自然在 $A[x_1, x_2, \cdots, x_{n-1}]$ 上整. 因为 $A[x_1, x_2, \cdots, x_{n-1}]$ 是有限生成的 A 模, 于是 $A[x_1, x_2, \cdots, x_n]$ 是有限生成 A 模.

2) 设 $x, y \in C$, 于是环 $A[x], A[y], A[x, y]$ 是有限生成的 A 模. 注意, 子环 $A[x+y]$, $A[xy]$ 都在子环 $A[x, y]$ 中, 于是 $x + y, xy$ 在 A 上整, 故 C 是 B 包含 A 的子环.

3) 设 $x \in D$, 于是有 $x^n + b_1x^{n-1} + \cdots + b_n = 0$, $b_i \in B$. 故 $B' = A[b_1, b_2, \cdots, b_n]$ 是有限生成的 A 模. 于是 $B'[x]$ 也是有限生成的 A 模, 于是 x 在 A 上整.

4) 设 $x \in B$, x 在 C 上整, 由于 C 在 A 上整, 由结论 3), x 在 A 上整. 即 C 在 B 中是整闭的. ∎

定义 5.1.2 如果 f 是环 A 到环 B 的同态, 于是 B 是 A 代数. 若 B 在子环 $f(A)$ 上整, 则称 f **整**, 并称 B 为**整 A 代数**.

性质 5.1.1 如果 f 是环 A 到环 B 的同态, 则 f 是有限的当且仅当 f 既是有限型的, 又是整的.

证 f 是有限的, 即 B 是有限生成的 $f(A)$ 模. 自然 B 是有限生成的 $f(A)$ 代数, 即 f 是有限型.B 是有限生成的 $f(A)$ 模, 于是 B 在 $f(A)$ 上是整的, 即 f 是整的.

反之, f 是有限型的, 于是 $B = f(A)[b_1, b_2, \cdots, b_n]$, 这里 $b_1, b_2, \cdots, b_n \in B$. 又因为 f 整, 于是 $B = f(A)[b_1, b_2, \cdots, b_n]$ 是有限生成的 $f(A)$ 模. ∎

定理 5.1.2 设 A 是 B 的子环, B 在 A 上整.

1) 若 $\mathfrak{b}$ 是 B 的理想, $\mathfrak{a} = \mathfrak{b}^c = \mathfrak{b} \cap A$, 则 $B/\mathfrak{b}$ 在 $A/\mathfrak{a}$ 上整.

2) 若 S 是 A 的乘法封闭集, 则 $S^{-1}B$ 在 $S^{-1}A$ 上整.

证 设 $x \in B$, 且 $x^n + a_1x^{n-1} + \cdots + a_n = 0$, $a_i \in A$.

1) 注意,$A_1 = A + \mathfrak{b}$ 是 B 的子环, 而且 $A_1/\mathfrak{b} \cong A/(\mathfrak{b} \cap A) = A/\mathfrak{a}$, 于是可视 $A/\mathfrak{a}$

为 $B/\mathfrak{b}$ 的子环. 设 π 是 B 到 $B/\mathfrak{b}$ 的自然同态. 于是

$$(\pi(x))^n + \pi(a_1)(\pi(x))^{n-1} + \cdots + \pi(a_n) = 0, \quad \pi(a_i) \in \pi(A_1).$$

于是 $B/\mathfrak{b}$ 在 $A_1/\mathfrak{b}$ 上整. 于是结论 1) 成立.

2) $\dfrac{x}{s} \in S^{-1}B$, 于是

$$\left(\frac{x}{s}\right)^n + \frac{a_1}{s}\left(\frac{x}{s}\right)^{n-1} + \cdots + \frac{a_n}{s^n} = 0, \quad \frac{a_i}{s^i} \in S^{-1}A.$$

于是结论 2) 成立. ∎

定理 5.1.3 设整环 B 在其子环 A 上整, 则 B 是域当且仅当 A 是域.

证 设 A 是域. $y \in B$, $y \neq 0$. 于是有 $y^n + a_1y^{n-1} + \cdots + a_n = 0$, $a_i \in A$. 由 B 是整环知 $a_n \neq 0$. 由此 $y^{-1} = -a_n^{-1}(y^{n-1} + a_1y^{n-2} + \cdots + a_{n-1}) \in B$. 故 B 是域.

反之, 设 B 是域. $x \in A$, $x \neq 0$. 于是 $x^{-1} \in B$, 因而有

$$(x^{-1})^m + a_1'(x^{-1})^{m-1} + \cdots + a_m' = 0, \quad a_i' \in A.$$

由此 $x^{-1} = -(a_1' + a_2'x + \cdots + a_m'x^{m-1}) \in A$. ∎

推论 5.1.2 设环 B 在其子环 A 上整.

1) B 的素理想 $\mathfrak{q}$ 是极大的当且仅当 $\mathfrak{p} = \mathfrak{q}^c = \mathfrak{q} \cap A$ 是 A 的极大理想.

2) 设 $\mathfrak{q}$,$\mathfrak{q}'$ 是 B 的素理想, $\mathfrak{q} \subseteq \mathfrak{q}'$, $\mathfrak{p} = \mathfrak{q}^c = \mathfrak{q}'^c$. 则 $\mathfrak{q} = \mathfrak{q}'$.

证 1) $\mathfrak{q}$, $\mathfrak{p}$ 分别为 B, A 的素理想, $A/\mathfrak{p}$, $B/\mathfrak{q}$ 都是整环, 而且由定理 5.1.2, $B/\mathfrak{q}$ 在 $A/\mathfrak{p}$ 上整, 于是由定理 5.1.3 知结论 1) 成立.

2) 令 $S = A \setminus \mathfrak{p}$, 于是 $B_\mathfrak{p} = S^{-1}B$ 在 $A_\mathfrak{p}$ 上整. $\mathfrak{p}$ 在 $A_\mathfrak{p}$ 中扩张理想 $\mathfrak{m}$ 是 $A_\mathfrak{p}$ 的极大理想. 设 $\mathfrak{n}$, $\mathfrak{n}'$ 分别为 $\mathfrak{q}$, $\mathfrak{q}'$ 在 $B_\mathfrak{p}$ 中的扩张理想. 由 $\mathfrak{q} \subseteq \mathfrak{q}'$, 知 $\mathfrak{n} \subseteq \mathfrak{n}'$, $\mathfrak{n}^c = \mathfrak{n}'^c = \mathfrak{m}$. 由结论 1) 知 $\mathfrak{n}$, $\mathfrak{n}'$ 是极大的, 故 $\mathfrak{n} = \mathfrak{n}'$, 从而 $\mathfrak{q} = \mathfrak{q}'$. ∎

定理 5.1.4 设 A 是环 B 的子环, 而且 B 在 A 上整, $\mathfrak{p}$ 是 A 的素理想. 则存在 B 的素理想 $\mathfrak{q}$, 使得 $\mathfrak{q} \cap A = \mathfrak{p}$.

证 设 ι 是 A 到 B 的嵌入映射, α 是 A 到 $A_\mathfrak{p}$ 的映射, β 是 B 到 $B_\mathfrak{p}$ 的映射, $\bar{\iota}$ 是 $A_\mathfrak{p}$ 到 $B_\mathfrak{p}$ 的映射, 它们满足 (图 5.1):

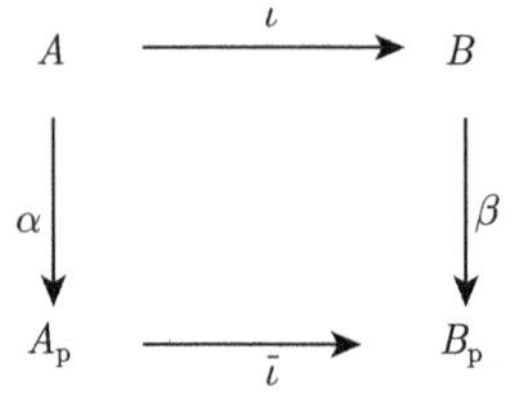

$$\begin{array}{ccc} A & \xrightarrow{\iota} & B \\ \downarrow{\scriptstyle\alpha} & & \downarrow{\scriptstyle\beta} \\ A_\mathfrak{p} & \xrightarrow{\bar{\iota}} & B_\mathfrak{p} \end{array}$$

图 5.1

$$\iota(a) = a, \quad a \in A;$$

$$\alpha(a) = \frac{a}{1}, \quad a \in A;$$

$$\beta(b) = \frac{b}{1}, \quad b \in B;$$

$$\bar{\iota}\left(\frac{a}{s}\right) = \frac{a}{s}, \quad \frac{a}{s} \in A_\mathfrak{p}.$$

$$\beta\iota = \bar{\iota}\alpha.$$

ι, $\bar{\iota}$ 都是单射. 由定理 5.1.2 $B_\mathfrak{p}$ 在 $A_\mathfrak{p}$ 上整. 再从推论 5.1.2, 若 $\mathfrak{n}$ 是 $B_\mathfrak{p}$ 的极大理想, 则 $\mathfrak{m} = \mathfrak{n} \cap A_\mathfrak{p}$ 是局部环 $A_\mathfrak{p}$ 的极大理想. $\mathfrak{n}$ 在 B 中的局限 $\mathfrak{q} = \beta^{-1}(\mathfrak{n})$ 是素理想, 于是 $\mathfrak{q} \cap A = \alpha^{-1}(\mathfrak{m}) = \mathfrak{p}$. ∎

定理 5.1.5 (上升定理) 设 A 是环 B 的子环, 而且 B 在 A 上整, $\mathfrak{p}_1 \subseteq \mathfrak{p}_2 \subseteq \cdots \subseteq \mathfrak{p}_n$ 是 A 的素理想链, $\mathfrak{q}_1 \subseteq \mathfrak{q}_2 \subseteq \cdots \subseteq \mathfrak{q}_m$ 是 B 的素理想链, $m < n$, 使得 $\mathfrak{q}_i \cap A = \mathfrak{p}_i$, $1 \leqslant i \leqslant m$. 则可将链 $\mathfrak{q}_1 \subseteq \mathfrak{q}_2 \subseteq \cdots \subseteq \mathfrak{q}_m$ 扩充 $\mathfrak{q}_1 \subseteq \mathfrak{q}_2 \subseteq \cdots \subseteq \mathfrak{q}_n$, 仍有 $\mathfrak{q}_i \cap A = \mathfrak{p}_i$, $1 \leqslant i \leqslant n$.

证 如果证明了 $n = 2, m = 1$ 时定理成立, 则对 (n, m) 用双重归纳法就可证明定理. 因此证明 $n = 2, m = 1$ 时定理成立. 由于 $\mathfrak{p}_1 = \mathfrak{q}_1 \cap A$, 因此整环 $\overline{B} = B/\mathfrak{q}_1$ 在整环 $\overline{A} = A/\mathfrak{p}_1$ 上整. 由定理 5.1.4 知存在 $\overline{B}$ 的素理想 $\bar{\mathfrak{q}}_2$ 使得 $\bar{\mathfrak{q}}_2 \cap \overline{A} = \mathfrak{p}_2/\mathfrak{p}_1$. $\bar{\mathfrak{q}}_2$ 在 B 中的原像 $\mathfrak{q}_2$ 是素理想, 且 $\mathfrak{q}_2 \supseteq \mathfrak{q}_1$, $\mathfrak{q}_2 \cap A = \mathfrak{p}_2$. ∎

5.2 整闭整环

抽象代数中很重要的内容之一的唯一析因整环, 代数数论所研究的代数整数环等这些环都是本节要讨论的整闭整环的特殊情形.

定义 5.2.1 整交换幺环 R 称为**整闭的**如果 R 在其分式域中是整闭的.

例 5.2.1 唯一析因整环 R 是整闭的. 从而整数环, 域上的多元多项式环都是整闭整环.

事实上, R 的分式域 $F = \left\{\dfrac{a}{b}\middle| a, b \in R, b \neq 0\right\}$. $a \neq 0$ 时, 可假定 a, b 互素, 于是 $\dfrac{a}{b}$ 是 R 上一元多项式环 $R[x]$ 中 $f(x) = bx - a$ 的根. $f(x)$ 可变为首一多项式当且仅当 b 为 R 的单位, 即 $\dfrac{a}{b} \in R$.

为讨论整闭整环, 先证明下面的定理.

定理 5.2.1 设 A 是 B 的子环, C 是 A 在 B 中的整闭包, S 是 A 的乘法封闭集, 则 $S^{-1}C$ 是 $S^{-1}A$ 在 $S^{-1}B$ 中的整闭包.

证 由定理 5.1.2 知 $S^{-1}C$ 在 $S^{-1}A$ 上整. 若 $\dfrac{b}{s} \in S^{-1}B$ 在 $S^{-1}A$ 上整, 则有

$$\left(\frac{b}{s}\right)^n + \frac{a_1}{s_1}\left(\frac{b}{s}\right)^{n-1} + \cdots + \frac{a_n}{s_n} = 0, \quad a_i \in A,\ s_i \in S.$$

令 $t = s_1 s_2 \cdots s_n$. 以 $\left(\dfrac{st}{1}\right)^n$ 乘上式得 bt 为 $A[x]$ 的首一多项式的根, 即在 A 上整, 故 $bt \in C$, $\dfrac{b}{s} = \dfrac{bt}{st} \in S^{-1}C$. ∎

整闭是局部性质.

定理 5.2.2 整环 A 关于下列条件等价:

1) A 是整闭的;

2) 对 A 的每个素理想 $\mathfrak{p}$, $A_{\mathfrak{p}}$ 是整闭的;

3) 对 A 的每个极大理想 $\mathfrak{m}$, $A_{\mathfrak{m}}$ 是整闭的.

证 设 K 是 A 的分式域, C 是 A 在 K 中的整闭包, f 是 A 到 C 的嵌入映射. 于是 A 是整闭的当且仅当 f 是满射. 由定理 5.2.1 知, $A_{\mathfrak{p}}$ $(A_{\mathfrak{m}})$ 整闭当且仅当 $f_{\mathfrak{p}}$ $(f_{\mathfrak{m}})$ 是满射. 由定理 3.2.2 知 $f_{\mathfrak{p}}$ $(f_{\mathfrak{m}})$ 是满射当且仅当 f 是满射. 于是本定理成立. ∎

定义 5.2.2 设 A 是 B 的子环, $\mathfrak{a}$ 是 A 的理想. $x \in B$ 称为在 $\mathfrak{a}$ 上整, 如果

$$x^n + a_1 x^{n-1} + \cdots + a_n = 0, \quad a_i \in \mathfrak{a}.$$

$\mathfrak{a}$ 在 B 中**整闭包**是 B 中所有在 $\mathfrak{a}$ 上整的元素的集合.

引理 5.2.1 设 A 是 B 的子环, $\mathfrak{a}$ 是 A 的理想, C 是 A 在 B 中的整闭包, $\mathfrak{a}^e$ 是 $\mathfrak{a}$ 在 C 中的扩张理想. 那么 $\mathfrak{a}$ 在 B 中的整闭包是 $\sqrt{\mathfrak{a}^e}$.

证 设 $x \in B$, x 在 $\mathfrak{a}$ 上整, 自然在 A 上整, 因此 $x \in C$, 而且

$$x^n = -(a_1 x^{n-1} + \cdots + a_n) \in \mathfrak{a}^e,$$

于是 $x \in \sqrt{\mathfrak{a}^e}$.

反之, 若 $x \in \sqrt{\mathfrak{a}^e}$, 则有 $x^n \in \mathfrak{a}^e$, 于是 $x^n = \sum\limits_{i=1}^{m} a_i x_i$, 这里 $a_i \in \mathfrak{a}$, $x_i \in C$. x^n 在 A 上整, 由推论 5.1.1, $M = A[x_1, x_2, \cdots, x_m]$ 是有限生成的 A 模, 而且 $x^n M \subseteq \mathfrak{a} M \subseteq M$, 于是 $\phi(y) = x^n y$ $(\forall y \in M)$ 确定了 M 的自同态, 由定理 2.1.3 知 x^n 在 $\mathfrak{a}$ 上整, 故 x 在 $\mathfrak{a}$ 上整. ∎

引理 5.2.2 设整闭整环 A 是整环 B 的子环, $x \in B$ 在 A 的理想 $\mathfrak{a}$ 上整. 那么 x 是 A 的分式域 K 上的代数元, 而且若 x 在 K 上的极小多项式为

$$f(t) = t^n + a_1 t^{n-1} + \cdots + a_n, \quad a_i \in K,$$

则 $a_i \in \sqrt{\mathfrak{a}}$.

证 x 在 $\mathfrak{a}$ 上整, 从而在 A 上整, 于是在 K 上是代数的. 设 L 是 K 的扩域, 且包含 x 的所有共轭元 (即 $f(t)$ 的所有根) $x_1, x_2, \cdots, x_n$. 若 $g(t) \in A[t] \subseteq K[t]$, 使 $g(x) = 0$, 则 $g(x_i) = 0$. 于是 x_i 也在 $\mathfrak{a}$ 上整. $f(t)$ 的系数 a_i 是 $x_1, x_2, \cdots, x_n$ 的对称多项式, 由引理 5.2.1, 它们在 $\mathfrak{a}$ 上整, 在 A 上整. 又 A 是整闭的, 故 $a_i \in A$. 再由引理 5.2.1, $a_i \in \sqrt{\mathfrak{a}}$. ∎

定理 5.2.3 (下降定理) 设整闭整环 A 是整环 B 的子环, 且 B 在 A 上整. $\mathfrak{p}_1 \supseteq \mathfrak{p}_2 \supseteq \cdots \supseteq \mathfrak{p}_n$ 是 A 的素理想链, $\mathfrak{q}_1 \supseteq \mathfrak{q}_2 \supseteq \cdots \supseteq \mathfrak{q}_m$ 是 B 的素理想链, $m < n$,

使得 $\mathfrak{q}_i \cap A = \mathfrak{p}_i$, $1 \leqslant i \leqslant m$, 则可将链 $\mathfrak{q}_1 \supseteq \mathfrak{q}_2 \supseteq \cdots \supseteq \mathfrak{q}_m$ 扩充 $\mathfrak{q}_1 \supseteq \mathfrak{q}_2 \supseteq \cdots \supseteq \mathfrak{q}_n$, 仍有 $\mathfrak{q}_i \cap A = \mathfrak{p}_i$, $1 \leqslant i \leqslant n$.

证 如果证明了 $n = 2, m = 1$ 时定理成立, 则对 (n, m) 用双重归纳法就可证明定理. 因此证明 $n = 2, m = 1$ 时定理成立.

令 $S = B \setminus \mathfrak{q}_1$, 因为 B 是整环, 于是 B 到 $S^{-1}B = B_{\mathfrak{q}_1}$ 的映射 $b \to \dfrac{b}{1}$ 是单同态, 于是可假定 $A \subseteq B \subseteq B_{\mathfrak{q}_1}$. $\mathfrak{p}_2$ 在 B 中的扩理想 $B\mathfrak{p}_2$ 中的元素形如 $\sum\limits_{i=1}^{n} b_i x_i$, $b_i \in B$, $x_i \in \mathfrak{p}_2 \subseteq \mathfrak{p}_1 = \mathfrak{q}_1 \cap A$. 因此 $B\mathfrak{p}_2 \subseteq \mathfrak{q}_1$. 因此 $B\mathfrak{p}_2 \cap S = \varnothing$. 因此 $B\mathfrak{p}_2$ 在 $B_{\mathfrak{q}_1}$ 中的扩理想为 $S^{-1}(B\mathfrak{p}_2) = B_{\mathfrak{q}_1}\mathfrak{p}_2$. 这也是 $\mathfrak{p}_2$ 在 $B_{\mathfrak{q}_1}$ 中的扩理想. 于是由定理 3.4.3, 若能证明 $B_{\mathfrak{q}_1}\mathfrak{p}_2$ 在 A 上的局限为 $\mathfrak{p}_2$, 即 $B_{\mathfrak{q}_1}\mathfrak{p}_2 \cap A = \mathfrak{p}_2$, 则在 $B_{\mathfrak{q}_1}$ 中有素理想, 其在 A 上的局限为 $\mathfrak{p}_2$. B 中理想集 $\{\mathfrak{q} | \mathfrak{q} \cap S = \varnothing\}$ 与 $B_{\mathfrak{q}_1}$ 的理想有一一对应: $\mathfrak{q} \to S^{-1}\mathfrak{q}$, 而且素理想对应素理想. 于是 B 中有素理想 $\mathfrak{q}_2$ 使得: $\mathfrak{q}_2 \cap S = \varnothing$, $S^{-1}\mathfrak{q}_2$ 在 A 上的限制为 $\mathfrak{p}_2$. 因此 $\mathfrak{q}_2 \subseteq \mathfrak{q}_1$, $\mathfrak{q}_2 \cap A = \mathfrak{p}_2$.

下面证明 $B_{\mathfrak{q}_1}\mathfrak{p}_2 \cap A = \mathfrak{p}_2$.

设 $x \in B_{\mathfrak{q}_1}\mathfrak{p}_2$, 则 $x = \dfrac{y}{s}$, 其中 $y \in B\mathfrak{p}_2$, $s \in B \setminus \mathfrak{q}_1$. $B\mathfrak{p}_2$ 是 $\mathfrak{p}_2$ 在 B 中的扩理想. 于是由引理 5.2.1, $\mathfrak{p}_2$ 在 B 中的整闭包是 $\sqrt{B\mathfrak{p}_2} \supseteq B\mathfrak{p}_2$. 因此 y 在 $\mathfrak{p}_2$ 上整, 由引理 5.2.2, y 在 A 的分式域 K 上的极小多项式给出方程

$$y^r + u_1 y^{r-1} + \cdots + u_r = 0, \quad u_i \in \sqrt{\mathfrak{p}_2} = \mathfrak{p}_2. \tag{5.2.1}$$

设 $x \in B_{\mathfrak{q}_1}\mathfrak{p}_2 \cap A$, 于是 $s = yx^{-1}$, $x^{-1} \in K$. 将 (5.2.1) 除以 x^r 就得到 s 在 K 上的极小多项式给出方程

$$s^r + v_1 s^{r-1} + \cdots + v_r = 0, \quad v_i = \frac{u_i}{x^i}. \tag{5.2.2}$$

从而

$$x^i v_i = u_i \in \mathfrak{p}_2, \quad 1 \leqslant i \leqslant r. \tag{5.2.3}$$

但 s 在 A 上整, 由引理 5.2.2, $v_i \in A$, 若 $x \notin \mathfrak{p}_2$, 由 (5.2.3), $v_i \in \mathfrak{p}_2$, 于是从 (5.2.2) 知 $s^r \in B\mathfrak{p}_2 \subseteq B\mathfrak{p}_1 \subseteq \mathfrak{q}_1$, 故 $s \in \mathfrak{q}_1$, 这就产生矛盾. 于是 $x \in \mathfrak{p}_2$. 故 $B_{\mathfrak{q}_1}\mathfrak{p}_2 \cap A = \mathfrak{p}_2$. ■

回忆域扩张的一些基本事实.

1) 设 L 是域 K 的有限扩张, 于是 L 是 K 上有限维线性空间. 对 $x \in L$ 由 $L_x(y) = xy$, $(\forall y \in L)$ 定义了 L 的线性变换. 于是 $(x, y) = \mathrm{tr}\,(L_x L_y) = \mathrm{tr}\,(L_{xy})$ 是 L 的对称双线性函数.

若 $x_1, x_2, \cdots, x_n$ 是 K 上线性空间 L 的基, 称 $\det((x_i, x_j))$ 为基 $x_1, x_2, \cdots, x_n$ 的**判别式** (discriminant).

2) 设 L 是域 K 的有限扩张, 如果 $\forall x \in L$, x 在 $K[t]$ 中的不可约多项式无重因式, 则称 L 是 K 的**可分扩张**.

3) 设 L 是域 K 的有限扩张. L 是 K 的可分扩张当且仅当 L 的对称双线性函数 $(x,y)=\mathrm{tr}\,(L_x L_y)=\mathrm{tr}\,(L_{xy})$ 是非退化的.

定理 5.2.4　设 A 是整闭的整环, K 是 A 的分式域, L 是 K 的有限可分代数扩张, B 是 A 在 L 中的整闭包, 那么存在 L 在 K 上的基 $v_1, v_2, \cdots, v_n$, 使得 $B \subseteq \sum\limits_{j=1}^{n} A v_j$.

证　设 $v \in L$, v 是 K 上的代数元, 于是满足方程

$$a_0 v^r + a_1 v^{r-1} + \cdots + a_r = 0, \quad a_i \in A,\ a_0 \neq 0,$$

以 a_0^{r-1} 乘上式得

$$(a_0 v)^r + a_1 (a_0 v)^{r-1} + a_0 a_2 (a_0 v)^{r-2} + \cdots + a_0^{r-1} a_r = 0,$$

即 $a_0 v$ 在 A 上整, 因此 $a_0 v \in B$. 若 $w_1, w_2, \cdots, w_n$ 是 L 的基, 于是有 $c_i \neq 0$, $c_i \in A$, 使得 $u_i = c_i w_i \in B$, 而 $u_1, u_2, \cdots, u_n$ 仍为 L 的基. L 是 K 的可分扩张, 于是 $(x,y)=\mathrm{tr}\,(L_x L_y)=\mathrm{tr}\,(L_{xy})$ 是非退化的. 因此有 L 的基 $v_1, v_2, \cdots, v_n$ 使得 $(u_i, v_j) = \delta_{ij}$. 设 $x \in B$, 于是 $u_i x \in B$, $\mathrm{tr}\,(u_i x)$ 是 $u_i x$ 的极小多项式的某系数的倍式, 于是 $\mathrm{tr}\,(u_i x) = (u_i, x) \in A$. 设 $x = \sum\limits_{j=1}^{n} x_j v_j$, $x_j \in K$. 于是 $(x, u_i) = \sum\limits_{j=1}^{n} x_j (v_j, u_i) = x_i \in A$. 从而 $B \subseteq \sum\limits_{j=1}^{n} A v_j$. ∎

例 5.2.2　设 $A = \mathbf{Z}$, 于是 $K = \mathbf{Q}$. $L = \mathbf{Q}(\sqrt[3]{2})$ 是 $\mathbf{Q}$ 的有限可分扩张. L 作为 $\mathbf{Q}$ 上的线性空间有基 $u_1 = 1, u_2 = \sqrt[3]{2}$, $u_3 = \sqrt[3]{4}$. 这些都是代数整数, 故在 $\mathbf{Z}$ 在 L 的整闭包 B 中. 在此基下 $L_{u_1}, L_{u_2}, L_{u_3}$ 的矩阵及矩阵 $((u_i, u_j))$ 分别为

$$I_3, \quad \begin{pmatrix} 0 & 0 & 2 \\ 1 & 0 & 0 \\ 0 & 1 & 0 \end{pmatrix}, \quad \begin{pmatrix} 0 & 2 & 0 \\ 0 & 0 & 2 \\ 1 & 0 & 0 \end{pmatrix}, \quad ((u_i, u_j)) = \begin{pmatrix} 3 & 0 & 0 \\ 0 & 0 & 6 \\ 0 & 6 & 0 \end{pmatrix}.$$

由此可知 $v_1 = \dfrac{1}{3} u_1 = \dfrac{1}{3}$, $v_2 = \dfrac{1}{6} u_3 = \dfrac{1}{6}\sqrt[3]{4}$, $v_3 = \dfrac{1}{6} u_2 = \dfrac{1}{6}\sqrt[3]{2}$ 满足 $(u_i, v_j) = \delta_{ij}$. 于是 $B \subseteq \sum\limits_{i=1}^{3} \mathbf{Z} v_i$. 但是 $B \neq \sum\limits_{i=1}^{3} \mathbf{Z} v_i$, 因为 v_1, v_2, v_3 都不是代数整数.

5.3 希尔伯特零点定理

Hilbert 零点定理是多项式, 代数几何中的最基本的定理. 在不同的场合有不同的形式, 因而也有不同证明方法. 本节介绍三种证明.

第一种证明需要用下面赋值环的概念. 以后还要进一步讨论赋值环.

定义 5.3.1 B 是整环, K 为其分式域. 如果 $x \in K$, $x \neq 0$, 则有 $x \in B$ 或 $x^{-1} \in B$, 则称 B 为 K 的**赋值环**.

定理 5.3.1 设整环 B 为其分式域 K 的赋值环, 则有以下结果.

1) B 是局部环.

2) 如果 B' 是环, 且 $B \subseteq B' \subseteq K$, 则 B' 是 K 的赋值环.

3) B 在 K 中是整闭的.

证 1) 设 $\mathfrak{m}$ 是 B 的不可逆元素的集合. 于是 $x \in \mathfrak{m}$ 当且仅当 $x = 0$ 或 $x^{-1} \notin B$. 若 $a \in B, x \in \mathfrak{m}$, 而 $ax \notin \mathfrak{m}$, 即 $(ax)^{-1} \in B$, 从而 $x^{-1} = a(ax)^{-1} \in B$, 这就产生矛盾. 于是 $ax \in \mathfrak{m}$. 故 $B\mathfrak{m} \subseteq \mathfrak{m}$. 设 x, y 为 $\mathfrak{m}$ 中的非零元, 于是 $xy^{-1} \in B$ 或 $(xy^{-1})^{-1} = yx^{-1} \in B$, 于是 $x + y = (1 + xy^{-1})y = (1 + yx^{-1})x \in \mathfrak{m}$. 于是 $\mathfrak{m}$ 是 B 的理想. 因 $B \setminus \mathfrak{m}$ 中元素都是可逆的, 故 $\mathfrak{m}$ 是极大理想, B 是局部环.

2) 由 K 的赋值环的定义即得.

3) 设 $x \in K, x \neq 0$ 且在 B 上整. 于是

$$x^n + b_1 x^{n-1} + \cdots + b_n = 0, \quad b_i \in B.$$

若 $x \notin B$, 则 $x^{-1} \in B$, 而 $x = -(b_1 + b_2 x^{-1} + \cdots + b_n (x^{-1})^{n-1}) \in B$. 于是 B 是整闭的. ∎

令 K 是域, Ω 是一代数闭域. 令 $\Sigma = \{(A, f)\}$, 其中 A 是 K 的子环, f 是 A 到 Ω 中的同态. 在 Σ 中定义偏序 "$\leqslant$": $(A, f) \leqslant (A', f')$ 当且仅当 $A \subseteq A'$ $f'|_A = f$.

引理 5.3.1 Σ 对上述偏序满足 Zorn 引理, 于是有极大元.

证 设 $(A_1, f_1) \leqslant (A_2, f_2) \leqslant \cdots \leqslant (A_m, f_m) \leqslant \cdots$ 为 Σ 中的序列. 令 $A = \bigcup_m A_m$. 定义 A 到 Ω 的映射 f 如下. $x \in A$, 则有 $x \in A_m$, 令 $f(x) = f_m(x)$. 容易验证 A 是 K 的子环, f 是 A 到 Ω 的同态, $(A_m, f_m) \leqslant (A, f)$. 于是 Σ 对上述偏序满足 Zorn 引理. ∎

定理 5.3.2 K, Ω, Σ 如上所述. 又设 (B, g) 是 Σ 的一个极大元, 则 B 是 K 的赋值环.

证 分三步来证明此定理.

1) 先证 B 是局部环, $\mathfrak{m} = \ker g$ 为其极大理想.

注意 $g(B)$ 是域 Ω 的子环, 故为整环, 因而 $\mathfrak{m} = \ker g$ 为素理想. 令 $S = B \setminus \mathfrak{m}$, 于是 $S^{-1}B = B_{\mathfrak{m}}$ 是一个局部环, 而且 $B \subseteq B_{\mathfrak{m}}$. 令 $\bar{g} : B_{\mathfrak{m}} \to \Omega$ 为

$$\bar{g}\left(\frac{b}{s}\right) = \frac{g(b)}{g(s)}, \quad b \in B, \ s \in S.$$

容易验证 $\bar{g}$ 是同态, 而且 $\bar{g}|_B = g$, 于是 $(B, g) \leqslant (B_{\mathfrak{m}}, \bar{g})$. 由 (B, g) 为极大元, 于是 $B = B_{\mathfrak{m}}$ 为局部环, $\mathfrak{m}$ 为其极大理想.

这里还得到若 $s \in B \setminus \mathfrak{m}$, 则 s 是可逆元.

2) 设 $x \in K$, $x \neq 0$. $B[x]$ 是由 x 在 B 上生成的 K 的子环. $\mathfrak{m}[x]$ 是 $\mathfrak{m}$ 在 $B[x]$ 中的扩张理想, 则 $\mathfrak{m}[x] \neq B[x]$ 或 $\mathfrak{m}[x^{-1}] \neq B[x^{-1}]$.

若 $\mathfrak{m}[x] = B[x]$, $\mathfrak{m}[x^{-1}] = B[x^{-1}]$. 于是 $1 \in \mathfrak{m}[x] \cap \mathfrak{m}[x^{-1}]$. 令

$$m = \min\{\deg f(t) | f(t) \in \mathfrak{m}[t], \ 1 = f(x)\},$$
$$n = \min\{\deg g(t) | g(t) \in \mathfrak{m}[t], \ 1 = g(x^{-1})\}.$$

因此有

$$u_0 + u_1 x + \cdots + u_m x^m = 1, \quad u_i \in \mathfrak{m}, \tag{5.3.1}$$

$$v_0 + v_1 x^{-1} + \cdots + v_n x^{-n} = 1, \quad v_i \in \mathfrak{m}, \tag{5.3.2}$$

设 $m \geqslant n$, 用 x^n 乘 (5.3.2) 式, 得

$$(1 - v_0)x^n = v_1 x^{n-1} + \cdots + v_n. \tag{5.3.3}$$

由于 $v_0 \in \mathfrak{m}$, $\mathfrak{m}$ 是极大理想, 故 $1 - v_0$ 是 B 的可逆元, 于是 (5.3.3) 可变为

$$x^n = w_1 x^{n-1} + \cdots + w_n, \quad w_j \in \mathfrak{m}.$$

从而

$$x^m = x^n x^{m-n} = w_1 x^{m-1} + \cdots + w_n x^{m-n},$$

代入 (5.3.1) 式中, 得到 $f(t) \in \mathfrak{m}[t]$, 满足 $f(x) = 1$, $\deg f(t) < m$, 这就发生矛盾.

3) 设 $x \in K$, $x \neq 0$. 由 2), 不妨设 $\mathfrak{m}[x] \neq B[x]$, 于是有 $B[x]$ 的极大理想 $\mathfrak{m}' \supset \mathfrak{m}[x]$. 由于 $B \supset \mathfrak{m}' \cap B \supseteq \mathfrak{m}$, $\mathfrak{m}$ 是 B 的极大理想, 于是 $\mathfrak{m}' \cap B = \mathfrak{m}$.

设 ι 是 B 到 $B' = B[x]$ 的嵌入映射,π' 是 B' 到 $k' = B'/\mathfrak{m}'$ 的自然同态. 则 $\pi'\iota$ 是 B 到 $k' = B'/\mathfrak{m}'$ 的同态, 核为 $\mathfrak{m}' \cap B = \mathfrak{m}$. 因而 ι 诱导出 $k = B/\mathfrak{m}$ 到 $k' = B'/\mathfrak{m}'$ 的嵌入映射. 设 $\pi'[x] = \bar{x}$, 于是 $k' = k[\bar{x}]$. 因此 $\bar{x}$ 在 k 上是代数, k' 是 k 的有限代数扩张.

由 1), $\mathfrak{m} = \ker g$, 所以 g 诱导出 k 在 Ω 的嵌入 $\bar{g}$. 由于 Ω 是代数闭的, 于是 $\bar{g}$ 可扩张为 k' 到 Ω 的嵌入 $\bar{g}'$. 设 π' 是 B' 到 k' 的自然同态, 令 $g' = \bar{g}'\pi'$. 于是 $(B, g) \leqslant (B', g')$. 由 (B, g) 的极大性, 知 $B' = B$, 于是 $x \in B$. ■

推论 5.3.1 设 A 是域 K 的子环, 那么 A 在 K 中的整闭包 $\overline{A}$ 是 K 的包含 A 的所有赋值环的交.

证 若 B 是 K 的包含 A 的赋值环, 由定理 5.3.1, B 是整闭的, 于是 $\overline{A} \subseteq B$.

反之, 设 $x \notin \overline{A}$, 此时 $x \notin A' = A[x^{-1}]$. 若不然, 则

$$x = a_0 + a_1 x^{-1} + \cdots a_m (x^{-1})^m, \quad a_i \in A,$$

即

$$1 - a_0 x^{-1} - a_1 x^{-2} - \cdots - a_m x^{-m-1} = 0, \quad a_i \in A,$$

于是

$$x^{m+1} - a_0 x^m - \cdots - a_m = 0.$$

因而 $x \in \overline{A}$, 矛盾. 由 $x \notin A' = A[x^{-1}]$, 故 x^{-1} 在 A' 中不可逆, 因而有 A' 的极大理想 $\mathfrak{m}' \ni x^{-1}$. 令 Ω 是域 $k' = A'/\mathfrak{m}'$ 的代数闭包. 于是 A' 到 k' 的自然同态 π' 在 A 上的限制为 A 到 Ω 的同态. 由定理 5.3.2, 它可扩充到某个包含 A 的赋值环 B 上, 此同态将 x^{-1} 映到 0, 于是 $x \notin B$. ∎

定理 5.3.3 设 A 为整环 B 的子环, B 在 A 上有限生成. $v \in B$, $v \neq 0$, 则存在 $u \in A$, $u \neq 0$, 具有下面性质: A 到代数闭域 Ω 的同态 f 使得 $f(u) \neq 0$, 那么 f 可扩充为 B 到 Ω 的同态 g, 使得 $g(v) \neq 0$.

证 由 $B = A[x_1, x_2, \cdots, x_n] = (A[x_1, x_2, \cdots, x_{n-1}])[x_n]$, 于是定理的证明归结为 $n = 1$, 即 $B = A[x]$. 分两种情形来讨论.

1) x 在 A 上是超越的, 即 $\forall f(t) \in A[t]$, $f(t) \neq 0$, 有 $f(x) \neq 0$. 设

$$v = a_0 x^n + a_1 x^{n-1} + \cdots + a_n, \quad a_i \in A,\ a_0 \neq 0.$$

取 $u = a_0$. 若 $f(u) \neq 0$, 由于 Ω 是无限的, 于是存在 $\xi \in \Omega$ 使得

$$f(a_0)\xi^n + f(a_1)\xi^{n-1} + \cdots + f(a_n) \neq 0.$$

令

$$g\left(\sum_{i=1}^{m} b_i x^i\right) = \sum_{i=1}^{m} f(b_i)\xi^i, \quad b_i \in A,$$

则 g 是 B 到 Ω 的同态, 且 $g|_A = f$, $g(v) \neq 0$.

2) x 在 A 上是代数的, 即在 A 的分式域 K 上是代数的. 由 v 是 x 的多项式, 于是 v^{-1} 在 A 上是代数的, 因此有

$$a_0 x^m + a_1 x^{m-1} + \cdots + a_m = 0, \quad a_i \in A,\ a_0 \neq 0; \tag{5.3.4}$$

$$a_0'v^{-n} + a_1'v^{1-n} + \cdots + a_n' = 0, \quad a_j' \in A,\ a_0' \neq 0. \tag{5.3.5}$$

令 $u = a_0 a_0'$. f 是 A 到 Ω 的同态, 使 $f(u) \neq 0$. 扩充 f 为 $A[u^{-1}]$ 到 Ω 的同态 f_1 使得 $f_1(u^{-1}) = f(u)^{-1}$. 由定理 5.3.2, f_1 可扩充为包含 $A[u^{-1}]$ 的赋值环 C 到 Ω 的同态 h. 由 (5.3.4) 式, x 在 $A[u^{-1}]$ 上整. 由推论 5.3.1, $x \in C$, 故 $C \supseteq B$, 特别 $v \in C$. 另一方面, v^{-1} 在 $A[u^{-1}]$ 上整, 再由推论 5.3.1, v 是 C 中可逆元, 于是 $h(v) \neq 0$. 于是 $g = h|_B$ 为所求. ∎

定理 5.3.4 (Hilbert 零点定理)　设 k 是域, B 是有限生成 k 代数. 如果 B 是域, 则 B 是 k 的有限代数扩张.

证　在定理 5.3.3 中, 取 $A = k$, Ω 为 k 的代数闭包, $v = 1$. 令 f 为 k 到 Ω 的嵌入映射, $u = 1$. 于是 $f(1) = 1 \neq 0$. f 的扩充为 g, 于是 $g(1) = 1 \neq 0$. 设 $x \in B$, $x \neq 0$. 于是 $x^{-1} \in B$, 因此 $g(x)g(x^{-1}) = g(1) = 1$. 所以 $g(x) \neq 0$. g 是单射. $g(x) \in \Omega$, $g(x)$ 在 k 是代数的, 于是 x 在 k 上是代数的. ∎

这个结论称为 Hilbert 零点定理的 "弱形式".

推论 5.3.2　设 k 是域, B 是有限生成 k 代数, $\mathfrak{m}$ 是 B 的极大理想, 则 $B/\mathfrak{m}$ 是 k 的有限代数扩张.

证　B 是有限生成的 k 代数, 于是 $B/\mathfrak{m}$ 也是有限生成的 k 代数. 又 $B/\mathfrak{m}$ 是域, 故由上面定理知 $B/\mathfrak{m}$ 是 k 的有限代数扩张. ∎

注意, k 是域, 多元多项式环 $k[t_1, t_2, \cdots, t_n]$ 是 Noether 环. 因而上述 Hilbert 零点定理也可以从 Noether 环的理论来证明.

定理 5.3.5　设 $A \subseteq B \subseteq C$ 是环, A 是 Noether 环, C 是有限生成的 A 代数, C 是有限生成的 B 模. 则 B 是有限生成的 A 代数.

证　设 A 代数 C 的生成元为 $x_1, x_2, \cdots, x_m$; B 模 C 的生成元为 $y_1, y_2, \cdots, y_n$. 于是有

$$x_i = \sum_{j=1}^{n} b_{ij} y_j, \quad b_{ij} \in B; \quad 1 \leqslant i \leqslant m. \tag{5.3.6}$$

$$y_i y_j = \sum_{k=1}^{n} b_{ij}^k y_k, \quad b_{ij}^k \in B; \quad 1 \leqslant i, j \leqslant n. \tag{5.3.7}$$

设 B_0 是由 $\{b_{ij}, b_{ij}^k\}$ 生成的 A 代数, 因此是 Noether 环, 且 $A \subseteq B_0 \subseteq B$.

C 是 $x_1, x_2, \cdots, x_m$ 生成的 A 代数, 于是 $\forall \gamma \in C$, 有

$$\gamma = \sum_{i_1, i_2, \cdots, i_m} a_{i_1, i_2, \cdots, i_m} x_1^{i_1} x_2^{i_2} \cdots x_m^{i_m}, \quad a_{i_1, i_2, \cdots, i_m} \in A \subseteq B_0. \tag{5.3.8}$$

将 (5.3.6) 式代入 (5.3.8) 式, 再利用 (5.3.7) 式可得

$$\gamma = b_1 y_1 + b_2 y_2 + \cdots + b_n y_n, \quad b_i \in B_0,\ 1 \leqslant i \leqslant n.$$

因而 C 是有限生成的 B_0 模, 因而是 Noether 模, 其子模 B 也是 Noether 模, 因此也是有限生成的 B_0 模. 因此 B 是有限生成的 B_0 代数. 注意 B_0 是有限生成的 A 代数, 于是 B 是有限生成的 A 代数. ∎

注 5.3.1 定理中条件 "C 是有限生成的 B 模" 也可改为 "C 在 B 上整".

事实上, 若 C 作为 B 模是有限生成的, 易知 C 在 B 上整. 反之, 如果 C 在 B 上整, 因为 $C = A[x_1, x_2, \cdots, x_n]$, $x_i \in C$. x_i 在 B 上整, 于是 $C = B[x_1, x_2, \cdots, x_n]$ 是有限生成 B 模.

定理 5.3.6 设 E 是域 k 上有限生成的代数. 则有:

1) 若 E 是域, 则为 k 上的有限代数扩张;

2) 若 $\mathfrak{m}$ 是 E 的极大理想, 则 $E/\mathfrak{m}$ 为 k 上的有限代数扩张.

证 注意 E 是有限生成的 k 代数, $\mathfrak{m}$ 为其极大理想, 则 $E/\mathfrak{m}$ 也是有限生成的 k 代数, 又 $E/\mathfrak{m}$ 是域, 于是结论 2) 是结论 1) 的直接推论.

设 $E = k[x_1, x_2, \cdots, x_n]$, 若 E 不是代数扩张, 不妨设 $x_1, x_2, \cdots, x_r$ $(r \geqslant 1)$ 在 k 上是代数无关的, $x_{r+1}, \cdots, x_n$ 在域 $F = k(x_1, x_2, \cdots, x_r)$ 上是代数的, 因而 E 是有限生成 F 模, 于是由 $k \subseteq F \subseteq E$ 知 F 是有限生成的 k 代数, 即有 $F = k[y_1, y_2, \cdots, y_s]$, 其中

$$y_i = \frac{f_i(x_1, x_2, \cdots, x_r)}{g_i(x_1, x_2, \cdots, x_r)}, \quad f_i(x_1, x_2, \cdots, x_r),\ g_i(x_1, x_2, \cdots, x_r) \in k[x_1, x_2, \cdots, x_r].$$

因此 $F \setminus k$ 中元素形如

$$\frac{f(x_1, x_2, \cdots, x_r)}{g(x_1, x_2, \cdots, x_r)}, \quad g = g_1^{n_1} g_2^{n_2} \cdots g_s^{n_s},\ \sum_{i=1}^{s} n_i > 0.$$

设 h 为 $g_1 g_2 \cdots g_s + 1$ 的一个不可约因式, 于是 h 与每个 g_i 互素. $h^{-1} \in F$, 则有 $h^{-1} = \dfrac{k(x_1, x_2, \cdots, x_r)}{l(x_1, x_2, \cdots, x_r)}$, $l = g_1^{m_1} g_2^{m_2} \cdots g_s^{m_s}$, 因此

$$h(x_1, x_2, \cdots, x_r) k(x_1, x_2, \cdots, x_r) - l(x_1, x_2, \cdots, x_r) = 0.$$

这与 $x_1, x_2, \cdots, x_r$ 代数无关矛盾. 于是 E 是 k 的有限代数扩张. ∎

定理的第一个结论恰为 Hilbert 零点定理的 "弱形式".

Hilbert 零点定理是代数几何中的重要定理. 下面介绍另一种证明及叙述方式.

定理 5.3.7 (Noether 正规化引理) 设 A 是域 k 上有限生成的非零 k 代数, 则存在 A 的子代数 B 使得 $B = k$ 或 B 同构于 k 上的多项式代数; 且 A 在 B 上整.

证 因 A 是有限生成的 k 代数, 于是有 $u_1, u_2, \cdots, u_n \in A$ 使得 $A = k[u_1, u_2, \cdots, u_n]$. 对 n 作归纳证明.

$n=0$, $A=k$, 取 $B=A=k$ 即可. 现设 $n\geqslant 1$. 令 $R=k[x_1,x_2,\cdots,x_n]$ 为 k 上 n 元多项式代数.

若 $u_1,u_2,\cdots,u_n$ 在 k 上代数无关, 即 $\forall f\in R, f\neq 0$, $f(u_1,u_2,\cdots,u_n)\neq 0$, 则 $A\cong R$, 取 $B=A$ 即可.

若 $u_1,u_2,\cdots,u_n$ 在 k 上代数相关, 即有 $f\in R, f\neq 0$, 使得 $f(u_1,u_2,\cdots,u_n)=0$. 不妨设 f 中 x_n 的次数不为 0, 再设 $d=1+\deg f$. 设

$$
\begin{aligned}
&f(x_1,x_2,\cdots,x_n)=\sum_{i=1}^{m}a_ix_1^{d_{i1}}x_2^{d_{i2}}\cdots x_n^{d_{in}},\quad a_i\in k,\ a_i\neq 0;\\
&i\neq j \text{ 时}, (d_{i1},d_{i2},\cdots,d_{in})\neq(d_{j1},d_{j2},\cdots,d_{jn}).
\end{aligned}
$$

于是 $d=1+\max\left\{\sum\limits_{l=1}^{n}d_{il}|1\leqslant i\leqslant m\right\}>d_{jt}$, $1\leqslant j\leqslant m$, $1\leqslant t\leqslant n$. 由此可得

$$
d^j=d^{j-1}d>d^{j-1}(d_{i1}+d_{i2}+\cdots+d_{i\,j-1}+d_{in})>d_{in}+dd_{i1}+d^2d_{i2}+\cdots+d^{j-1}d_{i\,j-1},
$$

$1\leqslant i\leqslant m, 2\leqslant j\leqslant n-1$. 令 $l_i=d_{in}+dd_{i1}+d^2d_{i2}+\cdots+d^{n-1}d_{i\,n-1}$. 由上面不等式可证 $i\neq j$ 时, $l_i\neq l_j$. 可假定 $l_1>l_2>\cdots>l_m$.

令 $v_i=u_i-u_n^{d^i}$, $1\leqslant i\leqslant n-1$. 于是

$$
\begin{aligned}
0&=f(u_1,u_2,\cdots,u_{n-1},u_n)=f(v_1+u_n^d,v_2+u_n^{d^2},\cdots,v_{n-1}+u_n^{d^{n-1}},u_n)\\
&=\sum_{i=1}^{m}a_i(v_1+u_n^d)^{d_{i1}}(v_2+u_n^{d^2})^{d_{i2}}\cdots(v_{n-1}+u_n^{d^{n-1}})^{d_{i\,n-1}}x_n^{d_{in}}\\
&=a_1u_n^{l_1}+\cdots.
\end{aligned}
$$

由 $a_1\in k, a_1\neq 0$, $u_n^{l_1}$ 为上面式子展开中 u_n 最高项. 因此 u_n 在 $A'=k[v_1,\cdots,v_{n-1}]$ 上整, $A=A'[u_n]$ 在 A' 上整. 由归纳假定, 有 A' 的子代数 B 使得 $B=k$ 或 B 同构于 k 上的多项式代数; 且 A' 在 B 上整, 于是 A 在 B 上整. ∎

推论 5.3.3 设 K 是域 k 的扩域, $y_1,y_2,\cdots,y_n\in K$. 若 $k[y_1,y_2,\cdots,y_n]$ 是域, 则必为 k 的代数扩张.

证 记 $A=k[y_1,y_2,\cdots,y_n]$. 于是有 A 的子代数 B 使得 A 在 B 上整, 且 $B=k$ 或 $B=k[x_1,x_2,\cdots,x_r]$, $x_1,x_2,\cdots,x_r\in A\subseteq K$, 在 k 上代数无关.

若 $B=k[x_1,x_2,\cdots,x_r]$, 因此 x_i 是 k 的超越元, $x_i^{-1}\notin B$. 因为 A 是域, 于是 x_i^{-1} 在 A 上整, 从而在 B 上整, 于是有

$$
(x_i^{-1})^m+b_1(x_i^{-1})^{m-1}+\cdots+b_m=0, b_i\in B, b_m\neq 0.
$$

因此 $x_i^{-1}=-(b_1+b_2x_i+\cdots+b_mx_i^{m-1})\in B$. 此矛盾导致 $B=k$, 于是 A 为 k 的代数扩张. ∎

定理 5.3.8 设 k 是代数闭域, $R=k[x_1,x_2,\cdots,x_n]$ 为 k 上 n 元多项式代数. $\mathfrak{a}$ 为 R 的理想.

1) 若 $\mathfrak{a}\neq R$, 则 $\mathfrak{V}(\mathfrak{a})\neq\varnothing$.

2) $\mathfrak{P}(\mathfrak{V}(\mathfrak{a}))=\sqrt{\mathfrak{a}}$.

证 1) 设 $\mathfrak{m}$ 为 R 的极大理想, 且 $\mathfrak{m}\supseteq\mathfrak{a}$. 于是 $\mathfrak{V}(\mathfrak{m})\subseteq\mathfrak{V}(\mathfrak{a})$. 因而可假定 $\mathfrak{a}$ 是极大理想. 因而 $R/\mathfrak{a}$ 是域. 注意 $k\cap\mathfrak{a}=\{0\}$, 于是可将 k 视为 $R/\mathfrak{a}$ 的子域. $R/\mathfrak{a}=k[\bar{x}_1,\bar{x}_2,\cdots,\bar{x}_n]$, 其中 $\bar{x}_i=x_i+\mathfrak{a}$. 由推论 5.3.3 知 $\bar{x}_i$ 在 k 上是代数的, k 是代数闭的, 于是 $\bar{x}_i\in k$. 以 π 表示 R 到 $R/\mathfrak{a}$ 的自然同态. 于是 $\forall f(x_1,x_2,\cdots,x_n)\in\mathfrak{a}$, $\pi f(x_1,x_2,\cdots,x_n)=f(\bar{x}_1,\bar{x}_2,\cdots,\bar{x}_n)=0$. 因此 $(\bar{x}_1,\bar{x}_2,\cdots,\bar{x}_n)\in\mathfrak{V}(\mathfrak{a})$.

2) 设 $f\in\sqrt{\mathfrak{a}}$, 于是有 $m\in\mathbf{N}$ 使得 $f^m\in\mathfrak{a}$. $\forall\alpha\in\mathfrak{V}(\mathfrak{a})$, 有 $f^m(\alpha)=0$, 从而 $f(\alpha)=0$, 即有 $f\in\mathfrak{P}(\mathfrak{V}(\mathfrak{a}))$.

反之, 设 $f\in\mathfrak{P}(\mathfrak{V}(\mathfrak{a}))$, $f\neq0$. 令 $R'=R[x_{n+1}]$ 为 R 上一元多项式代数, 即 k 上 $n+1$ 元多项式代数. 令 R' 中由 $\mathfrak{a}$ 与 $1-x_{n+1}f$ 生成的理想为 $\mathfrak{b}$. 首先证明 $R'=\mathfrak{b}$. 若不然, 有 $(a_1,a_2,\cdots,a_n,a_{n+1})\in\mathfrak{V}(\mathfrak{b})\subseteq k^{n+1}$, 于是 $(a_1,a_2,\cdots,a_n)\in\mathfrak{V}(\mathfrak{a})$. 因此 $0=1-a_{n+1}f(a_1,a_2,\cdots,a_n)=1$, 这是不可能的. 于是 $R'=\mathfrak{b}$. 故有

$$1=\sum_{i=1}^{t}r_iq_i+r(1-x_{n+1}f),\quad r_i,r\in R',\ q_i\in\mathfrak{a},$$

$$r_i=\sum_{j=0}^{m_i}f_{ij}(x_1,x_2,\cdots,x_n)x_{n+1}^{j},\quad 1\leqslant i\leqslant t.$$

令 $x_{n+1}=\dfrac{1}{f}$, 于是

$$\bar{r}_i=\sum_{j=0}^{m_i}f_{ij}(x_1,x_2,\cdots,x_n)\frac{1}{f^j}\in k\left[x_1,x_2,\cdots,x_n,\frac{1}{f}\right],\quad 1\leqslant i\leqslant t.$$

$$1=\sum_{i=1}^{t}\bar{r}_iq_i\in k\left[x_1,x_2,\cdots,x_n,\frac{1}{f}\right],\quad q_i\in\mathfrak{a}.$$

令 $m=\max\{m_1,m_2,\cdots,m_t\}$, 则有 $f^m\bar{r}_i\in R$, 因此 $f^m=\sum\limits_{i=1}^{t}(f^m\bar{r}_i)q_i\in\mathfrak{a}$, 即 $f\in\sqrt{\mathfrak{a}}$. ∎

5.4 离散赋值环

本节从域的离散赋值的概念出发得到离散赋值环, 进一步讨论离散赋值环的等价性质.

定义 5.4.1 设 K 是一个域, $K^* = K \setminus \{0\}$ 是 K 的乘法群. K^* 到 $\mathbf{Z}$ 上的一个映射 ν 若满足

1) $\nu(xy) = \nu(x) + \nu(y)$, $\forall x, y \in K^*$;

2) $\nu(x+y) \geqslant \min\{\nu(x), \nu(y)\}$, $\forall x, y, x+y \in K^*$,

则称 ν 是 K 上的一个**离散赋值**.

定理 5.4.1 设 ν 是域 K 的离散赋值, 则 $A = \{x \in K | x = 0 \text{或} \nu(x) \geqslant 0\}$ 是一个赋值环, 称为**ν 的赋值环**. A 的极大理想为 $\mathfrak{m} = \{x \in A | x = 0 \text{ 或 } \nu(x) > 0\}$.

证 由 $\nu(x) = \nu(1 \cdot x) = \nu(x) + \nu(1)$, 于是得 $\nu(1) = 0$. 若 $x \neq 0$, 则由 $0 = \nu(1) = \nu(xx^{-1}) = \nu(x) + \nu(x^{-1})$, 得 $\nu(x^{-1}) = -\nu(x)$. 再由 $2\nu(x) = \nu(x^2) = \nu((-x)^2) = 2\nu(-x)$, 得 $\nu(x) = \nu(-x)$. 于是由 ν 的定义条件 1), 2) 知, $x, y \in A$, 则有 $-x, x+y, xy \in A$, 因而 A 是环. 又若 $z \in K$, $z \neq 0$, 则 $\nu(z) \geqslant 0$ 时, $z \in A$; $\nu(z) < 0$ 时, $z^{-1} \in A$. 于是 K 是 A 的分式域, A 是赋值环.

由定理 5.3.1 及其证明知 A 是局部环, 其极大理想 $\mathfrak{m}$ 由 A 中不可逆元素构成. 由上面的讨论知 $x \in \mathfrak{m}$, $x \neq 0$ 当且仅当 $\nu(x) > 0$. ∎

为了方便, 可以规定 $\nu(0) = +\infty$.

定义 5.4.2 整环 A 称为**离散赋值环**, 若其分式域 K 有一离散赋值 ν 的赋值环为 A.

例 5.4.1 1) $K = \mathbf{Q}$. p 是一个素数. 于是

$$\mathbf{Q} = \left\{ x = \frac{n}{m} p^a \middle| n = 0 \text{ 或 } (m, p) = (n, p) = 1,\ a \in \mathbf{Z} \right\}.$$

定义 $\nu_p(x) = a$, 则 ν_p 是 $\mathbf{Q}$ 的赋值, 其赋值环

$$A = \left\{ x = \frac{n}{m} p^a \middle| n = 0 \text{ 或 } (m, p) = (n, p) = 1,\ a \geqslant 0 \right\} \cong \mathbf{Z}_{\langle p \rangle}.$$

2) 设 K 是域 k 上一元多项式环 $k[t]$ 的分式域, $f = f(t)$ 是 $k[t]$ 的一个不可约多项式. 于是

$$K = \left\{ x = \frac{n(t)}{m(t)} f(t)^a \middle| n(t) = 0 \text{ 或 } (m(t), f(t)) = (n(t), f(t)) = 1,\ a \in \mathbf{Z} \right\}.$$

定义 $\nu_f(x) = a$, 则 ν_f 是 K 的赋值, 其赋值环

$$A = \left\{ x = \frac{n(t)}{m(t)} f(t)^a \middle| n(t) = 0 \text{ 或 } (m(t), f(t)) = (n(t), f(t)) = 1,\ a \geqslant 0 \right\} \cong k[t]_{\langle f(t) \rangle}.$$

定理 5.4.2 离散赋值环 A 是 1 维 Noether 局部整环, 且有 $x_0 \in A$ 使得 A 的非平凡理想为 $\langle x_0^k \rangle$.

证 设 K 为 A 的分式域, ν 是对应的 K 的离散赋值.$\mathfrak{m}$ 是 A 的极大理想, 即 $\mathfrak{m}=\{x\in A|x=0$ 或 $\nu(x)>0\}$.

若 $x,y\in A$, 且 $\nu(x)=\nu(y)$. 由 $\nu(xy^{-1})=0$, 知 xy^{-1} 是 A 中单位, 于是 $\langle x\rangle=\langle y\rangle$.

因为 ν 是满的, 于是有 $x_0\in A$, 使得 $\nu(x_0)=1$. 于是 $\langle x_0\rangle\subseteq\mathfrak{m}$. 若 $x\in\mathfrak{m}$, $\nu(x)=k>0$, 由 $\nu(x_0^k)=k$, 知 $x\in\langle x_0^k\rangle\subseteq\langle x_0\rangle$, 因此 $\langle x_0\rangle=\mathfrak{m}$.

设 $\mathfrak{a}$ 是 A 的真理想, 于是 $\min\{\nu(x)|x\in\mathfrak{a},x\neq 0\}=k>0$. 设 $y\in\mathfrak{a}$, $\nu(y)=k$, 于是 $\langle x_0^k\rangle=\langle y\rangle\subseteq\mathfrak{a}$. 另一方面由前面的讨论知 $\mathfrak{a}\subseteq\langle x_0^k\rangle$. 因此 $\mathfrak{a}=\langle x_0^k\rangle$.

于是 A 的非平凡理想如下:

$$\mathfrak{m}=\mathfrak{m}_1\supset\mathfrak{m}_2\supset\cdots,\quad \mathfrak{m}_k=\langle x_0^k\rangle=\{x\in A|x=0 \text{ 或 } \nu(x)\geqslant k\}.$$

因此 A 是 Noether 局部整环. 又因为 $\mathfrak{m}$ 是唯一的非零的素理想, 故 $\dim A=1$. ∎

定理 5.4.3 1) 设 A 是 Noether 整环, 且 $\dim A=1$, 那么 A 的每个理想 $\mathfrak{a}$ 可唯一地表示为准素理想的积, 这些准素理想的根式理想互不相同.

2) 特别地, 若 A 还是局部的, 则 A 的任何非零理想 $\mathfrak{a}$ 是准素的; $\sqrt{\mathfrak{a}}=\mathfrak{m}$ 是 A 的极大理想; 有 k 使得 $\mathfrak{m}^k\subseteq\mathfrak{a}$; $\mathfrak{m}^{n+1}\neq\mathfrak{m}^n$, $n\geqslant 0$.

证 设 $\mathfrak{a}$ 的极小准素分解为

$$\mathfrak{a}=\bigcap_{i=1}^n\mathfrak{q}_i,\quad \sqrt{\mathfrak{q}_i}=\mathfrak{p}_i,\ \mathfrak{p}_i\neq\mathfrak{p}_j\ (i\neq j).$$

由 $\mathfrak{p}_i\supseteq\mathfrak{q}_i\supseteq\mathfrak{a}\neq\{0\}$, A 是整的及 $\dim A=1$ 知 $\mathfrak{p}_i$ $(1\leqslant i\leqslant n)$ 是两两互素的极大理想. 于是由定理 1.5.3, $\mathfrak{q}_i$ $(1\leqslant i\leqslant n)$ 是两两互素的准素理想. 再由定理 1.3.4 知 $\mathfrak{a}=\bigcap_{i=1}^n\mathfrak{q}_i=\prod_{i=1}^n\mathfrak{q}_i$. 注意 $\mathfrak{p}_i$ 是属于 $\mathfrak{a}$ 的孤立素理想, 因此 $\mathfrak{q}_i$ 是对应 $\mathfrak{p}_i$ 的孤立准素分支, 因而是唯一的.

反之, $\mathfrak{a}=\prod_{i=1}^n\mathfrak{q}_i$, 亦可得 $\mathfrak{a}=\bigcap_{i=1}^n\mathfrak{q}_i$. 因而定理的结论 1) 成立.

2) A 是局部的, 则 A 的极大理想是唯一的, 于是由结论 1) 知 $\mathfrak{a}$ 是准素的, 且 $\sqrt{\mathfrak{a}}=\mathfrak{m}$ 是 A 的极大理想. 由定理 4.3.2 知, 有 k 使得 $\mathfrak{m}^k\subseteq\mathfrak{a}$. 由于 A 是局部整环, $\mathfrak{m}\neq\{0\}$, 于是 $\mathfrak{m}^n\neq\{0\}$, 因此由定理 4.4.3 知 $\mathfrak{m}^{n+1}\neq\mathfrak{m}^n$, $n\geqslant 0$. ∎

定理 5.4.4 设 A 是 Noether 局部整环, 且 $\dim A=1$, 又设 $\mathfrak{m}$ 为 A 的极大理想, $k=A/\mathfrak{m}$ 是对应的商域 (同余类域), 那么下列条件等价:

1) A 是离散赋值环;

2) A 是整闭的;

3) $\mathfrak{m}$ 是主理想;

4) $\dim_k(\mathfrak{m}/\mathfrak{m}^2)=1$;

5) 每个非零理想是 $\mathfrak{m}$ 的一个幂;

6) 存在 $x\in A$, 使得每个非零理想形如 $\langle x^k\rangle$, $k\geqslant 0$.

证　设 K 为 A 的分式域.

1) $\Longrightarrow$ 2)　由定理 5.3.1 可得.

2) $\Longrightarrow$ 3)　设 $a\in\mathfrak{m}$, $a\neq 0$. 由定理 5.4.3 知有 n 使得 $\mathfrak{m}^n\subseteq\langle a\rangle$, $\mathfrak{m}^{n-1}\not\subseteq\langle a\rangle$. 取 $b\in\mathfrak{m}^{n-1}\setminus\langle a\rangle$, 于是 $K\ni x=ab^{-1}$, 由 $b\notin\langle a\rangle$, 所以 $x^{-1}\notin A$. A 是整闭的, 故 x 在 A 上不是整的. $x^{-1}=ba^{-1}$ 是多项式 $t-ba^{-1}$ 的根, 故 x^{-1} 在 A 上不是整的. 如果 $x^{-1}\mathfrak{m}\subseteq\mathfrak{m}$, 则 $\mathfrak{m}$ 是忠实的 $A[x^{-1}]$ 模. A 是 Noether 环, 于是作为 A 模, $\mathfrak{m}$ 是有限生成的, 因而 x^{-1} 在 A 上整, 这个矛盾导致 $x^{-1}\mathfrak{m}\not\subseteq\mathfrak{m}$. 但是

$$x^{-1}\mathfrak{m}=a^{-1}b\mathfrak{m}\subseteq a^{-1}\mathfrak{m}^{n-1}\mathfrak{m}\subseteq a^{-1}\langle a\rangle\subseteq A.$$

因此 $x^{-1}\mathfrak{m}=A$, $\mathfrak{m}=Ax=\langle x\rangle$ 是主理想.

3) $\Longrightarrow$ 4)　$\mathfrak{m}$ 是主理想, 于是有 $\dim_k(\mathfrak{m}/\mathfrak{m}^2)\leqslant 1$. 再由定理 5.4.3 知 $\mathfrak{m}^2\neq\mathfrak{m}$, 因此 $\dim_k(\mathfrak{m}/\mathfrak{m}^2)=1$.

4) $\Longrightarrow$ 5)　设 $\mathfrak{a}$ 是一个非平凡理想. 由定理 5.4.3, 有 n 使得 $\mathfrak{a}\supseteq\mathfrak{m}^n$. 若 $n=1$, 则 $\mathfrak{a}=\mathfrak{m}$. 可设 $n\geqslant 2$. 注意 Noether 环 $A/\mathfrak{m}^n$ 的零理想不是素理想, 因而 $\dim A/\mathfrak{m}^n=0$, 故 $A/\mathfrak{m}^n$ 是 Artin 环, $(A/\mathfrak{m}^n)/(\mathfrak{m}/\mathfrak{m}^n)=A/\mathfrak{m}=k$. $(\mathfrak{m}/\mathfrak{m}^n)^2=\mathfrak{m}^2/\mathfrak{m}^n$, 因此 $\dim_k(\mathfrak{m}/\mathfrak{m}^n)^2/(\mathfrak{m}/\mathfrak{m}^n)=1$. 于是由定理 4.4.5 有 k 使得 $\mathfrak{a}/\mathfrak{m}^n=(\mathfrak{m}/\mathfrak{m}^n)^k$, 即有 $\mathfrak{a}=\mathfrak{m}^k$.

5) $\Longrightarrow$ 6)　由于 $\mathfrak{m}\neq\mathfrak{m}^2$, 因此有 $x\in\mathfrak{m}\setminus\mathfrak{m}^2$. 于是 $\langle x\rangle=\mathfrak{m}^r$, 于是 $r=1$, $\langle x\rangle=\mathfrak{m}$. 于是 $\langle x^k\rangle=\mathfrak{m}^k$.

6) $\Longrightarrow$ 1)　显然 $\langle x\rangle=\mathfrak{m}$. 而且 $\langle x^k\rangle\neq\langle x^{k+1}\rangle$. 若 $a\in A$, $a\neq 0$, 于是恰有 $k\in\mathbf{Z}$, $k\geqslant 0$ 使得 $\langle a\rangle=\langle x^k\rangle$. 定义 $\nu(a)=k$. 对于 $ab^{-1}\in K^*$, 定义

$$\nu(ab^{-1})=\nu(a)-\nu(b),\quad a,b\in A,\ ab\neq 0.$$

可以验证 ν 是 K 的离散赋值, A 是 ν 的赋值环. ∎

5.5　戴德金整环

本节讨论的 Dedekind 整环的典型的例子是代数整数环. Dedekind 整环的另一典型的例子是与非奇异代数曲线联系产生的.

Dedekind 整环是一类特殊的 Noether 整环, 也是特殊的与赋值整环有密切关系的整环.

正式讨论前先给出一个引理.

引理 5.5.1 准素理想及理想之幂在局部化下仍然分别是准素理想及理想之幂.

证 设 $\mathfrak{a}, \mathfrak{b}$ 是交换幺环 R 的理想, $\mathfrak{p}$ 是 R 的素理想. 令 $S = R \setminus \mathfrak{p}$. 于是由定理 3.4.3 有 $S^{-1}(\mathfrak{a}\mathfrak{b}) = (S^{-1}\mathfrak{a})(S^{-1}\mathfrak{b})$, 因此 $S^{-1}(\mathfrak{a}^m) = (S^{-1}\mathfrak{a})^m$.

设 $\mathfrak{q}$ 是 R 的准素理想. 于是 $\sqrt{\mathfrak{q}}$ 是 R 的素理想. 由定理 3.5.1, 若 $S \cap \sqrt{\mathfrak{q}} \neq \varnothing$, 即 $\sqrt{\mathfrak{q}} \not\subseteq \mathfrak{p}$, 则 $S^{-1}\mathfrak{q} = S^{-1}R$; 若 $S \cap \sqrt{\mathfrak{q}} = \varnothing$, 即 $\sqrt{\mathfrak{q}} \subseteq \mathfrak{p}$, 则 $S^{-1}\mathfrak{q}$ 是 $S^{-1}\sqrt{\mathfrak{q}}$ 的准素理想. ∎

定义 5.5.1 若 A 是 1 维 Noether 整环, 且是整闭的, 则称 A 为**Dedekind 整环**.

定理 5.5.1 设 A 是 1 维 Noether 整环, 则下列条件等价:

1) A 是 Dedekind 整环;

2) A 中每个准素理想都是一个素理想的幂;

3) 每个局部环 $A_\mathfrak{p}$ $(\mathfrak{p} \neq \{0\})$ 都是离散赋值环.

证 1) $\Longrightarrow$ 3) 根据定理 5.2.2, 由 A 整闭, 知 $A_\mathfrak{p}$ 整闭, 再由定理 5.4.4 知 $A_\mathfrak{p}$ 是离散赋值环.

3) $\Longrightarrow$ 1) 由定理 5.4.4 知 $A_\mathfrak{p}$ 是离散赋值环, 且是整闭的, 再由定理 5.2.2 知 A 整闭.

2) $\Longrightarrow$ 3) 局部环 $A_\mathfrak{p}$ 中每个准素理想是其唯一的极大理想的幂. 再根据定理 5.2.2, $A_\mathfrak{p}$ 为离散赋值环.

3) $\Longrightarrow$ 2) 设 $\mathfrak{a}$ 是 A 的准素理想. 于是 $\sqrt{\mathfrak{a}} = \mathfrak{p}$ 是 A 的素理想. 令 $S = A \setminus \mathfrak{p}$, 因此 $A_\mathfrak{p} = S^{-1}A$. $S^{-1}\mathfrak{a}$ 是 $A_\mathfrak{p}$ 的准素理想. $A_\mathfrak{p}$ 是离散赋值环, 于是 $S^{-1}\mathfrak{a}$ 是 $S^{-1}\mathfrak{p}$ 的幂, 因而 $\mathfrak{a}$ 是 $\mathfrak{p}$ 的幂. ∎

定理 5.5.2 设 A 是 Dedekind 整环, 则有以下结论.

1) A 中每个非零理想 $\mathfrak{a}$ 唯一地分解为素理想的积

$$\mathfrak{a} = \mathfrak{p}_1^{n_1}\mathfrak{p}_2^{n_2}\cdots\mathfrak{p}_t^{n_t}, \quad \mathfrak{p}_i \text{ 是素理想, 且 } i \neq j \text{ 时, } \mathfrak{p}_i + \mathfrak{p}_j = A.$$

2) 若 A 的理想

$$\begin{cases} \mathfrak{a} = \mathfrak{p}_1^{n_1}\mathfrak{p}_2^{n_2}\cdots\mathfrak{p}_t^{n_t}, & n_i \geqslant 0, \\ \mathfrak{b} = \mathfrak{p}_1^{m_1}\mathfrak{p}_2^{m_2}\cdots\mathfrak{p}_t^{m_t}, & m_i \geqslant 0, \\ \quad \mathfrak{p}_i \text{ 是素理想, } i \neq j, \ \mathfrak{p}_i + \mathfrak{p}_j = A, & \end{cases}$$

则

$$\begin{cases} \mathfrak{a} \subseteq \mathfrak{b}, \text{ 当且仅当 } n_i \geqslant m_i, 1 \leqslant i \leqslant t, \\ \mathfrak{a}+\mathfrak{b} = \prod_{i=1}^{t} \mathfrak{p}_i^{\min\{n_i, m_i\}}, \\ \mathfrak{a}\cap\mathfrak{b} = \prod_{i=1}^{t} \mathfrak{p}_i^{\max\{n_i, m_i\}}, \\ \mathfrak{a}\mathfrak{b} = \prod_{i=1}^{t} \mathfrak{p}_i^{n_i+m_i}. \end{cases}$$

3) 设 $\mathfrak{a}$, $\mathfrak{b}$ 是 A 的理想, 且 $\mathfrak{a} \subseteq \mathfrak{b}$, 则有 A 的理想 $\mathfrak{c}$ 使得 $\mathfrak{a} = \mathfrak{b}\mathfrak{c}$.

4) 设 $\mathfrak{a}$ 是 A 的非零理想, 则 $A/\mathfrak{a}$ 只有有限个理想, 且均为主理想.

证　1) 这是定理 5.4.3 与定理 5.5.1 的必然结果.

2) 令 $S_i = A \setminus \mathfrak{p}_i$. 由于 $j \neq i$ 时, $\mathfrak{p}_j \not\subseteq \mathfrak{p}_i$, 因此 $S_i^{-1}\mathfrak{p}_j^m = S_i^{-1}A$. 所以 $S_i^{-1}\mathfrak{a} = (S_i^{-1}\mathfrak{p}_i)^{n_i} \subseteq S_i^{-1}\mathfrak{b} = (S_i^{-1}\mathfrak{p}_i)^{m_i}$. 由此知 $n_i \geqslant m_i$. 因而结论 2) 中第一个关系成立, 后面的关系是此关系的自然结果.

3) 若 $\mathfrak{a} \subseteq \mathfrak{b}$, 取 $\mathfrak{c} = \prod_{i=1}^{t} \mathfrak{p}_I^{n_i - m_i}$, 则 $\mathfrak{a} = \mathfrak{b}\mathfrak{c}$.

4) 设 $\mathfrak{a} = \mathfrak{p}_1^{n_1}\mathfrak{p}_2^{n_2}\cdots\mathfrak{p}_t^{n_t}$, 于是 $A/\mathfrak{a}$ 中理想与 A 中包含 $\mathfrak{a}$ 的理想一一对应. 由结论 2) 中第一个关系, 这样的理想只有有限个.

为证 $A/\mathfrak{a}$ 中理想为主理想, 只需证明 $\mathfrak{p}_i/\mathfrak{a}$ 为主理想. 不妨设 $i = 1$. 由于 $\mathfrak{p}_1^2$, $\mathfrak{p}_2, \cdots, \mathfrak{p}_t$ 两两互素, 于是由中国剩余定理, 对 $x \in \mathfrak{p}_1 \setminus \mathfrak{p}_1^2$, 有 $y \in A$ 使得

$$\begin{cases} y \equiv x \pmod{\mathfrak{p}_1^2}, \\ y \equiv 1 \pmod{\mathfrak{p}_2}, \\ \quad\cdots\cdots \\ y \equiv 1 \pmod{\mathfrak{p}_t}. \end{cases}$$

于是 $y \in \mathfrak{p}_1 \setminus \mathfrak{p}_1^2$, $y \notin \mathfrak{p}_i$ $(i \geqslant 2)$. 设 $\mathfrak{m}$ 是包含 $\mathfrak{a} + yA$ 的极大理想, 由 $\mathfrak{a} \subseteq \mathfrak{m}$, 于是有某 $\mathfrak{p}_j \subseteq \mathfrak{m}$. 由于 $\mathfrak{p}_j$ 是极大理想, 因此 $\mathfrak{p}_j = \mathfrak{m}$. 由于 $j \neq 1$ 时, $y \notin \mathfrak{p}_j$. 故 $j = 1$, 即 $\mathfrak{p}_1 = \mathfrak{m}$ 为 $\mathfrak{a} + yA$ 的唯一的极大理想, 因此 $\mathfrak{a} + yA = \mathfrak{p}_1^k$, 但 $y \notin \mathfrak{p}_1^2$, 故 $\mathfrak{a} + yA = \mathfrak{p}_1$, $\mathfrak{p}_1/\mathfrak{a}$ 是由 $y + \mathfrak{a}$ 生成的主理想. ■

推论 5.5.1　设 $\mathfrak{a}$, $\mathfrak{b}$, $\mathfrak{c}$ 是 Dedekind 整环 A 中三个理想，则

$$\mathfrak{a} \cap (\mathfrak{b} + \mathfrak{c}) = (\mathfrak{a} \cap \mathfrak{b}) + (\mathfrak{a} \cap \mathfrak{c}), \quad \mathfrak{a} + (\mathfrak{b} \cap \mathfrak{c}) = (\mathfrak{a} + \mathfrak{b}) \cap (\mathfrak{a} + \mathfrak{c}).$$

这是定理 5.5.2 的结论 2) 的自然结果.

其实从此定理的第三个结果也可得到此定理的第一个结果. 而且第三个结果也是 Dedekin 整环的特征性质.

定理 5.5.3 设 A 是整环, 但不是域. 如果 A 中任意两个理想 $\mathfrak{a}, \mathfrak{b}$ 满足 $\mathfrak{a} \subseteq \mathfrak{b}$, 那么有理想 $\mathfrak{c}$ 使得 $\mathfrak{a} = \mathfrak{b}\mathfrak{c}$, 则 A 是 Dedekind 整环.

证 分六步来完成证明.

1) A 的理想 $\mathfrak{a}, \mathfrak{b}$ 是同构的 A 模当且仅当有 $x, y \in A$, $xy \neq 0$ 使得 $x\mathfrak{a} = y\mathfrak{b}$.

事实上, 不妨设 $\mathfrak{a} \neq 0$. 若 φ 是 A 模 $\mathfrak{a}, \mathfrak{b}$ 的同构. 取 $y \in \mathfrak{a}, y \neq 0$. $x = \varphi(y)$. 于是 $\forall a \in \mathfrak{a}$, $xa = \varphi(y)a = \varphi(ya) = y\varphi(a)$. 因而 $x\mathfrak{a} \subseteq y\mathfrak{b}$. 由 $\mathfrak{b}$ 到 $\mathfrak{a}$ 的同构可得 $y\mathfrak{b} \subseteq x\mathfrak{a}$, 因此 $y\mathfrak{b} = x\mathfrak{a}$. 反之, $xy \neq 0$, $y\mathfrak{b} = x\mathfrak{a}$, 则作为 A 模, $\mathfrak{a} \cong x\mathfrak{a} \cong y\mathfrak{b} \cong \mathfrak{b}$.

2) 设 $\mathfrak{a}, \mathfrak{b}, \mathfrak{c}$ 都是 A 的理想, 且 $\mathfrak{a} \neq 0$. 若 $\mathfrak{a}\mathfrak{b} = \mathfrak{a}\mathfrak{c}$, 则 $\mathfrak{b} = \mathfrak{c}$.

取 $a \in \mathfrak{a}$, $a \neq 0$, 于是 $aA = \langle a \rangle \subseteq \mathfrak{a}$, 因而有理想 $\mathfrak{d}$ 使得 $\mathfrak{a}\mathfrak{d} = aA$. 于是 $a\mathfrak{b} = aA\mathfrak{b} = \mathfrak{a}\mathfrak{d}\mathfrak{b} = \mathfrak{d}\mathfrak{a}\mathfrak{c} = aA\mathfrak{c} = a\mathfrak{c}$. 于是 $\mathfrak{b} = \mathfrak{c}$.

3) A 是 Noether 环.

只要证明 A 的非零理想 $\mathfrak{a}$ 是有限生成的. 取 $a \in \mathfrak{a}$, $a \neq 0$, 于是 $aA = \langle a \rangle \subseteq \mathfrak{a}$, 因而有理想 $\mathfrak{b}$ 使得 $\mathfrak{a}\mathfrak{b} = aA$. 因此 $a = \sum_{i=1}^{n} a_i b_i$, $a_i \in \mathfrak{a}$, $b_i \in \mathfrak{b}$. 由 $\varphi(x_1, x_2, \cdots, x_n) = \sum_{i=1}^{n} a_i x_i$ 定义的 φ 是 A 模 A^n 到 A 模 $\mathfrak{a}$ 的同态. 若 $y \in \mathfrak{a}$, 则 $yb_i \in \mathfrak{a}\mathfrak{b} = aA$. 于是有唯一的 $z_i \in A$ 使得 $yb_i = az_i$, 因此 $ay = \sum_{i=1}^{n} a_i y b_i = \sum_{i=1}^{n} a_i a z_i = a \sum_{i=1}^{n} a_i z_i$. 故 $y = \sum_{i=1}^{n} a_i z_i$. 于是 $\psi(y) = (yz_1, yz_2, \cdots, yz_n)$ 是 $\mathfrak{a}$ 到 A^n 的 A 模同态, 且 $\varphi\psi = \mathrm{id}_{\mathfrak{a}}$. 因而 φ 是满同态, 因而 $\mathfrak{a}$ 是有限生成的 A 模, 故 A 是 Noether 环.

4) A 的非零素理想是极大理想, 于是 $\dim A = 1$.

设 $\mathfrak{p}$ 是 A 的非零素理想, 若非极大, 则有极大理想 $\mathfrak{m}$ 使得 $\mathfrak{p} \subset \mathfrak{m} \subset A$. 于是有理想 $\mathfrak{n}$ 使得 $\mathfrak{p} = \mathfrak{m}\mathfrak{n}$. 由上面讨论的 2) 知 $\mathfrak{p} = \mathfrak{m}\mathfrak{n} \subset A\mathfrak{n} = \mathfrak{n}$. 取 $x \in \mathfrak{m} \setminus \mathfrak{p}$, $n \in \mathfrak{n}$, 于是 $xn \in \mathfrak{p}$. 因为 $\mathfrak{p}$ 是素理想, 所以 $n \in \mathfrak{p}$, 即 $\mathfrak{n} \subseteq \mathfrak{p}$, 这就产生矛盾. 因此 $\mathfrak{p}$ 是极大理想.

5) A 中理想可唯一地分解为极大理想的积.

设 A 的理想 $\mathfrak{a}$ 非极大, 于是有极大理想 $\mathfrak{p}_1 \supset \mathfrak{a}$. 因而有理想 $\mathfrak{a}_1$ 使得 $\mathfrak{a} = \mathfrak{p}_1\mathfrak{a}_1$. 若 $\mathfrak{a}_1$ 是极大的, 则分解已完成. 否则有 $\mathfrak{a}_1 = \mathfrak{p}_2\mathfrak{a}_2$. 如此有理想链 $\mathfrak{a}_{i-1} = \mathfrak{p}_i\mathfrak{a}_i$, $\mathfrak{p}_i$ 是极大理想. 因而有

$$\mathfrak{a} \subset \mathfrak{a}_1 \subset \mathfrak{a}_2 \subset \cdots$$

由上面讨论的 3) 知 A 是 Noether 环, 因而有 r 使得 $\mathfrak{a}_{r-1} = \mathfrak{p}_r$ 是极大理想. 于是

$$\mathfrak{a} = \mathfrak{p}_1\mathfrak{p}_2\cdots\mathfrak{p}_r, \quad \mathfrak{p}_i \text{ 是极大理想}.$$

设 $\mathfrak{a}$ 还有分解

$$\mathfrak{a}=\mathfrak{q}_1\mathfrak{q}_2\cdots\mathfrak{q}_s,\quad \mathfrak{q}_i \text{ 是极大理想.}$$

于是由 $\mathfrak{p}_1\supseteq\mathfrak{a}=\prod_{j=1}^{s}\mathfrak{q}_j$, 知有 j_0, 使得 $\mathfrak{p}_1\supseteq\mathfrak{q}_{j_0}$. 注意后者是极大的, 于是 $\mathfrak{p}_1=\mathfrak{q}_{j_0}$. 由交换性, 不妨设 $j_0=1$. 因而 $\mathfrak{p}_1\prod_{i=2}^{r}\mathfrak{p}_i=\mathfrak{p}_1\prod_{j=2}^{s}\mathfrak{q}_j$. 从讨论的 2) 知 $\prod_{i=2}^{r}\mathfrak{p}_i=\prod_{j=2}^{s}\mathfrak{q}_j$. 因而可归纳地证明分解的唯一性.

6) A 是 Dedekind 整环.

只要证明 A 的准素理想 $\mathfrak{q}$ 是素理想的幂. 设 $\mathfrak{q}$ 有分解 $\mathfrak{q}=\prod_{i=1}^{t}\mathfrak{p}_i^{n_i}$. $\mathfrak{p}_i$ 是素理想, 因而是极大理想, 又 $i\neq j$, $\mathfrak{p}_i\neq\mathfrak{p}_j$, 因此互素. 于是

$$\sqrt{\mathfrak{q}}=\sqrt{\prod_{i=1}^{t}\mathfrak{p}_i^{n_i}}=\sqrt{\bigcap_{i=1}^{t}\mathfrak{p}_i^{n_i}}=\bigcap_{i=1}^{t}\sqrt{\mathfrak{p}_i^{n_i}}=\bigcap_{i=1}^{t}\mathfrak{p}_i.$$

因 $\mathfrak{q}$ 准素, 故 $\sqrt{\mathfrak{q}}$ 是素理想. 于是有 i_0 使得 $\sqrt{\mathfrak{q}}=\mathfrak{p}_{i_0}$, 因而 $\mathfrak{p}_{i_0}\subseteq\mathfrak{p}_i$. 再从 $\mathfrak{p}_{i_0}$ 的极大性知, $t=1$, $\mathfrak{q}$ 是素理想的幂. ∎

例 5.5.1　主理想整环 A 是 Dedekind 整环.

事实上, A 是 Noether 环, A 的每个素理想都是极大理想, 于是 $\dim A=1$. $\mathfrak{p}$ 若为 A 的素理想, 则 $A_{\mathfrak{p}}$ 也是主理想整环, 由定理 5.5.1, $A_{\mathfrak{p}}$ 是离散赋值环, 也是 Dedekind 整环.

注 5.5.1　许多文献中将一个整环 A 定义为 Dedekind 整环, 如果 A 中任意两个理想 $\mathfrak{a}$, $\mathfrak{b}$ 满足 $\mathfrak{a}\subseteq\mathfrak{b}$, 那么有理想 $\mathfrak{c}$ 使得 $\mathfrak{a}=\mathfrak{b}\mathfrak{c}$. 如此就将域也包含在 Dedekind 整环中了.

定义 5.5.2　有理数域 $\mathbf{Q}$ 的有限代数扩张 K 称为**代数数域**. $\mathbf{Z}$ 在 K 中的整闭包 A 称为**K 的整数环**.

例 5.5.2　$\mathbf{Q}[\sqrt{-1}]$ 是代数数域, 其整数环 $\mathbf{Z}[\sqrt{-1}]$ 称为**Gauss 整数环**.

定理 5.5.4　代数数域 K 的整数环 A 是 Dedekind 整环.

证　因为 $\mathbf{Q}$ 的特征为 0, 于是 K 是 $\mathbf{Q}$ 的可分扩张, 因而有 K 在 $\mathbf{Q}$ 上的基 $v_1, v_2, \cdots, v_n$ 使得 $A\subseteq\sum_{i=1}^{n}\mathbf{Z}v_i$. 因此 A 是有限生成的 $\mathbf{Z}$ 模, 故为 Noether 环.

A 是 $\mathbf{Z}$ 在 K 中的整闭包, 于是 A 在 K 中是整闭的. 下面证 K 是 A 的分式域. 设 $\alpha\in K$,

$$f(x)=\mathrm{Irr}(\alpha,\mathbf{Q})=x^n+a_1x^{n-1}+\cdots+a_n$$

中有 $a_i = \dfrac{c_i}{b}$, $c_i, b \in \mathbf{Z}$, $b \neq 0$. 于是

$$f_1(x) = x^n + c_1 x^{n-1} + \cdots + b^{n-1} c_n = x^n + \sum_{i=1}^{n} b^{i-1} c_i x^{n-i} \in \mathbf{Z}[x],$$

首项系数为 1, 而且 $f_1(b\alpha) = b^n f(\alpha) = 0$. 于是 $b\alpha \in A$. $\alpha = \dfrac{b\alpha}{b}$. K 是 A 的分式域. 于是 A 是整闭整环.

若 $\mathfrak{p}$ 是 A 的非零素理想, 由推论 5.1.2, $\mathbf{Z} \cap \mathfrak{p} \neq \{0\}$, $\mathbf{Z} \cap \mathfrak{p}$ 为 $\mathbf{Z}$ 中极大理想, 于是 $\mathfrak{p}$ 是 A 中极大理想. 于是 $\dim A = 1$. A 是 Dedekind 整环. ∎

例 5.5.3 设代数数域 K 是 $\mathbf{Q}$ 的二次扩张. 于是 $K = \mathbf{Q}[\alpha]$, $\alpha \in K \setminus \mathbf{Q}$. 由于有整数与 α 的积是代数整数, 于是可假定 α 是代数整数. 因而其不可约多项式为 $x^2 + bx + c$, $b, c \in \mathbf{Z}$. 由此知 $\sqrt{b^2 - 4c} \neq 0$. 设 $b^2 - 4c = k^2 d$, d 无平方因数. 于是 $K = \mathbf{Q}[\sqrt{d}]$.

设 A 是 $\mathbf{Z}$ 在 K 中的整闭包, $\alpha \in A$, 不可约多项式为 $x^2 + bx + c$.

若 $b = 2b_1$ 为偶数, 则 $b^2 - 4c = (2b_1)^2 - 4c = 4k_1^2 d$, 于是 $\alpha = -b_1 \pm \sqrt{b_1^2 - c} = -b_1 \pm k_1\sqrt{d}$.

若 $b = 2b_1 - 1$ 为奇数, 则 $b^2 - 4c = (2b_1 - 1)^2 - 4c = k^2 d$ $(k > 0)$ 为奇数, 因此 $k = 2k_1 - 1$ 为奇数. 于是 $\alpha = -b_1 \pm k_1\sqrt{d} + \dfrac{1}{2}(1 \pm \sqrt{d})$. 于是 $\beta = \dfrac{1}{2}(1 + \sqrt{d}) \in A$.

注意$\beta^2 = \dfrac{1}{4}(1 + d + 2\sqrt{d}) = \dfrac{1}{2}(1 + \sqrt{d}) + \dfrac{d-1}{4} = \beta + \dfrac{d-1}{4}$, 因而 $\beta \in A$ 当且仅当 $\dfrac{d-1}{4} \in \mathbf{Z}$, 即 $d \equiv 1(\mathrm{mod} 4)$.

总结上面的讨论可得到下面结论.

$\mathbf{Q}$ 的二次扩张 K 均可表示为 $K = \mathbf{Q}[\sqrt{d}]$, 其中 $d \neq 1$ 是无平方因数的整数. K 的整数环

$$A = \begin{cases} \mathbf{Z} + \mathbf{Z}\sqrt{d}, & d \not\equiv 1(\mathrm{mod} 4), \\ \mathbf{Z} + \mathbf{Z}\,\dfrac{1+\sqrt{d}}{2}, & d \equiv 1(\mathrm{mod} 4). \end{cases}$$

5.6 分式理想

如果 $\mathfrak{a}$ 是整数环 $\mathbf{Z}$ 的一个理想, $m \in \mathbf{Z}$, $m \neq 0$. 于是在 $\mathbf{Z}$ 的分式域 $\mathbf{Q}$ 中的集合$M = \left\{ \dfrac{a}{m} \middle| a \in \mathfrak{a} \right\}$ 是 $\mathbf{Q}$ 的加法子群, 是 $\mathbf{Z}$ 模, 同时有 $mM = \mathfrak{a}$ 是 $\mathbf{Z}$ 的理想. 把这些性质抽象出来, 就有下面的概念.

定义 5.6.1 设 A 是整环, 其分式域为 K. K 的 A 子模 M, 满足: 存在 $0 \neq x \in A$ 使得 $xM \subseteq A$, 则称 M 为 A 的**分式理想**.

性质 5.6.1 1) A 的理想 $\mathfrak{a}$ 也是 A 的分式理想, 这种分式理想称为**整理想**.

2) 设 M 为 A 的分式理想,$x \in A$, $x \neq 0$, $xM \subseteq A$. 则 xM 是 A 的整理想.

3) 设 M, N 都是 A 的分式理想, 则 $M+N$, $M \cap N$ 是分式理想.

4) 设 M, N 都是 A 的分式理想, 则 $MN = \left\{\sum_{i=1}^{n} m_i n_i | m_i \in M, n_i \in N\right\}$ 是分式理想.

5) 设 M, N 都是 A 的分式理想,$N \neq \{0\}$, 则 $(M:N) = \{z \in K | zN \subseteq M\}$ 是分式理想. 特别地, $(A:M) = \{x \in K | xM \subseteq A\}$ 是分式理想.

6) 设 $u \in K$, Au 是 u 生成的分式理想, 记为 $\langle u \rangle$, 称为**主理想**.

证 1) 由 $1 \cdot \mathfrak{a} = \mathfrak{a} \subseteq A$, 因此 1) 成立.

2) $xM \subseteq A$, 于是 $A(xM) = x(AM) = xM$. 故 2) 成立.

3) 设非零的 $x, y \in A$ 使得 $xM, yN \subseteq A$. 则 A 模 $M+N$, $M \cap N$ 满足

$$(xy)(M+N) = (xy)M + (xy)N \subseteq A, \quad x(M \cap N), y(M \cap N) \subseteq A,$$

因而 3) 成立.

4) 容易知道 MN 是 A 模. 设非零的 $x, y \in A$ 使得 $xM, yN \subseteq A$. 故 $(xy)(MN) \subseteq A$, 于是 MN 是分式理想.

5) 显然 $0 \in (M:N)$; $z_1, z_2 \in (M:N)$, 则

$$z_1 - z_2 \in (M:N); \quad w \in A, z \in (M:N),$$

则 $wz \in (M:N)$. 于是 $(M:N)$ 是 A 模. 再设非零的 $x, y \in A$ 使得 $xM, yN \subseteq A$. 若 $n \in N$,$n \neq 0$, $z \in (M:N)$, 则 $(xy)(zn) = x(yn)z \in A$. 而由

$$x \in A, yn \in A, x(yn)(M:N) \subseteq A,$$

知 $(M:N)$ 为分式理想.

6) $u \in K$, $u \neq 0$, 于是 $u = \dfrac{x}{y}$, $x, y \in A$, $xy \neq 0$. 于是 $yAu \subseteq A$. ■

定理 5.6.1 整环 A 的分式域 K 的每个有限生成 A 模 M 是 A 的分式理想. 反之, 若 A 是 Noether 环, 则 A 的每个分式理想都是有限生成的.

证 设 $x_i = y_i'/z_i'$ $(y_i', z_i' \in A;\ 1 \leqslant i \leqslant n)$ 为 M 的生成元. 令 $z = z_1' z_2' \cdots z_n'$, $y_i = y_i' \prod\limits_{j \neq i} z_j'$, 于是 $x_i = y_i z^{-1}$ $(1 \leqslant i \leqslant n)$, 于是 $zM \subseteq A$, 故 M 为分式理想.

M 为 A 的分式理想, 于是有 $x \in A$, $x \neq 0$ 使 $xM \subseteq A$. 于是 xM 是 Noether 环 A 的理想, 因而是有限生成的. ■

定义 5.6.2 设 A 是整环, 其分式域为 K, M 为 K 的 A 子模. 若存在 K 的子模 N 使得 $MN = \left\{\sum_{i=1}^{n} x_i y_i \middle| x_i \in M, y_i \in N\right\} = A$, 则称 M 为**可逆理想**.

定理 5.6.2 设 A 是整环, 其分式域为 K.

1) A 的所有可逆理想的集合, 对理想的乘法构成群, 其幺元为 $A=\langle 1\rangle$.

2) A 的可逆理想 M 是 A 的分式理想, M 的逆元为 $(A:M)$.

证 显然 $AM=M$. $MN=A$, 则 N 也是可逆理想. 又设 M_1, M_2 是可逆理想, 于是有 $M_1N_1=M_2N_2=A$, 因此 $(M_1M_2)(N_1N_2)=A$. 因而所有可逆理想的集合, 对理想的乘法构成群, 其幺元为 $A=\langle 1\rangle$.

由 $MN=A$, 知有 $N\subseteq(A:M)=(A:M)MN\subseteq AN=N$. 于是 $N=(A:M)$. 又由 $M(A:M)=A$, 于是有 $x_i\in M$, $y_i\in(A:M)$ $(1\leqslant i\leqslant n)$ 使得 $\sum\limits_{i=1}^{n}x_iy_i=1$. 因此 $\forall x\in M$, 有 $x=x\sum\limits_{i=1}^{n}x_iy_i=\sum\limits_{i=1}^{n}(xy_i)x_i$, 而 $xy_i\in A$. 因此 M 是由 $x_1,x_2,\cdots,x_n$ 生成的 A 模, 故为 A 的分式理想. ∎

推论 5.6.1 1) 可逆分式理想是有限生成的.

2) 设 $u\in K$, $u\neq 0$. 则主分式理想 $\langle u\rangle$ 是可逆的, 且其逆为 $\langle u^{-1}\rangle$.

证 结论 1) 可由定理 5.6.2 的证明得到. 结论 2) 是 $\langle u\rangle\langle u^{-1}\rangle=\langle 1\rangle$ 的结果. ∎

分式理想的可逆性是局部性质.

定理 5.6.3 设 M 是整环 A 的分式理想, 则下列条件等价:

1) M 是可逆的;

2) M 是有限生成的, 且对每个素理想 $\mathfrak{p}$, $M_{\mathfrak{p}}$ 是可逆的;

3) M 是有限生成的, 且对每个极大理想 $\mathfrak{m}$, $M_{\mathfrak{m}}$ 是可逆的.

证 1) $\Longrightarrow$ 2) 注意 M 可逆, 于是 M 是有限生成的, 因而由定理 3.3.3 与推论 3.3.2 有 $A_{\mathfrak{p}}=(M\cdot(A{:}M))_{\mathfrak{p}}=M_{\mathfrak{p}}\cdot(A{:}M)_{\mathfrak{p}}=M_{\mathfrak{p}}\cdot(A_{\mathfrak{p}}{:}M_{\mathfrak{p}})$. 即 $M_{\mathfrak{p}}$ 可逆.

2) $\Longrightarrow$ 3) 只要注意极大理想是素理想.

3) $\Longrightarrow$ 1) 设 $\mathfrak{a}=M(A{:}M)$, 这是一个整理想. $\mathfrak{m}$ 为 A 的极大理想. 于是由定理 3.3.3 与推论 3.3.2 有 $\mathfrak{a}_{\mathfrak{m}}=M_{\mathfrak{m}}(A_{\mathfrak{m}}{:}M_{\mathfrak{m}})$. 由 $M_{\mathfrak{m}}$ 可逆, 逆元为 $(A_{\mathfrak{m}}{:}M_{\mathfrak{m}})$, 于是 $\mathfrak{a}_{\mathfrak{m}}=A_{\mathfrak{m}}$, 因此 $\mathfrak{a}\not\subseteq\mathfrak{m}$. 因此 $\mathfrak{a}=A$, M 可逆. ∎

定理 5.6.4 1) 局部整环 A 为离散赋值环当且仅当 A 的每个非零分式理想可逆.

2) 整环 A 为 Dedekind 整环当且仅当 A 的每个非零分式理想可逆.

证 1) 设离散赋值环 A 的极大理想为 $\mathfrak{m}=\langle x\rangle$, M 是非零的分式理想. 于是有 $y\in A$ 使 $yM\subseteq A$, 因此 yM 是整理想, 于是 $yM=\langle x^r\rangle$. 设 ν 为赋值, 于是 $M=\langle x^{r-\nu(y)+1}\rangle$ 是主分式理想, 因而是可逆的.

反之, 每个非零理想可逆, 因而是有限生成的. 于是 A 是 Noether 环. 设

$$\Sigma=\{\mathfrak{b}|\mathfrak{b}\ \text{是非零理想},\ \mathfrak{b}\neq\mathfrak{m}^k\},$$

$\mathfrak{m}$ 是 A 的极大理想. 按包含关系 Σ 有极大元 $\mathfrak{a}$. $\mathfrak{a} \subset \mathfrak{m}$. 因此 $\mathfrak{m}^{-1}\mathfrak{a} \subset \mathfrak{m}^{-1}\mathfrak{m} = A$. $\mathfrak{m}^{-1}\mathfrak{a}$ 是真整理想. 注意 $\mathfrak{m}^{-1}\mathfrak{a} = (A:\mathfrak{m})\mathfrak{a} \supseteq A\mathfrak{a} = \mathfrak{a}$. 如果 $\mathfrak{m}^{-1}\mathfrak{a} = \mathfrak{a}$, 则 $\mathfrak{m}\mathfrak{a} = \mathfrak{a}$. 由定理 2.2.4, $\mathfrak{a} = \{0\}$. 因此 $\mathfrak{m}^{-1}\mathfrak{a} \supset \mathfrak{a}$, 由 $\mathfrak{a}$ 的极大性知 $\mathfrak{m}^{-1}\mathfrak{a} = \mathfrak{m}^k$, $\mathfrak{a} = \mathfrak{m}^{k+1}$. 这就发生矛盾. 因而 $\Sigma = \varnothing$. 于是 A 的任何非零理想是极大理想的幂, A 为离散赋值环.

2) 设 M 是 Dedekind 整环 A 的非零分式理想. 因 A 是 Noether 环, 于是 M 是有限生成的. 对每个非零素理想 $\mathfrak{p}$, $M_\mathfrak{p}$ 是离散赋值环 $A_\mathfrak{p}$ 的非零分式理想, 由结论 1), $M_\mathfrak{p}$ 是可逆的, 再由定理 5.6.3, M 是可逆的.

反之, 每个非零分式理想可逆, 因而是有限生成的. 故 A 是 Noether 环. 设 $\mathfrak{p}$ 是 A 的非零素理想. $\mathfrak{b}$ 是 $A_\mathfrak{p}$ 的一个理想. 令 $\mathfrak{a} = \mathfrak{b}^c = \mathfrak{b} \cap A$. 则 $\mathfrak{a}$ 可逆, 因此由定理 5.6.3, $\mathfrak{b} = \mathfrak{a}_\mathfrak{p}$ 可逆. 于是 $A_\mathfrak{p}$ 为离散赋值环, 从而 A 是 Dedekind 整环. ∎

推论 5.6.2 设 A 是 Dedekind 整环.

1) A 的非零分式理想集合 $\mathfrak{I}$ 对乘法构成群, 称为 A 的**理想群**.

2) $\mathfrak{I}$ 是由 A 的非零素理想生成的自由交换群.

证 1) 这是定理 5.6.2 与定理 5.6.4 的必然结果.

2) 每个分式理想可唯一地表示为

$$M = \prod_{i=1}^{t} \mathfrak{p}_i^{n_i}, \quad n_i \in \mathbf{Z},$$

其中 $\mathfrak{p}_i$ 是互不相同的素理想. ∎

定义 5.6.3 设 K^* 是 Dedekind 整环 A 的分式域 K 的乘法群. 定义 $\varphi: K^* \to \mathfrak{I}$ 如下:

$$\varphi(u) = \langle u \rangle, \quad u \in K^*.$$

于是 φ 是同态. $\varphi(K^*) = \mathfrak{P}$ 称为**主分式理想群**. 商群 $\mathfrak{H} = \mathfrak{I}/\mathfrak{P}$ 称为 A 的**理想类群**.

$U = \ker\varphi = \{u \in K^* | \langle u \rangle = \langle 1 \rangle = A\}$ 为 A 中的可逆元构成的群. 设 π 为 $\mathfrak{I}$ 到 $\mathfrak{H}$ 的自然同态. 于是有正合序列

$$1 \longrightarrow U \longrightarrow K^* \xrightarrow{\varphi} \mathfrak{I} \xrightarrow{\pi} \mathfrak{H} \longrightarrow 1.$$

性质 5.6.2 Dedekind 整环 A 的理想类群 $\mathfrak{H}$ 有下面性质.

1) $\mathfrak{H}$ 中每个元素可表示为 $\pi(\mathfrak{a})$, $\mathfrak{a}$ 为 A 的整理想.

2) $\mathfrak{a}, \mathfrak{b}$ 是 A 的整理想, 则 $\pi(\mathfrak{a}) = \pi(\mathfrak{b})$ 当且仅当 $\mathfrak{a}, \mathfrak{b}$ 是同构的 A 模.

证 1) M 是分式理想, 于是有 $x \in A$, $x \neq 0$ 使 $\mathfrak{a} = xM \subseteq A$ 为 A 的整理想, 而 $\pi(M) = M\mathfrak{I} = \pi(\mathfrak{a})$.

2) $\pi(\mathfrak{a}) = \pi(\mathfrak{b})$ 当且仅当 $\mathfrak{a}\mathfrak{I} = \mathfrak{b}\mathfrak{I}$, 当且仅当有 $a, b \in A$, $ab \neq 0$, 使得 $\dfrac{a}{b}\mathfrak{a} = \mathfrak{b}$, 即 $a\mathfrak{a} = b\mathfrak{b}$. 故结论 2) 成立. ∎

5.7 代数整数环

本节介绍代数整数环的若干简单性质. 有专门研究代数整数的数学分支, 也就是代数数论, 不在这里专门讨论.

设 K 是有理数域 $\mathbf{Q}$ 的 n 次扩张. 于是 K 是代数数域. 设 O_K 是 K 的整数环, 即整数环在 K 中的整闭包. 从定理 5.5.4 知 O_K 是 Dedekind 整环.

另一方面, K 是 $\mathbf{Q}$ 上的 n 维线性空间. 对 $u \in K$, 可确定 K 的线性变换 L_u 为 $L_u(v) = uv$. 称 L_u 的迹 $\mathrm{tr}(L_u)$ 和行列式 $\det L_u$ 为 u 的**迹**和**范数**, 分别记为 $T(u)$ 和 $N(u)$.

再设$d_u(x) = \mathrm{Irr}(u, \mathbf{Q}) = x^r + b_{r-1}x^{r-1} + \cdots + b_1x + b_0$. 于是 $\mathbf{Q}[u]$ 是 $\mathbf{Q}$ 的 r 次扩张, K 是 $\mathbf{Q}[u]$ 的$\dfrac{n}{r} = m$ 次扩张. 作为 $\mathbf{Q}$ 上的线性空间, $\mathbf{Q}[u]$ 是 K 的线性变换 L_u 的不变子空间, 而且 $\mathbf{Q}[u]$ 作为 $\mathbf{Q}$ 上的线性空间有基 $1, u, \cdots, u^{r-1}$. 设 $v_1, v_2, \cdots, v_m$ 是 $\mathbf{Q}[u]$ 上线性空间 K 的基, 于是 $\mathbf{Q}$ 上线性空间 K 有基

$$v_1, v_1u, \cdots, v_1u^{r-1}, \cdots, v_m, v_mu, \cdots, v_mu^{r-1}.$$

L_u 在此基下的矩阵为

$$\begin{pmatrix} B & & & \\ & \ddots & & \\ & & \ddots & \\ & & & B \end{pmatrix}, \quad \text{其中 } B = \begin{pmatrix} 0 & 1 & & \\ & \ddots & \ddots & \\ & & 0 & 1 \\ -b_0 & \cdots & -b_{r-2} & -b_{r-1} \end{pmatrix}'.$$

由此可得 $T(u) = m(\mathrm{tr}(B)) = -mb_{r-1}$, $N(u) = (\det B)^m = (-1)^n b_0^m$. 如果 $u \in O_K$, 则 $T(u), N(u) \in \mathbf{Z}$.

$(u, v) = T(uv) \in \mathbf{Q} \subseteq \mathbf{R}$ 是 K 上的实对称双线性函数, 由于 $u \neq 0$ 时, $T(uu^{-1}) = n > 0$, 因此 (u, v) 是正定的.

由于 K 是 $\mathbf{Q}$ 的有限扩张, 因而是单扩张, 即有 $K = \mathbf{Q}[v]$. 设

$$f(x) = \mathrm{Irr}(v, \mathbf{Q}) = x^n + a_{n-1}x^{n-1} + \cdots + a_1x + a_0$$

作为 $\mathbf{C}$ 上多项式有分解 $f(x) = (x - v_1)(x - v_2) \cdots (x - v_n)$, $v_1 = v$. 令

$$A = \begin{pmatrix} 0 & 1 & & \\ & \ddots & \ddots & \\ & & 0 & 1 \\ -a_0 & \cdots & -a_{n-2} & -a_{n-1} \end{pmatrix}, \quad X_j = \begin{pmatrix} 1 \\ v_j \\ \vdots \\ v_j^{n-1} \end{pmatrix},$$

则有 $AX_j = v_jX_j$.

$1, v, \cdots, v^{n-1}$ 是 $\mathbf{Q}$ 上线性空间 K 的基. L_v 在此基下的矩阵为 A'. 设 $u \in K$, 于是有 $u = t_0 + t_1v + \cdots + t_{n-1}v^{n-1}$, 令 $f_u(x) = t_0 + t_1x + \cdots + t_{n-1}x^{n-1} \in \mathbf{Q}[x]$, 于是 $u = f_u(v)$. 因而 $L_u = f_u(L_v)$ 在此基下的矩阵为 $f_u(A') = (f_u(A))'$. 注意

$$f_u(A)X_j = t_0X_j + t_1AX_j + \cdots + t_{n-1}A^{n-1}X_j = f_u(v_j)X_j, \quad 1 \leqslant j \leqslant n.$$

于是 L_u 的特征值为 $f_u(v_j)$, $1 \leqslant j \leqslant n$, 所以

$$T(u) = \mathrm{tr}L_u = \sum_{j=1}^{n} f_u(v_j), \quad N(u) = \det L_u = \prod_{j=1}^{n} f_u(v_j).$$

定理 5.7.1　设 K 是有理数域 $\mathbf{Q}$ 的 n 次扩张, O_K 是 K 的整数环, $\mathfrak{a}$ 是 O_K 的非零理想.

1) 作为 $\mathbf{Z}$ 模, $\mathfrak{a}$ 同构于秩为 n 的自由 $\mathbf{Z}$ 模.

2) $\mathbf{Z}$ 模 O_K 有基 $w_1, w_2, \cdots, w_n$.

3) $O_K/\mathfrak{a}$ 是有限环.

证　1) 设 $u_1, u_2, \cdots, u_n \in K$ 为 $\mathbf{Q}$ 上线性空间 K 的基, 于是有 $n_i \in \mathbf{Z}$ 使 $\alpha_i = n_iu_i \in O_K$. $\alpha_1, \alpha_2, \cdots, \alpha_n \in O_k$ 仍为 K 的基, 由 $\forall \alpha \in O_k$, $T(\alpha\alpha_i) \in \mathbf{Z}$, 知

$$\psi(\alpha) = (T(\alpha\alpha_1), T(\alpha\alpha_2), \cdots, T(\alpha\alpha_n)), \quad \alpha \in \mathfrak{a}$$

是 $\mathfrak{a}$ 到 $\mathbf{Z}^n$ 的一一同态. 于是 $\mathfrak{a}$ 同构于 $\mathbf{Z}^n$ 的子模 $\psi(\mathfrak{a})$. $\mathbf{Z}$ 是主理想整环, 于是结论 1) 成立.

2) 特别地, O_K 是秩 n 的自由 $\mathbf{Z}$ 模, 于是结论 2) 成立.

3) 因 $\mathfrak{a}$ 是 O_K 的 $\mathbf{Z}$ 子模, 故有 O_K 的基 $w_1, w_2, \cdots, w_n$ 与 $a_1, a_2, \cdots, a_n \in \mathbf{Z}$, $a_i \neq 0$ 使得 $a_1w_1, a_2w_2, \cdots, a_nw_n$ 为 $\mathfrak{a}$ 的基. 于是 $|O_K/\mathfrak{a}| = |a_1a_2\cdots a_n| < \infty$. ∎

注 5.7.1　$\mathbf{Z}$ 模 O_K 的基 $w_1, w_2, \cdots, w_n$ 称为 $\mathbf{Q}$ 上线性空间 K 的**整基**, $d(K) = \det((w_i, w_i))$ 称为 O_K (K) 的**判别式**, $N(\mathfrak{a}) = |O_K/\mathfrak{a}|$ 称为 $\mathfrak{a}$ 的**范数**.

定理 5.7.2　设 K 是有理数域 $\mathbf{Q}$ 的 n 次扩张, O_K 是 K 的整数环.

1) 若 $\mathfrak{a}$, $\mathfrak{b}$ 是 O_K 的非零理想, 则 $N(\mathfrak{ab}) = N(\mathfrak{a})N(\mathfrak{b})$.

2) 若 $u \in O_K$, $u \neq 0$, 则 $N(uO_K) = |N(u)|$.

证　1) 由于 $O_K/\mathfrak{a} \cong (O_K/\mathfrak{ab})/(\mathfrak{a}/\mathfrak{ab})$, 因此 $N(\mathfrak{ab}) = N(\mathfrak{a})|(\mathfrak{a}/\mathfrak{ab})|$. 下面证明 $\mathfrak{a}/\mathfrak{ab} \cong O_K/\mathfrak{b}$. 由定理 5.5.2, $\mathfrak{a}/\mathfrak{ab}$ 是 $O_K/\mathfrak{ab}$ 的主理想, 于是有 $a \in \mathfrak{a}$ 使得 $aO_K + \mathfrak{ab} = \mathfrak{a}$. 仍由定理 5.5.2, 有 O_K 的理想 $\mathfrak{c}$ 使得 $aO_K = \mathfrak{ac}$. 因而 $\mathfrak{a}(\mathfrak{b} + \mathfrak{c}) = \mathfrak{a}$. 由定理 5.5.3 的证明知, $\mathfrak{b} + \mathfrak{c} = O_K$. 令 $f(x) = ax + \mathfrak{ab}$, 于是 $f \in \mathrm{Hom}_{O_K}(O_K, \mathfrak{a}/\mathfrak{ab})$, f 是满同态. 设 $x \in \ker f$, 即 $ax \in \mathfrak{ab}$, 即 $axO_K \subseteq \mathfrak{ab}$. 而 $axO_K = xaO_K = x\mathfrak{ac}$. 因

此 $x\mathfrak{a}\mathfrak{c} \subseteq \mathfrak{a}\mathfrak{b}$. 由定理 5.5.3 的证明知, $x\mathfrak{c} \subseteq \mathfrak{b}$. 从而 $x(\mathfrak{c}+\mathfrak{b}) = xO_K \subseteq \mathfrak{b}$, 故 $\ker f = \mathfrak{b}$. 结论 1) 成立.

2) 注意 uO_K 为 $\mathbf{Z}$ 模 O_K 的子模. 于是有 O_K 的基 $w_1, w_2, \cdots, w_n$ 与 $a_1, a_2, \cdots, a_n \in \mathbf{Z}$, $a_i \neq 0$ 使得 $a_1w_1, a_2w_2, \cdots, a_nw_n$ 为 uO_K 的基. 又 $uw_1, uw_2, \cdots, uw_n$ 也是 uO_K 的基. 故 $N(uO_K) = |a_1a_2\cdots a_n| = |\det L_u| = |N(u)|$. ■

定理 5.7.3 设 K 是有理数域 $\mathbf{Q}$ 的 n 次扩张, O_K 是 K 的整数环, 则 O_K 的理想类群 $\mathfrak{H}$ 是有限群, 其阶 h 是域 K 的**类数**.

证 分两步来证明. 第一步对任一正数 c 证明 O_K 中范数不超过 c 的理想是有限的, 即

$$|\{\mathfrak{a} | \mathfrak{a} \text{ 是 } O_K \text{ 的理想}, \ N(\mathfrak{a}) < c\}| < \infty.$$

如果 $\mathfrak{a} = \prod_{i=1}^{n} \mathfrak{p}_i^{n_i}$, $\mathfrak{p}_i$ 是素理想, 于是由定理 5.7.2, $N(\mathfrak{a}) = \prod_{i=1}^{n} N(\mathfrak{p}_i)^{n_i}$.

若 $\mathfrak{p}$ 是 O_K 的素理想, 则其在 $\mathbf{Z}$ 上的限制 $\mathfrak{p} \cap \mathbf{Z}$ 是 $\mathbf{Z}$ 的素理想, 即有素数 p 使得 $\mathfrak{p} \cap \mathbf{Z} = p\mathbf{Z}$, 于是 $O_K/\mathfrak{p}$ 是素域 $\mathbf{Z}_p$ 的有限扩张. 因此 $N(\mathfrak{p}) = |O_K/\mathfrak{p}| = p^r$. 因此

$$|\{\mathfrak{p} | \mathfrak{p} \text{ 是 } O_K \text{ 的素理想}, \ N(\mathfrak{p}) < c\}| < \infty.$$

于是 O_K 中范数不超过 c 的理想是有限的.

第二步证明存在正数 d 使得 O_K 的每一个理想类中都有范数不超过 d 的理想. 由此及第一步知定理成立.

设 $K = \mathbf{Q}[v]$, $\mathrm{Irr}(v, \mathbf{Q})$ 的复特征根为 $v = v_1, v_2, \cdots, v_n$. 又 $w_1, w_2, \cdots, w_n$ 是整基, 于是有 $f_i(x) \in \mathbf{Q}[x]$ 使得 $w_i = f_i(v)$. 对 $\mathbf{Q}$ 上线性空间 K, 线性变换 L_{w_i} 的复特征根为 $f_i(u_j)$. 令

$$d = \prod_{i=1}^{n} \left(\sum_{j=1}^{n} |f_i(u_j)| \right).$$

设 $\mathfrak{a}$ 是非零理想, 于是有 $a \in O_K \setminus \{0\}$ 及理想 $\mathfrak{b}$ 使得 $\mathfrak{a}\mathfrak{b} = aO_K$. 有正整数 k 使得 $k^n \leqslant N(\mathfrak{b}) < (k+1)^n$. 令

$$S = \{k_1w_1 + k_2w_2 + \cdots + k_nw_n | k_i \in \mathbf{Z}, 0 \leqslant k_i \leqslant k\} \subseteq O_k.$$

由于 $|S| = (k+1)^n > N(\mathfrak{b})$, 于是有 $s_1, s_2 \in S$, $s_1 \neq s_2$, 而 $s_1 - s_2 \in \mathfrak{b}$. 因此有 $s_0 = k_1w_1 + k_2w_2 + \cdots + k_nw_n \in \mathfrak{b} \setminus \{0\}$, 其中 k_i 满足 $0 \leqslant |k_i| \leqslant k$. 又有理想 $\mathfrak{c}$ 使

得 $\mathfrak{cb} = s_0 O_K$. 于是 $\mathfrak{c} = a^{-1}\mathfrak{abc} = a^{-1}s_0\mathfrak{a} \cong \mathfrak{a}$. 而

$$N(\mathfrak{bc}) = N(s_0 O_k) = |N(s_0)| = \left|\prod_{i=1}^{n}\left(\sum_{j=1}^{n} k_i f_i(v_j)\right)\right|$$

$$\leqslant \prod_{i=1}^{n}\left(\sum_{j=1}^{n} |k_i||f_i(v_j)|\right) \leqslant k^n d \leqslant dN(\mathfrak{b}).$$

故 $N(\mathfrak{c}) \leqslant d$. ∎

设 p 是一个素数. 以下讨论 O_K 中的主理想 pO_K 的分解. 于是有 pO_K 的素理想的分解:

$$pO_K = \prod_{i=1}^{g} \mathfrak{p}_i^{e_i}, \quad g \geqslant 1,\ e_i \geqslant 1.$$

g 称为 p 的**分裂次数**, e_i 称为 $\mathfrak{p}_i$ 关于 p 的**分歧指数**. 由于 $p \in \mathfrak{p}_i$, 于是 $pO_K/\mathfrak{p}_i$ 是 $\mathbf{Z}_p = \mathbf{Z}/(\mathbf{Z}\cap\mathfrak{p}_i) = \mathbf{Z}/p\mathbf{Z}$ 的有限扩张, 扩张次数 f_i 称为 $\mathfrak{p}_i$ 关于 p 的**剩余次数**.

引理 5.7.1　设 K 是有理数域 $\mathbf{Q}$ 的 n 次扩张, O_K 是 K 的整数环.

1) 若 p 是一个素数, g, e_i, f_i 如上, 则

$$e_1 f_1 + e_2 f_2 + \cdots + e_g f_g = n.$$

2) 若 $\alpha \in O_K$, 使得 $K = \mathbf{Q}[\alpha]$, 则 $\mathbf{Z}[\alpha]$ 是 O_K 的子环, 且交换群 $O_K/\mathbf{Z}[\alpha]$ 是有限群.

证　1) 注意 $N(\mathfrak{p}_i) = p^{f_i}$, 于是

$$N(pO_K) = \prod_{i=1}^{g} N(\mathfrak{p}_i)^{e_i} = \prod_{i=1}^{g} p^{e_i f_i} = p^{\sum_{i=1}^{g} e_i f_i} = N(p) = p^n.$$

2) $\mathbf{Z}[\alpha]$ 为 O_K 的子环是显然的, 自然作为 $\mathbf{Z}$ 模是子模, 又秩均为 n, 故 $O_K/\mathbf{Z}[\alpha]$ 是有限群. ∎

引理 5.7.2　设 $m \in \mathbf{Z}\setminus\{0\}$, x 是一个文字.

1) 设 π 为 $\mathbf{Z}$ 到 $\mathbf{Z}_m$ 的同态, 则 π 可扩充为 $\mathbf{Z}[x]$ 到 $\mathbf{Z}_m[x]$ 的满同态 (以后仍记为 π), 同态的核为 $\{a_0 + a_1 x + \cdots + a_n x^n | m | a_i\} = \langle m\rangle$, 是 m 在 $\mathbf{Z}[x]$ 中生成的理想.

2) 设 $\bar{d}(x) \in \mathbf{Z}_m[x]$, $d(x) \in \mathbf{Z}[x]$, $\pi(d(x)) = \bar{d}(x)$, π_1 是 $\mathbf{Z}_m[x]$ 到 $Z_m[x]/\langle\bar{d}(x)\rangle$ 的自然同态, 则 $\varphi = \pi_1\pi$ 是 $\mathbf{Z}[x]$ 到 $Z_m[x]/\langle\bar{d}(x)\rangle$ 的满同态, $\ker\varphi$ 是由 p, $d(x)$ 生成的 $\mathbf{Z}[x]$ 的理想 $\langle p, d(x)\rangle$.

证　证明是容易的, 留给读者. ∎

定理 5.7.4　设 K 是有理数域 $\mathbf{Q}$ 的 n 次扩张, O_K 是 K 的整数环; $\alpha \in O_K$, 使得 $K = \mathbf{Q}[\alpha]$, $\mathrm{Irr}(\alpha, \mathbf{Q}) = d(x)$; 素数 $p \nmid |O_K/\mathbf{Z}[\alpha]|$, g, e_i, f_i 如上; $d(x)$ 模 p 在

$\mathbf{Z}_p[x]$ 中, 仍以 $d(x)$ 表示. 则 $d(x)$ 的首一不可约多项式分解为

$$d(x) = d_1(x)^{e_1} d_2(x)^{e_2} \cdots d_g(x)^{e_g}, \quad \deg d_i(x) = f_i.$$

证 设 $d(x) = d_1(x)^{e'_1} d_2(x)^{e'_2} \cdots d_{g'}(x)^{e'_{g'}}$, $\deg d_i(x) = f'_i$. 在 $\mathbf{Z}[x]$ 有首一多项式模 p 后为 $d_i(x)$, 仍将 $\mathbf{Z}[x]$ 中这个多项式记为 $d_i(x)$.

以下分步来完成证明.

1) 对每个 i, p 与 $d_i(x)$ 生成 $\mathbf{Z}[x]$ 中的理想 $\langle p, d_i(x)\rangle$ 是极大理想, $\mathbf{Z}[x]/\langle p, d_i(x)\rangle \cong \mathbf{Z}_p[x]/\langle d_i(x)\rangle$ 是 $p^{f'_i}$ 元域.

事实上, $F_i = \mathbf{Z}_p[x]/\langle d_i(x)\rangle$ 是 $p^{f'_i}$ 个元素的域. 由引理 5.7.2 有 $\mathbf{Z}[x]$ 到 F_i 的满同态 φ 其核为 $\langle p, d_i(x)\rangle$. 于是 $\mathbf{Z}[x]/\langle p, d_i(x)\rangle$ 是域, $\langle p, d_i(x)\rangle$ 是极大理想.

2) 令 $\mathfrak{p}_i = \langle p, d_i(\alpha)\rangle$, 则 $\mathfrak{p}_i + \mathbf{Z}[\alpha] = O_K$.

注意, 作为交换群有

$$R = O_K/(pO_K + \mathbf{Z}[\alpha]) \cong (O_K/\mathbf{Z}[\alpha])/(pO_K + \mathbf{Z}[\alpha]/\mathbf{Z}[\alpha]) \cong (O_K/pO_K)/(pO_K + \mathbf{Z}[\alpha]/pO_K).$$

因此 $|R|\,\big|\,|O_K/\mathbf{Z}[\alpha]|$, $|R|\,\big|\,|O_K/pO_K| = p^n$. 由 $p \nmid |O_K/\mathbf{Z}[\alpha]|$, 知 $|R| = 1$, 于是 2) 成立.

3) 若 $\mathfrak{p}_i \neq O_K$, 则 $\mathfrak{p}_i$ 是极大理想, 且域 $O_K/\mathfrak{p}_i$ 有个 $p^{f'_i}$ 元素.

事实上,$f(x) \to f(\alpha)$ 是 $\mathbf{Z}[x]$ 到 O_K 的环同态, 又有 O_K 到 $O_K/\mathfrak{p}_i$ 的满同态, 于是

$$\psi(f(x)) = f(\alpha)\,(\mathrm{mod}\,\mathfrak{p}_i), \quad f(x) \in \mathbf{Z}[x]$$

是 $\mathbf{Z}[x]$ 到 $O_K/\mathfrak{p}_i$ 的同态. 由 2) ψ 是满同态. 再由于 $\mathfrak{p}_i = \langle p, d_i(\alpha)\rangle$, 于是 $\mathbf{Z}[x]$ 的极大理想 $\langle p, d_i(x)\rangle \subseteq \ker\psi$, 故 $\ker\psi = \langle p, d_i(x)\rangle$ 或 $\ker\psi = O_K$. 因而 3) 成立.

4) $i \neq j$ 时, $\mathfrak{p}_i + \mathfrak{p}_j = O_K$.

在 $\mathbf{Z}_p[x]$ 中 $d_i(x)$, $d_j(x)$ 互素, 于是有 $u(x), v(x) \in \mathbf{Z}_p[x]$ 使得 $u(x)d_i(x) + v(x)d_j(x) = 1$. 因而可视 $u(x), v(x) \in \mathbf{Z}[x]$ 使得 $u(x)d_i(x) + v(x)d_j(x) \equiv 1\,(\mathrm{mod}\,p)$. 故

$$u(\alpha)d_i(\alpha) + v(\alpha)d_j(\alpha) \equiv 1\,(\mathrm{mod}\,p),$$

即 $O_K = \langle p, d_i(\alpha), d_j(\alpha)\rangle = \mathfrak{p}_i + \mathfrak{p}_j$.

5) $\langle p, d_1(\alpha)^{e'_1} d_2(\alpha)^{e'_2} \cdots d_{g'}(\alpha)^{e'_{g'}}\rangle = pO_K \supseteq \mathfrak{p}_1^{e'_1}\mathfrak{p}_2^{e'_2}\cdots\mathfrak{p}_{g'}^{e'_{g'}}$.

显然 $pO_K \subseteq \langle p, d_1(\alpha)^{e'_1} d_2(\alpha)^{e'_2} \cdots d_{g'}(\alpha)^{e'_{g'}}\rangle$. 又

$$0 = d(\alpha) \equiv d_1(\alpha)^{e'_1} d_2(\alpha)^{e'_2} \cdots d_{g'}(\alpha)^{e'_{g'}}\,(\mathrm{mod}\,pO_K),$$

于是 $pO_K \supseteq \langle p, d_1(\alpha)^{e'_1} d_2(\alpha)^{e'_2} \cdots d_{g'}(\alpha)^{e'_{g'}}\rangle$, $pO_K = \langle p, d_1(\alpha)^{e'_1} d_2(\alpha)^{e'_2} \cdots d_{g'}(\alpha)^{e'_{g'}}\rangle$.

注意, 设 $i \neq j$, $\langle p, d_i(\alpha), d_j(\alpha)\rangle = O_K$, 于是

$$\begin{aligned}\mathfrak{p}_i\mathfrak{p}_j &= \langle p, d_i(\alpha)\rangle\langle p, d_j(\alpha)\rangle = \langle p^2, pd_i(\alpha), pd_j(\alpha), d_i(\alpha)d_j(\alpha)\rangle \\ &= \langle p\langle p, d_i(\alpha), d_j(\alpha)\rangle, d_i(\alpha)d_j(\alpha)\rangle = \langle p, d_i(\alpha)d_j(\alpha)\rangle; \\ \mathfrak{p}_i\mathfrak{p}_i &= \langle p, d_i(\alpha)\rangle\langle p, d_i(\alpha)\rangle = \langle p^2, pd_i(\alpha), d_i(\alpha)^2\rangle \subseteq \langle p, d_i(\alpha)^2\rangle.\end{aligned}$$

于是可归纳证明

$$\mathfrak{p}_1^{e_1'}\mathfrak{p}_2^{e_2'}\cdots\mathfrak{p}_{g'}^{e_{g'}'} \subseteq \langle p, d_1(\alpha)^{e_1'}d_2(\alpha)^{e_2'}\cdots d_{g'}(\alpha)^{e_{g'}'}\rangle = pO_K.$$

6) 定理的最后结论.

不妨设 $\mathfrak{p}_i \neq pO_K$, $1 \leqslant i \leqslant t$; $\mathfrak{p}_j = pO_K$, $t+1 \leqslant j \leqslant g'$. 由 5) 知

$$pO_K = \prod_{i=1}^{t}\mathfrak{p}_i^{s_i}, \quad s_i \leqslant e_i'.$$

由 pO_K 分解的唯一性, 可设 $t = g$, $s_i = e_i$. 由引理 5.7.1, 有 $n = s_1f_1' + \cdots + s_tf_t'$, $n = \deg d(x) = \sum_{i=1}^{g'} e_i'f_i'$, 因此 $g' = g$, 而且可设 $e_i' = e_i$. ∎

注 5.7.2　设 K 是有理数域 $\mathbf{Q}$ 的 n 次扩张, O_K 是 K 的整数环. 在代数数论中证明了下面的事实.

1) 下列条件等价:

i) $h = 1$;

ii) $\mathfrak{I} = \mathfrak{P}$;

iii) A 是主理想整环;

iv) A 是唯一析因整环.

2) O_K 中可逆元素集 U 是有限生成交换群.

U 中有限阶元是 K 中单位根构成的有限阶的循环群 W.

U/W 是无扭的, 其生成元个数是 $r_1 + r_2 - 1$. 这里 r_1, r_2 满足 $r_1 + 2r_2 = n = [K:\mathbf{Q}]$, 于是有 ι_i $(1 \leqslant i \leqslant n)$ 为 K 到 $\mathbf{C}$ 的嵌入映射,

$$\begin{aligned}&\iota_i(K) \subset \mathbf{R}, \quad 1 \leqslant i \leqslant r_1; \\ &\iota_i(K) \not\subset \mathbf{R}, \quad r_1 + 1 \leqslant i \leqslant n.\end{aligned}$$

若 $\iota_i(K) \not\subset \mathbf{R}$, 则有 ι_j, 使得 $\iota_j(z) = \overline{\iota_i(z)}$.

例 5.7.1　1) $K = \mathbf{Q}[\sqrt{-1}]$, $A = \mathbf{Z}[\sqrt{-1}]$. $n = 2$, $r_1 = 0$, $r_2 = 1$, $r_1 + r_2 - 1 = 0$. 于是 $U = W = \{\pm 1, \pm\sqrt{-1}\}$ 为 4 阶循环群.

2) $K = \mathbf{Q}[\sqrt{2}]$, $A = \mathbf{Z}[\sqrt{2}]$. $n = 2$, $r_1 = 2$, $r_2 = 0$, $r_1 + r_2 - 1 = 1$. 于是 $W = \{\pm 1\}$ 为 2 阶循环群, U/W 为一个元素生成的无限循环群. 事实上 $U = \{\pm(1+\sqrt{2})^n | n \in \mathbf{Z}\}$.

习 题 5

1. 设 $\mathbf{H} = \{a + bi + cj + dk | a, b, c, d \in \mathbf{Q}\}$ 为 $\mathbf{Q}$ 上的四元数体.

1) 证明 $\alpha = \dfrac{-1}{3}(i + j + k)$, $\beta = \dfrac{1}{2}(1 + 3i + j + k)$ 在 $\mathbf{Z}$ 上整;

2) 证明 $\alpha + \beta$ 在 $\mathbf{Z}$ 上不是整的.

2. 设交换幺环 A 是交换幺环 B 的子环, 且 B 在 A 上整.

1) $U(A), U(B)$ 分别为 A, B 的单位元素的集合. 证明 $U(A) = A \cap U(B)$;

2) $\mathfrak{R}(A), \mathfrak{R}(B)$ 分别为 A, B 的 Jacobson 根基. 证明 $\mathfrak{R}(A) = B \cap \mathfrak{R}(B)$.

3. 设 K 是交换整环 A 的分式域.

1) 证明若 $a \in K$, $a \neq 0$, a, a^{-1} 在 A 上整, 则 $a \in U(A)$;

2) 证明若 K 在 A 上整, 则 A 是域.

4. 设 A 是交换幺环 B 的子环, B 在 A 上整. 又 Ω 是代数闭域, f 是 A 到 Ω 中的同态. 证明 f 可扩充为 B 到 Ω 中的同态.

5. 设 B, B' 与 C 都是交换幺环 A 上的代数. f 是 B 到 B' 的整代数同态. 证明 $f \otimes 1_C$ 是 $B \otimes_A C$ 到 $B' \otimes_A C$ 的整代数同态.

6. 设 B 在其子环 A 上整. $\mathfrak{m}$ 是 B 的极大理想, 证明 $\mathfrak{n} = \mathfrak{m} \cap A$ 是 A 的极大理想, 而且 $A_{\mathfrak{n}}$ 可视为 $B_{\mathfrak{m}}$ 的子环.

7. 设 F 是域,$B = F[x]$ 是 F 上一元多项式环.

1) 证明 $B = F[x]$ 在其子环 $A = F[x^2 - 1]$ 上整;

2) 证明 $\mathfrak{q} = \langle x - 1 \rangle$, $\mathfrak{p} = \mathfrak{q} \cap A$ 分别为 B, A 的极大理想, 但 $B_{\mathfrak{q}}$ 在 $A_{\mathfrak{p}}$ 不是整的.

8. 设 A 是整交换幺环 B 的子环, C 是 A 在 B 中的整闭包. $f(x), g(x)$ 是 $B[x]$ 中的首一多项式, 且 $f(x)g(x) \in C[x]$. 证明 $f(x), g(x) \in C[x]$.

9. 设 A 是交换幺环 B 的子环, C 是 A 在 B 中的整闭包. $f(x), g(x)$ 是 $B[x]$ 中的首一多项式, 且 $f(x)g(x) \in C[x]$. 证明 $f(x), g(x) \in C[x]$.

10. 设 A 是交换幺环 B 的子环, C 是 A 在 B 中的整闭包. 证明 $C[x]$ 是 $A[x]$ 在 $B[x]$ 中的整闭包. 进而若 A 是整闭整环, 则 $A[x]$ 也是整闭整环.

11. 设 $S_i \subseteq T_i$ $(i \in I)$ 是交换幺环 R 的子环, 且 S_i 在 T_i 中整闭, 证明 $\bigcap\limits_{i \in I} S_i$ 在 $\bigcap\limits_{i \in I} T_i$ 中整闭.

12. 设 $B_1, \cdots, B_n$ 是整 A 代数，证明 $\prod\limits_{i=1}^{n} B_i$ 是整 A 代数.

13. 设 A 是交换幺环 B 的子环, 而且 $\forall x, y \in B \setminus A$, $xy \in B \setminus A$. 证明 A 在 B 中整闭.

14. 设 A 是整交换幺环 B 的子环, 且 B 在 A 上整. 证明 $\dim B = \dim A$.

15. 证明 $\mathbf{Z}$ 上一元多项式环 $\mathbf{Z}[x]$ 的商环 $\mathbf{Z}[x]/\langle x^2 + 4 \rangle$ 是整环, 但非整闭.

16. 证明域 F 上的二元多项式环 $F[x,y]$ 是维数大于 1 的 Noether 整闭整环.

17. 证明域 F 上的二元多项式环 $F[x,y]$ 对其子环 $F[x^2-x, x^3-x^2, y]$ 上升定理成立, 下降定理不成立.

18. 证明域 F 上的一元有理函数域 $F(x)$ 的子环 $\bigcup\limits_{n\geqslant 1} F[x^{\frac{1}{n}}]$ 是 1 维整闭整环, 但不是 Noether 环.

19. 设 S 是 Dedekind 整环 A 的乘法封闭集, $S \neq A\setminus\{0\}$. $\mathfrak{H}$, $\mathfrak{H}'$ 分别是 A, $S^{-1}A$ 的理想类群. 证明 A 到 $S^{-1}A$ 的理想扩张诱导出 $\mathfrak{H}$ 到 $\mathfrak{H}'$ 的满同态.

20. 设 S 是 Dedekind 整环 A 的乘法封闭集, 证明 $S^{-1}A$ 或是 Dedekind 整环或是 A 的分式域.

21. 设 $A[x]$ 是 Dedekind 整环 A 上一元多项式环. $f = a_0 + a_1x + \cdots + a_nx^n \in A[x]$. 称 $\langle a_0, a_1, \cdots, a_n\rangle$ 为 f 的**容度**, 记为 $c(f)$. 证明 $c(fg) = c(f)c(g)$.

22. 一个不是域的赋值环为 Noether 环当且仅当它是离散赋值环.

23. 设 A 是局部整环, 不是域. A 的极大理想 $\mathfrak{m}$ 是主理想, 且满足 $\bigcap\limits_{n=1}^{\infty} \mathfrak{m}^n = \{0\}$. 证明 A 是离散赋值环.

24. 证明 Dedekind 整环 A 上的有限生成模 M 是平坦模当且仅当 M 是无扭的.

25. 证明 Dedekind 整环 A 上的有限生成扭模 M 可唯一地表示为模 $A/\mathfrak{p}_i^{n_i}$ 的有限直和, 其中 $\mathfrak{p}_i$ 是 A 的非零素理想.

26. 设 A 是 Dedekind 整环,$x_1, x_2, \cdots, x_n \in A$. $\mathfrak{a}_1, \mathfrak{a}_2, \cdots, \mathfrak{a}_n$ 是 A 的理想. 证明同余方程组

$$\begin{cases} x \equiv x_1 (\mathrm{mod}\mathfrak{a}_1), \\ x \equiv x_2 (\mathrm{mod}\mathfrak{a}_2), \\ \qquad\cdots\cdots \\ x \equiv x_n (\mathrm{mod}\mathfrak{a}_n) \end{cases}$$

有解当且仅当

$$x_i \equiv x_j (\mathrm{mod}\mathfrak{a}_i + \mathfrak{a}_j), \quad i \neq j.$$

第 6 章　完备化和维数理论

从自然数到整数, 从整数到有理数, 再从有理数到实数, 进而复数, 这是对数的认识的发展过程. 从有理数到实数是完备化的过程, 所谓 "完备", 用数学分析的语言说, 就是 "任何 Cauchy 数列有极限".

本章包括三部分内容. 第一部分为 6.1~6.3 节, 介绍用 Noether 环的理想将其 "完备化", 自然就要考虑其上的拓扑、收敛、Cauchy 序列等.

第二部分为 6.4~6.6 节, 介绍对一般加性函数所确定的 Hilbert 函数, 并将其用于 Noether 局部环的维数理论, 还将介绍正则 Noether 局部环, 最后介绍代数簇的超越维数.

这些内容不仅与代数数论, 而且与代数几何 (尤其是第二部分) 都有密切关系.

第三部分为 6.7 节, 用代数数论与复变函数理论的方法证明数学中离不开的数 e 和 π 的超越性, 也就是说, 它们不是有理系数多项式的根.

6.1　拓扑和完备化

本节首先介绍交换拓扑群的完备化; 然后对于交换群用其子群序列定义拓扑使其为交换拓扑群, 并将其完备化; 最后用这种方法于交换幺环, 定义它的拓扑使其为交换拓扑环, 并将其完备化. 有多种用途的形式幂级数环,p-adic 整数都是完备化的结果.

所谓一个拓扑空间 T 是指 T 有一个子集族 Σ 满足下面条件:

1) $T \in \Sigma$, $\varnothing \in \Sigma$;

2) $\forall V_1, V_2 \in \Sigma$, 有 $V_1 \cap V_2 \in \Sigma$;

3) 若 I 是任何指标集, 则 $\forall \alpha \in I, V_\alpha \in \Sigma$ 有 $\bigcup\limits_{\alpha \in I} V_\alpha \in \Sigma$.

Σ 中的 T 的子集, 称为开集, Σ 称为 T 的开集族. 开集在 T 中的余集称为闭集, 所有闭集的族称为闭集族.

如果 $\forall t_1, t_2 \in T$, $t_1 \neq t_2$, 均有 $V_1, V_2 \in \Sigma$, 使得 $t_i \in V_i$ 且 $V_1 \cap V_2 = \varnothing$, 则称 T 是 Hausdorff 空间.

T_1, T_2 为拓扑空间, Σ_1, Σ_2 分别为 T_1, T_2 的开集族, 令 $\Sigma = \{V_1 \times V_2 | V_1 \in \Sigma_1, V_2 \in \Sigma_2\}$, 则 $T_1 \times T_2$ 以 Σ 为开集族成为拓扑空间, 称为 T_1 与 T_2 的积.

例 6.1.1 设 k 是域, $k^n = k^{n\times 1}$, $k[t_1, t_2, \cdots, x_n]$ 是 k 上的 n 元多项式环. $S \subseteq k[t_1, t_2, \cdots, t_n]$. 令

$$\mathfrak{V}(S) = \{X \in k^n | f(X) = 0, f \in S\}.$$

以 $\Sigma = \{k^n \setminus \mathfrak{V}(S) | S \subseteq k[t_1, t_2, \cdots, t_n]\}$ 为开集族, k^n 的拓扑称为**Zariski 拓扑**.

定义 6.1.1 **交换拓扑群**是具有下面性质的集合 G:

1) G 是拓扑空间;

2) G 是一个交换群;

3) $G \times G$ 到 G 的映射 $(x\ y) \to x + y$ 是连续的, G 到 G 的映射 $x \to -x$ 是连续的.

交换拓扑群 G 有以下性质.

1) 设 $a \in G$, T_a 是 G 到 G 的映射: $\forall x \in G$, $T_a(x) = a + x$, 则 T_a 是拓扑空间 G 的自同胚. 显然 T_a 是连续的, 而 $T_a T_{-a} = \mathrm{id}_G$.

2) 若 U 是 0 的一个邻域, 则 $U + a$ 是 a 的一个邻域. 这样 G 的拓扑由 0 的邻域组唯一确定.

3) 设 G 是一个交换拓扑群, H 是一个子群. $\mathcal{O}$ 是 G 的开集族, 则 H 的子集族 $\mathcal{O}_H = \{O \cap H | O \in \mathcal{O}\}$ 满足开集公理. 于是在 H 中可引进拓扑, 称为拓扑群 G 在 H 上的诱导拓扑. 易证对此拓扑, H 为拓扑群.

4) 设 π 是 G 到商群 G/H 的自然同态, 在 G/H 中定义拓扑为: G/H 中子集 K 称为开集, 如果 $\pi^{-1}(K)$ 为 G 的开集. 由于

$$\bigcup_\alpha \pi^{-1}(K_\alpha) = \pi^{-1}\left(\bigcup_\alpha K_\alpha\right),$$

$$\bigcap_\alpha \pi^{-1}(K_\alpha) = \pi^{-1}\left(\bigcap_\alpha K_\alpha\right),$$

因而这样定义的开集满足开集公理. 又若 K 为 G/H 的开集, 则 $\pi^{-1}(K)$ 为 G 的开集, 故 π 是连续开映射. 这样 G/H 也是拓扑群.

5) 若 H 是 G 的闭子群, 则 G/H 是 Hausdorff 空间.

设 x, $y \in G$, $x + H \neq y + H$. 于是 $x \notin y + H$. 由 H 闭, 知 $y + H$ 亦闭, 于是有 0 的邻域 U, 使得 $(U + x) \cap (y + H) = \varnothing$. 于是有 0 的邻域 W, 使得 $-W + W \subset U$. 若 $(W + x + H) \cap (W + y + H) \neq \varnothing$, 则有 w_1, $w_2 \in W$, h_1, $h_2 \in H$ 使得 $w_1 + x + h_1 = w_2 + y + h_2$. 故 $-w_2 + w_1 + x = y + h_2 - h_1 \in y + H$. 但是, $(-W + W + x) \subset (U + x)$, 矛盾. 故 $(W + x + H) \cap (W + y + H) = \varnothing$. 因而, $\pi(W + x + H) \cap \pi(W + y + H) = \varnothing$. 而 $\pi(W + x + H)$, $\pi(W + y + H)$ 为 G/H 的开集, 故 G/H 是 Hausdorff 空间.

6) 若 $\{0\}$ 是 G 的闭集, 则 G 是 Hausdorff 拓扑空间.

7) $\{0\}$ 在 G 中的闭包 H 是 0 的一切邻域的交, 为 G 的闭子群. 因而 G/H 是 Hausdorff 的.

记 $\overline{\{0\}} = H$, 于是 $x \in H$, 对 x 的任一邻域 $x - U$ (U 是 0 的邻域), 有 $(x-U) \cap \{0\} \neq \varnothing$, 当且仅当 $0 \in x - U$, 即 $x \in U$. 所以 H 是 0 的一切邻域的交. 由 $x \to -x$ 连续, 于是 U 是 0 的邻域当且仅当 $-U$ 也是 0 的邻域, 因此 $x \in H$ 当且仅当 $-x \in H$. 由 $(x, y) \to x + y$ 连续, 于是对 $x + y$ 的邻域 $(x + y) + W$ (W 为 0 的邻域) 有 x, y 的邻域 $x + U, y + V$ 使得 $(U + V) \subset W$. 若 $x, y \in H$, 故 U, V 也是 x, y 的邻域, 于是 $x + y \in W$, 故 $x + y \in H$. H 为 G 的子群.

以下总假设交换拓扑群 G 的零元素 0 具有可数的基础邻域组.

定义 6.1.2 设交换拓扑群 G 的零元素 0 具有可数的基础邻域组. G 中元素序列 $x_1, x_2, \cdots, x_r, \cdots$ 称为**Cauchy 序列**, 如果对 0 的任一邻域 U 存在整数 $s(U)$ 使得 $\forall \mu, \nu \geqslant s(U)$, $x_\mu - x_\nu \in U$.

G 中元素序列 $x_1, x_2, \cdots, x_r, \cdots$, 如果对 0 的任一邻域 U 存在整数 $s(U)$ 使得 $\forall \mu \geqslant s(U)$, $x_\mu \in U$, 则称此序列**收敛于** 0, 记为 $x_r \to 0$.

引理 6.1.1 设交换拓扑群 G 的零元素 0 具有可数的基础邻域组. 以 $C(G)$ 表示 G 的 Cauchy 序列的集合. 则有:

1) 常数序列 $(x) \in C(G)$;

2) 若 $(x_r), (y_r) \in C(G)$, 则 $(x_r \pm y_r) \in C(G)$;

3) 在 $C(G)$ 中定义关系 "$\sim$" : $(x_r) \sim (y_r)$ 当且仅当 $x_r - y_r \to 0$, 则 "$\sim$" 是等价关系, 且若 $(x'_r) \sim (y'_r)$, 则 $(x_r \pm x'_r) \sim (y_r \pm y'_r)$;

4) $x \in G$, $(x) \sim (0)$ 当且仅当 $0 \in \overline{\{0\}}$.

证 1) 因为对 0 的任何邻域 U, $x - x = 0 \in U$, 故 $(x) \in C(G)$.

2) 若 $(x_r) \in C(G)$, U 是 0 的邻域, 于是 $U \cap (-U) = W$ 也是 0 的邻域, 且 $W = -W$. 于是有 n_0 使得 $m \geqslant n_0$, $n \geqslant n_0$ 时, $x_m - x_n \in W$, 于是 $x_m - x_n \in W \subseteq U$, 因此 $(-x_r) \in C(G)$.

设 $(x_r), (y_r) \in C(G)$, U 为 0 的邻域, G 为拓扑群, 于是有 0 的邻域 U_1, U_2 使得 $U_1 + U_2 \subseteq U$. 分别有 n_1, n_2 使得

$$\begin{aligned} x_m - x_n \in U_1, &\quad m \geqslant n_1, n \geqslant n_1; \\ y_m - y_n \in U_2, &\quad m \geqslant n_2, n \geqslant n_2. \end{aligned}$$

于是 $m \geqslant \max\{n_1, n_2\}$, $n \geqslant \max\{n_1, n_2\}$ 时,

$$(x_m + y_m) - (x_n + y_n) = (x_m - x_n) + (y_m - y_n) \in U_1 + U_2 \subseteq U,$$

所以 $(x_r \pm y_r) \in C(G)$.

3) 显然, 若 $(x_r) \in C(G)$, 有 $(x_r) \sim (x_r)$.

设 $(x_r) \sim (y_r)$. U 是 0 的邻域, 于是 $U \cap (-U) = W$ 也是 0 的邻域, 且 $W = -W$. 于是由 $x_r - y_r \to 0$, 可得 $y_r - x_r \to 0$, 即 $(y_r) \sim (x_r)$.

设 $(x_r) \sim (y_r)$, $(y_r) \sim (z_r)$, U 为 0 的邻域, G 为拓扑群, 于是有 0 的邻域 U_1, U_2 使得 $U_1 + U_2 \subseteq U$. 分别有 n_1, n_2 使得 $n \geqslant n_1$, $m \geqslant n_2$ 时, $x_n - y_n \in U_1$, $y_m - z_m \in U_2$. 于是 $n \geqslant \max\{n_1, n_2\}$ 时,

$$x_n - z_n = (x_n - y_n) + (y_n - z_n) \in U_1 + U_2 \subseteq U,$$

即有 $(x_r) \sim (z_r)$.

以上证明了 "$\sim$" 是等价关系. 同时也证明了若 $a_n \to 0$, $b_n \to 0$, 则 $-a_n \to 0$, $a_n + b_n \to 0$. 因此结论 3) 成立.

4) $(x_n = x) \sim (0_n = 0)$, 当且仅当对 0 任何邻域 U 对充分大的 n, $x_n - 0_n = x \in U$, 即结论 4) 成立. ∎

以 $\widehat{G}$ 表示 $C(G)$ 中等价类构成的集合, 则由引理 6.1.1, 可在 $\widehat{G}$ 中定义加法使其为交换群; 也可以定义拓扑, 使其为交换拓扑群.

定义 G 到 $\widehat{G}$ 的映射 ϕ : $\phi(x)$ 是常数序列 (x) 的等价类, 于是由引理 6.1.1, 这是一个同态映射, 而且 $\ker\phi = \overline{\{0\}}$ 为 0 所有邻域的交. 因而 ϕ 是单射当且仅当 G 是 Hausdorff 拓扑群.

若 f 是拓扑群 G 到拓扑群 H 的连续同态, g 是拓扑群 H 到拓扑群 K 的连续同态, 则 gf 是 G 到 K 的连续同态.

若 $(x_n) \in C(G)$, 则 $(f(x_n)) \in C(H)$, 于是 f 诱导出 $\widehat{G}$ 到 $\widehat{H}$ 的连续同态 $\hat{f}$. 而且有 $\widehat{gf} = \hat{g}\hat{f}$.

下面考虑在交换代数中出现的特殊类型的交换拓扑群.

设 G 是一个交换群, G 中有子群序列:

$$G = G_0 \supseteq G_1 \supseteq G_2 \supseteq \cdots \supseteq G_n \supseteq \cdots.$$

约定 $U \subseteq G$ 是 0 的邻域当且仅当有某个 $G_n \subseteq U$. $x \in G$ 的邻域是 $x + U$, 其中 U 为 0 的邻域, 则由此可定义 G 的拓扑,G 成为拓扑群.

这样定义的拓扑群所得的 Cauchy 序列 (x_r) 有一个很好的性质. 对任一 G_n, 有 n_0, 使得 $m \geqslant n_0, k \geqslant n_0$ 时 $x_m - x_k \in G_n$. 设 π_n 为 G 到 G/G_n 的自然同态, 于是 $\pi_n(x_k) = \pi_n(x_m) = \xi_n$. 由

$$\theta_{n+1}(\pi_{n+1}(x)) = \pi_n(x), \quad x \in G$$

定义了 G/G_{n+1} 到 G/G_n 同态 θ_{n+1}, 满足 $\forall n$, $\theta_{n+1}(\xi_{n+1}) = \xi_n$. 满足此关系的序列 (ξ_n) 称为**协调序列**.

若 $(x_r),(y_r)\in C(G)$, 且 $(x_r)\sim(y_r)$, 即对 G_n 有 n_0 使得 $k\geqslant n_0$ 时, $x_k-y_k\in G_n$, 于是 $\pi_n(x_k)=\pi_n(y_k)$. 所以 $(x_r),(y_r)$ 得到同一协调序列.

反之, 若 (ξ_n) 是一协调序列, 于是有 $\xi_n=x_n+G_n$, 其中 $x_n\in G$. 由 $\theta_{n+1}(\xi_{n+1})=\xi_n$ 知有 $\pi_n(x_{n+1})=\pi_n(x_n)$, 即 $x_{n+1}-x_n\in G_n$. 由此立得 $(x_r)\in C(G)$. 这样可将 $\widehat{G}$ 等同于协调序列的集合.

如此得到了群及其同态的序列 $\{A_n=G/G_n,\theta_n\}$.

定义 6.1.3 群的序列 $\{A_n\}$ 及同态 $\{\theta_{n+1}:A_{n+1}\to A_n\}$ 的序列, 称为一个**反向系统**. 如果 θ_n 都是满同态, 则称此系统为**满反向系统**.

设 $a_n\in A_n$, 若序列 (a_n) 满足 $\forall n,\ \theta_{n+1}(a_{n+1})=a_n$, 则称为**协调序列**.

定理 6.1.1 设 $\{A_n,\theta_n\}$ 为反向系统, 则协调序列的集合 $\{(a_n)\}$ 对加法: $(a_n)+(b_n)=(a_n+b_n)$ 构成群, 称为此反向系统的**反向极限**, 记为 $\varprojlim A_n$.

证 显然 $(a_n=0)$ 是协调序列, 如果 $(a_n),(b_n)$ 是协调序列, 于是由

$$\theta_{n+1}(-a_{n+1})=-\theta_{n+1}(a_{n+1})=-a_n,$$
$$\theta_{n+1}(a_{n+1}+b_{n+1})=\theta_{n+1}(a_{n+1})+\theta_{n+1}(b_{n+1})=a_n+b_n$$

知定理成立. ∎

推论 6.1.1 设 G 是交换群, 则由子群序列:

$$G=G_0\supseteq G_1\supseteq G_2\supseteq\cdots\supseteq G_n\supseteq\cdots$$

所得到的 $\widehat{G}$ 满足 $\widehat{G}=\varprojlim G/G_n$.

证 这是前面讨论的结果. ∎

引理 6.1.2 设 $\{A_n,\theta_n\},\{A'_n,\theta'_n\}$ 是两个反向系统, 而且有 A_n 到 A'_n 的同态 f_n, 满足 $f_n\theta_{n+1}=\theta'_{n+1}f_{n+1}$, 则存在 $\varprojlim A_n$ 到 $\varprojlim A'_n$ 的同态 f 使得对 $\{A_n,\theta_n\}$ 的协调序列 (a_n), $f(a_n)=(f_n(a_n))$.

证 只要注意到 $\theta'_{n+1}(f_{n+1}(a_{n+1}))=f_n\theta_{n+1}(a_{n+1})=f_n(a_n)$, 于是 $(f_n(a_n))$ 是 $\{A'_n,\theta'_n\}$ 的协调序列. 定义 $f(a_n)=(f_n(a_n))$, 容易验证 f 是 $\varprojlim A_n$ 到 $\varprojlim A'_n$ 的同态. ∎

定义 6.1.4 设 $\{A_n\},\{B_n\},\{C_n\}$ 是三个反向系统, 并有正合序列的交换图 (图 6.1), 则称有一个**反向系统的正合序列**.

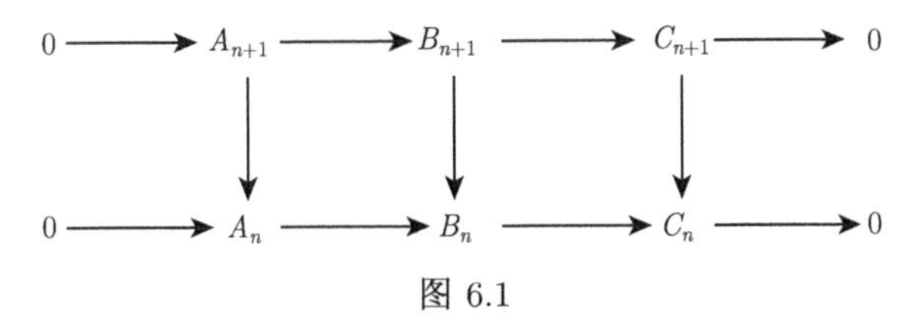

图 6.1

由引理 6.1.2, 从一个反向系统的正合序列得到同态序列:

$$0 \longrightarrow \varprojlim A_n \longrightarrow \varprojlim B_n \longrightarrow \varprojlim C_n \longrightarrow 0,$$

这个序列不一定是正合的.

定理 6.1.2　设 $0 \longrightarrow \{A_n\} \longrightarrow \{B_n\} \longrightarrow \{C_n\} \longrightarrow 0$ 是反向系统的正合序列, 则

$$0 \longrightarrow \varprojlim A_n \longrightarrow \varprojlim B_n \longrightarrow \varprojlim C_n$$

是正合的.

又若 $\{A_n\}$ 是满反向系统, 则序列 $0 \longrightarrow \varprojlim A_n \longrightarrow \varprojlim B_n \longrightarrow \varprojlim C_n \longrightarrow 0$ 是正合的.

证　作群的直积 $A = \prod_{n=1}^{\infty} A_n$, $B = \prod_{n=1}^{\infty} B_n$, $C = \prod_{n=1}^{\infty} C_n$. 定义

$$d^A(a_n) = a_n - \theta_{n+1}(a_{n+1}), \quad \forall\ (a_n) \in A.$$

由

$$d^A((a_n) + (a'_n)) = a_n + a'_n - \theta_{n+1}(a_{n+1} + a'_{n+1}) = d^A(a_n) + d^A(a'_n),$$

知 d^A 是 A 的自同态, 而且

$$\ker d^A = \{(a_n) \text{ 是协调序列 }\} \cong \varprojlim A_n.$$

同样可定义 d^B, d^C, 而且有正合序列的交换图 (图 6.2).

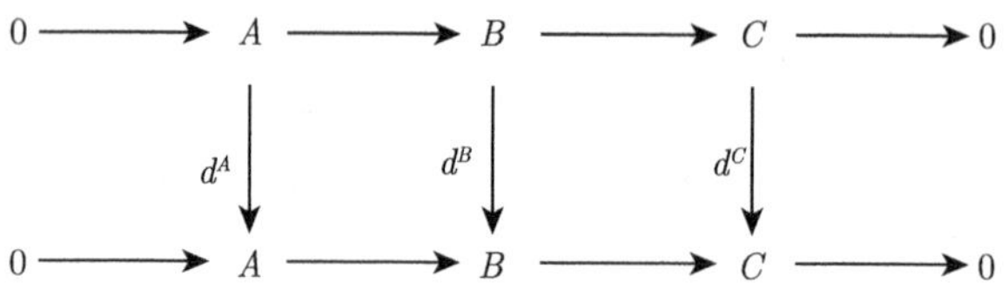

$$\begin{array}{ccccccccc}
0 & \longrightarrow & A & \longrightarrow & B & \longrightarrow & C & \longrightarrow & 0 \\
 & & \downarrow{\scriptstyle d^A} & & \downarrow{\scriptstyle d^B} & & \downarrow{\scriptstyle d^C} & & \\
0 & \longrightarrow & A & \longrightarrow & B & \longrightarrow & C & \longrightarrow & 0
\end{array}$$

图 6.2

因此定理 2.3.2 有正合序列

$$\begin{aligned} 0 &\longrightarrow \ker d^A \longrightarrow \ker d^B \longrightarrow \ker d^C \\ &\longrightarrow \operatorname{coker} d^A \longrightarrow \operatorname{coker} d^B \longrightarrow \operatorname{coker} d^C \longrightarrow 0. \end{aligned}$$

于是 $0 \longrightarrow \varprojlim A_n \longrightarrow \varprojlim B_n \longrightarrow \varprojlim C_n$ 是正合的.

注意, $\operatorname{coker} d^A = \{0\}$ 当且仅当 d^A 是满映射. $\{A_n, \theta_n\}$ 是满系统, 即 θ_n 都是满的. 设 $(a_n) \in A$, 任取 $x_1 \in A_1$, 于是欲使

$$d^A(x_1) = x_1 - \theta_2(x_2) = a_1,$$

只需取 x_2 使得 $\theta_2(x_2) = x_1 - a_2$. 由 θ_2 是满的, 这是可以做到的. 一般由

$$x_n - \theta_{n+1}(x_{n+1}) = a_n, \quad n = 2, 3, \cdots,$$

可求得 (x_n) 使得 $d^A((x_n)) = (a_n)$, 即 d^A 是满的, 于是定理成立. ∎

注 6.1.1 群 $\operatorname{coker} d^A$ 通常记为 $\varprojlim{}^1 A_n$, 这是同调代数意义下的导出函子.

推论 6.1.2 设 $0 \longrightarrow G' \longrightarrow G \xrightarrow{p} G'' \longrightarrow 0$ 是群的正合序列. G 由子群列 $\{G_n\}$ 定义为拓扑群, 并由 $\{G' \cap G_n\}$, $\{p(G_n)\}$ 诱导出 G', G'' 的拓扑.

1) $0 \longrightarrow \widehat{G'} \longrightarrow \widehat{G} \longrightarrow \widehat{G''} \longrightarrow 0$ 是群的正合序.

2) $\widehat{G_n}$ 是 $\widehat{G}$ 的子群, 且 $\widehat{G}/\widehat{G_n} \cong G/G_n$.

3) $\widehat{\widehat{G}} = \widehat{G}$.

证 1) 注意由子群列得到的反向系统都是满系统. 将定理 6.1.2 用于正合序列 $0 \longrightarrow G'/(G' \cap G_n) \longrightarrow G/G_n \longrightarrow G''/p(G_n) \longrightarrow 0$ 则可得结论 1).

2) 在 1) 中取 $G' = G_n$, $G'' = G/G_n$. 于是 G'' 的子群序列

$$G/G_n, G_1/G_n, \cdots, G_n/G_n = p(G_{n+m}) = \{0\}.$$

于是 G'' 的零元素 $\{0\}$ 是开集, 所有元素 $p(x)$ 为开集. 又

$$\{p(x)\} = G'' \Big\backslash \bigcup_{p(y) \neq p(x)} \{p(y)\}$$

为闭集, 于是 G'' 是离散拓扑. 于是 $\widehat{G''} = G''$. 因而结论 2) 成立.

3) 由结论 2), 在 $\widehat{G}/\widehat{G_n} \cong G/G_n$ 两边取反向极限, 有

$$\widehat{\widehat{G}} = \varprojlim(\widehat{G}/\widehat{G_n}) \cong \varprojlim(G/G_n) = \widehat{G/G_n} = \widehat{G}/\widehat{G_n} = \widehat{G}.$$ ∎

G 到 $\widehat{G}$ 的映射 ϕ: $\phi(x)$ 为 (x) 的等价类是同态, 若为同构, 则称 G 是**完备的**. 特别地, 由推论 6.6.1.2 知 $\widehat{G}$ 是完备的, 称为 G 的**完备化**.

定义 6.1.5 R 是交换幺环, 又是拓扑空间. 如果 R 对此拓扑是拓扑群, R 的乘法是连续的, 则称 R 是**拓扑环**.

R 是拓扑环, 拓扑群 M 是 R 模, 而且 $R \times M$ 到 M 的映射: $(a, x) \to ax$ 是连续映射, 则称 M 是**拓扑 R 模**.

定理 6.1.3 设 R 是交换幺环,$\mathfrak{a}$ 是 R 的理想. 于是由理想序列

$$R = \mathfrak{a}^0 \supseteq \mathfrak{a} \supseteq \cdots \supseteq \mathfrak{a}^n \supseteq \cdots$$

可定义 R 为拓扑群, 称此拓扑为 $\mathfrak{a}$ 拓扑. 此时 R 也是拓扑环, R 的完备化 $\widehat{R}$ 也是拓扑环.

证　设 $x, y \in R$, 对任一 $\mathfrak{a}^n$, 当 $k \geqslant n, l \geqslant n$ 时, 有

$$(x+\mathfrak{a}^k)(y+\mathfrak{a}^l) \subseteq xy + \mathfrak{a}^n.$$

于是 R 是拓扑环.

注意

$$x_{n+k} - x_n = (x_{n+k} - x_{n+k-1}) + \cdots + (x_{n+1} - x_n),$$

因此 $(x_r) \in C(R)$ 当且仅当对任何 $\mathfrak{a}^k$ 有 n_0, 使得 $n > n_0$ 使 $x_{n+1} - x_n \in \mathfrak{a}^k$. 设 $(x_r), (y_r) \in C(R)$, 由

$$x_{n+1}y_{n+1} - x_n y_n = (x_{n+1} - x_n)y_{n+1} + x_n(y_{n+1} - y_n),$$

知 $(x_r y_r) \in C(R)$.

又若 $(x_r) \sim (x'_r), (y_r) \sim (y'_r)$, 由

$$x_r y_r - x'_r y'_r = (x_r - y_r)x'_r + x'_r(y_r - y'_r),$$

知 $(x_r y_r) \sim (x'_r y'_r)$. 故 $\widehat{R}$ 是拓扑环. ■

R 对 $\mathfrak{a}$ 拓扑为 Hausdorff 空间当且仅当 $\bigcap\limits_{n=0}^{\infty} \mathfrak{a}^n = \{0\}$.

定义 $\phi(x)$ 为 (x) 的等价类, 于是, ϕ 是 $\widehat{R}$ 到 R 的连续同态, 而 $\ker\phi = \bigcap\limits_{n=0}^{\infty} \mathfrak{a}^n$.

设 $\mathfrak{a}$ 是环 R 的理想, M 是 R 模. 于是 R 是 $\mathfrak{a}$ 拓扑环. M 有子模序列

$$M = \mathfrak{a}^0 M \supseteq \mathfrak{a}M \supseteq \cdots \supseteq \mathfrak{a}^n M \supseteq \cdots,$$

于是 M 是 $\mathfrak{a}$ 拓扑群. M 的完备化 $\widehat{M}$ 是 $\mathfrak{a}$ 拓扑环 R 的完备化 $\widehat{R}$ 模.

设 $f \in \mathrm{Hom}_R(M, N)$, 则 $f(\mathfrak{a}^n M) = \mathfrak{a}^n f(M) \subseteq \mathfrak{a}^n N$, 则相对于 $\mathfrak{a}$ 拓扑, f 是连续的. 于是可定义 $\hat{f} \in \mathrm{Hom}_{\widehat{R}}(\widehat{M}, \widehat{N})$.

例 6.1.2　1) 设 k 是域, $A = k[x]$ 是 k 上一元多项式环. $\langle x\rangle$ 是 A 的理想. 于是 $\widehat{k[x]} = k[[x]] = \left\{\sum\limits_{n=0}^{\infty} a_n x^n | a_n \in k\right\}$ 为 k 上形式幂级数环.

2) p 是素数, $\mathbf{Z}$ 为整数环. 对于 $\langle p\rangle$ 拓扑的完备化 $\widehat{\mathbf{Z}} = \left\{\sum\limits_{n=0}^{\infty} a_n p^n | 0 \leqslant a_n \leqslant p-1\right\}$ 为 p-adic 整数环. 注意, $n \to \infty$ 时, $p^n \to 0$.

p-adic 整数在代数数论, 有限群模表示理论中都是很有用的.

6.2 滤链 分次环与分次模

设 A 是交换幺环,$\mathfrak{a}$ 是 A 的理想, M 是 A 模. 6.1 节通过子模 $\mathfrak{a}^n M$ 可定义 $\mathfrak{a}$ 拓扑. 这种拓扑也可以用滤链的办法得到. 不仅如此, 滤链在分次环、分次模中也是颇为有用的. 分次环、分次模在交换代数中也有重要地位.

定义 6.2.1 设 A 是交换幺环, $\mathfrak{a}$ 是 A 的理想, M 是 A 模. M 的子模序列

$$M = M_0 \supseteq M_1 \supseteq \cdots \supseteq M_n \supseteq \cdots$$

称为 M 的一个**滤链**.

又若 $\mathfrak{a}M_n \subseteq M_{n+1}$ $(n = 1, 2, \cdots)$, 则称为$\mathfrak{a}$ **滤链**.

若一个 $\mathfrak{a}$ 滤链, 对充分大的 n 有 $\mathfrak{a}M_n = M_{n+1}$, 则称为**稳定的 $\mathfrak{a}$ 滤链**.

例如, 令 $M_n = \mathfrak{a}^n M$, 则 (M_n) 是稳定的 $\mathfrak{a}$ 滤链.

引理 6.2.1 若 (M_n) 与 (M'_n) 都是稳定的 $\mathfrak{a}$ 滤链, 则它们有**有界差**, 即存在整数 n_0 使得

$$M_{n+n_0} \subseteq M'_n, \quad M'_{n+n_0} \subseteq M_n, \quad \forall n \geqslant 0.$$

证 只要对 $M'_n = \mathfrak{a}^n M$ 来证明就可以了. 因为 $\mathfrak{a}M_n \subseteq M_{n+1}$, 故 $\mathfrak{a}^n M \subseteq M_n$. 又可设对 $n \geqslant n_0$, 有 $\mathfrak{a}M_n = M_{n+1}$, 因此 $M_{n+n_0} = \mathfrak{a}^n M_{n_0} \subseteq \mathfrak{a}^n M$. ∎

由此可知, 所有稳定 $\mathfrak{a}$ 滤链定义相同的拓扑, 即 $\mathfrak{a}$ 拓扑.

定义 6.2.2 设交换幺环 A 的加法群有子群的直和分解:

$$A = \bigoplus_{n=0}^{\infty} A_n, \quad 且\ A_n A_m \subseteq A_{m+n},$$

则称 A 是**分次环**.

从定义知 A_0 是 A 的子环, A_n 是 A_0 模, $A_+ = \bigoplus\limits_{n=1}^{\infty} A_n$ 是 A 的理想.

例 6.2.1 设 k 是域, $A = k[x_1, x_2, \cdots, x_n]$ 是 k 上多项式环, 令 $A_n = \{f \in A | f = 0, \deg f = n\}$, 则 A 是分次环.

定义 6.2.3 设 $A = \bigoplus\limits_{n=0}^{\infty} A_n$ 是分次环, A 模 M 的加法群有子群的直和分解:

$$M = \bigoplus_{m=0}^{\infty} M_m, \quad 且\ A_n M_m \subseteq M_{m+n},$$

则称 M 是 A 的**分次模**.

$x \in M_m, x \neq 0$, 称为 m **次齐次元**, 并记 $\deg(x) = m$.

$y \in M$, 可唯一地表示为有限和 $y = \sum\limits_{m=0}^{\infty} y_m$ $(y_m \in M_m)$, 非零的 y_m 称为 y 的 m **次齐次分量**.

注意, 每个 M_m 都是 A_0 模.

定义 6.2.4　设 $A=\bigoplus_{n=0}^{\infty}A_n$ 为分次环, $M=\bigoplus_{m=0}^{\infty}M_m$, $N=\bigoplus_{m=0}^{\infty}N_m$ 为分次 A 模, M 到 N 的同态 f 若满足 $\forall n\geqslant 0$, $f(M_n)\subseteq N_n$ 则称 f 为 A 模**分次同态**.

定理 6.2.1　设 $A=\bigoplus_{n=0}^{\infty}A_n$ 为分次环, 则下列条件等价:

1) A 是 Noether 环;

2) A_0 是 Noether 环, 且 A 是有限生成 A_0 代数.

证　1) $\Longrightarrow$ 2) 设$A_+=\bigoplus_{n>0}A_n$. 由 $A_0\cong A/A_+$ 知 A_0 是 Noether 环. A_+ 是 A 的理想, 因而是有限生成的, 设生成元为 $x_1,x_2,\cdots,x_s$. 可设它们是齐次元, $\deg(x_i)=k_i>0$. 设 $A'=A_0[x_1,x_2,\cdots,x_s]$ 是由 $x_1,x_2,\cdots,x_s$ 在 A_0 上生成的 A 的子环. 显然 $A_0\subseteq A'$, 假定 $k<n$ 时, $A_k\subseteq A'$. 那么 $y\in A_n$, 有 $y=\sum\limits_{i=1}^{s}a_ix_i$, 其中 $\deg(a_i)=n-\deg(x_i)$, 约定 $n-\deg(x_i)<0$ 时 $a_i=0$. 于是 $a_i\in A'$, 故 $A_n\subseteq A'$, 因此 $A'=A$, A 是有限生成 A_0 代数.

2) $\Longrightarrow$ 1) A_0 是 Noether 环, 于是 A_0 上的多项式环 $A_0[t_1,t_2,\cdots,t_s]$ 是 Noether 环, 其商环为 Noether 环, 于是 A 是 Noether 环. ∎

设 $\mathfrak{a}$ 是环 A 的理想. 令 $\mathfrak{a}^0=A$, 作交换群 $\mathfrak{a}^n$ 的直和:

$$A^*=\bigoplus_{n=0}^{\infty}\mathfrak{a}^n,$$

在 A^* 中定义乘法为

$$\left(\sum_{i=0}^{k}a_i\right)\left(\sum_{j=0}^{k}b_j\right)=\sum_{l=0}^{2k}\sum_{i+j=l}a_ib_j,$$

其中 $a_i\in\mathfrak{a}^i$, $b_j\in\mathfrak{a}^j$, $a_ib_j\in\mathfrak{a}^{i+j}$. 则 A^* 是一个分次环.

又设 M 是 A 模, (M_n) 是 $\mathfrak{a}$ 滤链, 作交换群 M_n 的直和:

$$M^*=\bigoplus_{n=0}^{\infty}M_n.$$

定义 $A^*\times M^*$ 到 M^* 的映射:

$$\left(\sum_{i=0}^{n}a_i,\ \sum_{j=0}^{m}x_j\right)\longrightarrow\sum_{l=0}^{n+m}\sum_{i+j=l}a_ix_j,$$

其中 $a_i\in\mathfrak{a}^i$, $x_j\in M_j$, $a_ix_j\in M_{i+j}$. 因 $\mathfrak{a}^nM_m\subseteq M_{n+m}$, 故 M^* 是 A^* 的分次模.

若 A 是 Noether 环, $\mathfrak{a}$ 是由 $x_1, x_2, \cdots, x_r$ 生成, 则 $A^* = A[x_1, x_2, \cdots, x_r]$ 是 Noether 环.

引理 6.2.2 A 是 Noether 环, M 是有限生成的 A 模, (M_n) 是 $\mathfrak{a}$ 滤链,A^*, M^* 如上述. 则下列条件等价:

1) M^* 是有限生成的 A^* 模;

2) (M_n) 是稳定的滤链.

证 每个 M_n 有限生成, 因此 M^* 的子群 $Q_n = \bigoplus_{r=0}^{n} M_r$ 是有限生成的 A 模, 虽然一般不是 A^* 子模, 但它可生成一个 A^* 子模

$$M_n^* = Q_n \oplus \mathfrak{a}M_n \oplus \mathfrak{a}^2 M_n \oplus \cdots \oplus \mathfrak{a}^r M_n \oplus \cdots.$$

因为 Q_n 作为 A 模是有限生成的, 于是 M_n^* 是有限生成的 A^* 模. (M_n^*) 是一个升链, 其并为 M^*. A^* 为 Noether 环, 于是 M^* 作为 A^* 模是有限生成的当且仅当这个升链是有限的, 即对某个 n_0, $M^* = M_{n_0}^*$, 当且仅当 $M_{n_0+r} = \mathfrak{a}^r M_{n_0}$, 对所有 $r > 0$, 当且仅当滤链 (M_n) 是稳定的. ∎

定理 6.2.2 (Artin-Rees 引理) 设 $\mathfrak{a}$ 是 Noether 环 A 的理想, M 是有限生成 A 模, (M_n) 为稳定的 $\mathfrak{a}$ 滤链. 设 M' 是 M 的子模, 则 $(M' \cap M_n)$ 是 M' 的稳定的 $\mathfrak{a}$ 滤链.

证 注意

$$\mathfrak{a}(M' \cap M_n) \subseteq \mathfrak{a}M' \cap \mathfrak{a}M_n \subseteq M' \cap M_{n+1},$$

因此 $(M' \cap M_n)$ 是一个 $\mathfrak{a}$ 滤链. A^* 是 Noether 环, 因此 $(M' \cap M_n)$ 定义一个分次 A^* 模, 这是 M^* 的子模并且是有限生成的. 于是用引理 6.2.2, 可得此定理. ∎

取 $M_n = \mathfrak{a}^n M$, 就是通常的 Artin-Rees 引理.

推论 6.2.1 存在 k, 使得

$$(\mathfrak{a}^n M) \cap M' = \mathfrak{a}^{n-k}((\mathfrak{a}^k M) \cap M'), \quad \forall n \geqslant k.$$ ∎

定理 6.2.3 设 $\mathfrak{a}$ 是 Noether 环 A 的理想, M 是有限生成 A 模, M' 是 M 的子模, 则滤链 $\mathfrak{a}^n M'$ 和 $(\mathfrak{a}^n M) \cap M'$ 具有有界差. 特别地, M' 的 $\mathfrak{a}$ 拓扑与由 M 的 $\mathfrak{a}$ 拓扑所诱导出的拓扑相同.

证 由引理 6.2.1 与定理 6.2.2 即可得此定理. ∎

下面讨论完备化的正合性质.

定理 6.2.4 (完备化的正合性质) 设 $0 \longrightarrow M' \longrightarrow M \longrightarrow M'' \longrightarrow 0$ 是 Noether 环 A 的有限生成模的正合序列, $\mathfrak{a}$ 是 A 的理想, 则 $\mathfrak{a}$-adic 完备化序列

$$0 \longrightarrow \widehat{M'} \longrightarrow \widehat{M} \longrightarrow \widehat{M''} \longrightarrow 0$$

是正合的.

证　由推论 6.1.2 与定理 6.2.3 即得此定理. ∎

由于有从 A 到 $\widehat{A}$ 的同态 ϕ, 于是 $\widehat{A}$ 可视为 A 代数. M 为 A 模, 则 $\widehat{A}\otimes_A M$ 为 $\widehat{A}$ 模. $\widehat{M}$ 是 $\widehat{A}$ 模, 自然也是 A 模, 并有 A 模同态 $M\to\widehat{M}$, 由此可得到 $\widehat{A}$ 模同态:

$$\widehat{A}\otimes_A M\longrightarrow\widehat{A}\otimes_A\widehat{M}\longrightarrow\widehat{A}\otimes_{\widehat{A}}\widehat{M}=\widehat{M}.$$

对一般的 A, M, 这个同态不是单的, 也不是满的.

定理 6.2.5　M 是有限生成 A 模，则同态 $\widehat{A}\otimes_A M\to\widehat{M}$ 是满的.

又若 A 是 Neother 环, 则 $\widehat{A}\otimes_A M\to\widehat{M}$ 是同构.

证　用推论 6.1.2 可知,$\mathfrak{a}$-adic 完备化与有限直和是交换的. 于是如果 $F=A^n$, 则 $\widehat{A}\otimes_A F\cong\widehat{F}$. 设 M 是有限生成 A 模, 即 M 是 F 的同态像, 以 N 表示此同态的核, 于是有正合序列 $0\longrightarrow N\longrightarrow F\longrightarrow M\longrightarrow 0$, 并导出交换图 (图 6.3).

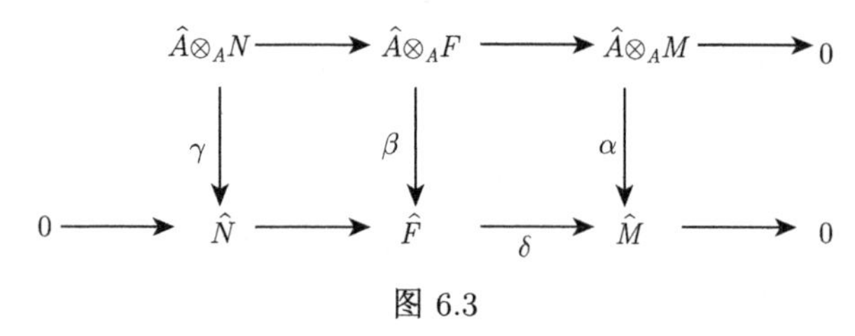

图 6.3

由定理 2.5.2, 此图的第一行是正合序列. 由推论 6.1.2, δ 是满射. 由 β 是同构, 于是 α 是满射. 定理的第一部分成立.

A 是 Noether 环时, N 是有限生成的, 于是 γ 是满射, 由定理 6.2.4, 第二行是正合的. 于是可以证明 α 也是单射, 故定理成立. ∎

在有限生成模的范畴内, 有下面的定理.

定理 6.2.6　设 A 是 Noether 环, $\mathfrak{a}$ 是 A 的理想. $\widehat{A}$ 是 A 的 $\mathfrak{a}$-adic 完备化, 则 $\widehat{A}$ 是平坦的 A 代数.

证　设 $0\longrightarrow M'\longrightarrow M\longrightarrow M''\longrightarrow 0$ 是 Noether 环 A 的有限生成模的正合序列, 于是由定理 6.2.4, $0\longrightarrow\widehat{M'}\longrightarrow\widehat{M}\longrightarrow\widehat{M''}\longrightarrow 0$ 是正合的. 再由定理 6.2.5,

$$\widehat{A}\otimes_A M'\cong\widehat{M'},\quad \widehat{A}\otimes_A M\cong\widehat{M},\quad \widehat{A}\otimes_A M''\cong\widehat{M''}.$$

于是 $0\longrightarrow\widehat{A}\otimes_A M'\longrightarrow\widehat{A}\otimes_A M\longrightarrow\widehat{A}\otimes_A M''\longrightarrow 0$ 是正合的. ∎

定理 6.2.7　设 A 是 Noether 环, $\mathfrak{a}$ 是 A 的理想. $\widehat{A}$ 是 A 的 $\mathfrak{a}$-adic 完备化, 则有下面结果:

1) $\hat{\mathfrak{a}}=\widehat{A}\mathfrak{a}\cong\widehat{A}\otimes_A\mathfrak{a}$;

2) $\widehat{(\mathfrak{a}^n)}=(\hat{\mathfrak{a}})^n$;

3) $\mathfrak{a}^n/\mathfrak{a}^{n+1}\cong\hat{\mathfrak{a}}^n/\hat{\mathfrak{a}}^{n+1}$;

4) $\hat{\mathfrak{a}} \subseteq \mathfrak{R}(\widehat{A})$;

5) 若 A 是 Noether 局部环, 则 A 对其极大理想 $\mathfrak{m}$ 的完备化 $\widehat{A}$ 仍是局部环, 极大理想为 $\widehat{\mathfrak{m}}$.

证 1) 因为 A 是 Noether 环, 所以 $\mathfrak{a}$ 是有限生成的. 于是由定理 6.2.5 有

$$\widehat{A} \otimes_A \mathfrak{a} \cong \hat{\mathfrak{a}} = \widehat{A}\mathfrak{a}.$$

2) $\widehat{A}\mathfrak{a} = \hat{\mathfrak{a}}$ 是 $\mathfrak{a}$ 的扩理想, 于是由性质 3.4.3 与结论 1), 有 $\widehat{(\mathfrak{a}^n)} = \widehat{A}\mathfrak{a}^n = (\widehat{A}\mathfrak{a})^n = (\hat{\mathfrak{a}})^n$.

3) 由推论 6.1.2 得 $A/\mathfrak{a}^n \cong \widehat{A}/\hat{\mathfrak{a}}^n$, 由此即得结论 3) 成立.

4) 由结论 2) 及推论 6.1.2 知, $\widehat{A}$ 对 $\hat{\mathfrak{a}}$ 拓扑是完备的, 因此对任意 $x \in \hat{\mathfrak{a}}$,

$$(1-x)^{-1} = 1 + x + x^2 + \cdots$$

在 $\widehat{A}$ 中收敛, 故 $1-x$ 是可逆元. 由定理 1.5.2 知结论 4) 成立.

5) 由结论 3) 有 $\widehat{A}/\widehat{\mathfrak{m}} \cong A/\mathfrak{m}$ 是域. 故 $\widehat{\mathfrak{m}}$ 是 $\widehat{A}$ 的极大理想. 再由结论 4) 知 $\widehat{\mathfrak{m}} \subseteq \mathfrak{R}(\widehat{A})$, 于是 $\widehat{\mathfrak{m}} = \mathfrak{R}(\widehat{A})$, 故结论成立. ∎

定理 6.2.8 (Krull 定理) 设 A 是 Noether 环, $\mathfrak{a}$ 是 A 的理想, M 是有限生成 A 模, $\widehat{M}$ 是 M 的 $\mathfrak{a}$ 完备化, 则 $M \to \widehat{M}$ 的同态核为

$$E = \bigcap_{n=1}^{\infty} \mathfrak{a}^n M = \{x \in M \mid (1-y)x = 0, y \in \mathfrak{a}\}.$$

证 因 E 是 $0 \in M$ 的一切邻域之交, 故在 E 上诱导的拓扑是平凡的, 即 E 是 0 仅有的邻域. 由定理 6.2.3, E 的诱导拓扑与其 $\mathfrak{a}$ 拓扑一致. 因为 $\mathfrak{a}E$ 是 E 的 $\mathfrak{a}$ 拓扑的一个邻域, 于是 $\mathfrak{a}E = E$. 由于 M 是有限生成 A 模, A 是 Noether 环, 故 E 也是有限生成的. 由定理 2.1.3, 有 $y \in \mathfrak{a}$, 使 $(1-y)E = 0$.

反之, 若 $(1-y)x = 0$, 则 $x = yx = y^2x = \cdots \in \bigcap_{n=1}^{\infty} \mathfrak{a}^n M = E$. ∎

推论 6.2.2 1) 设 A 是 Noether 整环, A 的理想 $\mathfrak{a} \neq \langle 1 \rangle$, 则 $\bigcap_{n=1}^{\infty} \mathfrak{a}^n = \{0\}$.

2) 设 A 是 Noether 环, $\mathfrak{a}$ 是 A 的理想, $\mathfrak{a} \subseteq \mathfrak{R}(A)$. M 是有限生成 A 模, 则 M 的 $\mathfrak{a}$ 拓扑是 Hausdorff 拓扑, 即 $\bigcap_{n=1}^{\infty} \mathfrak{a}^n M = \{0\}$.

3) 设 A 是局部 Noether 环, $\mathfrak{m}$ 是 A 的极大理想, M 是有限生成 A 模, 则 M 的 $\mathfrak{m}$ 拓扑是 Hausdorff 拓扑, 特别地, A 的 $\mathfrak{m}$ 拓扑是 Hausdorff 拓扑.

4) 设 A 是 Noether 环, $\mathfrak{p}$ 是 A 的素理想, 则 A 的所有 $\mathfrak{p}$ 准素理想的交是同态 $A \to A_{\mathfrak{p}}$ 的核.

证　1) A 是整环, $1+\mathfrak{a}$ 中无零因子, 于是结论 1) 成立.

2) 由定理 1.5.2,$1+\mathfrak{a}$ 中每个元素都可逆, 于是结论成立.

3) 这是结论 2) 的特殊情形.

4) 根据定理 3.5.2 与定理 4.3.2, A 的理想 $\mathfrak{q}$ 为 $\mathfrak{m}$ 准素理想, 当且仅当 $\mathfrak{q}$ 满足

$$\mathfrak{m}=\sqrt{\mathfrak{q}}\supseteq\mathfrak{q}\supseteq\mathfrak{m}^n.$$

上面的结论 3) 也可改写为若 A 是局部 Noether 环, 则

$$\bigcap_{\mathfrak{q}}\mathfrak{q}=\{0\},\quad \mathfrak{q}\text{ 是 }\mathfrak{m}\text{ 准素}.$$

回到 A 是 Noether 环, $\mathfrak{p}$ 是 A 的素理想, 于是 $A_\mathfrak{p}$ 是 Noether 局部环. 由定理 3.5.6, A 中的 $\mathfrak{p}$ 准素理想与 $A_\mathfrak{p}$ 的 $\mathfrak{m}(=\mathfrak{p}A_\mathfrak{p})$ 准素理想有一一对应关系. 于是结论 4) 成立. ∎

注 6.2.1　1) 设 A 是 Noether 环, $\mathfrak{a}$ 是 A 的理想. 此时 $S=1+\mathfrak{a}$ 是 A 的乘法封闭集, 于是 A 到 $S^{-1}A$ 也有同态映射, 此同态的核为 $\{x\in A|(1+y)x=0,y\in\mathfrak{a}\}$, 这也是 A 到 $\widehat{A}$ 的同态核. 又对任意 $x\in\hat{\mathfrak{a}}$,

$$(1-x)^{-1}=1+x+x^2+\cdots$$

在 $\widehat{A}$ 中收敛, 因而 S 中每个元素是 $\widehat{A}$ 中可逆元. 由分式环的泛性, 于是有 $S^{-1}A$ 到 $\widehat{A}$ 的自然同态, 此同态是单射, 于是 $S^{-1}A$ 可等同 $\widehat{A}$ 的一个子环.

2) Krull 定理也有不成立的时候. 例如, $A=C^\infty(-\infty,+\infty)$ 为实数域 $\mathbf{R}$ 上所有无限次连续函数构成的交换环, $\mathfrak{a}=\{f(x)\in A|f(0)=0\}$ 是 A 的理想, 由于 $A/\mathfrak{a}\cong\mathbf{R}$, 故 $\mathfrak{a}$ 为极大理想, 而且 $\mathfrak{a}=\langle x\rangle$. 因此

$$\begin{aligned}\bigcap_{n=1}^{\infty}\mathfrak{a}^n&=\left\{f(x)\in A\left|\frac{\mathrm{d}^kf(0)}{\mathrm{d}x^k}=0,k\in\mathbf{Z},k\geqslant0\right.\right\},\\ E&=\{g(x)\in A|g(x)(1+f(x))=0,f(x)\in\mathfrak{a}\}\\ &=\{g(x)\in A|g(x)=0,x\in(-\varepsilon,+\varepsilon)\}.\end{aligned}$$

$f(x)=\mathrm{e}^{-\frac{1}{x^2}}\in\bigcap_{n=1}^{\infty}\mathfrak{a}^n\setminus E$, 于是同态 $A\to\widehat{A}$, $A\to S^{-1}A$ $(S=1+\mathfrak{a})$ 的核不相等, 故此时 Krull 定理不成立, $A=C^\infty(-\infty,+\infty)$ 不是 Noether 环.

6.3　相伴的分次环

本节利用相伴分次环的方法证明 Noether 环对一个理想的完备化仍是 Noether 环.

设 A 是一个环, $\mathfrak{a}$ 是 A 的理想. 于是 $\mathfrak{a}^n/\mathfrak{a}^{n+1}$ 是交换群. 作它们的直和:

$$G_{\mathfrak{a}}(A)=\bigoplus_{n=0}^{\infty}\mathfrak{a}^n/\mathfrak{a}^{n+1},\quad \mathfrak{a}^0=A.$$

设 π_n 是 $\mathfrak{a}^n$ 到 $\mathfrak{a}^n/\mathfrak{a}^{n+1}$ 的自然同态. 在 $G_{\mathfrak{a}}(A)$ 中由

$$\pi_n(x_n)\pi_m(x_m)=\pi_{n+m}(x_nx_m),\quad x_n\in\mathfrak{a}^n,\ x_m\in\mathfrak{a}^m,$$

可定义乘法使其为分次环, 称为 A 的 (对 $\mathfrak{a}$ 的)**相伴分次环**.

又若 M 是 A 模, (M_n) 是 M 的一个 $\mathfrak{a}$ 滤链, 令

$$G_{\mathfrak{a}}(M)=\bigoplus_{n=0}^{\infty}M_n/M_{n+1},$$

又设 π'_n 是 M_n 到 M_n/M_{n+1} 的自然同态, 由

$$\pi_n(x_n)\pi'_m(y_m)=\pi'_{n+m}(x_ny_m),\quad x_n\in\mathfrak{a}^n,\ y_m\in M_m,$$

可定义 $G_{\mathfrak{a}}(M)$ 的分次 $G_{\mathfrak{a}}(A)$ 模结构, 称为 M 的 (对 $\mathfrak{a}$ 的) **相伴分次模**.

定理 6.3.1 设 A 是 Noether 环, $\mathfrak{a}$ 是 A 的理想, 则有以下结论:

1) $G_{\mathfrak{a}}(A)$ 是 Noether 环;

2) $G_{\mathfrak{a}}(A)$ 与 $G_{\hat{\mathfrak{a}}}(\widehat{A})$ 是同构的分次环;

3) 若 M 是有限生成 A 模, (M_n) 是稳定的 $\mathfrak{a}$ 滤链, 则 $G_{\mathfrak{a}}(M)$ 是有限生成的 $G_{\mathfrak{a}}(A)$ 分次模.

证 1) 因 A 是 Noether 环, 故 $\mathfrak{a}$ 是有限生成的, 设生成元为 $x_1,x_2,\cdots,x_s$. 令 $\bar{x}_i=\pi_1(x_i)$, 于是 $G_{\mathfrak{a}}(A)=(A/\mathfrak{a})[\bar{x}_1,\bar{x}_2,\cdots,\bar{x}_s]$. 注意 $A/\mathfrak{a}$ 是 Noether 环, 由 Hilbert 基定理知 $G_{\mathfrak{a}}(A)$ 是 Noether 环.

2) 由定理 6.2.7, $\mathfrak{a}^n/\mathfrak{a}^{n+1}\cong\hat{\mathfrak{a}}^n/\hat{\mathfrak{a}}^{n+1}$, 所以结论 2) 成立.

3) (M_n) 是稳定的 $\mathfrak{a}$ 滤链, 故有 n_0 使得对 $r\geqslant 0$, 有 $M_{n_0+r}=\mathfrak{a}^rM_{n_0}$. 因此 $G_{\mathfrak{a}}(M)$ 由 $\bigoplus\limits_{n\leqslant n_0}M_n/M_{n+1}$ 生成, M_n/M_{n+1} 是 Noether 模, 而且 $\mathfrak{a}(M_n/M_{n+1})=\{0\}$, 于是 M_n/M_{n+1} 为有限生成的 $A/\mathfrak{a}$ 模, 因此 $\bigoplus\limits_{n\leqslant n_0}M_n/M_{n+1}$ 为有限生成的 $A/\mathfrak{a}$ 模, 因而 $G_{\mathfrak{a}}(M)$ 为有限生成的 $G_{\mathfrak{a}}(A)$ 模. ∎

下面要证明 Noether 环对一个理想的完备化仍是 Noether 环. 需要用到一个交换群完备化的结果.

模的滤链的概念也可用于交换群上. A 是交换群, 其子群序列 (A_n)

$$A=A_0\supseteq A_1\supseteq A_2\supseteq\cdots\supseteq A_n\supseteq\cdots$$

称为 A 的一个**滤链**. 由滤链可以将 A 完备化 $\widehat{A}$.

由此滤链也可构造分次群 $G(A)=\bigoplus\limits_{n=0}^{\infty}A_n/A_{n+1}$, 称为 A 的**相伴分次群**.

引理 6.3.1　设 A, B 为交换群, 分别有滤链 (A_n), (B_n). ϕ 是 A 到 B 的同态, 且 $\phi(A_n)\subseteq B_n$ (称 ϕ **滤链群同态**), 由 ϕ 可分别诱导出 $G(A)$ 到 $G(B)$ 的同态 $G(\phi)$, $\widehat{A}$ 到 $\widehat{B}$ 的同态 $\hat{\phi}$. 则有以下结果:

1) 若 $G(\phi)$ 是单射, 则 $\hat{\phi}$ 是单射;

2) 若 $G(\phi)$ 是满射, 则 $\hat{\phi}$ 是满射.

证　注意

$$(A/A_{n+1})/(A_n/A_{n+1})\cong A/A_n,\quad (B/B_{n+1})/(B_n/B_{n+1})\cong B/B_n.$$

又

$$G_n(\phi)(a_n+A_{n+1})=\phi(a_n)+B_{n+1},\quad \alpha_n(a+A_n)=\phi(a)+B_n,$$

分别定义了 A_n/A_{n+1} 到 B_n/B_{n+1} 的同态, A/A_n 到 B/B_n 的同态, 并由此而得下列的正合序列交换图 (图 6.4).

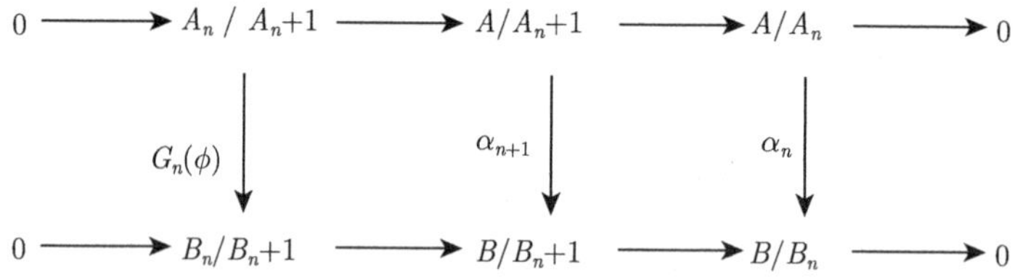

$$\begin{array}{ccccccccc}
0 & \longrightarrow & A_n/A_n+1 & \longrightarrow & A/A_n+1 & \longrightarrow & A/A_n & \longrightarrow & 0\\
 & & \downarrow{\scriptstyle G_n(\phi)} & & \downarrow{\scriptstyle \alpha_{n+1}} & & \downarrow{\scriptstyle \alpha_n} & & \\
0 & \longrightarrow & B_n/B_n+1 & \longrightarrow & B/B_n+1 & \longrightarrow & B/B_n & \longrightarrow & 0
\end{array}$$

图 6.4

于是有正合序列:

$$\begin{aligned}0\longrightarrow \ker G_n(\phi)&\longrightarrow \ker\alpha_{n+1}\longrightarrow \ker\alpha_n\\ &\longrightarrow \operatorname{coker} G_n(\phi)\longrightarrow \operatorname{coker}\alpha_{n+1}\longrightarrow \operatorname{coker}\alpha_n\longrightarrow 0.\end{aligned}$$

由此序列得到

1) $G(\phi)$ 是单射, 即 $\ker G_n(\phi)=0$, 可对 n 归纳地得到 $\ker\alpha_n=0$.

2) $G(\phi)$ 是满射, 即 $\operatorname{coker} G_n(\phi)=0$, 可对 n 归纳地得到 $\operatorname{coker}\alpha_n=0$, 且 $\ker\alpha_{n+1}\to\ker\alpha_n$ 是满射.

注意 $\widehat{A}=\varprojlim A_n/A_{n+1}$, $\widehat{B}=\varprojlim B_n/B_{n+1}$, 于是由定理 6.1.2 知结论成立. ∎

定理 6.3.2　设 $\mathfrak{a}$ 是交换幺环 A 的理想, M 是 A 模,(M_n) 是 $\mathfrak{a}$ 滤链. 假定 A 在 $\mathfrak{a}$ 拓扑下完备, M 在其滤链的拓扑下是 Hausdorff 空间, 即 $\bigcap\limits_{n=0}^{\infty}M_n=0$. 又设 $G(M)$ 是有限生成 $G_{\mathfrak{a}}(A)$ 模, 则 M 是有限生成 A 模.

证 可取 $G(M)$ 的齐次生成元 ξ_i $(1 \leqslant i \leqslant r)$, $\deg \xi_i = n(i)$. 并可设 ξ_i 是 $x_i \in M_{n(i)}$ 的像. 设 F^i 是有稳定 $\mathfrak{a}$ 滤链 $(F_k^i = \mathfrak{a}^{n(i)+k})$ 的模 A, 令$F = \bigoplus_{i=1}^{r} F^i$. 将每个 F^i 的生成元 1 映为 x_i, 定义了一个滤链群的同态 ϕ: $F \to M$. 而 $G(\phi)$: $G(F) \to G(M)$ 是 $G_{\mathfrak{a}}(A)$ 模同态. 由构成法知这是满同态, 因此由引理 6.3.1 $\hat{\phi}$ 是满的. 故图 6.5 交换. 因为 F 是自由的, $\widehat{A} = A$, 故 α 是同构, M 是 Hausdorff 的, 故 β 是单的, $\hat{\phi}$ 满可得 ϕ 是满的, 于是 A 模 M 由 $x_1, x_2, \cdots, x_r$ 生成. ∎

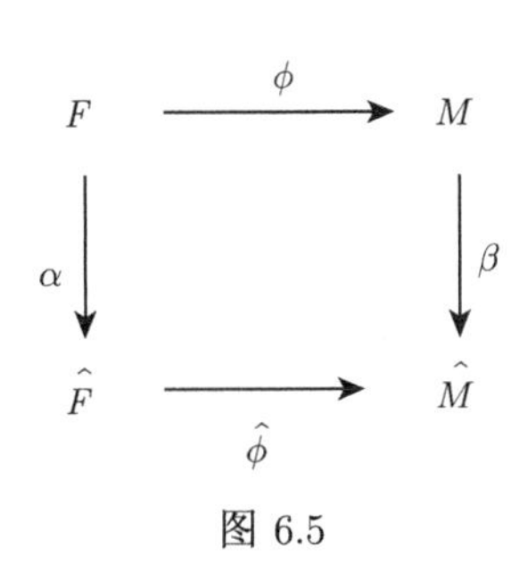

图 6.5

推论 6.3.1 在定理 6.3.2 的假定下, 如果 $G(M)$ 是 Noether $G(A)$ 模, 则 M 是 Noether A 模.

证 由定理 4.1.2, 须证明 M 的每个子模 M' 是有限生成的. 设 $M'_n = M' \cap M_n$, 则 (M'_n) 是 M' 的 $\mathfrak{a}$ 滤链, 而嵌入映射 $M'_n \to M_n$ 给出单同态 $M'_n/M'_{n+1} \to M_n/M_{n+1}$, 因此给出嵌入映射 $G(M') \to G(M)$. 因为 $G(M)$ 是 Noether 环, 故 $G(M')$ 是有限生成的. 同时, 由 M 是 Hausdorff 的, 于是 $\bigcap M'_n \subseteq \bigcap M_n = \{0\}$, 故 M' 是 Hausdorff 的, 由定理 6.3.2, M' 是有限生成的. ∎

定理 6.3.3 Noether 环 A 对其理想 $\mathfrak{a}$ 的 $\mathfrak{a}$-adic 完备化 $\widehat{A}$ 是 Noether 环.

证 由定理 6.3.1 知, $G_{\mathfrak{a}}(A)$ 与 $G_{\hat{\mathfrak{a}}}(\widehat{A})$ 是同构的, 是 Noether 环. 将定理 6.3.2 用于完备环 $\widehat{A}$, 并取 $M = \widehat{A}$, $(\hat{\mathfrak{a}}^n)$ 为滤链, 因而是 Hausdorff 的. 于是 $\widehat{A}$ 是 Noether 环. ∎

推论 6.3.2 设 A 是 Noether 环, 则 A 上的形式幂级数环 $A[[x_1, x_2, \cdots, x_n]]$ 是 Noether 环, 特别地, 域 k 上的形式幂级数环 $k[[x_1, x_2, \cdots, x_n]]$ 是 Noether 环.

证 注意, $A[x_1, x_2, \cdots, x_n]$ 是 Noether 环, 其 $\langle x_1, x_2, \cdots, x_n\rangle$-adic 完备化 $A[[x_1, x_2, \cdots, x_n]]$ 是 Noether 环. ∎

6.4 希尔伯特函数

代数簇的维数是代数几何中的一个基本概念, 本质上, 这也是一个局部概念. 以下三节将围绕 Noether 局部环的维数理论展开讨论. Hilbert 函数的维数定义比较形式化, 但可以使整个理论变得更精简. 所以本节介绍 Hilbert 函数.

设$A = \bigoplus_{n=0}^{\infty} A_n$ 是 Noether 分次环, 于是 A_0 是 Noether 环, 而且 A 是有限生成的 A_0 模, 可取齐次生成元 $x_1, x_2, \cdots, x_s$, $\deg x_i = k_i$, $k_i > 0$.

设 M 是有限生成的分次 A 模. 于是可取 M 的齐次生成元 $m_1, m_2, \cdots, m_s$, $\deg m_j = r_j$. M 中的 n 次齐次元素, 即 M_n 中元素形如 $\sum_j f_j(x)m_j$, 其中 $f_j(x) \in A_{n-r_j}$. 由此可见 M_n 是有限生成的 A_0 模, 其生成元为 $g_j(x)m_j$, 这里

$$g_j(x) = a_{j0}x_1^{n_1}x_2^{n_2}\cdots x_s^{n_s}, \quad a_{j0} \in A_0, \quad \sum_{i=1}^{s} k_i n_i = n - r_j.$$

定义 6.4.1 设 λ 是定义在有限生成的 A_0 模上的, 在 $\mathbf{Z}$ 中取值的加性函数. M 相对于 λ 的**Poicaré 级数**是 $\lambda(M_n)$ 的生成函数, 即它是幂级数:

$$P(M,t) = \sum_{n=0}^{\infty} \lambda(M_n)t^n \in \mathbf{Z}[[t]].$$

定理 6.4.1 (Hilbert, Serre) $P(M,t)$ 是 t 的有理函数, 且有 $f(t) \in \mathbf{Z}[t]$ 使得

$$P(M,t) = \frac{f(t)}{\prod_{i=1}^{s}(1-t^{k_i})}.$$

证 对 A_0 模 A 的生成元个数 s 归纳证明.

$s=0$ 时, $A_0 = A$; $n > 0$, $A_n = 0$. M 是有限生成的 A_0 模, 于是对所有足够大的 n, $M_n = 0$, 因而 $\lambda(M_n) = 0$. 于是 $P(M,t) \in \mathbf{Z}[t]$.

$s > 0$, 设 $s-1$ 定理成立. $L_{x_s} \in \mathrm{Hom}_{A_0}(M_n, M_{n+k_s})$ 定义为 $L_{x_s}(y) = x_s y$, 其中 $y \in M_n$. 由此而得一个正合序列

$$0 \longrightarrow K_n \longrightarrow M_n \xrightarrow{L_{x_s}} M_{n+k_s} \longrightarrow L_{n+k_s} \longrightarrow 0, \tag{6.4.1}$$

其中 $K_n = \ker L_{x_s}$, $L_{n+k_s} = M_{n+k_s}/x_s M_n$.

令 $K = \bigoplus_n K_n$, $L = \bigoplus_n L_n$. K 是 M 的子模, L 是 M 的商模, 因而 K, L 是有限生成的, 而且 $x_s K = \{0\}$, $x_s L = \{0\}$. 因此 K, L 是 $A_0[x_1, x_2, \cdots, x_{s-1}]$ 模. Λ 是加性函数, 由 (6.4.1) 有

$$\lambda(K_n) - \lambda(M_n) + \lambda(M_{n+k_s}) - \lambda(L_{n+k_s}) = 0;$$

将此式乘以 t^{n+k_s}, 并对 n 求和, 得

$$(1-t^{k_s})P(M,t) = P(L,t) - t^{k_s}P(K,t)tg(t), \tag{6.4.2}$$

其中 $g(t)$ 是多项式. 由归纳假设即得定理成立. ∎

以 $d(M)$ 表示 $P(M,t)$ 在 $t=1$ 的极点的阶, 即 $P(M,t)$ 有展开式:

$$P(M,t)=\sum_{k=0}^{\infty}a_k(t-1)^k+\sum_{k=1}^{d(M)}b_k(t-1)^{-k},\quad b_{d(M)}\neq 0.$$

特别地, 取 $M=A$, 则知 $d(A)$ 是有定义的.

约定 0 多项式的次数为 -1, $n\geqslant 0$ 时, 二项式系数 $\mathrm{C}_{-1}^{n}=0$, $\mathrm{C}_{-1}^{-1}=1$.

定理 6.4.2 当每个 $k_i=1$ 时, 那么对足够大的 n, $\lambda(M_n)$ 是 n 的 $d-1$ 次的有理系数的多项式.

证 由定理 6.4.1, $\lambda(M_n)$ 是 $f(t)(1-t)^{-s}$ 中 t^n 的系数. 消去 $(1-t)$ 的幂, 可设 $s=d$, $f(1)\neq 0$. 设 $f(t)=\sum_{k=0}^{N}a_kt^k$, 由于

$$(1-t)^{-d}=\sum_{k=0}^{\infty}\mathrm{C}_{d-1}^{d+k-1}t^k,$$

于是有

$$\lambda(M_n)=\sum_{k=0}^{N}a_k\mathrm{C}_{d-1}^{d+n-k-1},\quad \forall n\geqslant N.$$

右边的和是 n 的多项式, 首项是

$$\left(\sum_{k=0}^{N}a_k\right)\frac{n^{d-1}}{(d-1)!}\neq 0.$$

■

n 的多项式 $\lambda(M_n)$ 称为 M 对 λ 的**Hilbert 函数** 或 **Hilbert 多项式**.

定理 6.4.3 如果 $x\in A_k$, x 不是 M 中的零因子, 则

$$d(M/xM)=d(M)-1.$$

证 x 不是 M 中的零因子, 即若 $m\in M$ 使得 $xm=0$, 则 $m=0$. 于是在正合序列 (6.4.1) 中 $K_n=0$, $L_{n+k}=M_n/M_{n+k}=M_n/xM_n$. 于是 $K=0$, 而且在 (6.4.2) 式中有 $d(L)=d(M)-1$, 由此即得定理. ■

以下假定 A_0 是 Artin 环 (特别是域), $\lambda(M)$ 是有限生成 A_0 模 M 的长度 $l(M)$. 从定理 4.1.8 知 $l(M)$ 是加性函数.

例 6.4.1 设 $A=A_0[x_1,x_2,\cdots,x_s]$是 Artin 环 A_0 上的 s 元多项式环. 于是 A_n 是由单项式 $x_1^{m_1}x_2^{m_2}\cdots x_s^{m_s}$ $\left(\sum_{i=1}^{s}m_i=n\right)$ 生成的自由 A_0 模, 其中生成元个数为 C_{s-1}^{s+n-1}, 因此

$$P(A,t)=(1-t)^{-s}l(A_0).$$

定理 6.4.4 设 A 是 Noether 局部环, 其极大理想为 $\mathfrak{m}$, $\mathfrak{q}$ 是 $\mathfrak{m}$ 准素理想,M 是有限生成 A 模, (M_n) 是 M 的一个 $\mathfrak{q}$ 稳定的滤链. 则有下面结果:

1) 对每个 $n \geqslant 0$, M/M_n 的长度有限, 即 $l(M/M_n) < \infty$;

2) 对充分大的 n, $l(M/M_n) = g(n)$, $g(t) \in \mathbf{Q}[t]$, $\deg g(t) \leqslant s$, 这里 s 是 $\mathfrak{q}$ 的生成元的最小个数;

3) $\deg g(t)$ 与 $g(t)$ 的首项系数只和 M, $\mathfrak{q}$ 有关, 与滤链 (M_n) 选取无关.

证 1) 构造相伴分次环与相伴分次模 $G(A) = G_{\mathfrak{q}}(A) = \bigoplus\limits_{n=0}^{\infty} \mathfrak{q}^n/\mathfrak{q}^{n+1}$, $G(M) = \bigoplus\limits_{n=0}^{\infty} M_n/M_{n+1}$. 于是 $G_0(A) = A/\mathfrak{q}$ 是 0 维的 Noether 局部环, 即 Artin 局部环. $G(M)$ 是有限生成的分次 $G(A)$ 模. 又由 $\mathfrak{q}G_n(M) = \mathfrak{q}(M_n/M_{n+1}) = \{0\}$, 知 $G_n(M)$ 是 Noether $A/\mathfrak{q}$ 模, 因此 $l(M_n/M_{n+1}) < \infty$, 故

$$l_n = l(M/M_n) = \sum_{r=1}^{n} l(M_{r-1}/M_r) < \infty. \tag{6.4.3}$$

2) 如果 $x_1, x_2, \cdots, x_s$ 生成 $\mathfrak{q}$, 设 π 为 $\mathfrak{q}$ 到 $\mathfrak{q}/\mathfrak{q}^2$ 的自然同态, 于是 $\bar{x}_i = \pi(x_i)$ 是 $A/\mathfrak{q}$ 代数 $G(A)$ 的生成元, 且 $\deg \bar{x}_i = 1$. 由定理 6.4.2 知有 $l(M_n/M_{n+1}) = f(n)$, $f(t) \in \mathbf{Q}[t]$, 对所有足够大的 n, $\deg f(t) \leqslant s-1$. 由 (6.4.3) 式, 有 $l_{n+1} - l_n = f(n)$, 由此得出, 对所有足够大的 n, $l_n = g(n)$, $\deg g(n) \leqslant s$.

3) 设 $(\widetilde{M}_n)$ 也为稳定的 $\mathfrak{q}$ 滤链, $\tilde{g}(n) = l(M/\widetilde{M}_n)$. 由引理 6.2.1, 存在整数 n_0, 使得

$$M_{n+n_0} \subseteq \widetilde{M}_n, \quad \widetilde{M}_{n+n_0} \subseteq M_n.$$

从而

$$g(n+n_0) \geqslant \tilde{g}(n) \quad \tilde{g}(n+n_0) \geqslant g(n).$$

对所有足够大的 n, g, $\tilde{g}$ 是多项式, 于是 $\lim\limits_{n\to\infty} g(n)/\tilde{g}(n) = 1$, 结论 3) 成立. ∎

由于 $(\mathfrak{q}^n M)$ 是稳定的 $\mathfrak{q}$ 滤链, 将上面的 $g(n)$ 记为 $\chi_{\mathfrak{q}}^M(n)$, 即

$$\chi_{\mathfrak{q}}^M(n) = l(M/\mathfrak{q}^n M), \quad \text{对所有大的 } n.$$

特别地, 取 $M = A$ 时, 记 $\chi_{\mathfrak{q}}(n) = \chi_{\mathfrak{q}}^A(n)$, 称为 $\mathfrak{m}$ 准素理想 $\mathfrak{q}$ 的**特征多项式**.

由定理 6.4.4 可得下面推论.

推论 6.4.1 设 A 是 Noether 局部环, 其极大理想为 $\mathfrak{m}$, $\mathfrak{q}$ 是 $\mathfrak{m}$ 准素理想, 那么对所有足够大的 n, 有 $\chi_{\mathfrak{q}}(t) \in \mathbf{Q}[t]$ 使得

$$l(A/\mathfrak{q}^n) = \chi_{\mathfrak{q}}(n), \quad \deg \chi_{\mathfrak{q}}(t) \leqslant s,$$

这里 s 是 $\mathfrak{q}$ 的生成元的最小个数.

定理 6.4.5 设 A 是 Noether 局部环, 其极大理想为 $\mathfrak{m}$, $\mathfrak{q}$ 是 $\mathfrak{m}$ 准素理想, 则

$$\deg \chi_{\mathfrak{q}}(n) = \deg \chi_{\mathfrak{m}}(n).$$

证 根据推论 4.3.1, 有 r 使得 $\mathfrak{m} \supseteq \mathfrak{q} \supseteq \mathfrak{m}^r$, 因此有 $\mathfrak{m}^n \supseteq \mathfrak{q}^n \supseteq \mathfrak{m}^{rn}$, 于是对所有足够大的 n,

$$\chi_{\mathfrak{m}}(n) \leqslant \chi_{\mathfrak{q}}(n) \leqslant \chi_{\mathfrak{m}}(rn),$$

注意 χ 是多项式, 令 $n \to \infty$, 即可得到定理. ∎

此定理说明, 对所有 $\mathfrak{m}$ 准素理想, 它们的特征多项式的次数是相同的, 以 $d(A)$ 来表示. 鉴于定理 6.4.2, 意味着 $d(A) = d(G_{\mathfrak{m}}(A))$, 其中 $d(G_{\mathfrak{m}}(A))$ 是用 $G_{\mathfrak{m}}(A)$ 的 Hilbert 函数在 $t = 1$ 的极点的阶所确定的整数.

6.5 诺特局部环的维数理论

令 A 是 Noether 局部环, 其极大理想为 $\mathfrak{m}$, $\mathfrak{q}$ 是 $\mathfrak{m}$ 准素理想.

令 $\delta(A)$ 是 $\mathfrak{m}$ 准素理想的生成元的最小个数. 本节主要证明

$$\delta(A) = d(A) = \dim A.$$

为此, 先引进下面的定义.

定义 6.5.1 设 $\mathfrak{p}$ 是交换幺环 A 的素理想.

以 $\mathfrak{p}$ 为终点的素理想链 $\mathfrak{p}_0 \subset \mathfrak{p}_1 \subset \cdots \subset \mathfrak{p}_r = \mathfrak{p}$ 的长度 r 的上确界称为 $\mathfrak{p}$ 的**高度**, 记为 $\operatorname{height}\mathfrak{p}$.

以 $\mathfrak{p}$ 为起点的素理想链 $\mathfrak{p} = \mathfrak{q}_0 \subset \mathfrak{q}_1 \subset \cdots \subset \mathfrak{q}_s$ 的长度 s 的上确界称为 $\mathfrak{p}$ 的**深度**, 记为 $\operatorname{depth}\mathfrak{p}$.

性质 6.5.1 1) 设 $\mathfrak{p}$ 是交换幺环 A 的素理想. 则

$$\operatorname{height}\mathfrak{p} = \dim A_{\mathfrak{p}}, \quad \operatorname{depth}\mathfrak{p} = \dim A/\mathfrak{p}.$$

2) 设 A 是 d 维局部环 $(d < \infty)$, $\mathfrak{m}$ 为其极大理想. 对任何素理想 $\mathfrak{p}$, 有 $0 \leqslant \operatorname{height}\mathfrak{p} \leqslant \operatorname{height}\mathfrak{m} = \dim A$; $\forall i$, $0 \leqslant i \leqslant d$, 存在素理想 $\mathfrak{p}$ 使得 $\operatorname{height}\mathfrak{p} = i$; $\operatorname{height}\mathfrak{p} = d$ 当且仅当 $\mathfrak{p} = \mathfrak{m}$.

证 1) 只要注意

$$S^{-1}\mathfrak{p}_0 \subset S^{-1}\mathfrak{p}_1 \subset \cdots \subset S^{-1}\mathfrak{p}_r = S^{-1}\mathfrak{p}, \quad S = A \setminus \mathfrak{p};$$
$$\mathfrak{p}/\mathfrak{p} = \mathfrak{q}_0/\mathfrak{p} \subset \mathfrak{q}_1/\mathfrak{p} \subset \cdots \subset \mathfrak{q}_s/\mathfrak{p}$$

分别为 $S^{-1}A$, $A/\mathfrak{p}$ 的素理想链, 于是性质成立.

2) 只要注意 $\mathfrak{p}_0 \subset \mathfrak{p}_1 \subset \cdots \subset \mathfrak{p}_r = \mathfrak{p} \subseteq \mathfrak{m}$, 而且 A 中有素理想链

$$\mathfrak{p}_0 \subset \mathfrak{p}_1 \subset \cdots \subset \mathfrak{p}_{\dim(A)}.$$ ■

定理 6.5.1 设 A 是 Noether 局部环, 则 $\delta(A) \geqslant d(A)$.

证 由推论 6.4.1 与定理 6.4.5, 即得此结果. ■

定理 6.5.2 设 A 是 Noether 局部环, 其极大理想为 $\mathfrak{m}$, $\mathfrak{q}$ 是 $\mathfrak{m}$ 准素理想. 再设 M 是有限生成 A 模, $x \in A$ 是 M 的非零因子, 而 $M' = M/xM$. 则

$$\deg \chi_{\mathfrak{q}}^{M'} \leqslant \deg \chi_{\mathfrak{q}}^{M} - 1. \tag{6.5.1}$$

特别地, x 不是 A 的零因子时,

$$d(A/\langle x \rangle) \leqslant d(A) - 1. \tag{6.5.2}$$

证 令 $N = xM$, 由 x 是 M 的非零因子, 于是 M, N 是同构的 A 模. 令 $N_n = N \cap \mathfrak{q}^n M$. 于是有正合序列

$$0 \longrightarrow N/N_n \longrightarrow M/\mathfrak{q}^n M \longrightarrow M'/\mathfrak{q}^n M' \longrightarrow 0.$$

因而, 如果 $g(n) = l(N/N_n)$, 有

$$g(n) - \chi_{\mathfrak{q}}^{M}(n) + \chi_{\mathfrak{q}}^{M'}(n) = 0, \quad \text{对所有足够大的 } n.$$

由 Artin-Rees 引理,(N_n) 是 N 的一个稳定的 $\mathfrak{q}$ 滤链. 因为 $M \cong N$, 由定理 6.4.4, $g(n)$ 与 $\chi_{\mathfrak{q}}^{M}(n)$ 有相同的首项, 于是 (6.5.1) 式成立.

取 $M = A$, 则 (6.5.2) 式成立. ■

下面是达到本节目的的决定性结果.

定理 6.5.3 设 A 是 Noether 局部环, 则 $d(A) \geqslant \dim A$. 进而 A 是有限维的.

证 设 A 的极大理想为 $\mathfrak{m}$. 对 $d(A)$ 作归纳证明.

$d(A) = 0$, 对所有足够大的 n, $l(A/\mathfrak{m}^n)$ 是常数, 于是有 n 使得 $\mathfrak{m}^{n+1} = \mathfrak{m}^n$, 于是 $\mathfrak{m}^n = 0$. 因此 A 是 Artin 环, 故 $\dim A = 0$. 结论成立.

若 $d(A) > 0$, 令 $\mathfrak{p}_0 \subset \mathfrak{p}_1 \subset \cdots \subset \mathfrak{p}_r$ 是 A 中的素理想链. 设 $x \in \mathfrak{p}_1 \setminus \mathfrak{p}_0$, π 为 A 到 $A' = A/\mathfrak{p}_0$ 的自然同态, 于是 $x' = \pi(x) \neq 0$. A' 是整环, 因而由定理 6.5.2 知 $d(A'/\langle x' \rangle) \leqslant d(A') - 1$. 如果 $\mathfrak{m}'$ 是 A' 的极大理想, $A'/\mathfrak{m}'^n$ 是 $A/\mathfrak{m}^n$ 的同态像, 故 $l(A/\mathfrak{m}^n) \geqslant l(A'/\mathfrak{m}'^n)$, 于是 $d(A) \geqslant d(A')$. 从而

$$d(A'/\langle x' \rangle) \leqslant d(A) - 1.$$

由归纳假设, $A'/\langle x' \rangle$ 中任何素理想链的长度不超过 $d(A) - 1$. 但 $\mathfrak{p}_1, \cdots, \mathfrak{p}_r$ 在 $A'/\langle x' \rangle$ 中的像构成一个长为 $r - 1$ 的链, 因此 $r - 1 \leqslant d(A) - 1$, 即 $r \leqslant d(A)$, 于是 $\dim A \leqslant d(A)$. ■

推论 6.5.1 设 $\mathfrak{p}$ 是 Noether 环 A 的素理想, 则 $\operatorname{height}\mathfrak{p} < \infty$, 因而 A 的素理想集满足降链条件.

证 这是定理 6.5.3 的结果. ■

定理 6.5.4 设 $\mathfrak{m}$ 是 $d(>0)$ 维 Noether 局部环 A 的极大理想, 则有 A 的 $\mathfrak{m}$ 准素理想由 d 个元素生成, 由此 $\delta(A) \leqslant \dim A$.

证 归纳地证明在 A 中有理想 $\langle x_1, x_2, \cdots, x_i\rangle$ 满足若素理想 $\mathfrak{p} \supseteq \langle x_1, x_2, \cdots, x_i\rangle$ 则 $\operatorname{height}\mathfrak{p} \geqslant i$. 因为$A$ 是 Noether 环, 于是理想 $\{0\}$ 有极小准素分解 $\{0\} = \bigcap_{j=1}^{k} \mathfrak{q}_j$. 由定理 1.4.3, $\mathfrak{m} \not\subseteq \bigcup_{\operatorname{height}\sqrt{\mathfrak{q}_j}=0} \sqrt{\mathfrak{q}_j}$. 取 $x_1 \in \mathfrak{m} \Big\backslash \bigcup_{\operatorname{height}\sqrt{\mathfrak{q}_j}=0} \sqrt{\mathfrak{q}_j}$. 若素理想 $\mathfrak{p} \supseteq \langle x_1\rangle$, 则 $\mathfrak{p} = \sqrt{\mathfrak{p}} \supseteq \sqrt{\{0\}} = \bigcap_{j=1}^{k} \sqrt{\mathfrak{q}_j}$. 再由定理 1.4.3, 有 j_0 使得 $\mathfrak{p} \supseteq \sqrt{\mathfrak{q}_{j_0}}$. 由 x_1 的取法知 $\operatorname{height}\sqrt{\mathfrak{q}_{j_0}} \geqslant 1$, 于是$\operatorname{height}\mathfrak{p} \geqslant 1$. 若 $\langle x_1, x_2, \cdots, x_{i-1}\rangle$ 已构成, 则将其作极小准素分解, 用找 x_1 的方法可求出 x_i.

设 $\mathfrak{p}$ 是属于 $\langle x_1, x_2, \cdots, x_r\rangle$ 的素理想, 于是由 $d \geqslant \operatorname{height}\mathfrak{p} \geqslant d$ 知 $\mathfrak{p} = \mathfrak{m}$, 因而 $\langle x_1, x_2, \cdots, x_d\rangle$ 是 $\mathfrak{m}$ 准素的. ■

定理 6.5.5 设 A 是局部 Noether 环,$\mathfrak{m}$ 为其极大理想, $k = A/\mathfrak{m}$.

1) 当 $\dim A > 0$ 时, $\dim A = \delta(A) = d(A)$.

2) $\dim A \leqslant \dim_k \mathfrak{m}/\mathfrak{m}^2$.

3) 当 $\dim A > 0$ 时, $x \in \mathfrak{m}$, x 不是零因子, 则 $\dim A/\langle x\rangle = \dim A - 1$.

4) 若 $\widehat{A}$ 是 A 的 $\mathfrak{m}$-adic 完备化, 则 $\dim \widehat{A} = \dim A$.

5) A 是 Noether 环, $x_1, x_2, \cdots, x_r \in A$, 则属于 $\langle x_1, x_2, \cdots, x_r\rangle$ 的极小素理想 $\mathfrak{p}$ 的高度不超过 r.

6) A 是 Noether 环,$x \in A$, x 不是零因子, 也不是可逆元, 则属于 $\langle x\rangle$ 的极小素理想 $\mathfrak{p}$ 的高度为 1.

证 1) 由定理 6.5.1, 定理 6.5.3 及定理 6.5.4 得此结论.

2) 不妨设 $\dim A > 0$. 设 $x_1, x_2, \cdots, x_s \in \mathfrak{m}$, 而 $\{x_i + \mathfrak{m}^2 | 1 \leqslant i \leqslant s\}$ 为 $k = A/\mathfrak{m}$ 上线性空间 $\mathfrak{m}/\mathfrak{m}^2$ 的基, 则由定理 2.1.4 知 $\mathfrak{m} = \langle x_1, x_2, \cdots, x_s\rangle$. 于是由结论 1), $\dim A = \delta(A) \leqslant s$.

3) 由定理 6.5.2 及结论 1), $\dim A/\langle x\rangle \leqslant d(A) - 1 = \dim A - 1$. 另一方面, 设 $x_1, x_2, \cdots, x_s \in \mathfrak{m}$ $(s = \dim A/\langle x\rangle)$ 在 $A/\langle x\rangle$ 中的像生成 $\mathfrak{m}/\langle x\rangle$ 准素理想. 于是 $\langle x, x_1, \cdots, x_s\rangle$ 是 A 的 $\mathfrak{m}$ 准素理想, 因此 $\dim A/\langle x\rangle + 1 \geqslant \dim A$. 结论成立.

4) 由定理 6.2.7, $A/\mathfrak{m}^n \cong \widehat{A}/\widehat{\mathfrak{m}}^n$, 因此 $\chi_{\mathfrak{m}}(n) = \chi_{\widehat{\mathfrak{m}}}(n)$, 于是结论成立.

5) 令 $S = A \setminus \mathfrak{p}$, 于是 $S^{-1}\langle x_1, x_2, \cdots, x_r\rangle$ 是 $A_{\mathfrak{p}}$ 的 $S^{-1}\mathfrak{p}$ 准素理想, 因而

$r \geqslant \dim A_{\mathfrak{p}} = \operatorname{height}\mathfrak{p}$.

6) 由结论 5), $\operatorname{height}\mathfrak{p} \leqslant 1$. 若 $\operatorname{height}\mathfrak{p} = 0$, 则 $\mathfrak{p}$ 是属于 $\{0\}$ 的素理想, $\mathfrak{p}$ 中元素是零因子. 但 $x \in \mathfrak{p}$, 这就产生矛盾. 于是 $\operatorname{height}\mathfrak{p} = 1$. ∎

例 6.5.1 域 k 上的 n 元多项式环 $A=k[x_1, x_2, \cdots, x_n]$ 的理想 $\mathfrak{m}=\langle x_1, x_2, \cdots, x_n\rangle$ 是极大的, $k[x_1, x_2, \cdots, x_n]$ 对 $\mathfrak{m}$ 的局部化为 A. 则 A 对 $\mathfrak{m}$ 的相伴分次环 $G_{\mathfrak{m}}(A)$ 同构于 n 元多项式环, 因而 $P(G_{\mathfrak{m}}(A), t) = (1-t)^{-n}$. 于是 $\dim A = n$.

定义 6.5.2 设 $\mathfrak{m}$ 是 d 维 Noether 局部环 A 的极大理想, 如果理想 $\langle x_1, x_2, \cdots, x_d\rangle$ 是 $\mathfrak{m}$ 准素理想, 则称 $x_1, x_2, \cdots, x_d$ 为一个**参数系**.

引理 6.5.1 设 $R[t_1, t_2, \cdots, t_n]$ 是交换幺环 R 上的 n 元多项式环, 则 f 是 $R[t_1, t_2, \cdots, t_n]$ 的零因子当且仅当存在 $a \in R$, $a \neq 0$ 使得 $af = 0$. 而且 a 是 R 的零因子.

换句话说, f 的系数所生成的 R 的理想 $\mathfrak{c}$ 满足 $\operatorname{ann}\mathfrak{c} \neq \{0\}$.

证 按 $t_1, t_2, \cdots, t_n$ 的字典序排列多项式. 设 $f = a_m f_m + a_{m-1} f_{m-1} + \cdots + a_0$, 其中 $a_k \in R, f_k = t_1^{k_1} t_2^{k_2} \cdots t_n^{k_n}$, 在字典序中 $f_k > f_{k-1}$, $a_m \neq 0$. 在 $\operatorname{ann} f \setminus \{0\}$ 中取 g 使其首项为最低者, 设 $g = b_l g_l + b_{l-1} g_{l-1} + \cdots + b_0$, $b_i \in R$, $g_i = t_1^{i_1} t_2^{i_2} \cdots t_n^{i_n}$, $g_i > g_{i-1}$, $b_l \neq 0$.

由 $fg = 0$, 于是 $a_m b_l = 0$. 由此 $f(a_m g) = 0$, 若 $a_m g \neq 0$, 则 $a_m g$ 的首项低于 g 的首项, 这与 g 的取法矛盾, 故 $a_m g = 0$. 再由 $fg = 0$, 有 $a_{m-1} b_l = 0$, 因而 $f(a_{m-1} g) = 0$, 又可得 $a_{m-1} g = 0$. 总之 $a_k g = 0, m \geqslant k \geqslant 0$. 故 $b_l a_k = 0, m \geqslant k \geqslant 0$. 因此 $b_l f = 0$, $b_l \in \operatorname{ann}\langle a_0, a_1, \cdots, a_m\rangle$. ∎

定理 6.5.6 设 $\mathfrak{m}$ 是 d 维 Noether 局部环 A 的极大理想, $x_1, x_2, \cdots, x_d$ 为一个参数系, $\mathfrak{q} = \langle x_1, x_2, \cdots, x_d\rangle$. $f(t_1, t_2, \cdots, t_d)$ 是 A 上 d 元多项式环 $A[t_1, t_2, \cdots, t_d]$ 中 s 次齐次多项式, 且

$$f(x_1, x_2, \cdots, x_d) \in \mathfrak{q}^{s+1}. \tag{6.5.3}$$

则 $f(t_1, t_2, \cdots, t_d) \in \mathfrak{m}[t_1, t_2, \cdots, t_d]$.

证 设 π 为 A 到 $A/\mathfrak{q}$ 的自然同态, 于是导出 $A[t_1, t_2, \cdots, t_d]$ 到 $(A/\mathfrak{q})[t_1, t_2, \cdots, t_d]$ 的同态, 仍记为 π. 令 $\bar{f}(t_1, t_2, \cdots, t_d) = \pi(f(t_1, t_2, \cdots, t_d))$.

设 $G_{\mathfrak{q}}(A)$ 是 A 关于 $\mathfrak{q}$ 的相伴分次环. π_1 为 $\mathfrak{q}$ 到 $\mathfrak{q}/\mathfrak{q}^2$ 的自然同态, 则由 $\alpha(t_i) = \pi_1(x_i) = \bar{x}_i$, 给出了 $(A/\mathfrak{q})[t_1, t_2, \cdots, t_d]$ 到 $G_{\mathfrak{q}}(A)$ 的同态 α. 由 (6.5.3) 知 $\bar{f}(t_1, t_2, \cdots, t_d) \in \ker\alpha$. 如果有 f 的系数不在 $\mathfrak{m}$ 中, 即此系数为 A 的可逆元, 因而由引理 6.5.1, $\bar{f}$ 不是零因子. 于是

$$d(G_{\mathfrak{q}}(A)) \leqslant d((A/\mathfrak{q})[t_1, t_2, \cdots, t_d]/\langle\bar{f}\rangle).$$

由定理 6.4.3, $d((A/\mathfrak{q})[t_1, t_2, \cdots, t_d]/\langle\bar{f}\rangle) = d((A/\mathfrak{q})[t_1, t_2, \cdots, t_d]) - 1$, 再由例 6.4.1,

$d((A/\mathfrak{q})[t_1,t_2,\cdots,t_d])=d$, 但由定理 6.5.5, $d(G_{\mathfrak{q}}(A))=d$, 这就产生矛盾. 于是定理成立. ∎

推论 6.5.2 设 $\mathfrak{m}$ 是 d 维 Noether 局部环 A 的极大理想, k 是 A 的子域, 且 $k\cong A/\mathfrak{m}$, 则参数系 $x_1,x_2,\cdots,x_d$ 在 k 上代数无关.

证 设 $f(t_1,t_2,\cdots,t_d)\in k[t_1,t_2,\cdots,t_d]\subseteq A[t_1,t_2,\cdots,t_d]$, 使得 $f(x_1,x_2,\cdots,x_d)=0$. 若 $f(t_1,t_2,\cdots,t_d)\neq 0$, 可将其表示为齐次多项式之和: $f=\sum\limits_s f_s$, f_s 是 s 次齐次多项式. 由于 $\mathfrak{q}=\langle x_1,x_2,\cdots,x_d\rangle$ 是 $\mathfrak{m}$ 准素的, 于是 $f_s(x_1,x_2,\cdots,x_d)\in\mathfrak{q}^{s+1}$, 由定理 6.5.6, f_s 的系数在 $\mathfrak{m}$ 中, 故为 k 中的 0, 所以 $f(t_1,t_2,\cdots,t_d)=0$. ∎

定义 6.5.3 若 d 维 Noether 局部环 A 的极大理想 $\mathfrak{m}$ 由 d 个元素生成, 则称 A 为**正则局部环**.

定理 6.5.7 设 d 维 Noether 局部环 A 的极大理想为 $\mathfrak{m}$, $k=A/\mathfrak{m}$, 则下列条件等价.

1) A 是正则局部环.

2) $G_{\mathfrak{m}}(A)\cong k[t_1,t_2,\cdots,t_d]$, 后者为 k 上 d 元多项式环.

3) $\dim_k(\mathfrak{m}/\mathfrak{m}^2)=d$.

证 1) $\Longrightarrow$ 2) 设 $\mathfrak{m}=\langle x_1,x_2,\cdots,x_d\rangle$, 则在定理 6.5.6 的证明中所定义的 α 是 $k[x_1,x_2,\cdots,x_d]$ 到 $G_{\mathfrak{m}}(A)$ 的分次环的同构. $x_1,x_2,\cdots,x_d$ 是参数系, 由推论 6.5.2 代数无关, $k[x_1,x_2,\cdots,x_d]$ 是 k 上 d 元多项式环.

2) $\Longrightarrow$ 3) k 上线性空间 $\mathfrak{m}/\mathfrak{m}^2$ 与 $k[t_1,t_2,\cdots,t_d]$ 中 1 次齐次多项式的子空间同构, 于是 $\dim_k(\mathfrak{m}/\mathfrak{m}^2)=d$.

3) $\Longrightarrow$ 1) 这是定理 2.1.4 的结果. ∎

定理 6.5.8 设 $\mathfrak{a}$ 是交换幺环 A 的理想, 且 $\bigcap\limits_n\mathfrak{a}^n=\{0\}$. 若 $G_{\mathfrak{a}}(A)$ 是整环, 则 A 也是整环.

特别地, 正则局部环是整环.

证 设 $x,y\in A$, $x\neq 0,y\neq 0$. 因为 $\bigcap\limits_n\mathfrak{a}^n=\{0\}$, 故有非负整数 r,s 使得 $x\in\mathfrak{a}^r$, $x\notin\mathfrak{a}^{r+1}$, $y\in\mathfrak{a}^s$, $y\notin\mathfrak{a}^{s+1}$. 设 $\bar{x}$, $\bar{y}$ 分别为 x, y 在 $G_{\mathfrak{a}}(A)$ 的 r 次, s 次齐次子空间 $G_r(A)$, $G_s(A)$ 中的像, 于是 $\bar{x}\neq 0,\bar{y}\neq 0$, 因此 $\overline{xy}=\bar{x}\bar{y}\neq 0$, 故 $xy\neq 0$.

正则局部环的关于极大理想的相伴分次环同构于域上的多元多项式环为整环, 故正则局部环为整环. ∎

定理 6.5.9 Noether 局部环 A 正则当且仅当 A 关于其极大理想 $\mathfrak{m}$ 的完备化 $\widehat{A}$ 正则.

证 若 A 正则, 由定理 6.2.7 之 5) 知 $\widehat{A}$ 是局部环,$\widehat{\mathfrak{m}}$ 为极大理想. 再由定理 6.3.3 知 $\widehat{A}$ 是 Noether 环. 再由定理 6.5.5 之 4) 得 $\dim A=\dim\widehat{A}$. 因而根据定理

6.3.1 有 $G_{\mathfrak{m}}(A) \cong G_{\widehat{\mathfrak{m}}}(\widehat{A})$. 于是由定理 6.5.7 知定理成立. ∎

例 6.5.2　设 k 是域, $x_1, x_2, \cdots, x_n$ 在 k 上代数无关, $A = k[x_1, x_2, \cdots, x_n]$, $\mathfrak{m} = \langle x_1, x_2, \cdots, x_n \rangle$, 则 $A_{\mathfrak{m}}$ 是正则局部环.

这是因为 $G_{\mathfrak{m}}(A_{\mathfrak{m}})$ 与 k 上 n 元多项式环同构, 由定理 6.5.7 就得此结论.

6.6 超越维数

本节首先讨论域扩张的超越维数与超越基, 然后讨论不可约簇的超越维数.

定义 6.6.1　设域 Ω 是域 k 的扩域, Ω 的子集 U 称为对 k **代数相关**, 如果 U 中有有限子集 $u_1, u_2, \cdots, u_n$ 在 k 上代数相关, 即有 k 上 n 元多项式环 $R = k[x_1, x_2, \cdots, x_n]$ 中非零多项式 f 使得

$$f(u_1, u_2, \cdots, u_n) = 0.$$

否则称 U 对 k **代数无关**.

$v \in \Omega$, 称为对 U 在 k 上**代数相关**, 如果有 U 的有限子集 U_1, 使得 $k(U_1)(v)$ 是 $k(U_1)$ 的代数扩张, 否则称 v 对 U 在 k 上**代数无关**.

特别地, v 对 $\varnothing$ 在 k 上代数相关 (代数无关), 则 v 是 k 上的**代数元** (**超越元**).

性质 6.6.1　设域 Ω 是域 k 的扩域, U, V 为 Ω 的子集.

1) v 对 U 代数相关, $\forall u \in U$, u 对 V 代数相关, 则 v 对 V 代数相关.

2) 设 v 对 $u_1, u_2, \cdots, u_n$ 代数相关, v 对 $u_1, u_2, \cdots, u_{n-1}$ 代数无关, 则 u_n 对 $v, u_1, u_2, \cdots, u_{n-1}$ 代数相关.

3) U 代数无关, v 对 U 代数无关, 则 $U \cup \{v\}$ 代数无关.

4) $|U| > 1$, 则 U 代数相关当且仅当存在 $u \in U$, u 对 $U \setminus \{u\}$ 代数相关.

证　1) 只要注意代数扩张的代数扩张仍是代数扩张.

2) v 对 $u_1, u_2, \cdots, u_n$ 代数相关, 于是有 $f \in k[t_1, t_2, \cdots, t_n, t_{n+1}]$,$f \neq 0$ 使得

$$f(u_1, u_2, \cdots, u_n, v) = 0,$$

设

$$f(t_1, t_2, \cdots, t_n, t_{n+1}) = \sum_{i=0}^{m} \sum_{j=0}^{n} t_{n+1}^i t_n^j f_{ij}(t_1, t_2, \cdots, t_{n-1}),$$
$$f_{ij} \in k[t_1, t_2, \cdots, t_{n-1}].$$

若 u_n 对 $v, u_1, u_2, \cdots, u_{n-1}$ 代数无关, 则

$$\sum_{i=0}^{m} v^i f_{ij}(u_1, u_2, \cdots, u_{n-1}) = 0, \quad 0 \leqslant j \leqslant n.$$

但 v 对 $u_1, u_2, \cdots, u_{n-1}$ 代数无关, 于是

$$f_{ij}(t_1, t_2, \cdots, t_{n-1}) = 0, \quad 0 \leqslant i \leqslant m,\ 0 \leqslant j \leqslant n.$$

这与 $f \neq 0$ 矛盾.

3) 只要用 2) 的否定形式即可.

4) 只需对 $U = \{u_1, u_2, \cdots, u_n\}$ 是有限集证明即可.

若 u_i 对 $U \setminus \{u_i\}$ 代数相关, 自然 U 代数相关.

反之, U 代数相关, 即有 $f(t_1, t_2, \cdots, t_n) = \sum\limits_{i_1, \cdots, i_n} a_{i_1 i_2 \cdots i_n} t_1^{i_1} t_2^{i_2} \cdots t_n^{i_n} \neq 0$, 而 $f(u_1, u_2, \cdots, u_n) = 0$. 如果 $\forall u_i$, u_i 对 $U \setminus \{u_i\}$ 代数无关, 对 $i = n$ 有

$$\sum_{i_1, \cdots, i_{n-1}} a_{i_1 i_2 \cdots i_n} u_1^{i_1} u_2^{i_2} \cdots u_{n-1}^{i_{n-1}} = 0.$$

u_{n-1} 对 $U \setminus \{u_{n-1}\}$ 代数无关, 从而对 $U \setminus \{u_n, u_{n-1}\}$ 代数无关, 于是

$$\sum_{i_1, \cdots, i_{n-2}} a_{i_1 i_2 \cdots i_n} u_1^{i_1} u_2^{i_2} \cdots u_{n-2}^{i_{n-2}} = 0.$$

如此继续, 得 $a_{i_1 i_2 \cdots i_n} = 0$, 即 $f = 0$. 于是结论成立. ∎

定义 6.6.2 设域 Ω 是域 k 的扩域, U, V 为 Ω 的子集. 若 $\forall u \in U$, u 对 V 在 k 上代数相关, $\forall v \in V$, v 对 U 在 k 上代数相关, 则称 U, V (在 k 上) **等价**.

U 的子集 V 与 U 等价且代数无关, 则称 V 为 U 的**极大代数无关子集**.

引理 6.6.1 设域 Ω 是域 k 的扩域, U, V 为 Ω 的代数无关子集, U, V (在 k 上) **等价**. 则 U, V 有相同的势.

证 首先讨论 $U = \{u_1, u_2, \cdots, u_n\}$ 是有限集的情形.u_1 与 V 是代数相关的, 于是 u_1 与 V 中有限个元素代数相关, 因而在 V 可取到最小个数的元素 $\{v_1, v_2, \cdots, v_s\}$ 与 u_1 代数相关. 因 $u_1, v_2, \cdots, v_s$ 代数无关, 而 $u_1, v_1, v_2, \cdots, v_s$ 代数相关, 于是 v_1 对 $u_1, v_2, \cdots, v_s$ 代数相关. 令 $V_1 = (V \setminus \{v_1\}) \cup \{u_1\}$. 于是 $\forall v \in V$,v 对 V_1 代数相关, 反之亦然, 因此 V 与 V_1 等价. 若 $S \subset V_1$, $u_1 \notin S$ 则 S 代数无关. 若 $u_1 \in S$, 而 S 代数相关, 故可设 $S = \{u_1, x_1, x_2, \cdots, x_t\}$, 则 u_1 对 $x_1, x_2, \cdots, x_t$ 代数相关. 又 v_1 对 $u_1, v_2, \cdots, v_s$ 代数相关. u_1 对 $\{v_2, \cdots, v_s, x_1, \cdots, x_t\}$ 代数相关, 于是 v_1 对 $x_1, x_2, \cdots, x_t$ 代数相关, 这就发生矛盾. 于是 V_1 是和 V 等价的代数无关集. 用归纳可以得到与 V 等价的代数无关集 $V_i = (V \setminus \{v_1, v_2, \cdots, v_i\}) \cup \{u_1, u_2, \cdots, u_i\}$ $(1 \leqslant i \leqslant n)$. 特别地, $V_n = U$, $V \setminus \{v_1, v_2, \cdots, v_n\} = \varnothing$. 故结论成立.

再讨论 U 是无限集的情形.

$\forall u \in U$, 于是有 V 中的有限集 A_u, u 与 A_u 代数相关, 故 $\mathfrak{V} = \bigcup\limits_{u \in U} A_u \subseteq V$. 又

$\mathfrak{V}$ 与 U 等价, 因而与 V 等价, 故 $\mathfrak{V}=V$. 设 $U, V, \mathbf{N}$ 的势分别为 α, β, γ, 于是 $\beta \leqslant \alpha\gamma=\alpha$, 同样 $\alpha \leqslant \beta$. 于是引理成立. ∎

引理 6.6.2 设 U 是 Ω 的非空子集, 且 $k(U)$ 不是 k 的代数扩张, 则 U 一定有极大代数无关子集.

证 令 Σ 为 U 中代数无关子集构成的集合. 因 $k(U)$ 不是 k 的代数扩张, 于是 $\Sigma \neq \varnothing$. Σ 对于集合的包含关系是偏序. 设

$$V_1 \subseteq V_2 \subseteq \cdots \subseteq V_n \subseteq \cdots$$

是 Σ 的任一升链, 则 $\bigcup\limits_n V_n$ 中任一有限子集在某个 V_n 中, 因而代数无关, 故为此升链的上界, 于是 Σ 有极大元 V. 于是 $\forall u \in U$, u 对 V 在 k 上代数相关, 故 V 为 U 的极大代数无关子集. ∎

定理 6.6.1 设域 Ω 是域 k 的扩域, 且不是代数扩张, 则有 Ω 的子域 F 满足 $k \subset F \subseteq \Omega$, F 是 k 的纯超越扩张, Ω 是 F 的代数扩张.

证 设 V 为 Ω 中在 k 上的极大代数无关集, $V \neq \varnothing$. 令 $F=k(V)$, 于是 $k \subset F \subseteq \Omega$. 如果 $\alpha \in F\backslash k$, α 在 k 上是代数的, 设 $\alpha=\sum\limits_{i_1, i_2, \cdots, i_n} a_{i_1 i_2 \cdots i_n} v_1^{i_1} v_2^{i_2} \cdots v_n^{i_n}$ $(v_i \in V)$, 故有 $f(t) \in k[t]$, 使 $f(\alpha)=0$, 因而 $v_1, v_2, \cdots, v_n$ 在 k 上代数相关, 这与 V 代数无关矛盾. 因而 α 在 k 上是超越的. 设 $\beta \in \Omega$, 于是 $V \cup\{\beta\}$ 在 k 上是代数相关的, 于是 β 是 F 上的代数元. ∎

注 6.6.1 1) Ω 在 k 上的极大代数无关集 V 称为 Ω 对 k 的**超越基**.

2) Ω 的两组超越基有相同的势, 称为 Ω 对 k 的**超越维数**.

3) Ω 为 k 代数扩张时, 也称 Ω 对 k 的超越维数为 0.

定理 6.6.2 设有域的扩张序列 $k \subseteq F \subseteq \Omega$. 若 U 是 F 对域 k 的超越基, V 是 Ω 对 F 的超越基, 则 $U \cup V$ 是 Ω 对 k 的超越基.

特别地, Ω 对 k 的超越维数为 Ω 对 F 的超越维数与 F 对 k 的超越维数之和.

证 由代数无关的性质中的 3) 知 $U \cup V$ 在 k 上是代数无关的. 又 $\forall \alpha \in \Omega$, $U \cup V \cup\{\alpha\}$ 在 k 上代数相关. 于是定理成立. ∎

下面讨论不可约簇的超越维数. 我们需要下面的引理.

引理 6.6.3 设 A 是整环 B 的子环, A 是整闭的, B 在 A 上整, $\mathfrak{m}$ 是 B 的极大理想. 则 $\mathfrak{n}=B \cap \mathfrak{m}$ 是 A 的极大理想, 且 $\dim B_{\mathfrak{m}}=\dim A_{\mathfrak{n}}$.

证 首先由推论 5.1.2, $\mathfrak{n}$ 是极大的; B 中严格的素理想链

$$\mathfrak{m}=\mathfrak{q}_0 \supset \mathfrak{q}_1 \supset \cdots \supset \mathfrak{q}_d \tag{6.6.1}$$

在 A 上的限制

$$\mathfrak{n}=\mathfrak{p}_0 \supset \mathfrak{p}_1 \supset \cdots \supset \mathfrak{p}_d \tag{6.6.2}$$

($\mathfrak{p}_i = \mathfrak{q}_i \cap A$) 是 A 的严格素理想链. 于是 $\dim A_{\mathfrak{n}} \geqslant \dim B_{\mathfrak{m}}$.

反之, 由定理 5.2.3(下降定理),A 的严格素理想链 (6.6.2) 可以提升为 B 的严格素理想链 (6.6.1), 于是 $\dim A_{\mathfrak{n}} \leqslant \dim B_{\mathfrak{m}}$. 因而引理成立. ∎

设 k 是代数闭域, V 是 n 维仿射空间 k^n 中的一个簇, 因而对应 n 元多项环 $k[x_1, x_2, \cdots, x_n]$ 中一个理想 $\mathfrak{p}$. V 称为不可约的, 如果 V 不能分解为两个真子簇之和. V 不可约当且仅当 $\mathfrak{p}$ 是 $k[x_1, x_2, \cdots, x_n]$ 的素理想. 此时 V 的坐标环 $A(V) = k[x_1, x_2, \cdots, x_n]/\mathfrak{p}$ 是整环, 其分式域 $k(V)$ 是 k 上有限生成的代数，因此 $k(V)$ 对 k 的超越维数是有限的, 记为 $\dim V$. 根据零点定理, V 中的点与 $A(V)$ 的极大理想一一对应. 如果 $P \in V$ 对应 $A(V)$ 的极大理想 $\mathfrak{m}$, 则称 $\dim A(V)_{\mathfrak{m}}$ 为 V 在 P 点的**局部维数**.

定理 6.6.3 代数闭域 k 上不可约簇 V 的任何一点的局部维数均为 $\dim V$.

证 由推论 6.5.2, $\dim V \geqslant \dim A(V)_{\mathfrak{m}}$.

于是由定理 5.3.7(Noether 正规化引理), $A(V)$ 中有子环 B 同构于 k 上 $\dim V$ 元多项式环 $k[t_1, t_2, \cdots, t_d]$ ($d = \dim V$), $A(V)$ 在 B 上整，B 是整闭的. $\langle t_1, t_2, \cdots, t_d \rangle$ 是 B 的极大理想, 于是有 $A(V)$ 的极大理想 $\mathfrak{m}$, 使得 $\mathfrak{m} \cap B = \langle t_1, t_2, \cdots, t_d \rangle = \mathfrak{n}$. 于是由 $\dim A(V)_{\mathfrak{m}} = \dim B_{\mathfrak{n}} = d = \dim V$. ∎

例 6.6.1 Nagata 构造了一个无限维的 Noether 整环如下.

设 $A = k[x_1, x_2, \cdots, x_n, \cdots]$ 是域 k 上可数无穷个不定元的多项式环. 设 $\mathbf{N}$ 中递增序列

$$m_1 < m_2 < \cdots < m_i < \cdots$$

满足

$$m_{i+1} - m_i > m_i - m_{i-1}, \quad i > 1.$$

令 $\mathfrak{p}_i = \langle x_{m_i+1}, \cdots, x_{m_{i+1}} \rangle$,$i = 0, 2, \cdots$. 于是 $S = A \Big\backslash \bigcup_{i=0}^{\infty} \mathfrak{p}_i$ 是 A 的乘法封闭子集. $S^{-1}A$ 是无限维的 Noether 整环.

6.7 超 越 数

由于代数数集合是可数的, 因而由实数集合和复数集合是不可数的无限集合, 故知超越数必然存在. 本节简明扼要地介绍超越数, 特别证明 e 与 π 这两个重要的数是超越数, 证明可以将复变函数理论与代数数论结合起来.

做一些代数数论的一些准备.

设 K 是 $\mathbf{Q}$ 的有限扩张. 于是可设 $\mathbf{Q} \subseteq K \subset \mathbf{C}$. $\alpha \in K$, α 在 $\mathbf{Q}$ 上的首项系数

为 1 的不可约多项式 $f(x) = \mathrm{Irr}(\alpha, \mathbf{Q})$ 在 $\mathbf{C}$ 上有分解

$$f(x) = \sum_{i=1}^{n}(x - \alpha_i), \quad \alpha_i \in \mathbf{C},\ \alpha = \alpha_1.$$

称 $\max\{|\alpha_i|\,|\,1 \leqslant i \leqslant n\}$ 为 α 的**尺码**, 记为 $\mathrm{size}(\alpha)$.

设 $A = (a_{ij}) \in K^{m\times n}$, 称 $\mathrm{size}(A) = \max\{\mathrm{size}(a_{ij})\,|1 \leqslant i \leqslant m, 1 \leqslant j \leqslant n\}$ 为 A 的尺码.

可以类似地定义 K 的子集 S 的尺码 $\mathrm{size}(S) = \max\{\mathrm{size}(s)|s \in S\}$.

例 6.7.1 1) $A = (a_{ij}) \in \mathbf{Q}^{m\times n}$, 则 $\mathrm{size}(A) = \max\{|(a_{ij})|\,|1 \leqslant i \leqslant m, 1 \leqslant j \leqslant n\}$.

2) 设 $\alpha = 1 - \sqrt{5}$. 由于 $x^2 - 2x - 4 = (x - 1 + \sqrt{5})(x - 1 - \sqrt{5})$, 所以 $\mathrm{size}(\alpha) = 1 + \sqrt{5}$.

若 $A = (a_{ij}) \in K^{m\times n}$, $B = (b_{ij}) \in K^{n\times p}$, 则不难证明

$$\mathrm{size}(AB) \leqslant n\,\mathrm{size}(A)\,\mathrm{size}(B).$$

引理 6.7.1 (Siegel) 设 K 是 $\mathbf{Q}$ 的有限扩张, O_K 是 K 的整数环. $A = (a_{ij}) \in O_K^{r\times n}, r < n$. 则有 $X \in O_K^n$, $X \neq 0$, 使得

$$AX = 0, \quad \mathrm{size}(X) \leqslant C_1(C_2 n\,\mathrm{size}(A))^{r/(n-r)},$$

其中 C_1, C_2 是只与 K 有关的常数.

证 记 $\mathrm{size}(A) = A_0$.

首先证明 $K = \mathbf{Q}$ 的情形. 此时 $O_K = \mathbf{Z}$. 设数 $B > 0$. 令 $\mathbf{Z}^n(B) = \{X \in \mathbf{Z}^n|\mathrm{size}(X) \leqslant B\}$. $B_0 = [B]$ 为 B 的整数部分. 于是 $0 \leqslant \mu = B - B_0 < 1$. 因此 $\mathbf{Z}^n(B)$ 中的元素个数为 $|\mathbf{Z}^n(B)| = (2B_0+1)^n$. 注意 $2B+1 \geqslant 2B_0+1 = 2(B-\mu)+1 = B + (B - \mu) + (1 - \mu) > B$, 因此

$$B^n < |\mathbf{Z}^n(B)| \leqslant (2B + 1)^n.$$

L_A 是 $\mathbf{Z}^n$ 到 $\mathbf{Z}^r$ 的线性映射. 特别地, $L_A(\mathbf{Z}^n(B)) \subseteq \mathbf{Z}^r(nBA_0)$. 若 $|\mathbf{Z}^n(B)| > |Z^r(nBA_0)|$, 则有 $X_1, X_2 \in \mathbf{Z}^n(B)$, $X_1 \neq X_2$ 满足 $L_A(X_1) = L_A(X_2)$, 于是 $X = X_1 - X_2 \neq 0$, $AX = 0$, $\mathrm{size}(X) \leqslant 2B$.

此时必有 $B^n \geqslant (2nBA_0)^r$, 即 $B^{(n-r)} \geqslant (2nA_0)^r$. 取 $B = (2nA_0)^{r/(n-r)}$, 则可得

$$\mathrm{size}(X) \leqslant C_1(C_2 n\,\mathrm{size}(A))^{r/(n-r)}, \quad C_1 = C_2 = 2.$$

现在证明一般的情形. 设 $[K:\mathbf{Q}]=m$, O_K 是秩为 m 的自由 $\mathbf{Z}$ 模, 有基 $\omega_1,\omega_2,\cdots,\omega_m$. 这也是 $\mathbf{Q}$ 上线性空间 K 的基. 于是有 $\alpha\in O_K$, 则有

$$\alpha=\sum_{i=1}^{m}a_i\omega_i,\quad \omega_i\omega_j=\sum_{k=1}^{m}c_{ij}^{k}\omega_k,\quad a_i,\ c_{ij}^{k}\in\mathbf{Z}.$$

又 $\beta,\gamma\in K$, 按照乘法 L_β,L_γ 是线性空间 K 的线性变换.

$$(\beta,\gamma)=\mathrm{tr}(L_\beta L_\gamma)=\mathrm{tr}(L_{\beta\gamma})$$

是 K 上的非退化对称双线性函数, 而且 $\mathrm{tr}(L_{\beta\gamma})\in\mathbf{Q}$ 与基的选取无关.$\det(L_\alpha)$ 称为 α 的范数记为 $N_{\mathbf{Q}}^{K}(\alpha)$.

由于 (β,γ) 非退化, 于是有 K 的基 $\omega_1',\omega_2',\cdots,\omega_m'$ 使得

$$(\omega_i,\omega_j')=\delta_{ij},\quad 1\leqslant i,j\leqslant m.$$

因此在 $\alpha=\sum\limits_{i=1}^{m}a_i\omega_i$ 中

$$a_j=(\alpha,\omega_j')=\mathrm{tr}(L_{\alpha\omega_j'}),\quad 1\leqslant j\leqslant m.$$

由定理 5.7.1 前面的讨论容易得到

$$\mathrm{size}(a_1,a_2,\cdots,a_m)\leqslant C\,\mathrm{size}(\alpha),\tag{6.7.1}$$

其中 C 是依赖 $\mathrm{size}(\omega_1',\omega_2',\cdots,\omega_m')$ 的常数.

$A=(a_{ij})\in O_K^{r\times n}$, $X=(x_1,x_2,\cdots,x_n)'\in O_K^{n}$, 则有

$$X=\varXi(\omega_1,\omega_2,\cdots,\omega_m)',\quad \text{这里 } \varXi=(\xi_{kl})\in\mathbf{Z}^{n\times m};$$
$$a_{ij}=\sum_{k=1}^{m}a_{ijk}\omega_k,\quad a_{ijk}\in\mathbf{Z},\ 1\leqslant i\leqslant r,\ 1\leqslant j\leqslant n.$$

因而由 $AX=0$ 得到

$$\begin{aligned}\sum_{j=1}^{n}a_{ij}x_j&=\sum_{j=1}^{n}\sum_{k=1}^{m}a_{ijk}\omega_k\left(\sum_{l=1}^{m}\xi_{jl}\omega_l\right)=\sum_{j=1}^{n}\sum_{k=1}^{m}\sum_{l=1}^{m}a_{ijk}\xi_{jl}\omega_k\omega_l\\&=\sum_{j=1}^{n}\sum_{k=1}^{m}\sum_{l=1}^{m}a_{ijk}\xi_{jl}\left(\sum_{t=1}^{m}c_{kl}^{t}\omega_t\right)=\sum_{j=1}^{n}\sum_{l=1}^{m}\left(\sum_{k=1}^{m}a_{ijk}c_{kl}^{t}\right)\xi_{jl}\omega_t=0.\end{aligned}$$

由此得到

$$\sum_{j=1}^{n}\sum_{l=1}^{m}\left(\sum_{k=1}^{m}a_{ijk}c_{kl}^{t}\right)\xi_{jl}=0,\quad 1\leqslant t\leqslant m,\ 1\leqslant i\leqslant r.$$

注意 $b_{ijlt}=\sum\limits_{k=1}^{m}a_{ijk}c_{kl}^{t}\in \mathbf{Z}$, $\xi_{jl}\,(1\leqslant j\leqslant n, 1\leqslant l\leqslant m)$ 是 nm 个未知数, rm 个整系数方程的齐次线性方程组

$$b_{ijlt}y_{jl}=0,\quad 1\leqslant t\leqslant m,\ 1\leqslant i\leqslant r$$

的整数解. 于是可取 $\{\xi_{jl}\}$ 满足

$$\mathrm{size}(\{\xi_{jl}\})\leqslant 2(2mn\,\mathrm{size}(\{b_{ijlt}\}))^{mr/(mn-mr)}=2(2mn\,\mathrm{size}(\{b_{ijlt}\}))^{r/(n-r)}.$$

又根据式 (6.7.1), 有

$$\begin{aligned}&\mathrm{size}(X)\leqslant D_1\mathrm{size}(\{\xi_{jl}\}),\\&\mathrm{size}(\{b_{ijlt}\})\leqslant D_2\mathrm{size}(\{a_{ij}\})=D_2A_0,\end{aligned}$$

其中 D_1, D_2 是依赖 K 的常数. 因而引理成立. ∎

设 $K[t_1,t_2,\cdots,t_n]$ 是 K 上 n 元多项式环. 若 $f(t_1,t_2,\cdots,t_n)\in K[t_1,t_2,\cdots,t_n]$, 定义 f 的尺码 $\mathrm{size}(f)$ 为 f 的系数集的大小.

在证明定理 0.1.2 的过程中, 我们知道如果 α 是一个代数数, 则一定有整数 $m\in\mathbf{Z}$, $m\neq 0$ 使得 $m\alpha$ 是代数整数, 称 m 为 α 的**分母**.

若 $f(t_1,t_2,\cdots,t_n)\in K[t_1,t_2,\cdots,t_n]$, 则有 $m\in\mathbf{Z}$, $m\neq 0$ 使得 $mf(t_1,t_2,\cdots,t_n)\in O_K[t_1,t_2,\cdots,t_n]$, 称 m 为 $f(t_1,t_2,\cdots,t_n)$ 的**分母**. 自然可定义 K 与 $K[t_1,t_2,\cdots,t_n]$ 中多个元素的分母, 将"分母"缩写为"den".

设

$$\begin{aligned}&p(t_1,t_2,\cdots,t_n)=\sum_{m_1,\cdots,m_n}a_{m_1m_2\cdots m_n}t_1^{m_1}t_2^{m_2}\cdots t_n^{m_n}\in\mathbf{C}[t_1,t_2,\cdots,t_n],\\&q(t_1,t_2,\cdots,t_n)=\sum_{m_1,\cdots,m_n}b_{m_1m_2\cdots m_n}t_1^{m_1}t_2^{m_2}\cdots t_n^{m_n}\in\mathbf{R}[t_1,t_2,\cdots,t_n],\\&\quad b_{m_1m_2\cdots m_n}\geqslant 0.\end{aligned}$$

如果

$$b_{m_1m_2\cdots m_n}\geqslant |a_{m_1m_2\cdots m_n}|,\quad \forall m_1m_2\cdots m_n,$$

则称 q **控制** f, 记为 $q\succeq f$ 或 $f\preceq q$.

显然, 若 $q_1\succeq f_1, q_2\succeq f_2$, 则 $q_1+q_2\succeq f_1+f_2$; $q_1q_2\succeq f_1f_2$.

若 $q\succeq f$, 则 $\dfrac{\partial q}{\partial t_i}\succeq\dfrac{\partial f}{\partial t_i}$.

在证明中需要复变函数的一些结果.

一个复变函数 $f(z)$ 如果在点 z_0 的某个邻域内点点可导, 则称 $f(z)$ 在点 z_0 是解析的 (正则的、全纯的). 若 $f(z)$ 在区域 (弧连通的开集)D 内点点解析, 则称 $f(z)$ 是 D 上的解析 (全纯) 函数. 若 $f(z)$ 在整个复平面解析, 则称为整函数.

多项式函数 $f(z)=\sum\limits_{k=0}^{n}a_kz^k$, e^z 等都是整函数.

如果复变函数 $f(z)$ 在点 $z=a$ 的一个空心邻域 $D=\{z\in\mathbf{C}|0<|z-a|<\rho\}$ 解析, 则称点 a 为 $f(z)$ 的一个孤立奇点. 此时 $f(z)$ 在 D 上有展开式:

$$f(z)=\sum_{n=0}^{\infty}a_n(z-a)^n+\sum_{n=1}^{\infty}b_n(z-a)^{-n}.$$

孤立奇点有以下三种.

1) 若 $b_n=0\,(1\leqslant n\leqslant\infty)$, 则称 a 为可去奇点.

2) 若有 $b_m\neq 0$; $n>m$, $b_n=0$, 则称 a 为极点,m 为该极点的阶.

3) 若有无限多个 $b_n\neq 0$, 则称 a 是本性奇点.

若解析函数 $f(z)$ 在区域 D 中的孤立奇点 $\{a_n\}$ 都不是本性奇点, 则称 $f(z)$ 为 D 中的亚纯函数.

有理函数 (二多项式函数的商) 是复平面上的亚纯函数. 二亚纯函数的商仍为亚纯函数.

最大模原理: 若 $f(z)$ 在区域 D 内解析, 并且不为常数, 则 $|f(z)|$ 不可能在 D 的任何一个内点达到最大值.

引理 6.7.2 设 K 是 $\mathbf{Q}$ 的有限扩张, O_K 是 K 的整数环. $w\in\mathbf{C}$, $f_1,f_2,\cdots,f_N$ 是在 w 的一个邻域上的全纯函数. 记 $\mathcal{D}=\dfrac{\mathrm{d}}{\mathrm{d}z}$, $\mathcal{D}K[f_1,f_2,\cdots,f_N]\subseteq K[f_1,f_2,\cdots,f_N]$. $f_i(w)\in K\,(1\leqslant i\leqslant N)$. 则存在数 C_1 有下列性质. 若 $P(t_1,t_2,\cdots,t_N)\in K[t_1,t_2,\cdots,t_N]$, $\deg P\leqslant r$, 令 $f=P(f_1,f_2,\cdots,f_N)$, 则

$$\mathrm{size}(\mathcal{D}^kf(w))\leqslant\mathrm{size}(P)r^kk!C_1^{k+r},\quad\forall k\in\mathbf{N}.\tag{6.7.2}$$

进而, 有 $\mathcal{D}^kf(w)$ 的一个分母以 $\mathrm{den}(P)C_1^{r+k}$ 为界, $\mathrm{den}(P)$ 为 P 的一分母.

证 因为 $\mathcal{D}K[f_1,f_2,\cdots,f_N]\subseteq K[f_1,f_2,\cdots,f_N]$, 所以有 $P_i(t_1,t_2,\cdots,t_N)\in K[f_1,f_2,\cdots,f_N]$ 使得

$$\mathcal{D}f_i=P_i(f_1,f_2,\cdots,f_N),\quad 1\leqslant i\leqslant N.$$

令 $h=\max\{\deg P_i|1\leqslant i\leqslant N\}$. 记 $\mathcal{D}_i=\dfrac{\partial}{\partial t_i}$, $\overline{\mathcal{D}}=\sum\limits_{i=1}^{N}P_iD_i$, 于是

$$\overline{\mathcal{D}}(P(t_1,t_2,\cdots,t_N))=\sum_{i=1}^{N}(D_iP)(t_1,t_2,\cdots,t_N)\cdot P_i(t_1,t_2,\cdots,t_N).$$

又

$$P \preceq \text{size}(P)(1+t_1+\cdots+t_N)^r,$$
$$P_i \preceq \text{size}(P_i)(1+t_1+\cdots+t_N)^h, \quad 1 \leqslant i \leqslant N,$$

于是有 C_2 使得

$$\overline{\mathcal{D}}P \preceq \text{size}(P)C_2 r(1+t_1+\cdots+t_N)^{r+h}.$$

于是用归纳法可得到

$$\overline{\mathcal{D}}^k P \preceq \text{size}(P)C_3 r^k k!(1+t_1+\cdots+t_N)^{r+kh}.$$

用 $f_i(w)(\in K)$ 替代上式中的 t_i, 就可得到 (6.7.2).

第二个结论可用归纳法得到. ∎

下面引入整函数与亚纯函数的阶的概念.

称整函数 $f(z)$ 的阶 $\leqslant \rho$, 如果存在 $C>1$ 使得

$$|f(z)| \leqslant C^{R\rho}, \quad |z| \leqslant R$$

对所有大的 R 成立.

性质 6.7.1　如果 $f(z), g(z)$ 都是阶 $\leqslant \rho$ 的整函数, 则 $f(z)g(z)$, $f(z)+g(z)$ 也是阶 $\leqslant \rho$ 的整函数.

证　设 $|f(z)| \leqslant C^{R\rho}$, $|g(z)| \leqslant C_1^{R\rho}$. 于是有

$$|f(z)g(z)| = |f(z)|\,|g(z)| \leqslant C^{R\rho}C_1^{R\rho} = (CC_1)^{R\rho},$$
$$|f(z)+g(z)| \leqslant |f(z)|+|g(z)| \leqslant C^{R\rho}+C_1^{R\rho} \leqslant (C+C_1)^{R\rho}.$$

称一个亚纯函数的阶 $\leqslant \rho$, 如果它是两个阶 $\leqslant \rho$ 的整函数的商.

例 6.7.2　由

$$|z| \leqslant \sum_{k=0}^{\infty}|z|^k = \mathrm{e}^{|z|}, \quad |\mathrm{e}^z| = \left|\sum_{k=0}^{\infty} z^k\right| \leqslant \sum_{k=0}^{\infty}|z|^k = \mathrm{e}^{|z|},$$

所以 z, e^z 的阶均 $\leqslant 1$.

定理 6.7.1　设 K 是 $\mathbf{Q}$ 的有限扩张, O_K 是 K 的整数环. $f_1, f_2, \cdots, f_N$ 是阶 $\leqslant \rho$ 的亚纯函数. 域 $K(f_1, f_2, \cdots, f_N)$ 的超越维数 $\geqslant 2$. $\mathcal{D}K[f_1, f_2, \cdots, f_N] \subseteq K[f_1, f_2, \cdots, f_N]$. $w_1, w_2, \cdots, w_m$ 是 $\mathbf{C}$ 中不同的数, 它们都不是 $f_i\,(1 \leqslant i \leqslant N)$ 的极点, 而且

$$f_i(w_\nu) \in K, \quad 1 \leqslant i \leqslant N,\ 1 \leqslant \nu \leqslant m,$$

则

$$m \leqslant 10\rho[K:\mathbf{Q}]. \tag{6.7.3}$$

证 因为 $K(f_1,f_2,\cdots,f_N)$ 的超越维数$\geqslant 2$. 可设 $f,g\in\{f_1,f_2,\cdots,f_N\}$ 且在 K 上代数无关. 设 $r\in\mathbf{N}$, $2m|r$. 令 $n=\dfrac{r^2}{2m}$.

可以构造

$$F=\sum_{i,j=1}^{r}b_{ij}f^ig^j\in K[f,g]$$

使得 $F\neq 0$, 且

$$\mathcal{D}^kF(w_\nu)=0,\quad 0\leqslant k<n,\ 1\leqslant \nu m.$$

事实上, 将 $r^2=2mn$ 个 b_{ij} 视为未知数, 上面有 mn 个方程. 于是一定有非零解, 从而可构造出 F. 可将这些方程的系数的分母乘这些方程, 于是可假定 $b_{ij}\in O_K$. 注意方程数为 mn, 未知数个数为 $2mn$, 因而$\dfrac{mn}{2mn-mn}=1$, 引理 6.7.1 中的指数为 1. 由引理 6.7.1, 引理 6.7.2 的估计, 可知 $\mathrm{size}(\{b_{ij}\})$ 有界

$$O(r^nn!C_1^{n+r})\leqslant O(n^{2n}),\quad n\to\infty.$$

因为 f,g 在 K 上代数无关, 因而 $F\neq 0$. 于是存在 $s\in\mathbf{N}$ 及 $w\in\{w_i\}$ (不妨设 $w=w_1$) 使得

$$\mathcal{D}^kF(w_\nu)=0,\ 0\leqslant k\leqslant s-1,\ 1\leqslant \nu\leqslant m;\quad \gamma=\mathcal{D}^sF(w)\neq 0. \tag{6.7.4}$$

由此知,$s\geqslant n$. $\gamma\in K$, 而且 $F(z)=\displaystyle\sum_{k=s}^{\infty}\frac{1}{k!}\mathcal{D}^kF(w)(z-w)^k$. 因而 γ 的界为 $C_4^ss!$.

由引理 6.7.2, γ 有一个分母 c, 以当 $s\to\infty$ 时, 以 $O(C_1^s)$ 为界. 由引理 6.7.2,

$$\mathrm{size}(\mathcal{D}^sf(w))\leqslant \mathrm{size}(P)s^ss!C_1^{s+s}\leqslant \mathrm{size}(P)s^ss^ss^{s+s}=\mathrm{size}(P)s^{4s}.$$

于是 $N_{\mathbf{Q}}^K(c\gamma)\in\mathbf{Z}$. $c\gamma$ 的每个共轭元均有界 $O(s^{5s})$. 因而由定理 5.7.1 前面的讨论得到

$$1\leqslant |N_{\mathbf{Q}}^K(c\gamma)|\leqslant O(s^{5s})^{[K:\mathbf{Q}]-1}|\gamma|, \tag{6.7.5}$$

这里 $|\gamma|$ 是一个固定 γ 的绝对值.

根据假设有$f(z)=\dfrac{f_1(z)}{\theta_1(z)}$, $g(z)=\dfrac{g_1(z)}{\theta_2(z)}$, 其中 $f_1(z),g_1(z),\theta_1(z),\theta_2(z)$ 是阶 $\leqslant\rho$ 的整函数. 于是 $\theta=\theta_1\theta_2$ 是阶 $\leqslant\rho$ 的整函数, 使得 $\theta f,\theta g$ 都是整函数, 且 $\theta(w_1)\neq 0$. $\theta^{2r}F$ 是整函数. 因为 (6.7.4), 所以

$$\mathcal{D}^k(\theta^{2r}F)(w_\nu)=0,\quad 0\leqslant k<s,\ 1\leqslant\nu\leqslant m;\quad \mathcal{D}^s(\theta^{2r})F(w)\neq 0.$$

于是整函数

$$H(z)=\frac{\theta(z)^{2r}F(z)}{\prod_{\nu=1}^{m}(z-w_\nu)^s}=H_1(z)+(z-w)H_1(z),\quad H(w)=H_1(w)\neq 0.$$

根据最大模原理, $H(z)$ 的绝对值被它在一个半径为 R 的圆周上的最大值界定. 注意 $\lim\limits_{|z|\to\infty}\dfrac{|z-w_\nu|}{|z|}=1$, 因而在半径为 R 的大圆上

$$|H(z)|\leqslant\frac{s^{3s}C_5^{2rR\rho}}{R^{ms}}.$$

取 $R=s^{1/2\rho}$, 则可得

$$|\gamma|\leqslant\frac{s^{4s}C_6^s}{s^{ms/2\rho}}.$$

令 $r\to\infty$, 则 $n\to\infty$, $s\to\infty$. 于是可假定 $s\geqslant C_6$. 再由不等式 (6.5.5),

$$1\leqslant O(s^{5s})^{[K:\mathbf{Q}]-1}\frac{s^{4s}C_6^s}{s^{ms/2\rho}}\leqslant O(s^{5s})^{[K:\mathbf{Q}]-1}\frac{s^{5s}}{s^{ms/2\rho}}.$$

因此 $m/2\rho\leqslant 5[K:\mathbf{Q}]$ 即得不等式 (6.5.3). ∎

推论 6.7.1 (Hermite-Lindemann) 设 $\alpha\,(\neq 0)$ 是代数数, 则 e^α 是超越数. 特别地 e, π 是超越数.

证 若不然, 则 α, e^α 都是代数数. 于是 $K=\mathbf{Q}(\alpha,\mathrm{e}^\alpha)$ 是 $\mathbf{Q}$ 的有限扩张. 容易证明函数 z, e^z 在 K 上代数无关. $\mathcal{D}=\dfrac{\mathrm{d}}{\mathrm{d}z}$ 将环 $K[z,\mathrm{e}^z]$ 映到自身. 这两个函数在 $\alpha,2\alpha,\cdots,n\alpha,\cdots$ 均取到代数数, 这与定理 6.7.1 矛盾. 于是 e^α 为超越数. $\alpha=1$ 时得 e 为超越数. 注意 $\mathrm{e}^{2\pi\sqrt{-1}}=1$, 于是 $2\pi\sqrt{-1}$, 从而 π 是超越数. ∎

推论 6.7.2 (Gelfond-Schneider) 设 $\alpha\,(\neq 0,1)$ 是代数数, β 是代数数,$\beta\notin\mathbf{Q}$, 则 $\alpha^\beta=\mathrm{e}^{\beta\log\alpha}$ 是超越数.

证 函数 $\mathrm{e}^t,\mathrm{e}^{\beta t}$ 是代数无关的. 若 α^β 是代数数, 则 $\mathrm{e}^t,\mathrm{e}^{\beta t}$ 在 $\log\alpha$, $2\log\alpha$, $\cdots$, $n\log\alpha$, $\cdots$ 的取值都是代数数, 这与定理 6.7.1 矛盾. 于是 α^β 为超越数. ∎

例 6.7.3 1) 设 α 是代数数, $\alpha\neq 0$, 则 $\sin\alpha$, $\cos\alpha$ 是超越数.

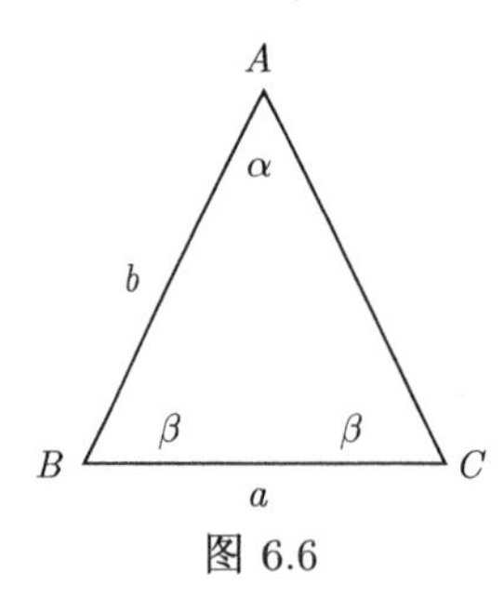

图 6.6

2) 如图 6.6 所示, 设等腰三角形 $\triangle ABC$ 顶角为 α, 底角为 β, 腰长为 b, 底为 a. 若 $\dfrac{\alpha}{\beta}$ 是无理代数数, 则 $\dfrac{a}{b}$ 是超越数.

证 1) 由于 $\sin^2\alpha+\cos^2\alpha=1$, 所以 $\sin\alpha$ 与 $\cos\alpha$ 同为代数数或同为超越数.

$\alpha\neq 0$ 为代数数, 故 $\alpha\sqrt{-1}$ 也是非零代数数. 于是由推论 6.7.1, 有

$$\mathrm{e}^{\alpha\sqrt{-1}}=\cos\alpha+\sqrt{-1}\sin\alpha$$

为超越数, 于是 $\sin\alpha, \cos\alpha$ 是超越数.

2) 由正弦定理, 有

$$\frac{a}{b}=\frac{\sin\alpha}{\sin\beta}=2\sin\frac{\alpha}{2}.$$

$\dfrac{\alpha}{\beta}$ 是无理代数数, 因此 $\dfrac{\beta}{\alpha}$ 也是无理代数数, 再由

$$\frac{\beta}{\alpha}=\frac{\frac{\pi}{2}-\alpha}{\alpha}=\frac{\pi}{2\alpha}-1,$$

知 $\dfrac{\pi}{\alpha}, \dfrac{\alpha}{\pi}$ 是无理代数数. 由推论 6.7.2 知

$$\left(\sqrt{-1}\right)^{\frac{\alpha}{\pi}}=(\mathrm{e}^{\pi\sqrt{-1}/2})^{\frac{\alpha}{\pi}}=\mathrm{e}^{\frac{\alpha\sqrt{-1}}{2}}=\cos\frac{\alpha}{2}+\sqrt{-1}\sin\frac{\alpha}{2}$$

是超越数. 故 $\sin\dfrac{\alpha}{2}, \sin\dfrac{\alpha}{2}$ 都是超越数, 即 $\dfrac{a}{b}$ 是超越数. ∎

其实, 用微积分就可以证明自然对数的底数 e 是超越数. 为此先证明一个引理.

引理 6.7.3 设 p 是一个素数, $g(x)\in\mathbf{Z}[x]$, 正整数 $k\geqslant p$, 则

$$\frac{\mathrm{d}^k}{\mathrm{d}x^k}\left(\frac{1}{(p-1)!}g(x)\right)\in\mathbf{Z}[x],$$

且其系数均可被 p 整除.

证 注意 $\dfrac{\mathrm{d}^k}{\mathrm{d}x^k}$ 是 $\mathbf{C}[x]\supset\mathbf{Z}[x]$ 的线性变换, 所以只要假定 $g(x)=x^l$ 来证明本引理.

如果 $l<k$, 于是

$$\frac{\mathrm{d}^k}{\mathrm{d}x^k}\left(\frac{1}{(p-1)!}x^l\right)=0.$$

如果 $l\geqslant k$, 于是

$$\frac{\mathrm{d}^k}{\mathrm{d}x^k}\left(\frac{1}{(p-1)!}x^l\right)=\frac{1}{(p-1)!}l(l-1)\cdots(l-p+1)(l-p)\cdots(l-k+1)x^{l-k}$$

$$=\frac{1}{(p-1)!}\mathrm{C}_l^p p!(l-p)\cdots(l-k+1)x^{l-k}=p\mathrm{C}_l^p(l-p)\cdots(l-k+1)x^{l-k}\in\mathbf{Z}[x],$$

而且其系数可被 p 整除. ∎

定理 6.7.2 自然对数的底 e 是超越数.

证 若不然, 有 $c_0, c_1, \cdots, c_m\in\mathbf{Z}, c_0>0, c_m\neq 0$ 使得

$$c_0+c_1\mathrm{e}+\cdots+c_m\mathrm{e}^m=0.$$

设素数 $p > c_0$, $p > m$. 令

$$f(x) = \frac{1}{(p-1)!}x^{p-1}(x-1)^p(x-2)^p\cdots(x-m)^p,$$
$$F(x) = f(x) + f'(x) + f^{(2)}(x) + \cdots + f^{(n)}(x), \quad n = mp-1 = \deg f(x).$$

于是有

$$\begin{aligned} &f^{(k)}(l) = 0, && 0 \leqslant k \leqslant p-1,\ 1 \leqslant l \leqslant m; \\ &f^{(k)}(0) = 0, && 0 \leqslant k \leqslant p-2; \\ &f^{(p-1)}(0) = ((-1)^m m!)^p. && \end{aligned}$$

由此可得

$$\begin{aligned} &F(l) \equiv 0 (\operatorname{mod} p), \quad 1 \leqslant l \leqslant m; \\ &F(0) \equiv ((-1)^m m!)^p \not\equiv 0 (\operatorname{mod} p). \end{aligned}$$

用分部积分公式可得

$$\int_0^b f(x)\mathrm{e}^{-x}\mathrm{d}x = -\mathrm{e}^{-x}F(x)\Big|_0^b = -\mathrm{e}^{-b}F(b) + F(0).$$

因而

$$\mathrm{e}^b\int_0^b f(x)\mathrm{e}^{-x}\mathrm{d}x = \mathrm{e}^bF(0) - F(b).$$

于是

$$\sum_{b=0}^m c_b\mathrm{e}^b\int_0^b f(x)\mathrm{e}^{-x}\mathrm{d}x = \sum_{b=0}^m c_b\mathrm{e}^bF(0) - \sum_{b=0}^m c_bF(b) = -\sum_{b=0}^m c_bF(b).$$

注意 $p > c_0$, $p > m$, 于是

$$\sum_{b=0}^m c_b\mathrm{e}^b\int_0^b f(x)\mathrm{e}^{-x}\mathrm{d}x \in \mathbf{Z},$$
$$\sum_{b=0}^m c_b\mathrm{e}^b\int_0^b f(x)\mathrm{e}^{-x}\mathrm{d}x \equiv c_0((-1)^m m!)^p \not\equiv 0 (\operatorname{mod} p),$$

这说明这是一个非零整数.

另一方面, 在区间 $[0, m]$ 中, 有

$$|f(x)| < \frac{1}{(p-1)!}m^{p-1}m^p\cdots m^p = \frac{m^{(m+1)p-1}}{(p-1)!},$$

因而

$$\left|\int_0^k f(x)\mathrm{e}^{-x}\mathrm{d}x\right| < \frac{m^{(m+1)p-1}}{(p-1)!}\inf_0^k \mathrm{e}^{-x}\mathrm{d}x < \frac{m^{(m+1)p-1}}{(p-1)!}.$$

令 $c=\sum\limits_{l=0}^{m}|c_l|$, 于是

$$\left|\sum_{l=0}^{m}c_l\mathrm{e}^l\int_0^l f(x)\mathrm{e}^{-x}\mathrm{d}x\right|<c\mathrm{e}^m\frac{m^{(m+1)p-1}}{(p-1)!}=c(\mathrm{e}m)^m\frac{(m^{(m+1)})^{(p-1)}}{(p-1)!}\to 0,\quad p\to\infty.$$

这就导出矛盾, 所以 e 是超越数. ∎

习　题　6

1. 设 R 是局部环, $\mathfrak{m}$ 为其极大理想. 称 R 中无限序列 $b_1, b_2, \cdots, b_n, \cdots$ **收敛于** R 中元素 b, 如果对任何的 $s\geqslant 0$, 存在 $n_0=n_0(s)$ 使得 $\forall n\geqslant n_0$, $b_n-b\in\mathfrak{m}^s$. 记为 $\lim\limits_{n\to\infty}b_n=b$ 或 $b_n\to b$. 证明下面结论:

1) 如果 $b_n\to b$, $b_n\to b'$, 则 $b=b'$;

2) 如果 $b_n\to b$, $c_n\to c$, 则 $b_n\pm c_n\to b\pm c$, $b_nc_n\to bc$;

3) 如果 $\mathfrak{a}$ 是 R 的理想, $b_n\to b$, $b_n\in\mathfrak{a}$, 则 $b\in\mathfrak{a}$.

2. 设 R 是局部环, $\mathfrak{m}$ 为其极大理想. R 中序列 (b_n) 称为**Cauchy 序列**, 如果对 $s\geqslant 0$, 存在 $n_0=n_0(s)$ 使得

$$b_n-b_m\in\mathfrak{m}^s,\quad \forall n,m\geqslant n_0.$$

证明下面结论:

1) 若 $b_n\to b$, 则 (b_n) 是 Cauchy 序列.

2) (b_n) 为 Cauchy 序列当且仅当 $b_n-b_{n-1}\to 0$.

3) 若 (b_n), (c_n) 为 Cauchy 序列, 则 $(b_n\pm c_n)$, (b_nc_n) 为 Cauchy 序列.

3. 局部 Noether 环 R 称为**完备的**, 若其 Cauchy 序列都是收敛的. 设 R 是完备的, $\mathfrak{a}$ 是 R 的理想, π 是 R 到 $R/\mathfrak{a}$ 的自然同态. 证明下列结论:

1) 级数 $\sum\limits_{n=1}^{\infty}a_n$ 收敛当且仅当 $\lim\limits_{n\to\infty}a_n=0$;

2) 若序列 $a_n\to a$, 则 $\pi(a_n)\to\pi(a)$;

3) $R/\mathfrak{a}$ 也是完备的.

4. 设 p 是一个素数. α_n 是 $\mathbf{Z}_p$ 到 $\mathbf{Z}_{p^n}$ 的映射, 满足:$\alpha_n(1)=p^{n-1}$. 令 $A=\bigoplus\limits_{k=1}^{\infty}\mathbf{Z}_p$, $B=\bigoplus\limits_{k=1}^{\infty}\mathbf{Z}_{p^n}$. 于是 $\alpha=\bigoplus\limits_{k=1}^{\infty}\alpha_n$ 是 A 到 B 的映射. 证明 A 对 p-adic 的完备化为 A, 但 A 对从 B 上 p-adic 拓扑所诱导的拓扑的完备化为 $\prod\limits_{k=1}^{\infty}\mathbf{Z}_p$. 证明 p-adic 完备化对于所有 $\mathbf{Z}$ 模范畴不是右正合函子.

5. A, B, α 如 6.8 节的第 4 题所述. 设 $A_n=\alpha^{-1}(p^nB)$. 考虑正合序列

$$0\longrightarrow A_n\longrightarrow A\longrightarrow A/A_n\longrightarrow 0$$

证明 $\varprojlim$ 不是右正合的, 并计算 $\varprojlim{}^1 A_n$.

6. 设 M 是 R 模. $\mathfrak{a}$ 是 R 的理想. 若 A 的极大理想 $\mathfrak{m}$ 满足 $\mathfrak{m} \supseteq \mathfrak{a}$ 有 $M_{\mathfrak{m}} = 0$. 证明 $M = \mathfrak{a}M$.

7. 设 R 为 Noether 环,$\mathfrak{a}$ 是一个理想,M 是有限生成 A 模. 证明

$$\bigcap_{n=1}^{\infty} \mathfrak{a}^n M = \bigcup_{\mathfrak{m} \supseteq \mathfrak{a}} \ker(M \to M_{\mathfrak{m}}),$$

$\mathfrak{m}$ 跑遍所有包含 $\mathfrak{a}$ 的极大理想.

证明 $\widehat{M} = 0 \Leftrightarrow \mathrm{Supp}(M) \cap V(\mathfrak{a}) = \varnothing$ (在 space(V) 中).

8. 设 R 为 Noether 环,$\mathfrak{a}$ 是一个理想, $\widehat{R}$ 是 $\mathfrak{a}$-adic 完备化. $x \in R$, 在 $\widehat{R}$ 中的像记为 $\hat{x}$. 证明若 x 不是 R 的零因子, 则 $\hat{x}$ 不是 $\widehat{R}$ 的零因子.

又问 R 是整环,$\widehat{R}$ 是否为整环?

9. 设 R 为 Noether 环,$\mathfrak{a}$, $\mathfrak{b}$ 为其理想. M 为 R 模, 对 $\mathfrak{a}$-adic, $\mathfrak{b}$-adic 完备化分别记为 $M^{\mathfrak{a}}$, $M^{\mathfrak{b}}$. 证明: 若 M 是有限生成的, 则 $(M^{\mathfrak{a}})^{\mathfrak{b}} = M^{\mathfrak{a}+\mathfrak{b}}$.

10. 设 R 为 Noether 环,$\mathfrak{a}$ 为其理想. 证明 $\mathfrak{a} \subseteq \mathfrak{R}(R)$ 当且仅当 R 中每个极大理想对于 $\mathfrak{a}$ 拓扑是闭的.

注 以含在 $\mathfrak{R}$ 中的理想所定义的拓扑环 R 称为**Zariski 环**.

11. 一个 Noether 环 R 只有有限个极大理想, 称为**半局部环**. 证明半局部环 R 对 $\mathfrak{R}(R)$ 的完备化 $\widehat{B}$ 仍是完备的.

12. 设 R 为 Noether 环,$\mathfrak{a}$ 为其理想,$\widehat{R}$ 是 $\mathfrak{a}$-adic 完备化. 证明 $\widehat{R}$ 在 R 上是忠实平坦的, 当且仅当 R 对于 $\mathfrak{a}$ 拓扑是 Zariski 环.

13. 设$R = \mathbf{C}[z_1, z_2, \cdots, z_n]$ 为 $\mathbf{C}$ 上 n 元多项式环. 于是 $\mathfrak{a} = \langle z_1, z_2, \cdots, z_n \rangle$ 是 R 的素理想. 令 $A = R_{\mathfrak{a}} = \left\{ \dfrac{f}{g} | f, g \in R, g(0) \neq 0 \right\}$ 是 R 在 $\mathfrak{a}$ 的局部化.B 为在 $\mathbf{C}^n$ 的原点 0 的邻域上的全纯函数构成的环, 即 $f \in B$ f 可展成 $z_1, z_2, \cdots, z_n$ 的收敛幂级数. $C = \mathbf{C}[[z_1, z_2, \cdots, z_n]]$ 为 $z_1, z_2, \cdots, z_n$ 的形式幂级数环. 于是 $A \subset B \subset C$. 证明 B 是局部环, 且对其极大理想的拓扑的完备化为 C. 若 B 是 Noether 环, 则 B 是 A 平坦的.

14. 设 $\mathfrak{m}$ 是局部环 R 的极大理想, 而且 R 是 $\mathfrak{m}$-adic 完备的. R 到 $R/\mathfrak{m}$ 的自然同态 π 可扩充为 $R[x]$ 到 $(R/\mathfrak{m})[x]$ 的同态, 仍记为 π. 记 $\pi(f(x)) = \bar{f}(x)$. 证明:

1) 若 $f(x) \in R[x]$ 首项系数为 1, $\deg f(x) = n$, 并存在互素的首项系数为 1 的多项式 $\bar{g}(x), \bar{h}(x) \in (R/\mathfrak{m})[x]$, $\deg \bar{g}(x) = r$, $\deg \bar{h}(x) = n - r$ 使得 $\bar{f}(x) = \bar{g}(x)\bar{h}(x)$, 则有 $g(x), h(x) \in R[x]$ 使得 $f(x) = g(x)h(x)$;

2) 若 $\alpha \in R/\mathfrak{m}$ 是 $\bar{f}(x)$ 的单根, 则 $f(x)$ 有单根 $a \in R$ 使得 $\pi(a) = \alpha$.

注 此题第一个结果称为**Hensel 引理**.

15. 证明 2 是 7 adic 整数环中的平方元.

16. 设 F 是域, $F[x, y]$ 是二元多项式环, $f(x, y) \in F[x, y]$. a_0 是 $f(0, y)$ 的单根. 证明存在形式幂级数 $y(x) = \sum\limits_{n=0}^{\infty} a_n x^n$ 使得 $f(y(x), x) = 0$.

17. 设 x_0 是一点, 两个 C^∞ 函数 f, g 在 x_0 的某邻域上相等, 则称它们等价, 记为 $f \sim g$. 证明:

1) $\sim$ 确为等价关系, 一个等价类称为在 x_0 处的一个**芽**;

2) 令 R 为所有在 x_0 处的芽的集合, 在 R 中可定义加法和乘法使其为交换幺环;

3) R 是局部环, 极大理想 $\mathfrak{m}=\{f(x)|f(x_0)=0\}$.

18. 设 R 为 C^∞ 在 $x=0$ 的芽构成的局部环. 证明

$$\left\langle\frac{1}{\mathrm{e}^{1/x^2}}\right\rangle\subset\left\langle\frac{1}{x\mathrm{e}^{1/x^2}}\right\rangle\subset\left\langle\frac{1}{x^2\mathrm{e}^{1/x^2}}\right\rangle\subset\cdots$$

是一个理想升链, 因而 R 不使 Noether 环, 从而说明定理 6.3.3 的逆定理不成立.

19. 设 $A=\bigoplus\limits_{n=0}^{\infty}A_n$ 为分次环, $M=\bigoplus\limits_{m=0}^{\infty}M_m$, $N=\bigoplus\limits_{m=0}^{\infty}N_m$ 为分次 A 模, M 到 N 的同态 f 若满足 $\forall n\geqslant 0$, $f(M_n)\subseteq N_{d+n}$ 则称 f 为d 次**齐次同态**. 证明:

1) 若 f 为 d 次齐次同态, 则 $\ker f$ 为 M 的分次子模, $f(M)$ 是 N 的分次子模, $N/f(M)$ 也是分次模;

2) 设 A 是环,$R=A[X_1,X_2,\cdots,X_n]$ 是 A 上 n 元多项式环, M 是分次 R 模, 证明 M 的每个齐次分量 M_q 是 A 模. 又若 M 是有限生成 R 模, 则 M_q 是有限生成 A 模.

20. 设 k 是代数闭域, f 是 k 上 n 元多项式环 $k[x_1,x_2,\cdots,x_n]$ 中的不可约多项式.$P\in\{X\in k^n|f(X)=0\}$ 称为非奇异的, 如果$\dfrac{\partial f}{\partial x_i}(P)$ 不全为零. 令 $A=k[x_1,x_2,\cdots,x_n]/\langle f\rangle$. $\mathfrak{m}$ 是 P 对应的极大理想. 证明 P 非奇异当且仅当 $A_\mathfrak{m}$ 是正则局部环.

21. 设 $\mathfrak{m}$ 是 d 维 Noether 局部环 A 的极大理想, k 是 A 的子域, 且 $k\cong A/\mathfrak{m}$. 又 A 是完备的.$x_1,x_2,\cdots,x_d$ 是参数系. 证明:

1) $k[[t_1,t_2,\cdots,t_d]]$ 到 A 的满足 $t_i\to x_i\,(1\leqslant i\leqslant d)$ 的同态是单射;

2) A 是有限生成 $k[[t_1,t_2,\cdots,t_d]]$ 模.

22. 一般域 k 上不可约簇 V 的任何一点的局部维数是否为 $\dim V$?

23. 证明 $f(z)=z$, $g(z)=\mathrm{e}^z$ 是域 $\mathbf{C}$ 上代数无关的函数.

24. 设 β 是无理代数数. 证明 $f(z)=\mathrm{e}^z$, $g(z)=\mathrm{e}^{\beta z}$ 是域 $\mathbf{C}$ 上代数无关的函数.

25. 设 α, β 是两个超越数, 证明 $\alpha\beta$, $\alpha+\beta$ 中至少有一个是超越数.

第 7 章　赋　值　域

在研究代数数域时, 除代数性质外还有某些非代数的性质, 如绝对值、实性、正性等也起作用. 将这些性质推广就是本章要讨论的域上的赋值理论. 在第 5 章中所遇到的赋值域是本章中的特殊情况.

7.1　有序域及其完备化

数的大小问题是很基本的问题. 将这种大小推广就有所谓有序域、有序群的概念. 但序不可能推广到任意的域或群上. 另一方面, 从有理数域到实数域的 "完备化" 的过程也是域的扩张过程, 但这不是代数扩张. 实现这种扩张的方法之一是用 Cauchy 序列或基本序列. 这种方法也可以搬到一般有序域的情况.

定义 7.1.1　设 G 是交换群, 运算为加法 "+". 若在 G 中定义了序 "$<$" 满足

1) G 对 $<$ 是有序集,

2) 对 $x, y, z \in G$, 若 $x < y$, 则 $x + z < y + z$,

则称 G 为**有序群**.

$x < y$, 也记为 $y > x$.

性质 7.1.1　G 是有序群.

1) 若 $x < y$, 则 $-x > -y$.

2) 若 $x > 0$, $y > 0$, 则 $x + y > 0$.

3) 令 $P = \{x \in G | x \geqslant 0\}$, $-P = \{y \in G | -y \in P\}$, 则

$$P \cup (-P) = G, \quad P \cap (-P) = \{0\}, \quad P + P \subseteq P.$$

4) 若交换群 G 中有子集 P 满足上面 3) 的条件又 $x \neq y$, 定义 $x < y$ 为 $y - x \in P$, 则 G 为有序群.

这些性质的证明很容易. 若 $x > 0$ 则称 x 为**正元素**, $y < 0$ 则称 y 为**负元素**.

定义 7.1.2　设 R 是交换环, 若在 R 定义了序 "$<$" 满足:

1) R 对 $<$ 是有序群,

2) 若 $x > 0, y > 0$ 则 $xy > 0$,

则称 R 为**有序环**. 当 R 为域时, 则称为**有序域**.

性质 7.1.2　设 R 是有序环. 则有以下性质:

1) R 是特征为 0 的整环;

2) 若 $x>y$, $z>0$, 则 $xz>yz$;

3) 令 $P=\{x\in R|x\geqslant 0\}$, $-P=\{y\in R|-y\in P\}$, 则

$$P\cup(-P)=R,\quad P\cap(-P)=\{0\},\quad P+P\subseteq P,\quad PP\subseteq P;$$

4) 若交换环 R 中有子集 P 满足上面 3) 的条件, 则定义 $x<y$ 为 $y-x\in P$, R 为有序环, P 中非零元素为正元素;

5) R 为有序环, $x_1,x_2,\cdots,x_r\in R$, 则 $x_1^2+x_2^2+\cdots+x_r^2\geqslant 0$, 且等号成立当且仅当 $x_i=0$;

6) R 为有序域, 若 $x>y>0$, 则 $y^{-1}>x^{-1}>0$; 若 $x<y<0$, 则 $y^{-1}<x^{-1}<0$.

证 1) 设 $x\neq 0$, $y\neq 0$, 于是 $x>0$ 或 $-x>0$, $y>0$ 或 $-y>0$. 不妨设 $x>0$, $y>0$, 于是 $xy>0$, $xy\neq 0$. R 为整环. $1\cdot 1=1$, 于是 $1>0$. 又 $\forall n\in\mathbf{N}$, $nx=\underbrace{x+\cdots+x}_{n\text{个}}>0$, 于是 R 的特征为 0.

2) 到 4) 的结论证明是容易的.

5) 只要注意 $x\neq 0$, 则 $x^2=(-x)^2>0$.

6) $x>0$, 由 $xx^{-1}=1>0$, 知 $x^{-1}>0$, 同样 $x<0$, 则 $x^{-1}<0$.

$x>y>0$, 于是 $xy>0$, 因而 $(xy)^{-1}=x^{-1}y^{-1}>0$, 故

$$y^{-1}=(xy)^{-1}x>(xy)^{-1}y=x^{-1}>0.$$

$x<y<0$, 于是 $xy>0$, 因而 $(xy)^{-1}=x^{-1}y^{-1}>0$, 故

$$y^{-1}=(xy)^{-1}x<(xy)^{-1}y=x^{-1}<0.$$ ∎

定理 7.1.1 设 K 是有序环 R 的分式域, 则可唯一地给出 K 的一个序, 使其在 R 上的限制与 R 的序一致.

证 注意$P=\left\{\dfrac{a}{b}|a,b\in R,b\neq 0,ab\geqslant 0\right\}$ 与 $-P$ 满足性质 7.1.2 中 3) 的等式, 于是由 4) 可给出 K 的序, 在 $R=\left\{\dfrac{a}{1}|a\in R\right\}$ 上的限制恰为 R 的序.

设 “$\prec$” 是 K 的序, 在 R 上限制为 “$<$”. 设 $a,b\in R$, $b\neq 0$, $\dfrac{a}{b}\succeq 0$. 由于 $b^2\succ 0$, 因此 $b^2\cdot\dfrac{a}{b}=ab\succeq 0$, 即 $ab\geqslant 0$. 于是 $\prec$, $<$ 确定的序的正元素是一致的. ∎

例 7.1.1 1) $\mathbf{Z}$, $\mathbf{Q}$ 中有唯一的序使其为有序环, 有序域.

2) $\mathbf{R}$ 中有唯一的序使其为有序域.

3) 设 K 是 $\mathbf{R}$ 的子域, σ 是 K 的自同构. 若 $a<b$, 定义 $\sigma(a)\prec\sigma(b)$, 则 $\prec$ 也使 K 为有序域.

4) 在有序域 K 的一元多项式环 $K[x]$ 中定义

$$f(x) = a_0 x^n + a_1 x^{n-1} + \cdots + a_n > 0\ (a_0 \neq 0), \quad \text{如果}\ \ a_0 > 0,$$

则 $K[x]$ 是有序环.

5) 在有序域 K 的单纯超越扩张 $K(x)$ 中根据需要和可能, 4) 与定理 7.1.1, 可定义序使其为有序域.

6) 因为 $\sqrt{-1}^2 = -1$, 所以 $\mathbf{C}$ 不能成为有序域.

一般地, 有序域的代数扩张不一定能成为有序域.

7) 设 Σ 是有序域 K 的扩域. K 的序能开拓为 Σ 的序使其为有序域当且仅当由 $\sum\limits_{i=1}^{n} a_i^2 = 0$ 可得 $a_i = 0\ (1 \leqslant i \leqslant n)$.

特别地, $\mathbf{Q}$ 的代数扩张 K 能成为有序域当且仅当 K 能嵌入到 $\mathbf{R}$ 中.

定义 7.1.3 设 K 是有序域. 若 $\forall x \in K$, 存在 $n \in \mathbf{N}$ 使得 $n \cdot 1_K > x$(1_K 指 K 的幺元, 以后仍记为 1), 则称 K 为**阿氏有序域**, 否则称为**非阿氏有序域**.

$\mathbf{Q}$, $\mathbf{R}$ 都是阿氏有序域. 例 7.1.1 的 4) 和 5) 中的有序域的单纯超越扩张的序, 是非阿氏有序域, 因 $\forall n \in \mathbf{N}$, $x > n$.

定理 7.1.2 阿氏有序域 K 可保序地嵌入到实数域 $\mathbf{R}$ 中.

证 设 $x, y \in K$, $x > 0, y > 0$. 于是有 $n \in \mathbf{N}$, 使得 $n > \dfrac{y}{x}$, 即 $nx > y$. 对 $x > 0$, 令

$$A_1(x) = \left\{ \frac{n}{m} \middle| n \geqslant 0, m > 0, n \leqslant mx \right\}, \quad A_2(x) = \left\{ \frac{n}{m} \middle| n \geqslant 0, m > 0, n > mx \right\}.$$

于是 $(A_1(x),\ A_2(x))$ 是实数轴的正半轴上一个分拆, 而且 $x \to (A_1(x),\ A_2(x))$ 保持加法、乘法及序不变, 故 K 同构于 $\mathbf{R}$ 的子域. ∎

反之, 非阿氏有序域不能保序地嵌入到实数域 $\mathbf{R}$ 中.

定义 7.1.4 K 是有序域, $x \in K$, 称

$$|x| = \begin{cases} x, & x \geqslant 0, \\ -x, & x < 0 \end{cases}$$

为 x 的**绝对值**.

性质 7.1.3 设 K 是有序域, $x, y \in K$, 则 $|xy| = |x|\,|y|$, $|x| + |y| \geqslant |x + y|$.

证 第一个等式是显然的. 注意 $|x+y|^2 = (x+y)(x+y) = |x|^2 + 2xy + |y|^2 \leqslant (|x| + |y|)^2$, 于是第二个不等式也成立. ∎

复数域虽然不能成为有序域, 但仍可定义 "绝对值": $a = \alpha + \beta\sqrt{-1}$, $\alpha, \beta \in \mathbf{R}$, $|a| = \sqrt{\alpha^2 + \beta^2}$. 绝对值是更广泛的概念.

以下总假设 K 是一个有序域. 为讨论 K 的完备化, 先引进下面概念.

定义 7.1.5 设 $a_1, a_2, \cdots, a_n, \cdots$ 为 K 中序列, 如果对任何 $\varepsilon \in K, \varepsilon > 0$ 有 $n_\varepsilon \in \mathbf{N}$ 使得

$$|a_p - a_q| < \varepsilon, \quad \text{当 } p,\ q > n_\varepsilon,$$

则称 $\{a_n\} = a_1, a_2, \cdots, a_n, \cdots$ 为一个**Cauchy 序列或基本序列**.

定义 7.1.6 设 $a_1, a_2, \cdots, a_n, \cdots$ 为 K 中序列, 如果对任何 $\varepsilon \in K, \varepsilon > 0$ 有 $n_\varepsilon \in \mathbf{N}$ 使得

$$|a_p| < \varepsilon, \quad \text{当 } p > n_\varepsilon,$$

则称 $\{a_n\} = a_1, a_2, \cdots, a_n, \cdots$ 为一个**零序列**.

引理 7.1.1 以 $\mathcal{O}$ 表示有序域 K 中所有 Cauchy 序列的集合. 则有以下结果:

1) Cauchy 序列 $\{a_n\}$ 有上界和下界, 即有 $m \in K$ 使得

$$|a_n| \leqslant m, \quad \forall a_n \in \{a_n\};$$

2) 若 $\{a_n\}, \{b_n\} \in \mathcal{O}$, 则 $\{a_n + b_n\}, \{a_n c_n\} \in \mathcal{O}$;

3) 在 $\mathcal{O}$ 中定义

$$\{a_n\} + \{b_n\} = \{a_n + b_n\}, \quad \{a_n\}\{b_n\} = \{a_n b_n\},$$

则 $\mathcal{O}$ 是一个环;

4) 零序列的集合 $\mathfrak{n}$ 是 $\mathcal{O}$ 的理想.

证 1) 取 $\varepsilon \in K, \varepsilon > 0$, 于是有 $n \in \mathbf{N}$ 使得 $p > n, q > n$ 时, $|a_p - a_q| < \varepsilon$. 特别地,

$$|a_p| = |a_{n+1} + a_p - a_{n+1}| \leqslant |a_{n+1}| + |a_p - a_{n+1}| \leqslant |a_{n+1}| + \varepsilon.$$

令 $m = \max\{|a_1|, |a_2|, \cdots, |a_n|, |a_{n+1}| + \varepsilon\}$, 于是结论 1) 成立.

2) 因为 $\{a_n\}, \{b_n\}$ 为 Cauchy 序列, 于是对 $\varepsilon \in K, \varepsilon > 0$, 有 $n_1, n_2 \in \mathbf{N}$ 使得

$$|a_p - a_q| < \frac{\varepsilon}{2}, \quad \text{当 } p > n_1,\ q > n_1;$$

$$|b_p - b_q| < \frac{\varepsilon}{2}, \quad \text{当 } p > n_2,\ q > n_2.$$

取 $n = \max\{n_1, n_2\}$, 则

$$|(a_p + b_p) - (a_q + b_q)| = |(a_p - a_q) + (b_p - b_q)| \leqslant |a_p - a_q| + |b_p - b_q| < \varepsilon.$$

所以 $\{a_p + b_p\} \in \mathcal{O}$.

又由结论 1), 有 $m_1, m_2 \in K$, 使得 $|a_n| \leqslant m_1$, $|b_n| \leqslant m_2$. 对 ε 有 $n', n'' \in \mathbf{N}$ 使得

$$|a_p - a_q| < \frac{\varepsilon}{2m_2}, \quad \text{当 } p > n',\ q > n';$$

$$|b_p - b_q| < \frac{\varepsilon}{2m_1}, \quad \text{当 } p > n'',\ q > n''.$$

于是

$$|a_p b_p - a_q b_p| < \frac{\varepsilon}{2}, \quad \text{当 } p > n',\ q > n';$$

$$|a_q b_p - a_q b_q| < \frac{\varepsilon}{2}, \quad \text{当 } p > n'',\ q > n''.$$

取 $n = \max\{n', n''\}$, 则

$$|a_p b_p - a_q b_q| = |(a_p b_p - a_q b_p) + (a_q b_p - a_q b_q)| \leqslant |a_p b_p - a_q b_p| + |a_q b_p - a_q b_q| < \varepsilon.$$

所以 $\{a_p b_p\} \in \mathcal{O}$.

3) 由结论 2) 容易验证 $\mathcal{O}$ 对所述的加法、乘法构成环.

4) 设 $\{a_n\}$ 是零序列, 于是对 $\varepsilon \in K, \varepsilon > 0$, 有 $n \in \mathbf{N}$ 使得 $p > n$ 时 $|a_p| < \dfrac{\varepsilon}{2}$. 因而

$$|a_p - a_q| \leqslant |a_p| + |a_q| < \varepsilon, \quad \text{当 } p > n,\ q > n.$$

所以 $\{a_n\} \in \mathcal{O}$.

若 $\{a_n\}, \{b_n\}$ 是零序列, 于是对 $\varepsilon \in K, \varepsilon > 0$, 有 $n_1, n_2 \in \mathbf{N}$ 使得

$$|a_p| < \frac{\varepsilon}{2}, \quad \text{当 } p > n_1;$$

$$|b_p| < \frac{\varepsilon}{2}, \quad \text{当 } p > n_2.$$

令 $n = \max\{n_1, n_2\}$, 于是

$$|a_p - b_p| \leqslant |a_p| + |b_p| < \varepsilon, \quad \text{当 } p > n,$$

即 $\{a_p - b_p\} \in \mathfrak{n}$.

又若$\{c_n\} \in \mathcal{O}$, 于是有 $m \in K$ 使得 $|c_n| < m$, 且有 $n' \in \mathbf{N}$, 使得 $p > n'$ 时, $|a_p| < \dfrac{\varepsilon}{m}$. 因此

$$|c_p a_p| = |c_p|\,|a_p| < m\frac{\varepsilon}{m} = \varepsilon, \quad \text{当 } p > n',$$

故 $\{c_n a_n\} \in \mathfrak{n}$, 即 $\mathfrak{n}$ 是 $\mathcal{O}$ 的理想. ∎

定理 7.1.3　设 $\mathcal{O}$, $\mathfrak{n}$ 分别为有序域 K 的 Cauchy 序列、零序列的环及理想. 则有以下结果:

1) 商环 $\Omega = \mathcal{O}/\mathfrak{n}$ 是域;

2) K 可嵌入到 Ω 中, 即 K 与 Ω 的一个子域同构;

3) K 的序可以开拓为 Ω 的序使其为有序域, 而且若 K 是阿氏有序域, 则 Ω 也是阿氏有序域.

证 商环 $\Omega = \mathcal{O}/\mathfrak{n}$ 的零元素, 幺元分别为

$$\{0, 0, \cdots,\} + \mathfrak{n}, \quad \{1, 1, \cdots,\} + \mathfrak{n}.$$

1) 首先, 证明若 $\alpha = \{a_n\} \in \mathcal{O} \setminus \mathfrak{n}$, 必存在 $n_0 \in \mathbf{N}$, $\eta_0 \in K$, $\eta_0 > 0$, 使得

$$|a_q| \geqslant \eta_0, \quad \text{当 } q > n_0.$$

不然的话, $\forall n \in \mathbf{N}$, $\eta > 0$, 有一个 $q > n$ 使得

$$|a_q| < \eta.$$

对此 η, 有 $n \in \mathbf{N}$ 使得 $p > n, q > n$ 时,

$$|a_p - a_q| < \eta.$$

由此可得 $p > n$ 时,

$$|a_p| = |a_p - a_q + a_q| \leqslant |a_p - a_q| + |a_q| < 2\eta.$$

这就导致 $\{a_n\} \in \mathfrak{n}$. 于是上面论断成立. 令

$$\beta = \{b_n\} = \{\underbrace{\eta_0, \eta_0, \cdots, \eta_0}_{n_0}, a_{n_0+1}, \cdots\}, \quad b_n = a_n,\ n > n_0.$$

于是

$$\beta \in \mathcal{O}, \quad \alpha - \beta \in \mathfrak{n}, \quad b_n \geqslant \eta_0,\ \forall n.$$

其次, 证明 $\{b_n^{-1}\} \in \mathcal{O}$. 设 $\varepsilon \in K$, $\varepsilon > 0$. $n \in \mathbf{N}$ 使得

$$|b_p - b_q| < \varepsilon\eta_0^2, \quad \text{当 } p > n,\ q > n.$$

于是

$$|b_p^{-1} - b_q^{-1}| = |b_p^{-1} b_q^{-1}(b_q - b_p)| \leqslant |b_p^{-1}|\,|b_q^{-1}|\,|b_q - b_p| < \varepsilon.$$

所以 $\{b_n^{-1}\} \in \mathcal{O}$.

最后, 证明 $\{a_n\} + \mathfrak{n}$ 为 Ω 的可逆元.

其实, $(\{a_n\} + \mathfrak{n})(\{b_n^{-1}\} + \mathfrak{n}) = (\{b_n\} + \mathfrak{n})(\{b_n^{-1}\} + \mathfrak{n}) = \{1, 1, \cdots\} + \mathfrak{n}$.

至此证明了 $\Omega = \mathcal{O}/\mathfrak{n}$ 是域.

2) 从 K 到 Ω 的映射: $a \to \{a, a, \cdots\} + \mathfrak{n}$ 是一一的、保持加法、乘法及求逆的运算. 因此 K 与 Ω 的子域 $\{\{a, a, \cdots\} + \mathfrak{n} | a \in K\}$ 同构.

3) 设 $\{a_n\} \in \mathcal{O} \setminus \mathfrak{n}$, 在证明结论 1) 时, 证明了存在 $n_0 \in \mathbf{N}$, $\eta_0 \in K$, $\eta_0 > 0$, 使得 $q > n_0$ 时, $|a_q| \geqslant \eta_0$.

进一步证明存在 $n_1 \in \mathbf{N}$, 使得 $q > n_1$ 时, $a_q \geqslant \eta_0$; 或者 $-a_q \geqslant \eta_0$.

若不然, 则 $\forall n \in \mathbf{N}$, 存在 $r > n$, $s > n$ 使得

$$a_r \geqslant \eta_0, \quad -a_s \geqslant \eta_0.$$

于是

$$|a_r - a_s| = a_r + (-a_s) \geqslant 2\eta_0.$$

这与 $\{a_n\} \in \mathcal{O}$ 矛盾. 于是上述断言成立.

设 $\alpha = \{a_n\} + \mathfrak{n} \in \Omega$, $\alpha \neq 0$, 若有 $\eta \in K$, $\eta > 0$, $n \in \mathbf{N}$ 使得 $p > n$ 时,$a_p \geqslant \eta$ $(-a_p \geqslant \eta)$, 则称 $\alpha > 0$ $(\alpha < 0)$. 记 $\Omega_+ = \{\alpha \in \Omega | \alpha > 0\}$, $\Omega_- = \{\alpha \in \Omega | \alpha < 0\}$. 容易证明

$$\begin{aligned}
&\Omega = \Omega_+ \cup \Omega_- \cup \{0\};\\
&\Omega_+ \cap \Omega_- = \Omega_+ \cap \{0\} = \Omega_- \cap \{0\} = \varnothing;\\
&\Omega_+ + \Omega_+ \subseteq \Omega_+,\ \Omega_+\Omega_+ \subseteq \Omega_+,\ \{0\} + \Omega_+ \subseteq \Omega_+;\\
&\Omega_- = -\Omega_+.
\end{aligned}$$

由此可知可将 K 的序开拓为 Ω 的序.

根据引理 7.1.1, 若 $\alpha \in \Omega$, 有 $m \in K$ 使得 $\alpha \leqslant |\alpha| < m$. 现设 K 是阿氏有序域, 于是有 $n \in \mathbf{N}$ 使得 $n \cdot 1_K > m \geqslant \alpha$. 所以 Ω 是阿氏有序域. ■

推论 7.1.1 设 $\alpha = \{a_n\} + \mathfrak{n}$, $\beta = \{b_n\} + \mathfrak{n} \in \Omega$, 则有下面结论:

1) $\alpha \geqslant \beta$ 当且仅当存在 $n \in \mathbf{N}$ 使得 $p > n$ 时, $a_p \geqslant b_p$;

2) $\alpha > 0$ 当且仅当存在 $\eta \in K$, $\eta > 0$, 使得 $\alpha > \eta$.

证 这两个结论可由证明定理 7.1.3 的结论 3) 的过程中得到. ■

注 为明确 Ω 与 K 的关系, 也将 Ω 记为 Ω_K.

既然 Ω_K 是有序域, 于是又可以构造其上的 Cauchy 序列的集合, 在其中定义加法、乘法等, 又构造出一个有序域 Ω_{Ω_K}. 如此继续, 可以得到有序域的序列:

$$K \subseteq \Omega_K \subseteq \Omega_{\Omega_K} \subseteq \cdots.$$

下面将证明

$$\Omega_K = \Omega_{\Omega_K}.$$

引理 7.1.2 设 $\alpha = \{a_n\} + \mathfrak{n} \in \Omega_K$. 则

$$a_1 - \alpha,\ a_2 - \alpha,\ \cdots,\ a_n - \alpha, \cdots$$

是 Ω_K 中的零序列.

证 设 $\varepsilon \in \Omega_K$, $\varepsilon > 0$. 于是有 $\varepsilon' \in K \subseteq \Omega_k$ 满足 $0 < \varepsilon' \leqslant \varepsilon$. 又有 $n \in \mathbf{N}$, 使得

$$|a_p - a_q| < \varepsilon' \leqslant \varepsilon, \quad \text{当 } p > n,\ q > n.$$

因此

$$|(a_p - \alpha) - (a_q - \alpha)| = |a_p - a_q| < \varepsilon, \quad \text{当 } p > n,\ q > n.$$

所以 $\{a_n - \alpha\}$ 是 Ω_K 中零序列. ∎

注 7.1.1 若 $\alpha = \{a_n\} + \mathfrak{n} \in \Omega_K$. 由此引理, 可记 $\alpha = \lim\limits_{n\to\infty} a_n$ 并称为 Cauchy 序列 $\{a_n\}$ 的**极限**.

定义 7.1.7 序列 $a_1,\ a_2,\ \cdots,\ a_n,\ \cdots$ 中的有序子集

$$a_{k_1},\ a_{k_2},\ \cdots,\ a_{k_m},\ \cdots, \quad \text{其中 } k_1 < k_2 < \cdots < k_m < \cdots$$

称为该序列的**子序列**.

引理 7.1.3 有序域中的 Cauchy 序列的子序列仍为 Cauchy 序列, 而且 Cauchy 序列与其子序列的差为零序列.

证 证明留给读者. ∎

定理 7.1.4 设

$$\alpha_1,\ \alpha_2,\ \cdots,\ \alpha_n,\ \cdots$$

是 Ω_K 中的 Cauchy 序列, 则有 $\alpha \in \Omega_K$ 满足

$$\lim_{n\to\infty} \alpha_n = \alpha,$$

即 $\{\alpha_n - \alpha\}$ 是零序列.

证 如果有 $n_0 \in \mathbf{N}$, 使得

$$\alpha_{n_0} = \alpha_{n_0+1} = \alpha_k, \quad \text{当 } k \geqslant n_0,$$

则 $\lim\limits_{n\to\infty} \alpha_n = \alpha_{n_0} \in \Omega_K$.

否则可设 $\forall n_0 \in \mathbf{N}$, 有 $k \in \mathbf{N}$ 使得 $\alpha_{n_0} \neq \alpha_{n_0+k}$. 于是从 $\{\alpha_n\}$ 可抽出子序列使其相邻两项不相等. 根据引理 7.1.3, 此子序列与原序列的差是零序列. 因而可假设 $\{\alpha_n\}$ 中 $\alpha_n \neq \alpha_{n+1}$. $\alpha_2, \alpha_3, \cdots$, 是其子序列. 于是, $\{\eta_n = \alpha_n - \alpha_{n+1}\}$ 是零序列.

设

$$\alpha_n = \{a_{nk}\} + \mathfrak{n}, \quad a_{nk} \in K,\ n = 1, 2, \cdots,$$

因此存在 k_n 满足 $|a_{nk_n} - \alpha_n| < |\eta_n|$. 这样就得到零序列 $\{a_{nk_n} - \alpha_n\}$. 于是

$$\{a_{nk_n}\} = \{\alpha_n\} + \{a_{nk_n} - \alpha_n\}$$

是 Cauchy 序列, 而且

$$\lim_{n\to\infty}\alpha_n=\lim_{n\to\infty}a_{nk_n}\in\Omega_K.$$ ■

这个定理说明,Ω_K 不能再扩大了, 是很完备的了. 如果一个有序域的 Cauchy 序列是收敛的, 就称为是**完备的**. 从一个有序域总可以扩充为一个完备的有序域, 这就是有序域的**完备化**.

例 7.1.2 在数学分析中我们知道有理数域 $\mathbf{Q}$ 的完备化是实数域 $\mathbf{R}$.

交换群的运算可以表示为加法, 也可以表示为乘法. 关于乘法交换群的序可以如下描述.

定理 7.1.5 设 G 交换群, 运算为乘法, 1 为幺元. H 为 G 的子集, 满足条件:

1) $G=H\cup\{1\}\cup H^{-1}$ 为不相交的并, $H^{-1}=\{h^{-1}|h\in H\}$;

2) H 对乘法封闭,

则在 G 定义序为

$$g_1>g_2,\quad 当\ g_1^{-1}g_2\in H,$$

则 G 是有序交换群, 且 $H=\{h|h<1\}$.

证 任取 $g_1,g_2\in G$, 则 $g_1^{-1}g_2\in H$, $g_1^{-1}g_2\in H^{-1}$, $g_1^{-1}g_2=1$ 有且只有一种情形成立, 即 $g_1>g_2$, $g_2>g_1$, $g_1=g_2$ 有且只有一种情形成立.

若 $g_1>g_2$, $g_2>g_3$, 则 $g_1^{-1}g_3=(g_1^{-1}g_2)(g_2^{-1}g_3)\in HH\subseteq H$, 所以 $g_1>g_3$.

若 $g_1>g_2$, 对任何 $g\in G$, 有 $(g_1g)^{-1}(g_2g)=g_1g_2\in H$, 故 $g_1g>g_2g$.

所以 G 是有序交换群. 又 $h\in H$, 有 $h=1h=1^{-1}h\in H$, 所以 $1>h$. ■

注 7.1.2 由定理 7.1.5 得到的有序交换群也记为 (G,H).

例 7.1.3 设 G 为所有正实数 (或正有理数) 的集合,G 对乘法构成交换群. 令 $H=\{h|h<1\}$, 于是 G 为有序交换群.

例 7.1.4 设 $(K,\ +,\ \cdot,\ >)$ 是有序域, 则 $G=\{g|g>0\}$ 对乘法是交换群, 而且 $H=\{h|0<h<1\}$ 满足定理 7.1.5 中的条件. 由给出的序是 K 的序在 G 上的限制.

事实上, $g_1,g_2\in G$, 即在 K 中 $g_1>0,g_2>0$, 从而 $g_1^{-1}>0$. 又若 $g_1^{-1}g_2\in H$, 即 $0<g_1^{-1}g_2<1$. 于是 $0<g_1(g_1^{-1}g_2)=g_2<g_1$.

7.2 赋值域及其完备化

从前面的讨论知道, 并非所有的域都可以成为有序域. 但序在数学中又是非常重要的. 将有序域完备化时, 主要用到了绝对值的序. 将一个域与有序域联系起来的方法就是要寻找一个具有绝对值性质的函数, 这就是所谓的赋值.

定义 7.2.1 交换幺环 R 到有序域 K 的映射 φ 如果满足

1) $\forall a \in R$, $\varphi(a) \geqslant 0$, 而且等号成立当且仅当 $a = 0$;

2) $\forall a, b \in R$, $\varphi(ab) = \varphi(a)\varphi(b)$;

3) $\forall a, b \in R$, $\varphi(a+b) \leqslant \varphi(a) + \varphi(b)$,

则称 φ 是一个**赋值**, R 是**赋值环**, K 是**值域**. R 为域时, 则称 R 为**赋值域**.

又若 $\forall a, b \in R$, $\varphi(a+b) \leqslant \max\{\varphi(a), \varphi(b)\}$, 则称 φ 为**非阿氏赋值**; 否则称为**阿氏赋值**.

注 7.2.1 当 $K = \mathbf{R}$ 为实数域, $R = F$ 为域时, $\varphi(a)$ 也称为 a 的**绝对值**, 并记为 $|a| = \varphi(a)$. 由于阿氏有序域 K 可嵌入实数域中, 即 $K \subseteq \mathbf{R}$, 因此绝对值的概念也在值域是阿氏有序域时适用.

注 7.2.2 φ 是 R 的值在 K 中非阿氏赋值域时, 从例 7.1.4 知这时 K 中正元素构成有序群 G, $\varphi(R) \subseteq G \cup \{0\} = V$, 而且只需要关注 G 中的乘法. 因而也可以称 R 为 V 赋值.

性质 7.2.1 设 φ 是交换幺环 R 到有序域 K 的赋值, 则有以下性质.

1) $\varphi(1) = \varphi(-1) = 1$.

2) $\forall x \in R$, $\varphi(-x) = \varphi(x)$.

3) $\forall x, y \in R$, $|\varphi(x) - \varphi(y)| \leqslant \varphi(x+y)$.

称 $\rho(x, y) = \varphi(x-y)$ 为 x 与 y 的**距离**.

证 1) 因为 $(\varphi(\pm 1))^2 = \varphi((\pm 1)^2) = \varphi(1)$, 所以 $\varphi(\pm 1) = 1$.

2) $\varphi(-x) = \varphi((-1)x) = \varphi(-1)\varphi(x) = \varphi(x)$.

3) $\varphi(x) = \varphi(x+y+(-y)) \leqslant \varphi(x+y) + \varphi(y)$, 于是 $\varphi(x) - \varphi(y) \leqslant \varphi(x+y)$. 同样, $\varphi(y) - \varphi(x) \leqslant \varphi(x+y)$. 于是 $|\varphi(x) - \varphi(y)| \leqslant \varphi(x+y)$. ∎

由于有了距离, 就可以将拓扑引入赋值环、赋值域中.

性质 7.2.2 设 φ 是交换幺环 R 到有序域 K 的非阿氏赋值. 若 $x, y \in R$, $\varphi(x) \neq \varphi(y)$, 则 $\varphi(x+y) = \max\{\varphi(x), \varphi(y)\}$.

证 不妨设 $\varphi(x) < \varphi(y)$. 若 $\varphi(x+y) < \varphi(y)$, 则有

$$\varphi(y) = \varphi((x+y)+(-x)) \leqslant \max\{\varphi(x+y), \varphi(x)\} < \varphi(y).$$

由此矛盾知性质成立. ∎

例 7.2.1 1) $\mathbf{Q}$, $\mathbf{R}$, $\mathbf{C}$ 对绝对值均成赋值域.

2) 对任何域 F, 令 $\varphi(0) = 0$; $x \neq 0$ 时, $\varphi(x) = 1$, 则 φ 是赋值, 称为**平凡赋值**.

3) 有限域 F 只有平凡赋值.

设 F 有 p^n 个元素. 于是 $\forall x \in F$, $x^{p^n} = x$. 若 φ 是 F 的赋值, 则 $\varphi(x) = \varphi(x^{p^n}) = (\varphi(x))^{p^n}$. 故 $x \neq 0$ 时, $\varphi(x) = 1$. φ 是平凡的.

例 7.2.2　设 p 是素数. $\alpha \in \mathbf{Q}$, $\alpha \neq 0$, 于是有 $\alpha = \frac{r}{s}p^n$, $r, s \in \mathbf{Z}$, $(rs, p) = 1$, $n \in \mathbf{Z}$, n 是唯一确定的. 令 $\varphi(\alpha) = p^{-n}$, $\varphi(0) = 0$.

1) $\varphi(\alpha) \geqslant 0$, $\varphi(\alpha) = 0$ 当且仅当 $\alpha = 0$.

2) $\varphi\left(\frac{r}{s}p^n\frac{u}{v}p^m\right) = p^{-n-m} = \varphi\left(\frac{r}{s}p^n\right)\varphi\left(\frac{u}{v}p^m\right)$.

3) 不妨设 $n \geqslant m$, $\frac{r}{s}p^n + \frac{u}{v}p^m \neq 0$, 于是

$$\frac{r}{s}p^n + \frac{u}{v}p^m = \frac{rvp^{n-m} + sv}{sv}p^m = \frac{q}{t}p^{m_1}, \quad m_1 \geqslant m.$$

因此

$$\varphi\left(\frac{r}{s}p^n + \frac{u}{v}p^m\right) = p^{-m_1} \leqslant p^{-m} = \max\left\{\varphi\left(\frac{r}{s}p^n\right), \varphi\left(\frac{u}{v}p^m\right)\right\}.$$

于是 φ 是 $\mathbf{Q}$ 的非阿氏赋值.

定理 7.2.1　整环 R 的赋值 φ 可唯一地开拓为 R 的分式域 F 的赋值, 而且若 φ 是非阿氏的, 开拓后仍是非阿氏的.

证　$\alpha = \frac{a}{b} \in F$, $a, b \in R$, $b \neq 0$. 令 $\varphi_1(\alpha) = \frac{\varphi(a)}{\varphi(b)}$.

1) φ_1 在 R 上的限制与 φ 是一致的, 即 φ_1 是 φ 的开拓.

2) $\varphi_1(\alpha) \geqslant 0$, $\varphi_1(\alpha) = 0$ 当且仅当 $\alpha = 0$.

3) $\varphi_1\left(\frac{a_1}{b_1}\frac{a_2}{b_2}\right) = \frac{\varphi(a_1a_2)}{\varphi(b_1b_2)} = \varphi_1\left(\frac{a_1}{b_1}\right)\varphi_1\left(\frac{a_2}{b_2}\right)$.

4) 由于

$$\varphi_1\left(\frac{a_1}{b_1} + \frac{a_2}{b_2}\right) = \frac{\varphi(a_1b_2 + a_2b_1)}{\varphi(b_1b_2)} \leqslant \frac{\varphi(a_1b_2) + \varphi(a_2b_1)}{\varphi(b_1)\varphi(b_2)} = \varphi_1\left(\frac{a_1}{b_1}\right) + \varphi_1\left(\frac{a_2}{b_2}\right),$$

所以 φ_1 是 F 的赋值.

如果 φ 是非阿氏的, 则

$$\varphi_1\left(\frac{a_1}{b_1} + \frac{a_2}{b_2}\right) \leqslant \frac{\max\{\varphi(a_1b_2), \varphi(a_2b_1)\}}{\varphi(b_1)\varphi(b_2)} = \max\left\{\varphi_1\left(\frac{a_1}{b_1}\right), \varphi_1\left(\frac{a_2}{b_2}\right)\right\}.$$

因此 φ_1 也是非阿氏的.

设 φ' 是 F 的赋值, 且在 R 上的限制为 φ. 于是 $\forall a, b \in R, b \neq 0$, 有 $\varphi'\left(\frac{a}{b}\right) = \frac{\varphi'(a)}{\varphi'(b)} = \frac{\varphi(a)}{\varphi(b)} = \varphi_1\left(\frac{a}{b}\right)$. 因而 φ 的开拓是唯一的. ∎

定理 7.2.2　设 $\mathfrak{p}$ 是整交换幺环 R 的素理想, 满足

1) $\bigcap\limits_n \mathfrak{p}^n = \{0\}$,

2) $a, b \in R$, 有 $\mathfrak{p}^n \| \langle a \rangle$ (即 $\mathfrak{p}^n \supseteq \langle a \rangle$, $\mathfrak{p}^{n+1} \not\supseteq \langle a \rangle$), $\mathfrak{p}^m \| \langle b \rangle$, 则 $\mathfrak{p}^{n+m} \| \langle ab \rangle$, 又 $\rho \in \mathbf{R}$, $0 < \rho < 1$. 定义 $\varphi(a) = \rho^n$, $\rho(0) = 0$, 则 ρ 是 R 的非阿氏赋值.

证 $a \in R$, $a \neq 0$, 故 $\langle a \rangle \neq \{0\} = \bigcap\limits_k \mathfrak{p}^k$, 于是有 n 使得 $\mathfrak{p}^n \supseteq \langle a \rangle$, $\mathfrak{p}^{n+1} \not\supseteq \langle a \rangle$, 即 $\mathfrak{p}^n \| \langle a \rangle$, 因而 $\varphi(a) = \rho^n > 0$. 由条件 2) 知 $\varphi(ab) = \rho^{n+m} = \varphi(a)\varphi(b)$. 不妨设 $n \geqslant m$, 于是 $a \in \mathfrak{p}^n \subseteq \mathfrak{p}^m$, $b \in \mathfrak{p}^m$. 于是 $a + b \in \mathfrak{p}^m$. 设 $\mathfrak{p}^l \| \langle a + b \rangle$, 则 $l \geqslant m$. 因而 $\varphi(a + b) = \rho^l \leqslant \rho^m = \max\{\varphi(a), \varphi(b)\}$. ■

注 7.2.3 由于 $\varphi(a) = \rho^n \in \mathbf{R}$, 所以这种赋值是绝对值.

例 7.2.3 1) 设 K 是 $\mathbf{Q}$ 的有限扩张, O_K 是 K 的整数环. 于是 O_K 中的素理想 $\mathfrak{p}$ 满足定理 7.2.2 的条件. 于是关于 $\mathfrak{p}$ 可定义非阿氏赋值 φ, 常记为 $\varphi_{\mathfrak{p}}$.

2) 设 $p(x)$ 是域 F 上一元多项式环 $F[x]$ 的不可约多项式. 令 $K = F(x)$ 为 $F[x]$ 的分式域. $\alpha \in K$, $\alpha \neq 0$, 则有$\alpha = \dfrac{v(x)}{u(x)} p^n(x)$, $(u(x)v(x), p(x)) = 1$. 设 $\rho \in \mathbf{R}$, 且 $0 < \rho < 1$, 令 $\varphi(\alpha) = \rho^n$, $\varphi(0) = 0$, 则 φ 是 K 的非阿氏赋值.

3) 设 $K = F(x)$ 是域 F 上一元多项式环 $F[x]$ 的分式域. Σ 是 K 的有限扩张, Ω 是 $F[x]$ 在 Σ 中的整闭包. Ω 中的素理想也满足定理 7.2.2 的条件. 于是关于 $\mathfrak{p}$ 可定义非阿氏赋值.

4) 主理想整环的素理想 $\mathfrak{p}$ 满足定理 7.2.2 的条件. 于是关于 $\mathfrak{p}$ 可定义非阿氏赋值.

5) 域 F 上多元多项式环 $F[x_1, x_2, \cdots, x_n]$ 的素理想 $\mathfrak{p}$ 满足定理 7.2.2 的条件. 于是关于 $\mathfrak{p}$ 可定义非阿氏赋值.

从上面的例中知道一个环 R 的赋值可以不是唯一的, 因而不同的赋值就有所谓等价的概念.

定义 7.2.2 设 φ, φ' 分别是交换幺环 R 到有序域 K, K' 的赋值, 若 $\forall x, y \in R$, $\varphi(x) < \varphi(y)$ 当且仅当 $\varphi'(x) < \varphi'(y)$, 则称 φ 与 φ' **等价**.

显然赋值的等价具有反身性、对称性和传递性. 在研究时就可以在等价的赋值中选择好的赋值, 也就是好的有序域作为值域.

上面介绍的赋值与 5.4 节中的赋值似乎不一样, 下面将指出 5.4 节中的赋值实际上只是一类特殊的赋值.

设 φ 是整交换幺环 R 及其分式域 F 到有序域 K 的非阿氏赋值. 从非阿氏赋值的定义知, 赋值只涉及值域 K 的乘法, 于是 $\mathcal{I} = \{\varphi(x) | x \in F, x \neq 0\}$ 是 K 的乘法子群, 自然是有序群. 利用指数映射 $x \to \mathrm{e}^x$ 可将加法变为乘法的思想, 设 $\mathcal{I}^+$ 是一个与 $\mathcal{I}$ 等势的集合, 即 $\mathcal{I}$ 与 $\mathcal{I}^+$ 中有一一对应: $\alpha \to \alpha'$. 在 $\mathcal{I}^+ \cup \{\infty\}$ 中定义加

法与序如下

$$\begin{cases} \alpha' + \beta' = (\alpha\beta)', & \alpha, \beta \in \mathcal{I}, \\ \alpha' + \infty = \infty, & \alpha \in \mathcal{I}, \\ \infty + \infty = \infty, & \\ \alpha' \leqslant \beta', & \alpha \geqslant \beta,\ \alpha, \beta \in \mathcal{I}, \\ \alpha' < \infty, & \alpha \in \mathcal{I}, \end{cases}$$

则 $\mathcal{I}^+$ 是以 $1'$ $(\varphi(1) \to 1')$ 为零元素的有序群, 且与 $\mathcal{I}$ 同构.

引理 7.2.1 设 φ 是整交换幺环 R 及其分式域 F 到有序域 K 的非阿氏赋值.$\mathcal{I}^+ \cup \{\infty\}$ 如上所述. 令 ω 为 F 到 $\mathcal{I}^+ \cup \{\infty\}$ 的映射:

$$\omega(x) = \varphi(x)',\ x \in F,\ x \neq 0; \quad \omega(0) = \infty,$$

则有

$$\omega(xy) = \omega(x) + \omega(y), \quad \omega(x+y) \geqslant \min\{\omega(x), \omega(y)\}.$$

证 这是上面讨论的自然结果. ∎

定义 7.2.3 设 $\mathcal{I}^+$ 是有序群. ω 是整交换幺环 R 及其分式域 F 到 $\mathcal{I}^+ \cup \{\infty\}$ 的映射, 满足

$$\omega(x) \in \mathcal{I}^+,\ x \in F,\ x \neq 0; \quad \omega(0) = \infty.$$

$$\omega(xy) = \omega(x) + \omega(y), \quad \omega(x+y) \geqslant \min\{\omega(x), \omega(y)\}$$

则称 ω 为 F (R) 到 $\mathcal{I}^+$ 的**指数赋值**.

指数赋值颠倒了值的顺序, 而且将乘法变为加法.

在定义 5.4.1 中取 $\mathbf{Z} = \mathcal{I}^+$, 并规定 $\nu(0) = \infty$, 就知道该定义的赋值是一类特殊的指数赋值.

与赋值间等价概念一样, 在指数赋值间可定义等价概念.

例 7.2.4 设 φ 是整交换幺环 R 及其分式域 F 到实数域 $\mathbf{R}$ 的非阿氏赋值. 则 $\omega(x) = -\log \varphi(x)$ 是指数赋值.

定理 7.2.3 设 ω 是域 F 到有序群 $\mathcal{I}^+$ 的指数赋值, 则 $A = \{x \in F | \omega(x) \geqslant 0\}$. 是 F 的赋值环.$\mathfrak{p} = \{x \in F | \omega(x) > 0\}$ 是 A 的唯一的极大理想.

反之, 如果整交换幺环 A 为赋值环, 则 A 的分式域 F 有指数赋值 ω 使得 $A = \{x \in F | \omega(x) \geqslant 0\}$.

证 首先证明 A 是 F 的子环. 设 $x, y \in A$, 于是由

$$\omega(xy) = \omega(x)\omega(y) \geqslant 0, \quad \omega(x \pm y) \geqslant \min\{\omega(x), \omega(y)\} \geqslant 0, \quad \omega(1) = 0,$$

知 A 是 F 的子环.

其次证明 A 是 F 的赋值环. 设 $x \in F$, $x \neq 0$. 若 $\omega(x) \geqslant 0$, 则 $x \in A$. 若 $\omega(x) < 0$, 则 $\omega(x^{-1}) = -\omega(x) > 0$, $x^{-1} \in A$. 因而 A 是 F 的赋值环.

最后证明 $\mathfrak{p}$ 是 A 的唯一极大理想. 又 $x \in A$, x 可逆当且仅当 $\omega(x) = 0$, 于是 $\mathfrak{p}$ 由 A 的不可逆元素构成. 由定理 5.3.1 知 A 是局部环, $\mathfrak{p}$ 为极大理想.

反过来, 首先证明 A 的非零主分式理想集合 $\mathcal{I} = \{\langle a\rangle | a \in F\}$ 对理想的乘法构成有序交换群.

$a, b \in F$, $ab \neq 0$. 于是有 $ab^{-1} \in A$ 或 $a^{-1}b \in A$. 若 $ab^{-1} = c \in A$, 则 $a = bc$, 因而 $\langle a\rangle \subseteq \langle b\rangle$. 同样, 若 $a^{-1}b \in A$, 则 $\langle b\rangle \subseteq \langle a\rangle$. 定义 $\langle a\rangle < \langle b\rangle$ 当且仅当 $\langle a\rangle \subset \langle b\rangle$. 于是 $\mathcal{I}$ 为有序群.

其次建立 F 的赋值 φ: $\varphi(0) = \{0\} = 0$; $\forall a \in F,\ a \neq 0$, $\varphi(a) = \langle a\rangle$, 则有

1) $a \neq 0$, $\varphi(a) = \langle a\rangle \supset \{0\} > 0$;

2) $a, b \in F$, $\varphi(ab) = \langle ab\rangle = \langle a\rangle\langle b\rangle = \varphi(a)\varphi(b)$;

3) $a, b \in F$, $ab \neq 0$, 不妨设 $ab^{-1} \in A$, 于是 $a + b = (1 + ab^{-1})b \in \langle b\rangle$, 因此 $\varphi(a+b) = \langle a+b\rangle \subseteq \langle b\rangle = \varphi(b) \leqslant \max\{\varphi(a), \varphi(b)\}$.

故 φ 为非阿氏赋值, 因此有指数赋值 ω. 注意, 若 $a \in F \setminus A$, 则 $\langle a\rangle \supseteq A = \langle 1\rangle$, 即 $\varphi(a) > 1$, $\omega(a) < 0$, 这样 $A = \{x \in F | \omega(x) \geqslant 0\}$. ∎

推论 7.2.1 域 F 的赋值环与 F 的非阿氏赋值的等价类之间有一一对应.

证 由定理 7.2.3 知由等价的非阿氏赋值得到等价指数赋值, 由等价的指数赋值得到同一赋值环, 反之, 由赋值环可得到非阿氏赋值, 从而得到指数赋值. 对应的赋值环就是原来的赋值环. ∎

域 F 到有序域 K 的赋值 φ, K 可完备化为 Ω_K, 于是 φ 也可视为 F 到 Ω_K 的赋值. 因而讨论赋值域时, 可以假定值域 K 是完备的.

一个自然的问题是, F 本身能否扩大? 也就是有序域的完备化的思想能否用于赋值域?

答案是肯定的. 特别地, 值域是实数域 $\mathbf{R}$ 不仅显得简单, 而且在多个分支中都是有用的.

以下如无特别的说明, 假定讨论的赋值域的值域 K 是完备的.

定义 7.2.4 设域 (环) F, F' 各以 φ, φ' 为赋值. 若有 F 到 F' 的域 (环) 同构 θ 满足 $\forall a, b \in F$,

$$\varphi(a) < \varphi(b) \text{ 当且仅当 } \varphi'(\theta(a)) < \varphi'(\theta(b)),$$

则称 (F, φ) 与 (F', φ') 是**解析同构**的赋值域 (环).

定义 7.2.5 设域 E 是域 F 的扩域, φ, ψ 分别是 E, F 的赋值, 若 φ 在 F 上的限制为 ψ, 则称 φ 是 ψ 的**开拓**.

定义 7.2.6 设 φ 是域 F 的赋值, $x_1, x_2, \cdots, x_n, \cdots$ 是 F 中的序列, 如果对任何 $\varepsilon > 0$, 存在 $n_\varepsilon \in \mathbf{N}$ 使得

$$\varphi(x_p - x_q) < \varepsilon, \quad \forall\, p,\ q > n_\varepsilon,$$

则称 $\{x_n\} = \{x_1, x_2, \cdots, x_n, \cdots\}$ 为**Cauchy 序列**.

若对任何 $\varepsilon > 0$, 存在 $n_\varepsilon \in \mathbf{N}$ 使得

$$\varphi(x_p) < \varepsilon, \quad \forall\, p > n_\varepsilon,$$

则称 $\{x_n\}$ 为**零序列**.

显然, 零序列是 Cauchy 序列.

性质 7.2.3 设 φ 是域 F 的赋值. 若 $x_1, x_2, \cdots, x_n, \cdots$ 为 F 中 Cauchy 序列, 则 $\varphi(x_1), \varphi(x_2), \cdots, \varphi(x_n), \cdots$ 确为值域 K 中的 Cauchy 序列.

证 只要注意 $|\varphi(x_p) - \varphi(x_q)| \leqslant \varphi(x_p - x_q)$. ∎

下面一些结论的证明完全可用 7.1 节中想法及技巧, 因此只给出简要的过程.

定理 7.2.4 设 φ 是域 F 到域 K 的赋值, $\Omega(F, \varphi)$ 为所有 Cauchy 序列的集合. 在 $\Omega(F, \varphi)$ 中定义加法、乘法如下:

$$\{x_n\} + \{y_n\} = \{x_n + y_n\}, \quad \{x_n\} \cdot \{y_n\} = \{x_n y_n\},$$

则有以下结果:

1) $\Omega(F, \varphi)$ 是交换幺环、零元素, 幺元分别为 $\{0\}, \{1\}$;

2) $\Omega(F, \varphi)$ 中所有零序列的集合 $\mathfrak{n}(F, \varphi)$ 是 $\Omega(F, \varphi)$ 的理想;

3) $\Omega_{(F,\varphi)} = \Omega(F, \varphi)/\mathfrak{n}(F, \varphi)$ 是域, 而且 F 的赋值 φ 可解析同构地开拓为 $\Omega_{(F,\varphi)}$ 的赋值 $\bar{\varphi}$;

4) $(\Omega_{(F,\varphi)}, \bar{\varphi})$ 满足 Cauchy 收敛定理, 即有 $\Omega_{(\Omega_{(F,\varphi)}, \bar{\varphi})} = \Omega_{(F,\varphi)}$.

证 1), 2) 的证明留给读者.

3) 欲证 $\Omega_{(F,\varphi)}$ 为域, 只要证 $\Omega_{(F,\varphi)}$ 非零元素 $\{a_n\} + \mathfrak{n} \neq 0$ 可逆. 因此只要证明存在 Cauchy 列 $\{b_n\}$ 使得 $\{a_n b_n\} \equiv \{1\} (\bmod \mathfrak{n})$.

因为 $|\varphi(a_p) - \varphi(a_q)| \leqslant \varphi(a_p - a_q)$, 于是 $\{\varphi(a_n)\}$ 是 K 中的 Cauchy 序列. 由 $\{a_n\}$ 非零序列, 知 $\{\varphi(a_n)\}$ 亦非零序列, 故有 $\eta \in K, \eta > 0$; $N \in \mathbf{N}$ 使得 $n > N$ 时, $\varphi(a_n) \geqslant \eta$. 故 $a_n \neq 0$. 于是不妨设 $\forall n \in \mathbf{N}$, $a_n \neq 0$. 不难看出 $\{a_n^{-1}\}$ 也是 Cauchy 序列, 此时 $\{a_n\}\{a_n^{-1}\} = \{1\}$. 因而 $\Omega_{(F,\varphi)}$ 是域.

定义 $\Omega_{(F,\varphi)}$ 到 K 的映射 $\bar{\varphi}$ 为

$$\bar{\varphi}(\{a_n\} + \mathfrak{n}(F, \varphi)) = \lim_{n\to\infty} \varphi(a_n), \quad \{a_n\} \in \Omega(F, \varphi).$$

可以证明 $\bar{\varphi}$ 的合理性, 且是 $\Omega_{(F,\varphi)}$ 到 K 的赋值. 又若 φ 是非阿氏的, $\bar{\varphi}$ 也是非阿氏的. F 到 $\Omega_{(F,\varphi)}$ 的映射 $a \to \{a_n = a\} + \mathfrak{n}(F,\varphi)$ 是解析同构的嵌入.

4) 若 $\Omega_{(F,\varphi)}$ 中序列 $\{\alpha_n\}$ 有极限 α, 即 $\{\alpha_n - \alpha\}$ 为零序列, 或 $\lim\limits_{n\to\infty} \bar{\varphi}(\alpha_n) = \bar{\varphi}(\alpha)$. 故 $\{\alpha_n\} = \{\alpha_n - \alpha\} + \{\alpha\}$ 为 Cauchy 序列.

反之, 设 $\{a_n\}$ 为 F 的 Cauchy 序列. 于是 $\alpha = \{a_n\} + \mathfrak{n}(F,\varphi) \in \Omega_{(F,\varphi)}$. 由结论 3), F 已嵌入 $\Omega_{(F,\varphi)}$ 中, 因而也可视为 $\Omega_{(F,\varphi)}$ 中的 Cauchy 序列. 注意

$$\lim_{n\to\infty} \bar{\varphi}(a_n - \alpha) = \lim_{k\to\infty} \lim_{n\to\infty} (\varphi(a_n) - \varphi(a_k)) = 0,$$

于是 $\lim\limits_{n\to\infty} a_n = \alpha$.

$\{\alpha_n\}$ 为 Cauchy 序列. 若有 $N \in \mathbf{N}$ 使得 $\alpha_N = \alpha_{N+1} = \cdots$, 则 α_N 为此序列的极限. 于是可设 $\forall N \in \mathbf{N}$, 有 $k \in \mathbf{N}$ 使得 $\alpha_N \neq \alpha_{N+k}$. 于是从 $\{\alpha_n\}$ 可抽出子序列使其相邻两项不相等, 此子序列与原序列的差是零序列. 因而可假设 $\{\alpha_n\}$ 中 $\alpha_n \neq \alpha_{n+1}$. 从而有 $\{\varepsilon_n = \bar{\varphi}(\alpha_n - \alpha_{n+1}) > 0\}$ 为 K 中的零序列. 设 $\alpha_n = \{a_{nk}\} + \mathfrak{n}(F,\varphi)$. 于是有序列 $\{a_{nk_n}\}$ 使得 $\bar{\varphi}(a_{nn_k} - \alpha_n) < \varepsilon_n$. 由于

$$\varphi(a_{pk_p} - a_{qk_q}) = \bar{\varphi}((a_{pp_k} - \alpha_p) + (\alpha_p - \alpha_q) + (\alpha_q - a_{qk_q})),$$

所以 $\{a_{nn_k}\}$ 是 Cauchy 序列, 因而有极限. 而 $\{\alpha_n - a_{nn_k}\}$ 为零序列, 于是 $\{\alpha_n\}$ 与 $\{a_{nn_k}\}$ 有相同的极限. ∎

因此称 $\Omega_{(F,\varphi)}$ 为 F 对赋值 φ 的**完备扩张或完备化**.

7.3 非阿氏赋值

本节讨论非阿氏赋值, 特别是其中的离散赋值. 主要内容有非阿氏赋值域的性质, 有限代数数域的离散赋值的确定, 非阿氏赋值域的代数扩张及完备化. 最常用的有序域自然是实数域 $\mathbf{R}$, 因而值域为 $\mathbf{R}$ 的赋值是很值得关注的.

讨论非阿氏赋值的性质时需要下面的不等式.

引理 7.3.1 设在有序域中 $a > 0, b > 0, c > 0$ 且

$$c^n \leqslant na + b, \quad \forall n \in \mathbf{N},$$

则 $c \leqslant 1$.

证 若不然, 有 $c = 1 + d, d > 0$. 于是当 $n \geqslant 2$ 时, 有

$$c^n = (1+d)^n = \sum_{k=0}^{n} \mathrm{C}_n^k d^k > nd + \frac{1}{2}n(n-1)d^2.$$

当 $n > \max\left\{\dfrac{b}{d}, \dfrac{2a}{d^2} + 1\right\}$ 时, $c^n > na + b$. 这与假设矛盾. 所以 $c \leqslant 1$. ∎

定义 7.3.1　设 F 的指数赋值为 ω, 对应有序群 $\mathcal{I}^+$. 若 $P=\{x\in\mathcal{I}^+|x>0\}$ 有最小者, 则称 ω 为**离散赋值**.

定理 7.3.1　1) F 的一阶赋值 φ 是非阿氏的当且仅当 $\forall n\in\mathbf{N}$, $\varphi(n\cdot 1)\leqslant 1$.

2) F 的一阶赋值 φ 是阿氏的当且仅当存在 $n\in\mathbf{N}$ 使得 $\varphi(n\cdot 1)>1$.

3) 若 F 的指数赋值 ω 为离散赋值, 则 $\mathcal{I}^+$ 为无限循环群.

4) 设 F 的指数赋值为 ω, $A=\{x\in F|\omega(x)\geqslant 0\}$ 为对应的赋值环, 则 ω 是离散的当且仅当 A 的极大理想 $\mathfrak{p}$ 是主理想.

证　1) 设 φ 是非阿氏的, 由于 $\varphi(1)=1$, 因此

$$\varphi(n\cdot 1)=\varphi(1+(n-1)\cdot 1)\leqslant\max\{\varphi(1),\varphi((n-1)\cdot 1)\}.$$

对 n 作归纳即可证明 $\varphi(n\cdot 1)\leqslant 1$.

反之, 设 $x,y\in F$, 令 $m=\max\{\varphi(x),\varphi(y)\}$. 于是 $\forall n\in\mathbf{N}$, 有

$$\begin{aligned}&(\varphi(x+y))^n=\varphi((x+y)^n)=\varphi\left(\sum_{i=0}^{n}C_n^i x^i y^{n-i}\right)\\ \leqslant&\sum_{i=0}^{n}\varphi(C_n^i\cdot 1)\varphi(x)^i\varphi(y)^{n-i}\leqslant\sum_{i=0}^{n}\varphi(x)^i\varphi(y)^{n-i}\\ \leqslant&(n+1)m^n.\end{aligned}$$

因而

$$\left(\frac{\varphi(x+y)}{m}\right)^n\leqslant n+1,\quad n=1,2,\cdots,$$

由引理 7.3.1 知 $\dfrac{\varphi(x+y)}{m}\leqslant 1$, 即 $\varphi(x+y)\leqslant m=\max\{\varphi(x),\varphi(y)\}$. 即 φ 是非阿氏的.

结论 2) 是结论 1) 的等价命题.

3) 令 $\delta=\min\limits_{x\in P}\{x\}=\min\{x\in\mathcal{I}^+|x>0\}$. 因此 $\forall x\in P$, $\exists n\in\mathbf{N}$ 使得 $n\delta\leqslant x<(n+1)\delta$. 于是 $0\leqslant x-n\delta<\delta$, 因而 $x=n\delta$, 即 δ 生成 $\mathcal{I}^+$.

4) 设 ω 是离散的. 于是有 $\delta=\min\{\omega(x)|x\in P\}$, $\mathcal{I}^+=\langle\delta\rangle$ 是无限循环群. 又有 $a\in A$ 使得 $\omega(a)=\delta>0$, 因而 $a\in\mathfrak{p}$. 若 $x\in\mathfrak{p}$, $\omega(x)=n\delta$, 于是 $\omega(a^{-n}x)=0$, $a^{-n}x\in A$, 于是 $x=a^n(a^{-n}x)\in\langle a\rangle$ 即 $\mathfrak{p}=\langle a\rangle$ 是主理想.

反之, 设 $\mathfrak{p}=\langle a\rangle$ 是主理想, $b\in A$, $b\neq 0$, $\langle b\rangle$ 为 A 的理想. 先证明存在 $n\in\mathbf{N}$ 使得 $a^n\in\langle b\rangle$. 若不然, 则有极大理想 $\mathfrak{p}'\supseteq\langle b\rangle$. 于是 $\forall n\in\mathbf{N}$, $a^n\notin\mathfrak{p}'$, 故 $\mathfrak{p}\neq\mathfrak{p}'$. 这与 A 为局部环矛盾. 由此可知存在唯一的非负整数 m 使得 $\langle a\rangle^m\supseteq\langle b\rangle\supset\langle a\rangle^{m+1}$. 于是有 $\langle 1\rangle\supseteq\langle a^{-m}b\rangle\supset\langle a\rangle$. 于是 $\langle 1\rangle=\langle a^{-m}b\rangle$, 即 $\langle b\rangle=\langle a\rangle^m$. 因而所有的主分式

理想 $\langle b\rangle=\mathfrak{p}^m$, $m\in\mathbf{Z}$. 令 $\omega'(b)=m$, 就得到 F 的离散赋值, 其赋值环为 A. 由推论 7.2.1, ω 等价于 ω', 因而 ω 也是离散的. ∎

此定理说明, $\mathcal{I}^+$ 同构于整数加法群 $\mathbf{Z}$. 因此讨论离散赋值时, 总可以用 $\mathbf{Z}$ 替代 $\mathcal{I}^+$.

下面将决定有限代数数域的非阿氏赋值, 也就是决定其赋值环.

定理 7.3.2 设 F 是 $\mathbf{Q}$ 的有限次代数扩张,$A=O_F$ 是 F 的整数环, 则 F 的子环 B 为 F 的赋值环当且仅当 $B=A_{\mathfrak{p}}$ 为 A 在素理想 $\mathfrak{p}$ 处的局部化.

证 设 $\mathfrak{p}$ 为 A 的素理想. 于是由定理 7.2.2, 对实数 $\rho\in(0,1)$, F 有非阿氏赋值 φ. 当 $\mathfrak{p}^n\|\langle a\rangle$ 时, $\varphi(a)=\rho^n$, 于是对应指数赋值 $\omega(a)=-\log\varphi(a)=-\log\rho^n=-n\log\rho$. 特别地, 令 $\rho=\mathrm{e}^{-1}$, 则 $\omega(a)=n$. 由此得到 K 的赋值环 $A_{\mathfrak{p}}$.

反之, 如果 B 是 F 的赋值环, ω 为相应指数赋值, 则有以下结果.

1) $A=O_F\subseteq B$.

由于 $1^{-1}=1$, 因此 $1\in B$, 故 $\mathbf{Z}\subseteq B$. 设 $a\in A$, $a\neq 0$, 于是有

$$a^n+a_1a^{n-1}+\cdots+a_n=0,\quad a_i\in\mathbf{Z}.$$

若 $a^{-1}\notin B$, 则 $a\in B$. 若 $a^{-1}\in B$, 则 $a=-(a_1+\cdots+a_na^{-(n-1)})\in B$.

2) B 是局部环, 其极大理想为 $\mathfrak{q}$, 于是 $\mathfrak{p}=\mathfrak{q}\cap A$ 是 A 的素理想.

3) A 关于 $\mathfrak{p}$ 的局部化 $A_{\mathfrak{p}}=\left\{\dfrac{a}{s}\middle|s\in A\setminus\mathfrak{p}\right\}\subseteq B$.

事实上, $S=A\setminus\mathfrak{p}\subseteq B$, 而且 $\forall s\in S$, $s\notin\mathfrak{q}$, 于是 s 是 B 中的可逆元, 于是 $A_{\mathfrak{p}}\subseteq B$.

4) $A_{\mathfrak{p}}$ 也是 F 的赋值环.

这是定理 5.5.1 的结果.

5) $B=A_{\mathfrak{p}}$.

因为 $A_{\mathfrak{p}}\subseteq B$, 所以 $A_{\mathfrak{p}}\mathfrak{p}\subseteq\mathfrak{q}$. 若 $b\in B$, $b\notin A_{\mathfrak{p}}$, 则 $c=b^{-1}\in A_{\mathfrak{p}}$, 在 $A_{\mathfrak{p}}$ 中不可逆, 于是 $c\in A_{\mathfrak{p}}\mathfrak{p}$, 因此 $c\in\mathfrak{q}$, 即 c 在 B 中不可逆, 于是 $c^{-1}=b\notin B$, 这就产生矛盾. 于是 $b\in A_{\mathfrak{p}}$. 故 $B=A_{\mathfrak{p}}$.

6) $A_{\mathfrak{p}}$ 决定了 F 的一个离散赋值.

这是定理 5.5.1 的结果. ∎

注 7.3.1 此定理中所得赋值称为$\mathfrak{p}$ **进赋值**, 值域为 $\mathbf{R}$.

例 7.3.1 设 F 是一个 Riemann 面上所有亚纯函数构成的域. a 为此 Riemann 面上一点. 于是 F 中元素可表示为

$$f(z)=(z-a)^ng(z),\quad n\in\mathbf{Z},\ \ g(a)\in\mathbf{C},\ g(a)\neq 0.$$

则 $\Omega(f(z))=n$ 是 F 的一个赋值.

Riemann 面上一点对应 F 的一个赋值, 所以也将赋值称为 “位点”.

一个赋值域扩张后仍可以是赋值域, 可以用所谓 "赋值位" 来建立. 先引进两个概念.

定义 7.3.2　设 φ 是域 F 的非阿氏赋值, A 是对应的赋值环, $\mathfrak{p}$ 为 A 的极大理想. 称域 $A/\mathfrak{p}$ 为 F 关于 φ 的**剩余类域**.

又域 $\Delta \supseteq A/\mathfrak{p}$, A 到 Δ 中的同态 $\mathcal{P}$ 若满足 $\ker \mathcal{P} = \mathfrak{p}$, 则称 $\mathcal{P}$ 为 F 的Δ **赋值位**.

由定义 7.3.2 知, 设 φ 是域 F 的非阿氏赋值, A 是对应的赋值环, $\mathfrak{p}$ 为 A 的极大理想, 则从 A 到 $A/\mathfrak{p}$ 的自然同态 $\mathcal{P}$ 是 $A/\mathfrak{p}$ 赋值位, 此赋值位称为**典型的赋值位**.

定理 7.3.3　1) 设 A 是域 F 的赋值环, 则可给出 F 的赋值 φ', 而且此赋值所确定的赋值环恰为 A.

2) 设 φ 是域 F 到 $V = G \cup \{0\}$ 的赋值, 这里 (G, H) 是有序交换群, A 是域 F 对应 φ 的赋值环. 又设 φ' 是在 1) 中所得的 F 对应 A 的赋值, 则 φ 与 φ' 等价.

证　1) 设 U 为 A 中单位的集合, M 为 A 中非单位的元素的集合. $F^* = F\backslash\{0\}$ 对乘法为群. $A^* = A \cap F^*$, $M^* = M \cap F^*$. U 是 F^* 的子群, 故有商群 $G' = F^*/U$. 令

$$H' = \{bU | b \in M^*\} \subset G'.$$

如果 $a \in F^*$, 或者 $a \in A$, 或者 $a^{-1} \in A$. 若 $a, a^{-1} \in A$, 则 $a \in U$, 故 $aU = U = 1_{G'}$. 若 $a \in A$, $a^{-1} \notin A$, 则 $a \in M^*$ 且 $aU \in H'$. 若 $a \notin A$, 则 $a^{-1} \in M^*$, $aU \in (H')^{-1}$. 于是有 $G' = H' \cup \{1_{G'}\} \cup (H')^{-1}$ 为不相交的并; $b_1, b_2 \in M^*$, $b_1 b_2 \in M^*$, 即 $H'H' \subseteq H'$. 故 (G', H') 是有序交换群.

令 $V' = G' \cup \{0\}$, 定义 F 到 V' 的映射 φ' 为

$$\varphi'(0) = 0, \quad \varphi'(a) = aU \in G',\ a \neq 0.$$

那么有:

i) $\varphi'(a) = 0$, 当且仅当 $a = 0$;

ii) $\varphi'(ab) = \varphi'(a)\varphi'(b)$;

iii) $\varphi'(a+b) \leqslant \max\{\varphi'(a), \varphi'(b)\}$.

事实上, 若 $a = 0$ 或 $b = 0$ 上式自然成立. 设 $a \neq 0$, $b \neq 0$. 于是 $ab^{-1} \in A$ 或 $ba^{-1} \in A$. 设为前者. 因此从 $A^* = U \cup M^*$ 得 $\varphi(ab^{-1}) \leqslant 1$, 即 $\varphi'(a) \leqslant \varphi'(b)$. 又 $ab^{-1} + 1 \in A$, 所以 $\varphi'(ab^{-1}+1) \leqslant 1$. 从而

$$\varphi'(a+b) = \varphi'(b)\varphi'(ab^{-1}+1) \leqslant \varphi'(b) = \max\{\varphi'(a), \varphi'(b)\}.$$

于是 φ' 是 F 的赋值. 更进一步有 $\{a \in F | \varphi'(a) \leqslant 1\} = A$, 知从 φ' 得到的赋值环恰为 A.

2) 在前面的证明中已知 $a \neq 0$ 时, $\varphi'(a) = aU$. 另一方面, 从 F^* 到 G 的同态 $a \to \varphi(a)$ 的核为 U. 于是有 G' 到 G 的同构 $\varphi'(a) \to \varphi(a)$. 若 $bU \in H'$, 则 $b \in M^*$, 故 $\varphi(b) < 1$. 这样知 $\varphi'(a) \to \varphi(a)$ 是保序的, 即 φ' 与 φ 是 F 的等价的赋值. ∎

注 7.3.2 本定理证明过程得到的 F 的赋值 φ' 称为 A 的**典型赋值**.

下面考虑赋值的开拓. 这可以用赋值位来描述.

定理 7.3.4 1) 设 R_0 是域 F 的子环, $\mathcal{P}_0$ 是 R_0 到代数闭域 Δ 中的同态, 则 $\mathcal{P}_0$ 可开拓为 F 的 Δ 赋值位.

2) 设 R_0 是域 F_0 的赋值环, F 是 F_0 的扩域, 则可将 F_0 对 R_0 的典型赋值开拓为 F 的一个典型赋值.

证 1) 从定理 5.3.2 知结论 1) 成立.

2) 利用结论 1) 就可以得到赋值及相应赋值位的开拓.

设 φ_0', $\mathcal{P}_0$ 是 F_0 对应的典型的赋值与 F_0/P_0 赋值位, $P_0 = \ker \mathcal{P}_0$ 是 R_0 的一个理想. 可以将 F_0/P_0 嵌入到其代数封闭域 Δ 中. 于是对于 F_0 的扩域 F, $\mathcal{P}_0$ 可以开拓为 F 的 Δ 赋值位 $\mathcal{P}$, 对应赋值环为 R, 典型赋值为 φ. $P = \ker \mathcal{P}$. 又 U_0, U 分别为 R_0, R 的单位元集, 于是有

$$R_0 = R \cap F_0, \quad P_0 = P \cap F_0, \quad U_0 = U \cap F_0.$$

因而有有序群 $G_0 = F_0^*/U_0$ 与 $G' = F^*/U$ 的单同态 s:

$$s(a_0U_0) = a_0U, \quad a_0 \in F_0^*.$$

于是有

$$\varphi(a_0) = s\varphi_0(a_0), \quad \forall a_0 \in F_0.$$

也就是说, 可以将 F_0 的典型赋值开拓为 F 的典型赋值. ∎

推论 7.3.1 设 φ_0 是域 F_0 的赋值, F 是 F_0 的扩域, 则存在有序群 G 为 F_0 的值群的扩张, 同时有一个 F 对 $V = G \cup \{0\}$ 的赋值 φ 为 φ_0 的开拓.

证 设 R_0 是 φ_0 的赋值环, φ_0' 是相应 R_0 的典型的赋值, 则由 φ_0 与 φ_0' 的关系, 有一个 F 上的 V 赋值 φ, 与一个 φ_0 的赋值群到 G 中的有序的单值的同态 t 使得

$$\varphi(a_0) = t\varphi_0(a_0), \quad \forall\, a_0 \in F_0.$$

于是可以将 F_0 的值群等同于它在 t 作用下在 G 中的像. ∎

引理 7.3.2 设 φ 是域 F 的赋值, F_0 是 F 的子域, 且 $[F : F_0] = n < \infty$. 则 F 的值群有序同构于 F_0 的值群 G_0 的子群.

证 对任何 $a \in F$, $a \neq 0$, 有关系

$$\alpha_1 a^{n_1} + \alpha_2 a^{n_2} + \cdots + \alpha_k a^{n_k} = 0,$$

其中 $\alpha_i \in F_0$, $n_i \in \mathbf{N}$, $n \geqslant n_1 > n_2 > \cdots > n_k$.

如果有

$$\varphi(\alpha_i a^{n_i}) > \varphi(\alpha_j a^{n_j}), \quad \forall j \neq i,$$

则

$$\varphi\left(\sum_{l=1}^{k} \alpha_l a^{n_l}\right) = \varphi(\alpha_i a^{n_i}).$$

这与 $\sum\limits_{l=1}^{k} \alpha_l a^{n_l} = 0$ 矛盾. 于是有 $i > j$ 使得 $\varphi(\alpha_i a^{n_i}) = \varphi(\alpha_j a^{n_j})$. 因此 $\varphi(a)^{n_i - n_j} = \varphi(\alpha_j \alpha_i^{-1}) \in G_0$. 特别地, $\varphi(a)^{n!} \in G_0$. 注意 G 是无扭的, 于是 $g \to g^{n!}$ 是 G 到 G_0 中的有序的单同态. 故 G 与 G_0 的一个子群有序同构. ∎

定理 7.3.5　设域 F_0 有一到实数域 $\mathbf{R}$ 的非阿氏赋值 φ_0, F 是 F_0 的有限代数扩张, 则 φ_0 可开拓为 F 的到实数域 $\mathbf{R}$ 的非阿氏赋值 φ.

证　F_0 的值群 G_0 是正实数 (乘法) 群的子群. 根据定理 7.3.4 的推论 7.3.1, φ_0 有一个在 F 上的开拓 φ, 其值群 G 是 G_0 的扩张. 引理 7.3.2 的证明说明如果 $[F : F_0] = n < \infty$, 则 $g \to g^{n!}$ 是 G 到 G_0 中的单值的有序同态, 于是 $g \to (g^{n!})^{1/n!}$ 是 G 到 $G_0(\subset \mathbf{R})$ 的子群的同构, 因此,φ 是 F 到实数域 $\mathbf{R}$ 的非阿氏的赋值. ∎

以下讨论非阿氏赋值的完备化.

定理 7.3.6　设 φ 是域 F 到实数域 $\mathbf{R}$ 的非阿氏赋值, $\Omega_{(F,\varphi)}$ 为其完备扩张, $\bar{\varphi}$ 为 φ 在其上的开拓. 则有以下结果:

1) $\Omega_{(F,\varphi)}$ 中序列 $\{\alpha_n\}$ 为 Cauchy 序列当且仅当 $\{\beta_n = \alpha_n - \alpha_{n+1}\}$ 为零序列;

2) $\Omega_{(F,\varphi)}$ 中级数 $\sum\limits_{n=1}^{\infty} \alpha_n$ 收敛当且仅当 $\{\alpha_n\}$ 为零序列;

3) $\{\alpha_n\}$ 为非零 Cauchy 序列, 则有 $N \in \mathbf{N}$ 使得 $n \geqslant N$ 时, $\bar{\varphi}(\alpha_n) = \bar{\varphi}(\alpha_N)$.

证　1) 必要性是显然的.

现证充分性. 对任一 $\varepsilon > 0$, 存在 $n_\varepsilon \in \mathbf{N}$ 使得 $n > n_\varepsilon$ 时,

$$\bar{\varphi}(\beta_n) = \bar{\varphi}(\alpha_n - \alpha_{n+1}) < \varepsilon.$$

因而对 $q \geqslant p > n_\varepsilon$,

$$\bar{\varphi}(\alpha_p - \alpha_q) = \bar{\varphi}\left(\sum_{i=0}^{q-p-1} (\alpha_{p+i} - \alpha_{p+i+1})\right) \leqslant \max_{0 \leqslant i \leqslant q-p-1} \{\bar{\varphi}(\alpha_{p+i} - \alpha_{p+i+1})\} < \varepsilon.$$

于是结论 1) 成立.

2) 这只不过是 1) 的另一种表达方式.

3) 设 $\lim\limits_{n\to\infty} \bar{\varphi}(\alpha_n) = \eta > 0$. 故 $\{\bar{\varphi}(\alpha_n)\}$ 是有界集. 有 $N_1 \in \mathbf{N}$ 使得 $n > N_1$

时, $\bar{\varphi}(\alpha_n) > \frac{1}{2}\eta$. 又 $\lim\limits_{n\to\infty}\bar{\varphi}(\alpha_n - \alpha_{n+1}) = 0$, 故有 $N_2 \in \mathbf{N}$, 使得 $n > N_2$ 时, $\bar{\varphi}(\alpha_n - \alpha_{n+1}) < \frac{1}{2}\eta$. 于是 $p > \max\{N_1, N_2\}$ 时, $\bar{\varphi}(\alpha_p - \alpha_{p+1}) < \frac{1}{2}\eta < \bar{\varphi}(\alpha_{p+1})$. 由性质 7.2.2 知

$$\bar{\varphi}(\alpha_p) = \bar{\varphi}(\alpha_p - \alpha_{p+1} + \alpha_{p+1}) = \bar{\varphi}(\alpha_{p+1}).$$ ■

定理 7.3.7 设 φ 是域 F 的非阿氏赋值,A, $\mathfrak{p}$ 是对应的赋值环, 极大理想. 又设 $(\Omega_{(F,\varphi)}, \bar{\varphi})$ 为 (F, φ) 的完备扩张, 则有下面结果.

1) $(\Omega_{(F,\varphi)}\bar{\varphi})$ 仍是非阿氏赋值, 对应赋值环, 极大理想分别为 $\bar{A}$, $\bar{\mathfrak{p}}$, 那么有

$$A \subseteq \bar{A}, \quad \mathfrak{p} \subseteq \bar{\mathfrak{p}}, \quad \mathfrak{p} = A \cap \bar{\mathfrak{p}}.$$

2) 又设 π 是 $\bar{A}$ 到到 $\bar{A}/\bar{\mathfrak{p}}$ 的自然同态, 则 π 在 A 的限制是 A 到 $\bar{A}/\bar{\mathfrak{p}}$ 上的同态, 且 $\bar{A}/\bar{\mathfrak{p}} \cong A/\mathfrak{p}$.

证 1) φ 是非阿氏的, 所以 $n \in \mathbf{N}$, $1 \geqslant \varphi(n) = \bar{\varphi}(n)$, 即 $\bar{\varphi}$ 是非阿氏的. 又

$$A = \{a \in F | \varphi(a) \geqslant 0\} = \{a \in F | \bar{\varphi}(a) \geqslant 0\} \subseteq \bar{A};$$
$$\mathfrak{p} = \{a \in F | \varphi(a) > 0\} = \{a \in F | \bar{\varphi}(a) > 0\} \subseteq \bar{\mathfrak{p}};$$
$$\mathfrak{p} \subseteq A \cap \bar{\mathfrak{p}} \subseteq A \cap \{\alpha | \bar{\varphi}(\alpha) > 0\} = \mathfrak{p}.$$

2) 只要证明 $\forall \alpha \in \bar{A}$, $(\alpha + \bar{\mathfrak{p}}) \cap A \neq \varnothing$. 亦即证明有 $a \in A$ 使得 $\bar{\varphi}(a - \alpha) < 1$. 设 $\alpha = \{a_n\} + \mathfrak{n}$, $\{a_n\}$ 是 Cauchy 序列, $\mathfrak{n}$ 为零序列组成的理想. 取 $\varepsilon = \frac{1}{2}$. 有 a_n 使得 $\bar{\varphi}(\alpha - a_n) < \frac{1}{2}$, 即 $\alpha - a_n \in \bar{\mathfrak{p}}$, 故 $\alpha + \bar{\mathfrak{p}} = a_n + \bar{\mathfrak{p}}$. 又 $\alpha \in \bar{A}$, 即 $\bar{\varphi}(\alpha) \leqslant 1$. 从而有 $N \in \mathbf{N}$ 使得 $n \geqslant N$, $\varphi(a_n) < 1$, 故 $a_n \in A$, 令 $a = a_n$ 即可.

由于 $\pi(A) = \bar{A}/\bar{\mathfrak{p}}$, $\bar{\mathfrak{p}} \cap A = \mathfrak{p}$, 因此 $\bar{A}/\bar{\mathfrak{p}} \cong A/\mathfrak{p}$. ■

推论 7.3.2 存在 $S \subseteq A$, 使得

$$\bar{A} = \bigcup_{s \in S}(s + \bar{\mathfrak{p}}), \quad (s + \bar{\mathfrak{p}}) \cap (s_1 + \bar{\mathfrak{p}}) = \varnothing, \quad s, s_1 \in S, \ s \neq s_1.$$

称 S 为**完全代表系**.

推论 7.3.3 如果 φ 是离散的非阿氏赋值, 则 $\bar{\varphi}$ 也是离散的. 于是, $\mathfrak{p}$, $\bar{\mathfrak{p}}$ 分别为 A, $\bar{A}$ 的主理想. 如果 $\mathfrak{p} = \langle a \rangle$, 则亦有 $\bar{\mathfrak{p}} = \langle a \rangle$. ■

定理 7.3.8 设 φ 是域 F 的离散的非阿氏赋值, A, $\mathfrak{p} = \langle a \rangle$, $\bar{A}$, $\bar{\mathfrak{p}} = \langle a \rangle$, S 等如上述, 则有下面两个结果:

1) $\forall \alpha \in A\,(\bar{A})$, $k \in \mathbf{N}$, 存在唯一的 $(a_0, a_1, \cdots, a_{k-1})\,(a_i \in S)$ 使得

$$\alpha \equiv a_0 + a_1 a + \cdots + a_{k-1} a^{k-1} \pmod{\mathfrak{p}^k} \ ((\operatorname{mod} \bar{\mathfrak{p}}^k));$$

2) $\forall\alpha \in \Omega_{(F,\varphi)}$, 可唯一地展开为系数在 S 中的 a 的 "幂级数"

$$\alpha = a_{-\gamma}a^{-\gamma} + \cdots + a_{-1}a^{-1} + a_0 + a_1 a + a_2 a^2 + \cdots .$$

证 1) 只对 A 的情形证明, $\bar{A}$ 的情形是一样的. $k=1$, 有唯一的 $a_0 \in S$ 使得 $\alpha \in a_0 + \mathfrak{p}$, 即 $\alpha \equiv a_0 \pmod{\mathfrak{p}}$. 设 k 时结论已成立, 即有 $\alpha - (a_0 + \cdots + a_{k-1}a^{k-1}) = ca^k$, $c \in A$. 于是有唯一的 $a_k \in S$ 使得 $c \equiv a_k \pmod{\mathfrak{p}}$. 于是结论 1) 成立.

2) 由 $\alpha \in \Omega_{(F,\varphi)}$, 知有 $\gamma \in \mathbf{Z}$, $\gamma \geqslant 0$, 使得 $\beta = a^\gamma \alpha \in \bar{A}$. 于是由结论 1), 有

$$\beta \equiv b_0 + b_1 a + \cdots + b_{k-1}a^{k-1} \pmod{\bar{\mathfrak{p}}^k}.$$

令 $\beta_{k-1} = b_0 + b_1 a + \cdots + b_{k-1}a^{k-1}$, 由于 $\lim\limits_{k\to\infty} \bar{\varphi}(\beta_k - \beta_{k-1}) = \lim\limits_{k\to\infty} \bar{\varphi}(b_k a^k) = 0$, 所以 $\{\beta_{k-1}\}$ 是 Cauchy 序列, 因而 $\beta = \sum\limits_{k=0}^{\infty} b_k a^k$,

$$\alpha = \sum_{k=0}^{\infty} b_k a^{k-\gamma} = a_{-\gamma}a^{-\gamma} + \cdots + a_{-1}a^{-1} + a_0 + a_1 a + a_2 a^2 + \cdots . \qquad \blacksquare$$

注 7.3.3 结论 2) 的逆定理成立, 即级数

$$a_{-\gamma}a^{-\gamma} + \cdots + a_{-1}a^{-1} + a_0 + a_1 a + a_2 a^2 + \cdots$$

在 $\Omega_{(F,\varphi)}$ 中收敛, 这种级数称为$\bar{\mathfrak{p}}$ **进级数**, $\gamma \leqslant 0$ 时, 称为$\bar{\mathfrak{p}}$ **进整数**, 其极限在 $\bar{A}$ 中, $\gamma < 0$ 时, 其极限在 $\bar{\mathfrak{p}}$ 中.

例 7.3.2 设 p 是素数. 若 $x \in \mathbf{Q}$, $x \neq 0$, 于是$x = \dfrac{s}{r}p^n$, $r, s \in \mathbf{Z}$, $(rs, p) = 1$, 令 $\varphi_p(x) = p^{-n}$. 设 Ω_p 是 $\mathbf{Q}$ 关于 φ_p 的完备扩张, 则可取 $S = \{0, 1, 2, \cdots, p-1\}$. 于是 $\alpha \in \Omega_p$ 可写成

$$a_{-\gamma}p^{-\gamma} + \cdots + a_{-1}p^{-1} + a_0 + a_1 p + a_2 p^2 + \cdots, \quad a_i \in S.$$

α 称为 p **进数**, $-\gamma \geqslant 0$ 时, 称为 p **进整数**.

例 7.3.3 如果在例 7.3.1 中的 Riemann 曲面为整个复平面, 其上的亚纯函数域 $F = \mathbf{C}(x)$ 为 $\mathbf{C}$ 有理函数域. $c \in \mathbf{C}$. $p(x) = c - x$. 在 F 定义 $\varphi_{p(x)}$ 为

$$\varphi_{p(x)}\left(\frac{f(x)}{g(x)}(x-c)^n\right) = \rho^n, \quad \rho \in \mathbf{R}, 0 < \rho < 1.$$

$\Omega_{p(x)}$ 为对 $\varphi_{p(x)}$ 的完备扩张. 从 $\bar{A}/\bar{\mathfrak{p}} \cong A/\mathfrak{p} = \mathbf{C}[x]/\langle x - c\rangle \cong \mathbf{C}$, 于是可取 $S = \mathbf{C}$. 因而对任一 $\alpha \in \Omega_{p(x)}$, 有 $c_i \in \mathbf{C}$, 使得

$$\alpha = c_{-\gamma}(x-c)^{-\gamma} + \cdots + c_0 + c_1(x-c) + c_2(x-c)^2 + \cdots, \quad \bar{\varphi}_{p(x)}(\alpha) = \rho^{-\gamma}.$$

$\gamma > 0$, c 是 α 的极点, $\gamma < 0$, c 是 α 的零点.

上面的级数是形式级数, 按绝对值不一定收敛. $\bar{\varphi}_{p(x)}$ 在 $\mathbf{C}$ 的限制是平凡赋值. 由此可见, $\mathbf{C}(x)$ 的一阶赋值与 $\mathbf{C}$ 的点一一对应, 故相应的赋值环也称为位点.

至于 $\mathbf{C}$ 的无穷远点 ∞, 可定义 $\varphi\left(\dfrac{f(x)}{g(x)}\right) = \deg f(x) - \deg g(x)$.

7.4 有限代数数域到实数域的赋值

本节所讨论的赋值的值域都是实数域 $\mathbf{R}$.

有限代数数域是有理数域 $\mathbf{Q}$ 的有限次代数扩张. 于是要决定有限代数数域到实数域的赋值, 首先给出一个域到实数域的两个等价赋值间的关系, 然后讨论 $\mathbf{Q}$ 的有限扩域的阿氏赋值与非阿氏赋值, 再决定有限代数数域的阿氏赋值.

本节最后证明 Ostrowski 的一个结果: 阿氏赋值域 F 都和一个 $\mathbf{C}$ 的子域 (以绝对值为赋值的) 连续同构. 也就是阿氏赋值域的完备扩张为实数域 $\mathbf{R}$ 或复数域 $\mathbf{C}$, 因而 F 可以看成 $\mathbf{R}$ 或 $\mathbf{C}$ 的子域.

下面的两个引理是有用的.

引理 7.4.1 $\forall\, a, b, \rho \in \mathbf{R},\ a \geqslant 0,\ b \geqslant 0,\ 0 < \rho \leqslant 1$, 有

$$a^\rho + b^\rho \geqslant (a+b)^\rho. \tag{7.4.1}$$

证 若 $b = 0$, (7.4.1) 自然成立. 故设 $b > 0$. 令 $x = \dfrac{a}{b}$, 则 (7.4.1) 式等价于

$$1 + x^\rho \geqslant (1+x)^\rho, \quad x \geqslant 0. \tag{7.4.1$'$}$$

令

$$f(x) = 1 + x^\rho - (1+x)^\rho.$$

于是 $f(0) = 0$; 当 $x > 0$ 时,

$$f'(x) = \rho x^{\rho-1} - \rho(1+x)^{\rho-1} > 0.$$

所以 $f(x) > 0$. 因此 (7.4.1) 式成立. ■

引理 7.4.2 设 φ 是 $\mathbf{Q}$ 的赋值, 则有

$$\varphi(n) \leqslant |n|, \quad n \in \mathbf{Z} \tag{7.4.2}$$

和

$$\varphi(b) \leqslant \max\left\{1, \varphi(a)^{\frac{\log b}{\log a}}\right\}, \quad a, b \in \mathbf{R},\ a > 1,\ b > 1. \tag{7.4.3}$$

证 先证不等式 (7.4.2).

$n=0$ 是自然的. 故假定 $n \neq 0$, 则

$$\varphi(n)=\varphi(-n)=\varphi(1+1+\cdots+1) \leqslant |n|\varphi(1)=|n|.$$

再证不等式 (7.4.3).

设 $a>1, b>1$. 则 $\forall \gamma \in \mathbf{N}$, 有

$$b^{\gamma}=a_0+a_1 a+\cdots+a_n a^n, \quad 0 \leqslant a_i<a,\ a_n \neq 0.$$

故 $b^{\gamma} \geqslant a^n$, 于是 $\gamma \log b \geqslant n \log a$, 因此 $n \leqslant \gamma \dfrac{\log b}{\log a}$. 又设 $M=\max\{1, \varphi(a)\}$, 于是 $M \geqslant 1$, 且 $\forall \gamma \in \mathbf{N}$, 由不等式 (7.4.2), $\varphi(a_i) \leqslant a_i<a$, $\varphi(a) \leqslant a$, 故有

$$\begin{aligned}
& \varphi(b)^{\gamma}=\varphi(b^{\gamma}) \\
\leqslant & \varphi(a_0)+\varphi(a_1)\varphi(a)+\cdots+\varphi(a_n)\varphi(a)^n \\
\leqslant & a(1+\varphi(a)+\cdots+\varphi(a)^n) \\
\leqslant & a(n+1)M^n .
\end{aligned}$$

故

$$\varphi(b)^{\gamma} \leqslant a\left(\gamma \frac{\log b}{\log a}+1\right) M^{\gamma \frac{\log b}{\log a}}, \quad \forall \gamma \in \mathbf{N}.$$

于是

$$\left(\frac{\varphi(b)}{M^{\frac{\log b}{\log a}}}\right)^{\gamma} \leqslant a\left(\gamma \frac{\log b}{\log a}+1\right), \quad \forall \gamma \in \mathbf{N}.$$

根据引理 7.3.1, 从而不等式 (7.4.3) 成立. ∎

定理 7.4.1 1) 设 φ, ψ 是域 F 的两个等价的赋值, 则存在正数 ε 使得

$$\psi(x)=\varphi(x)^{\varepsilon}, \quad \forall x \in F.$$

2) φ 是有理数域 $\mathbf{Q}$ 的阿氏赋值当且仅当 $\varphi(x)=|x|^{\rho}$, 其中 $0<\rho \leqslant 1$.

3) 有理数域的非阿氏赋值一定是离散赋值, 因而等价于 p 进赋值.

证 1) 设 $x_0 \in F$, 使得 $a=\varphi(x_0)>1$. 于是 $b=\psi(x_0)>1$. 令 $\varepsilon=\log_a b$, 于是 $b=a^{\varepsilon}$. 又对 $x \in F$, 有

$$\varphi(x)=a^{\delta},\ \psi(x)=b^{\delta'}, \quad \delta=\log_a \varphi(x),\ \delta'=\log_b \psi(x).$$

设 $m, n \in \mathbf{N}$, $n/m<\delta$, 于是

$$\varphi(x_0)^{n/m} \leqslant \varphi(x_0)^{\delta}=a^{\delta}=\varphi(x).$$

因而 $\varphi(x_0^n) \leqslant \varphi(x^m)$. 由 φ, ψ 等价知 $\psi(x_0^n) \leqslant \psi(x^m)$. 进而

$$b^{n/m} = \psi(x_0)^{n/m} \leqslant \psi(x) = b^{\delta'}.$$

于是 $n/m \leqslant \delta'$, 从而 $\delta \leqslant \delta'$. 类似地, $\delta' \leqslant \delta$. 故 $\delta' = \delta$. 因此

$$\psi(x) = b^{\delta'} = (a^{\varepsilon})^{\delta} = (a^{\delta})^{\varepsilon} = \varphi(x)^{\varepsilon}.$$

2) 显然,$\varphi(xy) = |xy|^{\rho} = |x|^{\rho}|y|^{\rho}$. 由不等式 (7.4.1), 有

$$\varphi(x+y) \leqslant |x+y|^{\rho} \leqslant (|x|+|y|)^{\rho} \leqslant |x|^{\rho} + |y|^{\rho}.$$

于是 φ 是 $\mathbf{Q}$ 的赋值, 又 $\varphi(2) = 2^{\rho} > 1$. 此赋值是阿氏的.

必要性的证明分下述四步.

第一步证明 $\forall a \in \mathbf{N}$, $a > 1$, 则 $\varphi(a) > 1$.

任取 $a, b \in \mathbf{N}$, 若 $\varphi(a) \leqslant 1$, 则由不等式 (7.4.3) 得 $\varphi(b) \leqslant 1$. 由性质 7.3.1 得知 φ 是非阿氏赋值, 这就导致矛盾, 因而 $\varphi(a) > 1$.

第二步证明 $\forall x \in \mathbf{Q}$, $\varphi(x) = |x|^{\rho}$, ρ 与 x 无关.

设 $a, b \in \mathbf{Z}$, $a > 1, b > 1$. 于是 $\varphi(a) > 1$, 故 $\max\{\varphi(a), 1\} = \varphi(a)$. 仍由不等式 (7.4.3) 可得 $\varphi(b) \leqslant \varphi(a)^{\frac{\log b}{\log a}}$, 因此 $\varphi(b)^{\frac{1}{\log b}} \leqslant \varphi(a)^{\frac{1}{\log a}}$. 由 a, b 的对称性, 可得 $\varphi(b)^{\frac{1}{\log b}} = \varphi(a)^{\frac{1}{\log a}}$. 设 $\varphi(a) = a^{\rho}$, $\varphi(b) = b^{\sigma}$, 于是 $b^{\frac{\sigma}{\log b}} = a^{\frac{\rho}{\log a}}$. 两边取对数得 $\sigma = \rho$. 从而 $\varphi(x) = |x|^{\rho}$, ρ 与 x 无关.

第三步证明 $0 < \rho \leqslant 1$. 由

$$1 < \varphi(2) = 2^{\rho} = \varphi(1+1) \leqslant \varphi(1) + \varphi(1) = 2,$$

知 $0 < \rho \leqslant 1$.

于是结论 2) 成立.

3) φ 是非阿氏赋值, 从结论 2) 的证明知 $\mathbf{Z} \subseteq \{x \in \mathbf{Q} | \varphi(x) \leqslant 1\}$, 因此 $\{a \in \mathbf{Z} | \varphi(a) < 1\}$ 是 $\mathbf{Z}$ 的理想 $\langle p \rangle$. 若 $a, b \in \mathbf{Z}$, $\varphi(ab) = \varphi(a)\varphi(b) < 1$, 则 $\varphi(a) < 1$ 或 $\varphi(b) < 1$. 故 $\langle p \rangle$ 是素理想, 即 p 是素数. 又因 $\varphi(p) = p^{\log_p \varphi(p)} < 1$, 故 $\sigma = -\log_p \varphi(p) > 0$. $x \in \mathbf{Q}$, $x \neq 0$, 有 $x = \dfrac{r}{s} p^n$, $r, s \in \mathbf{Z}$, $(rs, p) = 1$. 于是 $\varphi(r) = \varphi(s) = 1$, $\varphi(x) = \varphi(p^n) = \varphi(p)^n = (p^{\sigma})^{-n}$. 这是离散赋值, 且与例 7.3.2 的赋值等价. ∎

定理 7.4.2 1) φ 是实数域的阿氏赋值当且仅当 $\varphi(x) = |x|^{\rho}$, 其中 $0 < \rho \leqslant 1$.

2) 设 φ 是复数域 $\mathbf{C}$ 的阿氏赋值, 则 $\varphi(x) = |x|^{\rho}$, 其中 $0 < \rho \leqslant 1$.

3) 设 F 是 $\mathbf{Q}$ 的有限扩张, 则 F 的阿氏赋值 φ 等价于绝对值赋值 $x \to |x|$.

证 1) 这是定理 7.4.1 结论 2) 的自然结果.

2) 若不然, 有 $\xi \in \mathbf{C}$, $\varphi(\xi) \neq |\xi|^\rho$. 令

$$\eta = \begin{cases} \dfrac{\xi}{|\xi|}, & \varphi(\xi) > |\xi|^\rho, \\ \dfrac{|\xi|}{\xi}, & \varphi(\xi) < |\xi|^\rho. \end{cases}$$

于是有

$$|\eta| = 1, \quad \varphi(\eta) > 1.$$

对 $\gamma \in \mathbf{N}$, 有 $|\eta^\gamma| = 1$, 令 $\eta^\gamma = a_\gamma + b_\gamma\sqrt{-1}(a_\gamma, b_\gamma \in \mathbf{R})$. 于是有

$$|a_\gamma| \leqslant 1,\ |b_\gamma| \leqslant 1, \quad \varphi(a_\gamma) = |a_\gamma|^\rho \leqslant 1,\ \varphi(b_\gamma) = |b_\gamma|^\rho \leqslant 1.$$

因而

$$(\varphi(\eta))^\gamma = \varphi(\eta^\gamma) \leqslant \varphi(a_\gamma) + \varphi(b_\gamma)\varphi(\sqrt{-1}\,) \leqslant 1 + \varphi(\sqrt{-1}\,).$$

这与 $\varphi(\eta) > 1$ 矛盾.

3) 设 φ 在 $\mathbf{Q}$ 上的限制为 φ_0. 由定理 7.4.1, $\forall x \in \mathbf{Q}$, $\varphi_0(x) = |x|^\rho(0 < \rho \leqslant 1)$. 以 F_φ, $\mathbf{Q}_{\varphi_0}$ 分别表示 F, $\mathbf{Q}$ 对 φ, φ_0 的完备扩张, $\bar{\varphi}$, $\bar{\varphi}_0$ 为对应的开拓. 显然 $\bar{\varphi}$ 也是 $\bar{\varphi}_0$ 在 F_φ 上的开拓. F 是 $\mathbf{Q}$ 的单代数扩张, 即有 $F = \mathbf{Q}(\theta)$. 设 $f(x) = \mathrm{Irr}(\theta, \mathbf{Q})$, $n = \deg f(x)$. 于是有 $F_\varphi \subseteq \mathbf{Q}_{\varphi_0}(\theta)$. 注意 $\mathbf{Q}_{\varphi_0} = \mathbf{R}$, 于是 $[\mathbf{R}(\theta) : \mathbf{R}] \leqslant 2$.

(1) $[\mathbf{R}(\theta) : \mathbf{R}] = 1$ 时, $\theta \in \mathbf{R}$. 故 $\mathbf{R} \supseteq \mathbf{Q}(\theta) = F$, 于是 $\bar{\varphi}_0$ 为 φ 的开拓. 注意 F 的元素为 $\sum\limits_{i=0}^{n-1} a_i\theta^i$, 因此

$$\varphi\left(\sum_{i=0}^{n-1} a_i\theta^i\right) = \left|\sum_{i=0}^{n-1} a_i\theta^i\right|^\rho.$$

故 φ 与绝对值赋值 $|x|$ 等价.

(2) $[\mathbf{R}(\theta) : \mathbf{R}] = 2$ 时, $\mathbf{R}(\theta) = \mathbf{C}$, $\theta \notin \mathbf{R}$. 由结论 2) 得到结论. ■

推论 7.4.1 设 $f(x) \in \mathbf{Q}[x]$. 在 $\mathbf{C}$ 中 $f(x)$ 有分解

$$f(x) = \prod_{i=1}^{r_1}(x - \theta_i) \prod_{j=1}^{r_1+r_2} (x - \theta_{r_1+j})(x - \overline{\theta_{r_1+j}}),$$

其中 $1 \leqslant i \leqslant r_1$ 时, $\theta_i \in \mathbf{R}$; $1 \leqslant j \leqslant r_2$ 时, $\theta_{r_1+j} \notin \mathbf{R}$, 则域 $K = \mathbf{Q}[x]/\langle f(x)\rangle = \mathbf{Q}[\theta]$ 的阿氏赋值至多 $r_1 + r_2$ 种:

$$\varphi_j\left(\sum_{i=0}^{n-1} a_i\theta^i\right) = \left|\sum_{i=0}^{n-1} a_i\theta_j^i\right|, \quad 1 \leqslant j \leqslant r_1 + r_2.$$

证 由定理 7.4.2, 以及

$$\left|\sum_{i=0}^{n-1} a_i\theta_j^i\right| = \left|\sum_{i=0}^{n-1} a_i\overline{\theta}_j^i\right|, \quad r_1+1 \leqslant j \leqslant r_1+r_2$$

知结论成立. ∎

下面讨论阿氏完备赋值域的有限维代数扩张的赋值问题. 先给出一个对阿氏赋值、非阿氏赋值都成立的一般性的定理.

定理 7.4.3 设域 E 是域 F 的 r 维代数扩张, 又 φ 是 E 的赋值,φ 在 F 上的限制 φ_0 使得 F 是完备的, 则 (E,φ) 也是完备的, 而且

$$\varphi(a) = \varphi_0(N_{E/F}(a))^{\frac{1}{r}}, \quad \forall\, a \in E. \tag{7.4.4}$$

证 设 $u_1, u_2, \cdots, u_r$ 是 F 上线性空间 E 的基. 首先证明 E 中序列

$$\left\{\alpha_n \,\middle|\, \alpha_n = \sum_{i=1}^{r} a_{ni}u_i,\ a_{ni} \in F\right\}$$

为 Cauchy 序列当且仅当 $\{a_{ni}\}$ $(1 \leqslant i \leqslant r)$ 为 F 中 Cauchy 序列.

事实上, 若 $\{a_{ni}\}$ $(1 \leqslant i \leqslant r)$ 为 F 中 Cauchy 序列, 则 $\{a_{ni}u_i\}$ $(1 \leqslant i \leqslant r)$ 为 E 中 Cauchy 序列, 因而 $\{\alpha_n\}$ 为 E 中 Cauchy 序列.

反之, 设 $\{\alpha_n\}$ 为 E 中 Cauchy 序列. 对 r 作归纳证明. $r=1$ 显然成立.

如果 $\{a_{nr}\}$ 是 Cauchy 序列, 于是 $\left\{\beta_n = \alpha_n - a_{nr}u_r = \sum_{i=1}^{r-1} a_{ni}u_i\right\}$ 是 Cauchy 序列. 因而 $\{a_{ni}\}$ $(1 \leqslant i \leqslant r-1)$ 都是 Cauchy 序列.

如果 $\{a_{nr}\}$ 不是 Cauchy 序列. 于是有实数 $\varepsilon > 0$, 对任何正整数 N, 存在 $p,\ q > N$ 使得 $\varphi(a_{pr} - a_{qr}) > \varepsilon$. 于是有正整数对 (p_k, q_k), $p_1 < p_2 < \cdots$, $q_1 < q_2 < \cdots$ 使得 $\varphi(a_{p_kr} - a_{q_kr}) > \varepsilon$. 于是 $(a_{p_kr} - a_{q_kr})^{-1}$ 存在, 且在 F 中. 令

$$\beta_k = (a_{p_kr} - a_{q_kr})^{-1}(\alpha_{p_k} - \alpha_{q_k}).$$

由于 $(a_{p_kr} - a_{q_kr})^{-1} < \varepsilon^{-1}$, $(\alpha_{p_k} - \alpha_{q_k}) \to 0$, 于是 $\beta_k \to 0$. 另一方面,

$$\beta_k = \sum_{j=1}^{r-1} b_{kj}u_j + u_r \to 0.$$

因而 $\sum_{j=1}^{r-1} b_{kj}u_j \to -u_r$, $\sum_{j=1}^{r-1} b_{kj}u_j$ 为 Cauchy 序列. 于是 $\{b_{kj}\}$ 为 Cauchy 序列. 因 F 是完备的, 所以 $b_{kj} \to b_j \in F$. 所以

$$\sum_{j=1}^{r-1} b_ju_j - u_r = 0.$$

这就产生矛盾. 所以 $\{a_{nr}\}$ 是 Cauchy 序列.

设 $\left\{\alpha_n=\sum_{i=1}^{r}a_{ni}u_i\right\}$ 为 E 的 Cauchy 序列, 因而 $\{a_{ni}\}$ 为 F 的 Cauchy 序列, 所以 $a_{ni}\to a_i\in F$, 故 $\alpha_n\to\sum_{i=1}^{r}a_iu_i\in E$, 即 E 是完备的.

设有 $a=\sum_{i=1}^{r}a_iu_i$ 使得 $\varphi(a)\neq\varphi_0(N_{E/K}(a))^{\frac{1}{r}}$, 即 $\varphi(a)^r\neq\varphi_0(N_{E/K}(a))$. 如果必要, 以 a^{-1} 代替 a, 可假定 $\varphi(a)^r<\varphi(N_{E/K}(a))$. 令 $b=a^rN_{E/F}(a)^{-1}$, 于是 $\varphi(b)<1$, 所以 $b^n\to 0$. 设 $b^n=\sum_{i=1}^{r}b_{ni}u_i$, 于是 $\{b_{ni}\}$ 是零序列. $b_{ni}\to 0$. 另一方面, $N_{E/F}(a)\in F$, 所以 $N_{E/F}(N_{E/F}(a))=N_{E/F}(a)^r$. 于是

$$N(b)=N_{E/F}(a^rN_{E/F}(a)^{-1})=N_{E/F}(a)^rN_{E/F}(a)^{-r}=1.$$

所以 $N(b^n)=1$. 注意模映射是 E 到 F 的多项式函数, 是连续的. 于是 $1=N(b^n)\to 0$, 此矛盾导致 (7.4.4) 式成立. ■

引理 7.4.3 设域 F 的特征不为 2, 而且对其赋值 φ 是完备的. 又 E 是 F 的二次扩张, 则 φ 可开拓到 E 上, 使得 (7.4.4) 成立, 即有下面的公式

$$\varphi(a)=\varphi_0(N_{E/K}(a))^{\frac{1}{2}},\quad \forall a\in E. \tag{7.4.5}$$

证 因为 $[E:F]=2$, 所以 E 有一个 2 阶 F 自同构: $a\to\bar{a}$. $a=\bar{a}$, 当且仅当 $a\in F$. 于是 $\forall a\in E$, 有 $N_{E/F}(a)=N(a)=a\bar{a}$, $T(a)=a+\bar{a}\in F$, 且 $a^2-T(a)a+N(a)=0$. 定义 E 到 $\mathbf{R}$ 的映射 φ_1 如下:

$$\varphi_1(a)=\varphi(N(a))^{\frac{1}{2}},\quad \forall a\in E.$$

如果 $a\in F$, 则 $N(a)=a^2$, 于是 $\varphi_1(a)=\varphi(N(a))^{\frac{1}{2}}=\varphi(a^2)^{\frac{1}{2}}=\varphi(a)$. 所以 φ_1 是 φ 在 E 上的开拓. 下面不再区分 φ 与 φ_1.

由于 $N(ab)=N(a)N(b)$, 所以 $\varphi(ab)=\varphi(a)\varphi(b)$.

设 $b\neq 0$, 于是

$$\varphi(a+b)=\varphi\left(b\left(\frac{a}{b}+1\right)\right)=\varphi(b)\varphi\left(\frac{a}{b}+1\right),$$
$$\varphi(b)\left(\varphi\left(\frac{a}{b}\right)+1\right)=\varphi(a)+\varphi(b).$$

因而 $\varphi(a+b)\leqslant\varphi(a)+\varphi(b)$ 当且仅当 $\varphi\left(\frac{a}{b}+1\right)\leqslant\varphi\left(\frac{a}{b}\right)+1$.

如果 $a\in F$, 自然 $\varphi(a+1)\leqslant\varphi(a)+1$. 设 $a\notin F$. 于是 $N(a+1)=(a+1)(\bar{a}+1)=N(a)+T(a)+1$. 注意证明

$$\varphi(a+1)=\varphi(N(a+1))^{\frac{1}{2}}\leqslant\varphi(a)+1=\varphi(N(a))^{\frac{1}{2}}+1,$$

等价于证明

$$\begin{aligned}&\varphi(1+T(a)+N(a))=\varphi(N(a+1))\\ \leqslant\ &(\varphi(N(a))^{\frac{1}{2}}+1)^2\\ =\ &\varphi(N(a))+2\varphi(N(a))^{\frac{1}{2}}+1.\end{aligned}$$

如果 $\varphi(T(a))\leqslant 2\varphi(N(a))^{\frac{1}{2}}$, 则有

$$\begin{aligned}&\varphi(N(a+1))=\varphi(N(a)+T(a)+1)\\ \leqslant\ &\varphi(N(a))+\varphi(T(a))+\varphi(1)\\ \leqslant\ &\varphi(N(a))+2\varphi(N(a))^{\frac{1}{2}}+1.\end{aligned}$$

余下证明如果 $\varphi(T(a))>2\varphi(N(a))^{\frac{1}{2}}$, 或 $\varphi(T(a))^2>4\varphi(N(a))$, 则必有 $a\in F$.

构造序列如下:

$$c_1=\frac{1}{2}T(a),\cdots,c_{n+1}=T(a)-N(a)c_n^{-1},\cdots,$$

此序列构造合理, 需要说明 c_n 是 F 中非零元素. 因 $\varphi(T(a))^2>4\varphi(N(a))\geqslant 0$, 所以 $T(a)\neq 0$, $a\neq 0$, 于是 $c_1\neq 0$. 若已有 $\varphi(c_n)\geqslant\varphi(c_1)$, 则

$$\begin{aligned}&\varphi(c_{n+1})=\varphi(T(a))-N(a)c_n^{-1})\\ \geqslant\ &\varphi(T(a))-\varphi(N(a))\varphi(c_n)^{-1}\\ \geqslant\ &\varphi(T(a))-2\varphi(N(a))\varphi(T(a))^{-1}\\ \geqslant\ &\varphi(T(a))-\frac{1}{2}\varphi(T(a))^2\varphi(T(a))^{-1}=\varphi(c_1)>0.\end{aligned}$$

因此 $c_n\neq 0$. 再注意

$$\begin{aligned}&\varphi(c_{n+2}-c_{n+1})=\varphi(-N(a)c_{n+1}^{-1}+N(a)c_n^{-1})\\ =\ &\varphi(N(a)c_{n+1}^{-1}c_n^{-1}(c_{n+1}-c_n))\\ =\ &\varphi(N(a))\varphi(c_{n+1}^{-1})\varphi(c_n^{-1})\varphi(c_{n+1}-c_n)\\ \leqslant\ &\frac{4\varphi(N(a))}{\varphi(T(a))^2}\varphi(c_{n+1}-c_n).\end{aligned}$$

由 $\dfrac{4\varphi(N(a))}{\varphi(T(a))^2}<1$, 知 $\{c_n\}$ 是 F 中的 Cauchy 序列, F 是完备的, 故有 $c\in F$ 使得 $\lim c_n=c$. 于是

$$c=\lim c_{n+1}=\lim(T(a)-N(a)c_n^{-1})=T(a)-N(a)c^{-1}.$$

所以 $c^2-T(a)c+N(a)=0$. 即方程 $x^2-T(a)x+N(a)=0$ 的解在 F 中, 于是 $a\in F$. 这样 F 的赋值开拓到 E 上了, 且 (7.4.5) 式成立. ∎

定理 7.4.4 (Ostrowski)　值域为实数域 $\mathbf{R}$ 的阿氏赋值完备的域只有 $\mathbf{R}$ 和 $\mathbf{C}$.

证　设域 F 的阿氏赋值为 $|\ |$, 且 $(F,|\ |)$ 是完备的. 由于 $F\supseteq\mathbf{Q}$, $|\ |$ 在 $\mathbf{Q}$ 上限制也是阿氏赋值, 故可设为通常意义下的绝对值. 于是 $\Omega_{\mathbf{Q}}=\mathbf{R}\subseteq F$. $|\ |$ 在 $\mathbf{R}$ 上也是通常的绝对值. 若有 $\mathrm{i}\in F$ 使得 $\mathrm{i}^2=-1$, 则由引理 7.4.3, 有 $F\supseteq\mathbf{R}(\mathrm{i})=\mathbf{C}$, 再由定理 7.4.3, $|\ |$ 开拓到 $\mathbf{C}$ 上是通常的绝对值. 若 F 不包含 i 满足 $\mathrm{i}^2=-1$, 则令 $E=F(i)$ 为 F 的单扩张. 再由引理 7.4.3 和定理 7.4.3, $|\ |$ 可唯一地开拓到 E 上, 而且 E 是完备的. 进而考虑用 E 替代 F, 若能证明 $E=\mathbf{C}$, 则 $F=\mathbf{R}$. 所以问题归结为证明: $F\supsetneqq\mathbf{C}$, $|\ |$ 在 $\mathbf{C}$ 上限制为 $\mathbf{C}$ 的绝对值, 则 $F=\mathbf{C}$. 设 $a\in F$, $a\notin\mathbf{C}$. 于是 $f(x)=|x-a|$ 是 $\mathbf{C}$ 到 $\mathbf{R}$ 的连续映射. 令 $r=\inf\{f(x)|x\in\mathbf{C}\}$. 我们要求存在 $x_0\in\mathbf{C}$ 使得 $r=f(x_0)$. 首先有

$$\inf\{f(x)||x-a|\leqslant r+1\}=r.$$

令 $C=\{x\in\mathbf{C}||x-a|\leqslant r+1\}$. 于是 $x_1,x_2\in D$, 有 $|x_1-x_2|\leqslant 2r+2$, 所以 C 是 $\mathbf{C}$ 中有界闭集. 由 $f(x)$ 的连续性知, 有 $x_0\in\mathbf{C}$ 使得 $f(x_0)=r$. 因而 $D=\{x\in\mathbf{C}|f(x)=r\}\neq\varnothing$, 且为有界闭集. 若能证明 D 又是开集, 则由 $\mathbf{C}$ 的连通性知 $D=\mathbf{C}$. 这导致 $\forall x_1,x_2\in\mathbf{C}=D$ 有 $|x_1-x_2|\leqslant|x_1-a|+|x_2-a|=2r$, 这是不可能的. 于是 $a\in\mathbf{C}$.

现证 D 是开集. 设 $c'\in D$, 只要证明 $x\in\mathbf{C}$ 满足 $|x-c'|<r$, 那么 $x\in D$. 以 $c'-a$ 替代 a, 于是只要证明 $|a|=r$, $|x|<r$, 则 $|a-x|=r$. 为此, 设 $n\in\mathbf{N}$, ε 是 $\mathbf{C}$ 中 n 次单位原根. 由 r 的取法知 $|a-\varepsilon^k x|\geqslant r$, 于是

$$\begin{aligned}|a-x|r^{n-1}&\leqslant\prod_{k=0}^{n-1}|a-\varepsilon^k x|=\left|\prod_{k=0}^{n-1}(a-\varepsilon^k x)\right|=|a^n-x^n|\\&\leqslant|a|^n+|x|^n=r^n\left(1+\frac{|x|^n}{r^n}\right).\end{aligned}$$

因而 $|a-x|\leqslant r\left(1+\dfrac{|x|^n}{r^n}\right)$. 若 $|x|<r$, 于是

$$r\leqslant|a-x|\leqslant\lim_{n\to\infty}r\left(1+\frac{|x|^n}{r^n}\right)=r.$$

所以 $x\in D$, D 是开集. ∎

用 Ostrowski 定理的观点看完备一阶阿氏赋值域 F 的扩张就很简单了. $F=\mathbf{C}$ 就没有真的代数扩张 (等价于代数学基本定理), $F=\mathbf{R}$ 唯一的代数扩张为 $\mathbf{C}$.

例 7.4.1　试定出二次域 $K=\mathbf{Q}(\sqrt{5})$ 的全部阿氏赋值.

解　因为 $\mathrm{Irr}(\sqrt{5},\mathbf{Q})=x^2-5=(x-\sqrt{5})(x+\sqrt{5})$, 所以 $\mathbf{Q}(\sqrt{5})$ 有两种阿氏

赋值

$$\varphi_1(a+b\sqrt{5})=|a+b\sqrt{5}|,\quad \varphi_2(a+b\sqrt{5})=|a-b\sqrt{5}|,\quad a,b\in\mathbf{Q}.$$

7.5 代数数域的赋值

本节将前面一般理论用于代数数域的赋值.

设 $K=\mathbf{Q}(\theta)$ 是代数数域, θ 是代数整数, 即

$$f(x)=\mathrm{Irr}(\theta,\mathbf{Q})\in\mathbf{Z}[x],\ \text{且首项系数为 }1. \tag{7.5.1}$$

于是 $\eta\in K$, 有

$$\eta=c_0+c_1\theta+\cdots+c_{n-1}\theta^{n-1}=g(\theta),\quad n=\deg f(x),\ c_i\in\mathbf{Q}. \tag{7.5.2}$$

又设 φ 是 K 的赋值, 其在 $\mathbf{Q}$ 上的限制 φ_0 是 $\mathbf{Q}$ 的赋值. 将 $(\mathbf{Q},\varphi_0)$ 完备化, 就得到 $\mathbf{R}$ 或 Ω_p (p 素数, 例 7.3.2). 在 $\mathbf{R}$ 的情形, 7.4 节已解决. 下面讨论后一情况. 此时有 $\varphi_0=\varphi_p$, 而且

$$f(x)\in\mathbf{Z}[x]\subset\mathbf{Q}[x]\subset\Omega_p[x].$$

因而需要解决 $f(x)\in\Omega_p[x]$ 中的因式分解问题.

赋值域 F 的赋值在其代数扩张 E 上的开拓问题. 一般的讨论归结为 F 是完备的情况. 这需要用到 Hensel 引理. 先介绍特殊情形的 Hensel 引理.

引理 7.5.1 设 F 是完备的离散赋值域, R 是相应的赋值环, $\mathfrak{p}$ 是 R 的极大理想. $\overline{R}=R/\mathfrak{p}$. 若 $f(x)=x^n+a_1x^{n-1}+\cdots+a_n$ 是 $R[x]$ 中的首一的不可约多项式, 则 $f(x)$ 在 $\overline{R}[x]$ 中的像 $\bar{f}(x)$ 是 $\overline{R}[x]$ 中一个不可约多项式的幂.

证 设 F 的赋值为 φ_0, 于是 φ_0 能唯一地开拓为 $f(x)$ 的分裂域 E 的赋值, 记为 φ. 设 E 相应的赋值环为 S, S 的极大理想为 $\mathfrak{q}$. 于是 $\overline{S}=S/\mathfrak{q}=R/\mathfrak{p}=\overline{R}$. 设 $a\in E$, $\sigma\in\mathrm{Gal}(E,F)$. $N_{E/F}(a)=N_{E/F}(\sigma a)$, 由定理 7.4.3 的公式 (4) 知 $\varphi(a)=\varphi(\sigma a)$, 于是 $\sigma(S)=S$, $\sigma(\mathfrak{q})=\mathfrak{q}$. 因而有 $\bar{\sigma}\in\mathrm{Aut}(\overline{R})=\mathrm{Aut}(\overline{S})$:

$$\bar{\sigma}(\bar{a})=\overline{\sigma a},\quad \forall\,\bar{a}\in\overline{R}=\overline{S}.$$

设在 $E[x]$ 中 $f(x)$ 的分解为 $f(x)=(x-r_1)(x-r_2)\cdots(x-r_n)$, 于是 $a_n=f(0)=\prod\limits_{i=1}^{n}(-r_i)$. 于是

$$N_{E/F}(r_i)=((-1)^n a_n))^e,\quad e=[E:F]/n.$$

因为 $a_n\in R$, 所以 $\varphi(r_i)\leqslant 1$, 即 $r_i\in S$. 于是可得到 $f(x)$ 在 $\overline{S}[x]$ 中的分解:

$\bar{f}(x)=\prod_{i=1}^{n}(x-\bar{r}_i)$. 因为 $f(x)$不可约, 于是有 $\sigma\in \mathrm{Gal}(E,F)$ 使得 $\sigma r_i=r_j$, 于是 $\overline{\sigma r_i}-\bar{r}_j$, 因而它们在 $\overline{R}$ 上有相同的极小多项式 $\bar{g}(x)$. 于是 $\bar{f}(x)$ 是 $\bar{g}(x)$ 的幂. ■

定理 7.5.1 (Hensel 引理)　设 F 是完备的离散赋值域, R 是相应的赋值环, $\mathfrak{p}$ 是 R 的极大理想. $\overline{R}=R/\mathfrak{p}$. 若 $f(x)=x^n+a_1x^{n-1}+\cdots+a_n$ 是 $R[x]$ 中的首一多项式, 使得在 $\overline{R}[x]$ 中有

$$\bar{f}(x)=\bar{\gamma}(x)\bar{\delta}(x),\quad (\bar{\gamma}(x),\ \bar{\delta}(x))=1,\quad \bar{\gamma}(x),\ \bar{\delta}(x)\ 都是首一的,$$

则在 $F[x]$ 中有互素的首一多项式 $g(x)$, $h(x)$ 使得

$$f(x)=g(x)h(x),\quad \bar{g}(x)=\bar{\gamma}(x),\quad \bar{h}(x)=\bar{\delta}(x).$$

证　设在 $R[x]$ 中 $f(x)$ 的不可约因式分解为

$$f(x)=\prod_{i=1}^{s}f_i(x)^{e_i},\quad (f_i(x),\ f_j(x))=1,\ f_i(x)\ 首一, 不可约.$$

根据引理 7.5.1, $\bar{f}_i(x)=\bar{g}_i(x)^{k_i}$, $\bar{g}_i(x)$ 是首一不可约多项式. 于是

$$\bar{f}(x)=\prod_{i=1}^{s}\bar{g}_i(x)^{e_ik_i}.$$

因为 $(\bar{\gamma}(x),\ \bar{\delta}(x))=1$, 故可设

$$\bar{\gamma}(x)=\prod_{i=1}^{r}\bar{g}_i(x)^{e_ik_i},\quad \bar{\delta}(x)=\prod_{j=r+1}^{s}\bar{g}_j(x)^{e_jk_j}.$$

于是 $g(x)=\prod_{i=1}^{r}f_i(x)^{e_i}$, $h(x)=\prod_{j=r+1}^{s}f_j(x)^{e_j}$ 满足要求. ■

推论 7.5.1　设 F 是完备的离散赋值域, R 是相应的赋值环, $\mathfrak{p}$ 是 R 的极大理想. $\overline{R}=R/\mathfrak{p}$. $f(x)$ 是 $R[x]$ 的首一多项式. 若 $\bar{\alpha}$ 是 $\bar{f}(x)\in\overline{R}[x]$ 的单根, 则 $f(x)$ 在 R 中有根 a 使得 $\bar{a}=\bar{\alpha}$.

证　因为 $\bar{f}(x)=(x-\bar{\alpha})\bar{g}(x)$, $\bar{g}(\bar{\alpha})\neq 0$, 所以 $((x-\bar{\alpha}),\ \bar{g}(x))=1$. ■

注 7.5.1　这里的证明是 D. S. Rim 的.

下面设 $F=\Omega_p$, 于是 (7.5.1) 中的 $f(x)=\mathrm{Irr}(\theta,\mathbf{Q})\in\Omega_p[x]$ 有分解

$$f(x)=f_1(x)^{e_1}f_2(x)^{e_2}\cdots f_s(x)^{e_s},\tag{7.5.3}$$

其中 $f_i(x)$ $(1\leqslant i\leqslant s)$ 是不可约的首一多项式. 如果 θ_i 是 $f_i(x)$ 的根. 于是有 $\Omega_p(\theta)$ 到 $\Omega_p(\theta_i)$ 的同构: $\eta=g(\theta)\to\eta_i=g(\theta_i)$. 由此得到 $\Omega_p(\theta)$ 的赋值 φ_i:

$$\varphi_i(\eta)=\varphi_i(\eta_i)=\sqrt[n_i]{\varphi_p(N_i(\theta_i))},\quad n_i=[\Omega_p(\theta_i):\Omega_p].$$

例 7.5.1 求 $K=\mathbf{Q}(\sqrt{5})$ 的非阿氏赋值.

解 设 p 是素数, R 是 Ω_p 的赋值环, $\mathfrak{m}$ 为其极大理想. $\overline{R}=R/\mathfrak{m}$ 是特征为 p 的域. $\sqrt{5}$ 的不可约首一多项式是

$$f(x)=x^2-5\in\mathbf{Z}[x]\subset R[x].$$

于是在 $\overline{R}[x]$ 中 $\bar{f}(x)$ 有三种可能:

$$\bar{f}(x)=\begin{cases}(x-a)^2, & a=1,\ 0, & p=2,\ p=5,\\ x^2-5, & \text{不可约}, & p\neq 5,2,5\not\equiv c^2(\operatorname{mod} p),\\ (x-c)(x+c), & 5\equiv c^2(\operatorname{mod} p), & p\neq 5,2.\end{cases}$$

在第一情形, 注意 $K=\mathbf{Q}(\sqrt{5})=\mathbf{Q}\left(\frac{1}{2}(-1+\sqrt{5})\right)$, 而

$$\operatorname{Irr}\left(\frac{1}{2}\left(-1+\sqrt{5}\right),\mathbf{Q}\right)=x^2+x-1=f_1(x),$$

而 $f_1(x)$ 在 $\overline{R}[x]$, $(p=5,2)$ 中是不可约的. 因而由 Hensel-Rim 引理, 在第一与第二种情形均有 $f(x)$ 或 $f_1(x)$ 是 $\Omega_p[x]$ 的不可约多项式, 于是 $\mathbf{Q}(\sqrt{5})$ 相应的赋值为

$$\varphi(a+b\sqrt{5})=\sqrt{\varphi_p(a^2-5b^2)}.$$

第二种情形, 根据二次互反律, 此时 $p\equiv\pm2(\operatorname{mod}5)$, 如 $p=3$, 7 等.

第三种情形, $5\equiv c^2(\operatorname{mod}p)$, 由二次互反律, $p\equiv\pm1(\operatorname{mod}5)$, 如 $p=11$, 有 $5\equiv4^2(\operatorname{mod}11)$. $p=19$, $5\equiv9^2(\operatorname{mod}19)$. 再由 Hensel-Rim 引理 $f(x)$ 在 $\Omega_p[x]$ 中分解为两个一次因式的积;

$$f(x)=(x-\gamma)(x+\gamma),\quad \gamma\in\Omega_p,\ \bar{\gamma}=c.$$

其中 $\pm\gamma$ 是 p 进数, 可以表示为以 $p, p^2, \cdots$ 为模的同余类的序列:

$$\{\bar{c}_1\supseteq\bar{c}_2\supseteq\bar{c}_3\supseteq\cdots\},$$

这里有

$$\begin{cases}c_1\equiv5\,(\operatorname{mod}p),\\ c_2\equiv5\,(\operatorname{mod}p^2),\\ c_3\equiv5\,(\operatorname{mod}p^3),\\ \quad\cdots\cdots\end{cases}$$

于是 $\mathbf{Q}$ 的 p 进赋值 φ_p. 设 $K=\mathbf{Q}(\sqrt{5})$ 的生成元为 ϑ, 若 $\eta=a+b\vartheta$, 则 φ_p 有以下两种开拓:

$$\varphi_1(a+b\vartheta)=\varphi_p(a+b\gamma);$$

$$\varphi_2(a+b\vartheta)=\varphi_p(a-b\gamma).$$

注 7.5.2 在具体情况下, 没有必要将模 $p, p^2, \cdots$ 所有同余类都算出, 经过有限步就可以中断这过程. 决定赋值 $\varphi_p(a+b\gamma)$ 起作用的是 p 进数 $a+b\gamma$ 能被 p 的幂整除的情况. 例如 p 进数 $a+b\gamma$ 能被 p^2 整除, 而不能被 p^3 整除, 则 $\varphi_p(a+b\gamma)=p^{-2}$.

注 7.5.3 举例 $p=11$ 时, $11\equiv 1(\bmod 5)$, 如何求 c_1, c_2 等数. 此时可取 $c_1=4$, 于是要解同余式

$$c_2^2\equiv 5(\bmod 11^2).$$

令 $c_2=c_1+11x=4+11x$. 因而

$$c_2^2\equiv 16+88x(\bmod 11^2)\equiv 5(\bmod 11^2).$$

故有

$$88x\equiv -11(\bmod 11^2),$$

$$8x\equiv -1(\bmod 11),$$

于是可取 $x=4$, 得

$$c_2=4+11\times 4=48.$$

解同余式

$$c_3^2\equiv 5(\bmod 11^3).$$

令 $c_3=c_2+11^2y=48+11^2y$. 因而

$$c_3^2\equiv 48^2+96\times 11^2y\equiv 5(\bmod 11^3).$$

注意

$$\begin{aligned}48^2-5&=4^2(11+1)^2-5=4^2(11^2+2\times 11+1)-5\\&=4^2(11^2+2\times 11)+16-5=4^2\times 11^2+32\times 11+11\\&=11^2\times 19,\end{aligned}$$

因此

$$11^2\times 19+11^2\times 96y\equiv 0(\bmod 11^3).$$

所以

$$19+96y\equiv 0(\bmod 11),$$

也就是

$$-3-3y\equiv 0(\bmod 11),$$

$$y\equiv -1(\bmod 11).$$

于是可取 $y=10, c_3=48+1210=1258$.

注 7.5.4　$K=\mathbf{Q}(\sqrt{5})$ 的非阿氏赋值也可以如下进行. 根据 $\mathbf{Z}$ 的素理想 $\langle p\rangle$ 在 $A=O_K$ 中分解的三种情形举例说明.

1) $p=5$. K 有素理想 $\mathfrak{p}=\left\langle 5,\dfrac{1}{2}(5+\sqrt{5})\right\rangle$, $\langle 5\rangle=\mathfrak{p}^2$.

$$\Omega_{\mathfrak{p}}\left(\frac{s}{r}p^n\right)=\frac{n}{2},\quad \frac{s}{r}p^n\in O_K.$$

($\omega_{\mathfrak{p}}\left(\dfrac{s}{r}p^n\right)=n$ 为 ω_p 的开拓) 以 $\mathcal{I}_{\mathfrak{p}}, \mathcal{I}_p$ 分别记 $\omega_{\mathfrak{p}}, \omega_p$ 的值域, 此时有

$$[\mathcal{I}_{\mathfrak{p}}:\mathcal{I}_p]=2,\quad \bar{A}/\bar{\mathfrak{p}}\cong A/\mathfrak{p}=\mathbf{Z}_p,$$

即值域 (群) 扩大了 2 倍, 剩余类域不变.

2) $p=3$. $x^2\equiv 5\,(\mathrm{mod}\,3)$ 在 $\mathbf{Z}$ 内无解. $\langle p\rangle=\langle 3\rangle$ 为 A 的素理想. 设 $\bar{\omega}_3$ 为 ω_3 的开拓, 则

$$\bar{\omega}_3(x)=n,\quad x\in A,\ \langle x\rangle=\langle 3\rangle^n\mathfrak{q}.$$

以 $\bar{\mathcal{I}}_3, \mathcal{I}_3$ 分别记 $\bar{\omega}_3, \omega_3$ 的值域, 则

$$\bar{\mathcal{I}}_3=\mathcal{I}_3,\quad [\bar{A}/\bar{\mathfrak{p}}:A/\mathfrak{p}]=2.$$

这说明值域 (群) 不变. $\sqrt{5}+\bar{\mathfrak{p}}$ 在 A 中无代表, 剩余类域扩大了.

3) $p=11$. $x^2\equiv 5\,(\mathrm{mod}\,11)$ 在 $\mathbf{Z}$ 内有解 $x=7$.

$$\langle 11\rangle=\mathfrak{p}_1\mathfrak{p}_2,\quad 其中\ \mathfrak{p}_1=\left\langle 11,\frac{1}{2}(7+\sqrt{5})\right\rangle,\ \mathfrak{p}_2=\left\langle 11,\frac{1}{2}(7-\sqrt{5})\right\rangle.$$

于是有 $\omega_{\mathfrak{p}_i}$ 如下.

$$\omega_{\mathfrak{p}_i}(x)=n_i,\quad x\in A,\ \langle x\rangle=\mathfrak{p}_1^{n_1}\mathfrak{p}_2^{n_2}\mathfrak{q},$$

$\mathfrak{q}$ 不含 $\mathfrak{p}_i$ 的因子.

注意, $\omega_p, \omega_{\mathfrak{p}_i}$ 有相同的值域 (群), 相同的剩余类域.

为确定 n_1 与 n_2,

设 $x\in A$, $\langle x\rangle=\mathfrak{p}_1^{n_1}\mathfrak{p}_2^{n_2}\mathfrak{q}$, 于是 $\langle\sigma(x)\rangle=\mathfrak{p}_2^{n_1}\mathfrak{p}_1^{n_2}\sigma(\mathfrak{q})$, 因此

$$\langle x\sigma(x)\rangle=\mathfrak{p}_1^{n_1}\mathfrak{p}_2^{n_2}\mathfrak{q}\mathfrak{p}_2^{n_1}\mathfrak{p}_1^{n_2}\sigma(\mathfrak{q})=\langle 11\rangle^{n_1+n_2}\mathfrak{q}\sigma(\mathfrak{q}).$$

于是 n_1+n_2 是 $x\sigma(x)=N(x)$ 中所含 11 的最高方幂, 即 $11^{n_1+n_2}\|N(x)$.

令 $n=\min\{n_1,n_2\}$, $m_i=n_i-n$. $x=a+b\sqrt{5}$, 于是 $\langle x\rangle=\langle 11\rangle^n\mathfrak{p}_1^{m_1}\mathfrak{p}_2^{m_2}\mathfrak{q}$. 因而 $11^n\|(2a,2b)$, 即 n 为 a, b (或 $2a, 2b$) 的最大公因子中 11 的最高方幂. $\min\{m_1,m_2\}=0$. 于是 $x=11^nx_1$, $\langle x_1\rangle=\mathfrak{p}_1^{m_1}\mathfrak{p}_2^{m_2}\mathfrak{q}$.

显然, $n_1 > n_2$ 当且仅当 $m_1 > 0$. 此时有 $\langle x_1\rangle\mathfrak{p}_2 = \langle 11\rangle\mathfrak{p}_1^{m_1-1}\mathfrak{q}$. 于是 $m_1 > 0$ 当且仅当 $11|\langle x_1\rangle\mathfrak{p}_2 = \left\langle 11x_1, \frac{1}{2}x_1(7-\sqrt{5})\right\rangle$ 当且仅当 $11\left|\frac{1}{2}x_1(7-\sqrt{5})\right.$.

这样若知道了 $n_1+n_2, m=\min\{n_1,n_2\}$ 以及 n_1 与 n_2 的大小关系, 就可得到 n_1, n_2 和 $\omega_{\mathfrak{p}_i}$.

习 题 7

1. 若交换群 G (运算为加法) 中有子集 P 满足

$$P\cup(-P)=G,\quad P\cap(-P)=\{0\},\quad P+P\subseteq P.$$

证明可在 G 中定义序, 使 G 为有序环, P 中非零元素为正元素.

2. 若交换群 G_i ($1\leqslant i\leqslant n$ 运算为乘法) 中有子集 H_i 满足

1) $H_i\cup H_i^{-1}\cup\{1_i\}=G_i$ 为不相交的并;

2) $H_iH_i\subseteq H_i$,

则 $G=G_1\times G_2\times\cdots\times G_n$ 对于子集

$$H=\{(1_1,\cdots,1_{r-1},h_r,g_{r+1},\cdots,g_n)|h_r\in H_r, g_i\in G_i,\ 1\leqslant r\leqslant n\}$$

构成有序群, 而且

$$(g_1,g_2,\cdots,g_n)>(g_1',g_2',\cdots,g_n')$$

当且仅当对某个 r 有

$$g_1=g_1',\ \cdots,\ g_{r-1}=g_{r-1}',\ g_r>g_r'.$$

注 这种序称为字典序.

3. 若交换环 R 中有子集 P 满足

$$P\cup(-P)=R,\quad P\cap(-P)=\{0\},\quad P+P\subseteq P,\quad PP\subseteq P.$$

证明可在 R 中定义序, 使 R 为有序环, P 中非零元素为正元素.

4. 设 $K(x)$ 是有序域 K 上的有理函数域. 证明 $K(x)$ 可定义为有序域.

5. e 为自然对数的底. 证明在 $\mathbf{Q}(\mathrm{e})$ 中可定义序, 使其为阿氏有序域, 也可定义序使其为非阿氏有序域.

6. 设 F 是一个域, (G,H) 是有序交换群. 证明

1) F 上群代数 $F[G]=\left\{\sum a_ig_i|a_i\in F, g_i\in G\right\}$ 是交换整环;

2) 若 $f=\sum a_ig_i$ ($a_i\neq 0$), 定义 $\varphi(f)=\min\{g_i\}$ (在 G 中的序) 和 $\varphi(0)=0$, 则 φ 是取值在 (G,H) 中的赋值;

3) 对任一有序群 (G,H), 一定存在赋值域, 取值在 (G,H) 中.

7. 设 φ, φ', φ'' 分别是交换幺环 R 到有序域 K, K',K'' 的赋值. 证明:

1) φ 与 φ 等价;

2) 若 φ 与 φ' 等价, 则 φ' 与 φ 等价;

3) 若 φ 与 φ' 等价, φ' 与 φ'' 等价, 则 φ 与 φ'' 等价.

又若 φ 与 φ' 等价,φ 是阿氏的,φ' 是否是阿氏的?

8. 设 $\omega, \omega_1, \varphi''$ 分别是整交换幺环 R 到有序群 $\mathcal{I}^+, \mathcal{I}_1^+$ 的指数赋值. 如果 $\forall x, y \in R$, 满足 $\omega(x) \leqslant \omega(y)$ 当且仅当 $\omega_1(x) \leqslant \omega_1(y)$, 则称 ω 与 ω_1 等价. 证明指数赋值的等价是等价关系.

9. 设 φ, φ' 分别是交换幺环 R 到有序域 K, K' 的非阿氏赋值,ω, ω' 是对应的指数赋值. φ, φ' 等价是否 ω, ω' 等价? 反过来呢?

10. 若 ω, ω' 是域 F 的等价的指数赋值, 那么它们对应的赋值环是否相同?

11. 设 $G_1, G_2, \cdots, G_n$ 都是有序交换加法群. 证明在交换加法群

$$G = G_1 \times G_1 \times \cdots \times G_n = \{(g_1, g_2, \cdots, g_n) | g_i \in G_i\}$$

可定义序使其为有序群.

12. 有序交换 (加法) 群 G 的子群 K 称为 G 的**孤立子群**, 如果 $\forall a \in K, b \in G, |b| \leqslant a$, 则 $b \in K$. 证明 G 的所有孤立子群的集合对于包含关系构成全序集. 此序型称为 G 的**秩**.

13. 证明有序交换加法群 G 的秩为 1 当且仅当 G 满足 $\forall a, b \in G, a > 0$, 则存在正整数 n 使得 $na > b$.

14. 证明有序交换加法群 G 的秩为 1 当且仅当 G 有序同构于有序的实数加法群的一个有序子群.

此结果说明取实数值的赋值称为**秩为 1 的赋值**或**一秩赋值**.

15. 证明 $x^3 = 4$ 在 5 进数域 Ω_5 中有根.

16. 证明 p 进数域 Ω_p 有 p 个 1 的 p 次根.

参 考 文 献

阿蒂亚 M F, 麦克唐纳 I G. 1982. 交换代数导引. 冯绪宁等译. 北京: 科学出版社.

阿尔贝托 A A. 1963. 代数结构. 谢邦杰译. 北京: 科学出版社.

范德瓦尔登 B L. 1963. 代数学 I , II . 丁石孙等译. 北京: 科学出版社.

冯克勤. 1988. 代数数论入门. 上海: 上海科学技术出版社.

孟道骥. 2014. 高等代数与解析几何. 3 版. 北京: 科学出版社.

孟道骥, 陈良云, 史毅茜等. 2010. 抽象代数 I —— 代数学基础. 北京: 科学出版社.

孟道骥, 王立云, 史毅茜等. 2011. 抽象代数 II —— 结合代数. 北京: 科学出版社.

聂灵沼, 丁石孙. 1998. 代数学引论. 北京: 高等教育出版社.

宋光天. 2005. 交换代数导引. 合肥: 中国科学技术大学出版社.

佟文廷. 1998. 同调代数引论, 北京: 高等教育出版社.

Bourbaki N. 1956. Algébra Commutative. Paris: Hermann.

Jacobson N. 1980. Basic Algebra II, San Francisco: W. H. Freeman and Company.

Northcott D G. 1953. Ideal Theory. London: Cambridge University Press.

Serge L. 1984. Algebra. 2nd Ed. Boston: Addison-Wesley Publishing Company.

Zariski O, Samuel P. 1958. Commutative Algebra, Vol I , II, Princeton: Van Nostrand.

索　　引

其他